“十四五”职业教育国家规划教材
高职高专土建类专业技能型“互联网+”创新教材

工程测量

（第2版）

主　编　王金玲　王玉才
副主编　桂剑萍　龙立华
主　审　牛志宏

武汉理工大学出版社
·武　汉·

内 容 提 要

本书分为五个部分，共十六个项目，其中，第一部分（项目一至项目五）为测量学基本理论和基本仪器，主要介绍水准仪、经纬仪和全站仪等测量仪器的构造、使用和检校，以及测量误差的基本知识；第二部分（项目六至项目七）为控制测量，主要介绍了小区域控制测量的基本知识、基本理论和基本方法；第三部分（项目八至项目十）为地形测量，主要介绍了大比例尺地形测量、地籍测量和地形图应用的基本知识和基本理论；第四部分（项目十一至项目十五）为施工测量，主要介绍了施工测量的基本工作、建筑工程施工测量、道路和桥梁工程测量、管道工程测量及水工建筑物施工测量；第五部分（项目十六）为卫星定位技术，主要介绍了 GNSS 测量技术的基本理论和基本应用。

为了强化实践环节的教学，还编写了与本教材配套的《习题及实习纲要》和《实训指导与记录》。

本书可作为高职高专土建类、交通类、水利类、农林类专业，如：建筑、道桥、水利、园林、环境、市政、农林、工管、监理等专业的工程测量课程教材，也可供相关专业工程技术人员和社会从业者学习使用。

图书在版编目(CIP)数据

工程测量 ：含《习题及实习纲要》和《实训指导与记录》/ 王金玲，王玉才主编. -- 2 版. 武汉 ：武汉理工大学出版社，2025.1. -- ISBN 978-7-5629-7295-2

Ⅰ. TB22

中国国家版本馆 CIP 数据核字第 2024ZP9433 号

项目负责人：王利永（027－87290908）

责 任 编 辑：王　思

责 任 校 对：张　晨

版 面 设 计：正风图文

出版发行：武汉理工大学出版社

经　销　者：各地新华书店

印　刷　者：武汉乐生印刷有限公司

开　　本：787 mm×1092 mm　1/16

印　　张：19.75

字　　数：506 千字

版　　次：2021 年 5 月第 1 版　2025 年 1 月第 2 版

印　　次：2025 年 1 月第 1 次印刷　总第 4 次印刷

印　　数：7001～10000 册

定　　价：50.00 元（含《习题及实习纲要》和《实训指导与记录》）

前　言

（第 2 版）

本书是《工程测量》第 2 版。《工程测量》教材于 2021 年 5 月首次出版发行，2023 年被评为“十四五”职业教育国家规划教材。迄今该教材被全国二十余所高职高专院校使用，受到广大师生的一致好评。为进一步贯彻落实《国家职业教育改革实施方案》提出的“三教改革”任务要求，与时俱进，不断推进信息技术与教育、教学的深度融合，2024 年 5 月该教材启动第 2 版修订工作。在本次修订中，编写团队对行业企业进行了深入的调研和论证，走访调研了湖北水利发展集团有限公司、长江勘测规划设计研究有限责任公司、长江水利委员会长江科学院、中国建筑第三工程局有限公司、中铁十一局集团有限公司等十余家企业和科研院所，向行业企业和毕业生发出调研问卷 300 份，广泛收集行业企业对工程测量技术人才的岗位需求以及从事工程测量技术工作的毕业生的意见和建议，并邀请企业技术人员参与教材修订工作。

本次修订保留了第 1 版教材“思政领航、应用性、通用性、实用性和创新性”的五大特色，并在第 1 版基础上进一步突出技能性和普适性，主要做了以下修改：

(1) 采用以工作任务为中心的行动体系，以项目为载体、以工作任务为驱动，按照项目教学特点组织教材内容。

(2) 突出立德树人，将课程思政与专业知识有机融合，潜移默化渗透到专业知识和技能要素中，在每个项目前明确提出了“思政目标”。

(3) 增加项目十五“水工建筑物施工测量”。

修订后的教材具有以下特色：

一是思政领航：每个项目明确提出了思政目标，根据项目内容将学生的专业技能训练与激发学生的社会责任感、民族自豪感、大国工匠精神及树立个人理想信念有机结合，将思政要素潜移默化融入专业知识中，实现润物无声的育人效果。

二是应用性特色：注重工程测量基本技能的培养，概念简要明确，方法步骤阐述条理清晰、通俗易懂，强化应用能力培养，避免操作的盲目性，突出培养学生分析问题和解决问题的能力。

三是通用性特色：综合考虑各行业对工程测量技术的需求，注重工程测量基本原理、基本方法等共性的阐述，普遍满足各行业对工程测量基本工作的要求。

四是实用性特色：着重介绍与工程实践密切关联的作业方法和步骤，对接职业标准和岗位要求，突出实用性，以达到学生“毕业即能上岗，上岗即能操作”的目的。

五是创新性特色：体现最新的《工程测量标准》(GB 50026—2020)，力求反映知识更新和科技发展新动态，在内容安排上摒弃光学经纬仪、视距测量等一些陈旧的测量仪器设备和方法，在技术手段上突出现代测量技术自动化、智能化和信息化的特点，体现工程测量技术的新发展和新要求。

同时，基于“互联网＋教育”的教学理念，本教材探索实施数字资源和传统资源的有机融合，开发了在线测试系统并制作了全书配套的电子课件，通过扫描书中每个学习任务中设置的两个二维码，即可使用电子课件对知识技能要素进行学习和在线测试，便于学生及时巩固所学知识，也便于教师及时掌握教学效果。

本教材由王金玲、王玉才担任主编，桂剑萍、龙立华担任副主编。具体编写分工如下：湖北水利发展集团有限公司王玉才编写项目一和项目二，武汉铁路职业技术学院何欢编写项目三和项目四，湖北水利水电职业技术学院王金玲编写项目六和项目七，湖北城市建设职业技术学院文学编写项目八和项目九，湖北水利水电职业技术学院桂剑萍编写项目十和项目十一，湖北水利水电职业技术学院龙立华编写项目十二和项目十三，长江水利委员会长江科学院董静编写项目五、项目十四、项目十五和项目十六。全书配套《习题及实习纲要》和《实训指导与记录》由王金玲负责完成并进行统稿工作，董静负责完成线上数字资源。全书由长江工程职业技术学院牛志宏教授主审。

本书在编写过程中得到湖北水利发展集团有限公司、长江勘测规划设计研究有限责任公司、中国建筑第三工程局有限公司、长江水利委员会长江科学院等单位的领导和专家的大力支持，在此一并致谢！

由于编者水平有限，书中难免有疏忽和遗漏之处，恳请读者批评指正。如发现问题，有待改进或建议，请发电子邮件至 49907822@qq.com，在此特表谢意！

编 者

2024 年 4 月于武汉

目录

Mu Lu

项目一　测量学的基本知识

【主要内容】

测量学的概念；测量学的研究对象和任务；测量工作的基准面和基准线；地球的形状和大小；用水平面代替水准面的限度；地面点位的确定方法，包括地面点的坐标和高程的表示方法；测量的基本工作和测量工作的基本原则；测量常用的计量单位和换算；测量计算数字凑整规则等。

重点：测量学的研究对象、地球的形状和大小、地面点位的确定方法。

难点：测量学的任务、地面点位的确定方法。

【学习目标】

知识目标	能力目标
1. 理解测量学的概念及研究对象； 2. 理解铅垂线是测量工作的基准线，大地水准面是测量工作的基准面； 3. 掌握地面点位的确定方法； 4. 理解经度、纬度的概念； 5. 理解测量独立平面直角坐标系、高斯投影的概念； 6. 理解绝对高程、相对高程、高差的概念； 7. 理解用水平面代替水准面的限度； 8. 理解测量工作的基本原则； 9. 掌握测量三项基本工作； 10. 认识水准原点和大地原点； 11. 了解我国大地坐标系和高程系统	1. 能根据经、纬度确定地面点的地理坐标； 2. 能建立独立平面直角坐标系； 3. 能计算各投影带中央子午线的经度； 4. 能确定地面点的高程； 5. 能够根据距离确定用水平面代替水准面的距离误差和高差误差； 6. 能进行测量计量单位之间的换算； 7. 会测量计算数字的正确凑整和取舍

【思政目标】

通过学习测绘工作在社会发展中的作用，让学生切身体会到测量工作的魅力，通过珠穆朗玛峰高程测量过程的讲授，以及国家高程系统和大地坐标系统建立等知识的学习，培养学生不畏艰险、勇往直前、顽强拼搏、无私奉献的职业品格和职业认同感，激发学生探索未知、追求真理、勇攀科学高峰的学习态度，提升学生保密意识和科技报国的使命担当。

任务1 测量学的研究对象及工程测量的任务

【在线资源】

1.1.1 测量学的研究对象

测量学是研究地球的形状和大小，以及确定地球表面（包括空中、地面和海底）点位关系的一门科学。其研究的对象主要是地球和地球表面上的各种物体，包括它们的几何形状及空间位置关系。测量学将地表物体分为地物和地貌。地物是地球表面上各种各样的自然物体和人工建筑物；地貌是指地势高低起伏的形态。地物和地貌总称为地形。

1.1.2 测量学的学科分类

测量学根据研究的对象、范围及所采用的技术不同，产生了许多分支学科。

（1）大地测量学：研究地球表面上一个广大区域甚至整个地球的形状和大小，解决在大区域内建立国家控制网及重力场的理论、技术与方法的科学。近年来，随着人造地球卫星的发射，大地测量学又分为常规地测量学和卫星地测量学。

（2）普通测量学：研究地球表面上一个小区域内的测绘技术和方法的科学。由于测量范围小，可以把这块球面当作平面看待而不用考虑地球曲率的影响。

（3）摄影测量与遥感学：研究利用摄影或遥感技术获取目标物的影像数据，从中提取几何的或物理的信息，并用图形、图像或数字形式表达的科学。根据获得像片的方式和研究目的的不同，摄影测量学又分为航天摄影测量学、航空摄影测量学、地面摄影测量学和水下摄影测量学。

（4）地图制图学（地图学）：研究利用测量采集成果资料，编制各种模拟和数字地图的理论、原理、工艺技术和应用的科学。

（5）海洋测量学：以海洋水体和海底为研究对象所进行的测量和海图编制的科学。主要包括海道测量、海洋大地测量、海底地形测量、海洋专题测量。

（6）工程测量学：研究在各种工程建设和自然资源开发中各个阶段进行地形测绘、施工放样和变形监测的理论和技术的科学。

1.1.3 工程测量的任务

工程测量是研究各种工程在勘察、设计、施工和管理阶段所进行各种测量工作的理论和技术的学科。其任务主要有以下三方面：

（1）地形测图，亦称测定

它是利用各种测量仪器和工具，将地面上局部区域的地物和地面起伏的形状、大小，按一定的比例尺缩小测绘成地形图，为工程建设的规划、设计和施工提供服务。

（2）施工放样，亦称测设

它是将图纸上规划、设计好的建筑物位置、尺寸测设于地面，作为施工依据，并在施工过程中，配合工程进度进行一系列测量工作，以保证工程质量。

(3) 变形观测

对于一些大型或重要的建筑物，在施工和运营期间，要定期进行变形观测，了解其变形规律，以确保建筑物的安全。

总之，在工程建设的勘测、设计、施工和运营管理各个阶段都要进行测量工作，测量工作贯穿于整个工程建设的始终。因此，从事工程建设的工程技术人员，必须掌握工程测量的基本知识和技能。

【在线测试】

任务2 测量基准的确定

测量工作研究的主要对象是地球的自然表面，地球的自然表面是一个极其复杂且又不规则的曲面，难以用数学语言描述，因此需要寻找一个形状和大小都与地球非常接近的球体或椭球体来代替它。

【在线资源】

1.2.1 地球的形状和大小

测量工作是在地球表面进行的，必须知道地表的形状和大小。地球的自然表面有高山、丘陵、平原、盆地及海洋等，呈复杂的起伏形态，通过长期的测绘工作和科学调查，了解到地球表面上海洋面积约占71%，陆地面积约占29%。世界上最高的山峰珠穆朗玛峰高达8848.86 m(2020年12月8日，中国国家主席习近平同尼泊尔总统班达里互致信函，共同宣布珠穆朗玛峰最新高程为8848.86 m)；世界上最深的马里亚纳海沟深达11022 m。地球的自然表面高低起伏近20 km，但这种起伏变化相对于地球半径6371 km来说仍可忽略不计。因此，测量中可以把海水所覆盖的地球形体看作地球的形状。

1.2.2 测量外业工作的基准线和基准面

(1) 基准线

由于地球的自转运动，地球上任一点都要受到离心力和地球引力的双重作用，这两个力的合力称为重力，重力的方向线称为铅垂线，铅垂线是测量工作的基准线。

(2) 基准面

设想一个静止的海水面向陆地延伸，通过大陆和岛屿形成一个包围地球的封闭曲面，这个曲面就称为水准面。水准面是受重力影响而形成的，是一个处处与重力方向垂直的连续曲面，并且是一个重力场的等位面。由于潮汐的影响，海水面有高有低，所以水准面有无数个，其中与平均海水面相吻合的水准面，称为大地水准面，如图1.1所示。大地水准面是测量工作的基准面。

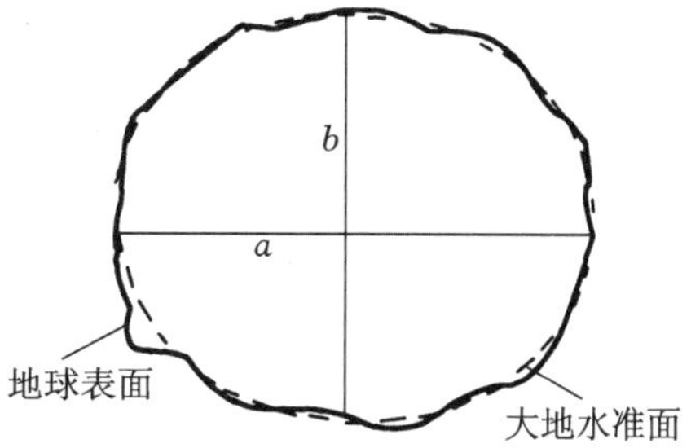

图1.1 大地水准面

(3)大地体

大地水准面所包围的地球形体称为大地体,通常认为大地体可以代表整个地球的形状。

(4) 水平面

通过水准面上某一点与水准面相切的平面称为过该点的水平面。

1.2.3 测量内业工作的基准线和基准面

(1) 参考椭球面

用大地水准面代表地球表面的形状和大小是恰当的,但由于地球内部质量分布不均匀,引起铅垂线方向产生不规则的变化,致使大地水准面成为一个复杂的曲面,如图 1.1 所示。如果将地球表面上的图形投影到这个复杂的曲面上,将对测量计算和绘图带来很多困难。为此,可选用一个非常接近大地水准面且可用数学式表达的规则几何形体来代表地球的总形状,作为测量内业工作的基准。经过长期精密测量,发现大地体十分接近于一个两极稍扁的旋转椭球体,称为地球椭球体。一般某一国家或地区为处理本国家或本地区的大地测量成果,会选择一个点作为大地坐标计算的原点,把确定了原点的地球椭球体称为参考椭球体。参考椭球体是由一椭圆绕其短半轴旋转而成的椭球体,如图 1.2 所示。椭圆的长半轴 a、短半轴 b、扁率 α($\alpha=\frac{a-b}{a}$)是决定旋转椭球体的形状和大小的元素。随着测绘科学的进步,可以越来越精确地测定这些元素。目前,我国采用国际大地测量协会 IAG-75 参数:$a=6378140$ m,$\alpha=1:298.257$,推算值 $b=6356755.288$ m。参考椭球体的表面称为参考椭球面,是测量内业处理大地测量成果的基准面。

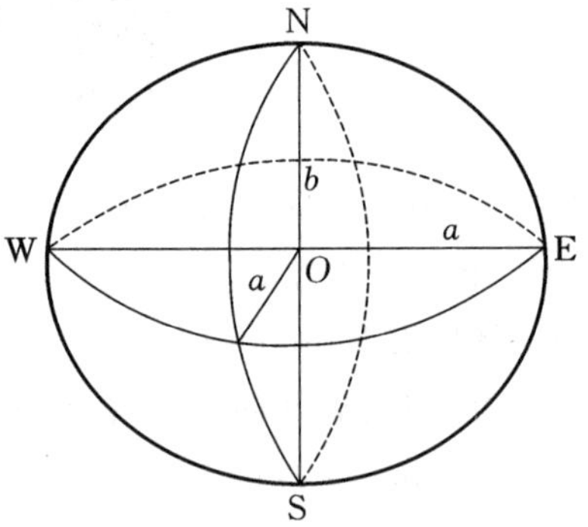

图 1.2　参考椭球体

(2) 大地原点

采用参考椭球体定位得到的坐标系称为国家大地坐标系,由于地球椭球体的扁率很小,当测区面积不大时,可将地球近似地当作圆球,圆球的平均半径 R 可按下式计算:

$$R=\frac{1}{3}(2a+b) \tag{1.1}$$

在测量精度要求不高时,其近似值为 6371 km。

我国大地坐标系的原点称为大地原点,又称大地基准点,是国家地理坐标(经纬度)的起算点和基准点,位于陕西省泾阳县永乐镇石际寺村,具体位置在北纬 34°32′27.00″,东经 108°55′25.00″,海拔高度 417.20 m。大地原点由主体建筑、中心标志、仪器台和投影台四部分组成,主体为七层塔楼式圆顶建筑,高 25.80m,顶层为观察室,内设仪器台,建筑的顶部是玻璃钢制成的整体半圆形屋顶,可用电控翻开以便观测天体,如图 1.3(a)所示。中心标志是原点的核心部分,用半球形的玛瑙做成,半球顶部刻有十字线,如图 1.3(b)所示,埋设于主体建筑的地下室中央。

(a)　　　　　　(b)

图 1.3　大地原点

(a) 大地原点外部轮廓;(b) 大地原点中心标志

大地原点确定了我国大地坐标系的起算点和基准点,从原点再推算国家的其他测量点坐标,是国家和城市建立大地坐标系的依据,大地原点在经济建设、国防建设和社会发展等方面发挥着重要作用。

(3) 法线

参考椭球面上的法线是指经过这一点并且与参考椭球面垂直的直线,如图 1.4 所示,地面上任一点的位置都可以沿法线方向投影到参考椭球面上,法线是测量内业工作的基准线。

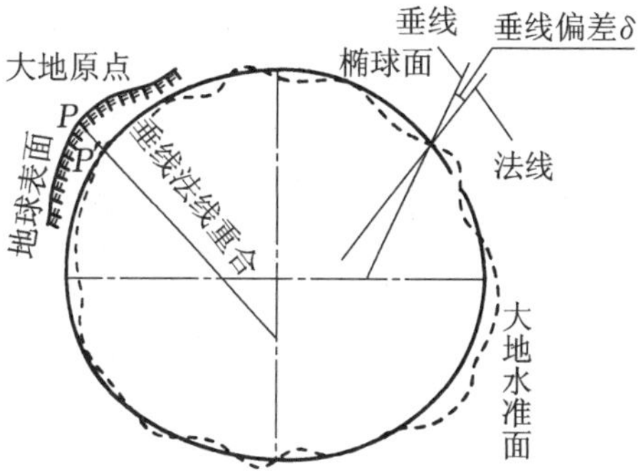

图 1.4　椭球体定位

任务 3　地面点位的确定

确定地面上一点的空间位置,需要用三个量来表示。在测量工作中,是用地面点在基准面(参考椭球面)上的投影位置坐标和该点沿投影方向到基准面(大地水准面)的距离来表示的。

【在线资源】

1.3.1　坐标

(1) 地理坐标

地理坐标是指用地球的经度(λ)和纬度(φ)来表示地面点位置的球面坐标,如图 1.5 所示。经度是从首子午线(即通过格林尼治天文台的子午线)起算,向东 0°～180°称为东经,向西 0°～180°称为西经。纬度是从赤道起算,赤道以北 0°～90°称为北纬,赤道以南 0°～90°称为南纬。例如,M 点的地理坐标为东经115°30′,北纬 42°15′。

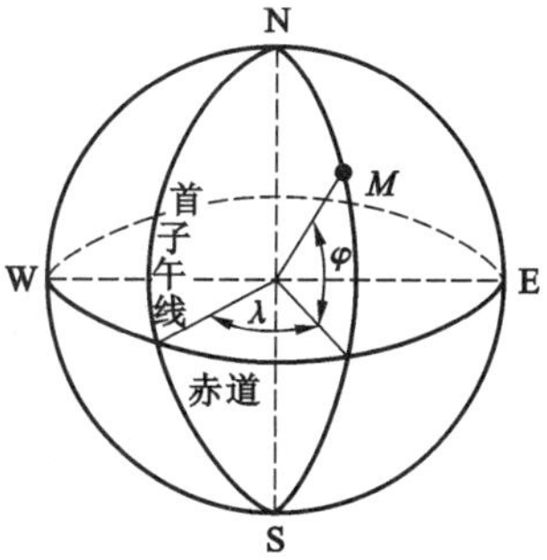

图 1.5　地理坐标

(2) 高斯平面直角坐标

当测区范围较大时,如果将它的球面部分展成平面,则必然产生皱纹或裂缝,使图形发生变形。为此,必须采用适当的投影方法,建立一个平面直角坐标系统,以使变形限制在误差容许的范围之内,既能保证地形图的精度,又便于工作。在测量工作中,通常采用高斯横圆柱投影的方法来建立平面直角坐标系统。

高斯是法国杰出的数学家、测量学家，他提出的横圆柱投影是一种正形投影。其投影的方法是：设想把一个平面卷成一个横圆柱，套在圆球外面，使横圆柱的轴心通过圆球的中心，并使横圆柱与球面上的一根中央子午线 NoS 相切，如图 1.6 所示。将球面上的图形投影到横圆柱面上，然后将横圆柱面沿南北极的 TT' 和 KK' 切开，展成平面，即可得投影到平面上的相应图形，如图 1.7 所示。

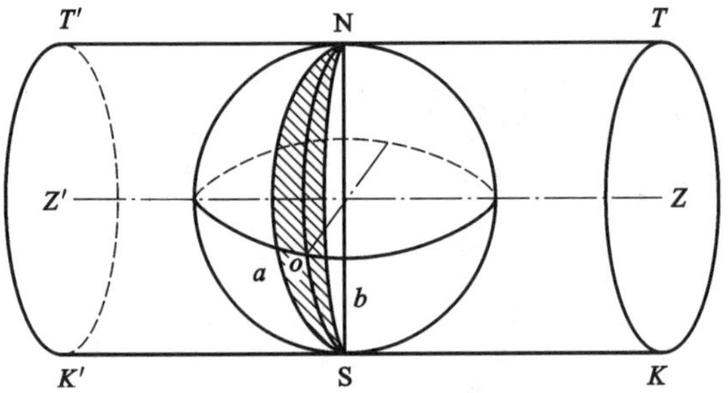

图 1.6　横圆柱投影

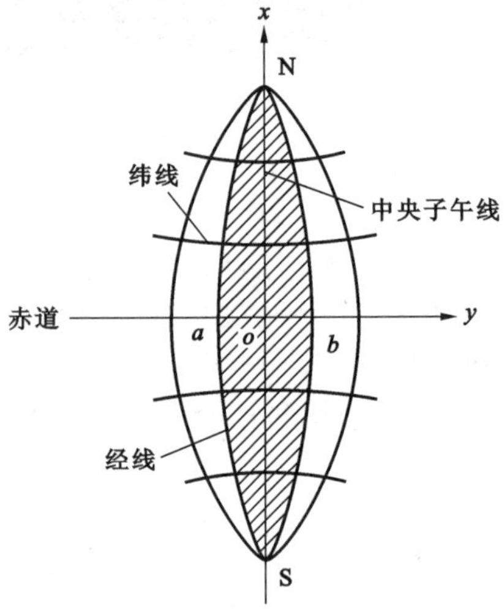

图 1.7　横圆柱投影展开图

高斯投影平面上的中央子午线是直线，其长度没有变化，离开中央子午线的其他子午线是弧线，凹向中央子午线。离中央子午线愈远，变形就愈大。赤道也是一条直线，与中央子午线正交，离开赤道的纬线是弧线，凸向赤道。

为了使变形限制在允许范围内，可把地球按经线分成若干较小的带进行投影。投影带的宽度以相邻两条子午线的经差来划分，有 6°带和 3°带。

如图 1.8 所示，6°带是从格林尼治子午线开始，自西向东，经度每 6°为一带，该带中间的一条子午线，即是这带的中央子午线。这样就把地球分成 60 个 6°带，各带中央子午线经度为：

$$L_0 = 6N - 3 \tag{1.2}$$

式中　L_0——6°带中央子午线经度；

N——6°带的带号。

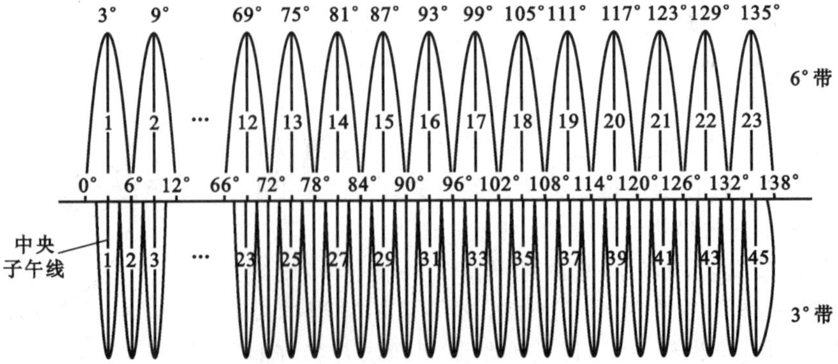

图 1.8　6°带和 3°带

3°带是从东经 1°30′开始，自西向东，经度每 3°分为一带，把地球分成 120 个 3°带。各带中央子午线的经度为：

$$L_0' = 3n \tag{1.3}$$

式中 L_0'——3°带中央子午线经度；

n——3°带的带号。

若已知某点的经度，则该点所在的 6°带和 3°带的带号分别为：

$$N=\text{int}\frac{L}{6°}+1 \tag{1.4}$$

$$n=\text{int}\frac{L-1.5°}{6°}+1 \tag{1.5}$$

高斯平面直角坐标是以每一带中央子午线方向为纵轴 x，向北为正；赤道投影线为横轴 y，向东为正；两轴线的交点 O 为坐标原点，如图 1.9 所示。由于我国领土全部位于北半球，故纵坐标值均为正值，而横坐标值则有正有负。为了避免出现负值，规定将每一带的坐标原点西移 500 km，即每带的坐标原点为 $x=0$，$y=500$ km。同时为了能从坐标值上确定该点所在的投影带，在该点的横坐标值前应加上其所在的带号。例如某点的坐标 $x=6048075$ m，$y=19385530$ m，则说明该点位于赤道以北6048075 m，第 19 投影带，中央子午线以西 114470 m（385530 m－500000 m＝－114470 m）。用高斯平面直角坐标来表示地面点位，其计算相当繁杂，一般适用于大范围的测量工作。

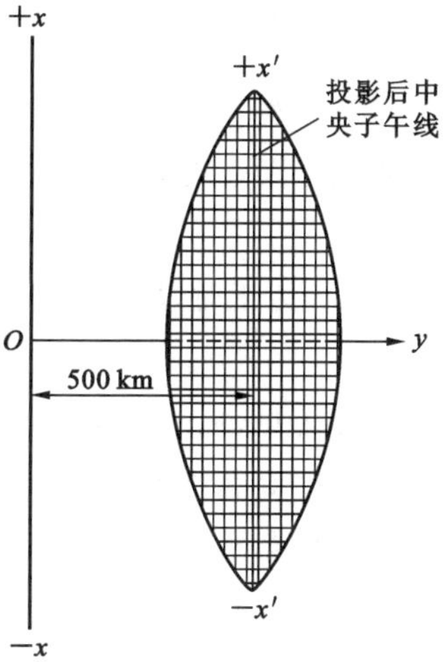

图 1.9 高斯平面直角坐标

（3）平面直角坐标

当测区范围较小时（半径不超过 10 km），可把该部分球面视作平面，即直接将地面点沿铅垂线方向投影到水平面上（图 1.10），用平面直角坐标表示它的投影位置。平面直角坐标系的原点选在测区西南方向之外，以使测区内任意点的坐标均为正值。规定南北方向线为 x 轴，向北为正；东西方向线为 y 轴，向东为正。象限Ⅰ、Ⅱ、Ⅲ、Ⅳ按顺时针方向排列，如图 1.11 所示。

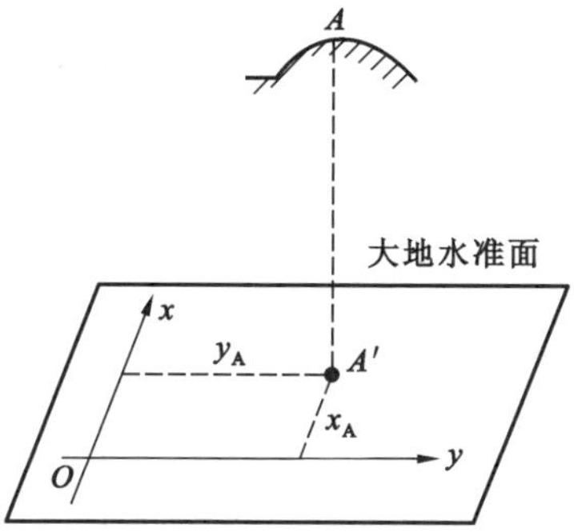

图 1.10 平面投影

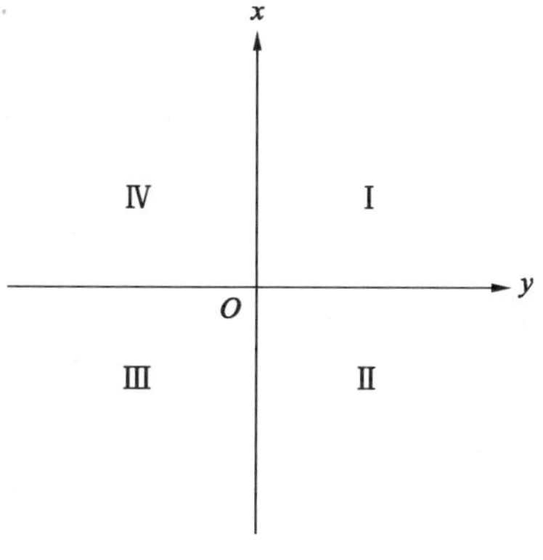

图 1.11 平面直角坐标

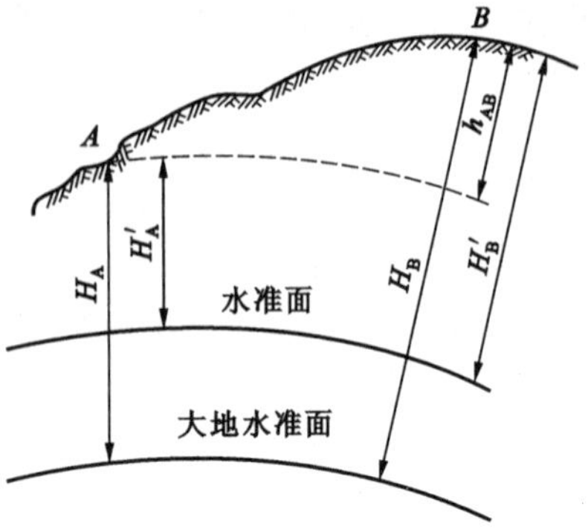

图 1.12 高程示意图

1.3.2 高程

(1) 绝对高程

地面点沿铅垂线方向至大地水准面的距离称为该点的绝对高程或海拔，以 H 表示。如图 1.12 所示，地面点 A 和 B 的绝对高程分别为 H_A 和 H_B。

(2) 相对高程

地面点沿铅垂线方向至任意水准面的距离称为该点的相对高程，亦称假定高程，以 H' 表示。在图 1.12 中，地面点 A 和 B 的相对高程分别为 H_A' 和 H_B'。

(3) 高差

地面上两点的高程之差称为高差，用 h 表示，高差有方向和正负。A、B 两点的高差为：

$$h_{AB} = H_B - H_A = H_B' - H_A' \tag{1.6}$$

当 h_{AB} 为正时，B 点高于 A 点；当 h_{AB} 为负时，B 点低于 A 点。B、A 两点的高差为：

$$h_{BA} = H_A - H_B = H_A' - H_B' \tag{1.7}$$

由此可见，$h_{AB} = -h_{BA}$，并且与高程的起算面无关。它既是地面上两点的绝对高程之差，又是其相对高程之差。

(4) 水准原点

水准原点是水准测量传递高程的基准点，即国家高程控制网中所有水准点高程的起算点。我国的水准原点位于青岛市观象山上，在观象山上有一个小石屋，外面有两层高栅栏，在小石屋里面有一个拳头大小的浑圆的黄玛瑙，玛瑙上一个红色小点，这就是我国的“水准原点”。

【在线测试】

(5) 我国高程系统

中华人民共和国成立以来，我国相应先后使用了两个高程系统，即“1956 年黄海高程系”和“1985 国家高程基准”，详见表 1.1。

表 1.1 我国的高程系统

序号	名称	依据	水准原点高程/m	说明
1	1956 年黄海高程系	中华人民共和国成立后采用青岛验潮站 1950—1956 年间观测结果求得的黄海平均海水面，作为全国统一的高程基准面	72.289	1985 国家高程基准于 1987 年 5 月启用，1956 年黄海高程系同时废止
2	1985 国家高程基准	1985 年，国家测绘局以青岛验潮站 1952—1979 年间连续观测潮汐资料计算得出的平均海水面作为新的高程基准面	72.260	

任务4 用水平面代替水准面的限度

在普通测量中，当测区范围较小时，常以水平面代替水准面，这样可使绘图和计算工作大为简化。那么，究竟在多大的范围内才容许用水平面代替水准面呢？下面就其对距离和高程的影响进行分析。为方便起见，近似将大地水准面视为半径为 R 的球面。

【在线资源】

1.4.1 地球曲率对水平距离的影响

如图1.13所示，设 A'、B' 为地面点，它们在大地水准面上的投影分别为 A、B，在水平面上的投影分别为 A、C。设水准面上 AB 圆弧的长度为 d，水平面上 AC 直线的长度为 t，两者之差 Δd 即是用水平面代替水准面的距离误差，由图1.13所示得：

$$\Delta d = t - d = R\tan\alpha - R\alpha \tag{1.8}$$

将 $\tan\alpha$ 按级数展开，即：

$$\tan\alpha = \alpha + \frac{1}{3}\alpha^3 + \frac{2}{15}\alpha^5 + \cdots$$

取前两项代入式(1.8)，得：

$$\Delta d = R\alpha + \frac{1}{3}R\alpha^3 - R\alpha = \frac{1}{3}R\alpha^3$$

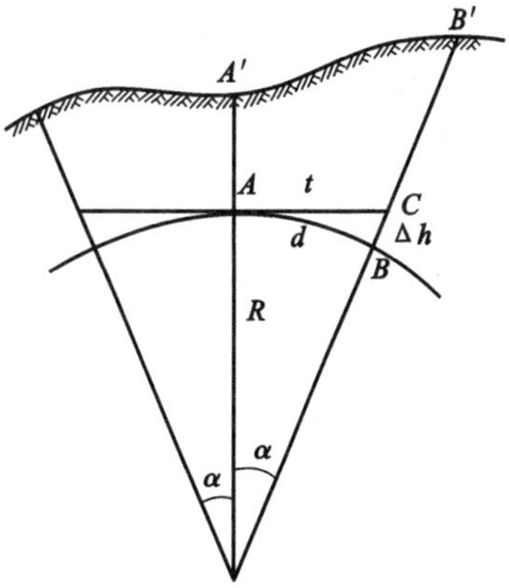

图1.13 水平面代替水准面

因为 $\alpha = \dfrac{d}{R}$，故有：

$$\Delta d = \frac{d^3}{3R^2} \tag{1.9}$$

或：

$$\frac{\Delta d}{d} = \frac{d^2}{3R^2} \tag{1.10}$$

取 $R=6371$ km，以不同的 d 值代入式(1.10)，即可求得用水平面代替水准面的距离误差和相对误差，见表1.2。

表1.2 用水平面代替水准面对距离的影响

距离 d/km	距离误差 Δd/cm	相对误差 $\frac{\Delta d}{d}$	距离 d/km	距离误差 Δd/cm	相对误差 $\frac{\Delta d}{d}$
10	0.8	1∶1220000	50	102.7	1∶49000
25	12.8	1∶200000	100	821.2	1∶12000

由以上计算可以看出，当距离为10 km时，所产生的相对误差为 $\frac{1}{122\text{万}}$，小于目前最精密距离丈量时的容许相对误差 $\frac{1}{100\text{万}}$。由此得出结论：在半径为10 km的范围内，地球曲率对水平距离的影响可以忽略不计，即可用水平面代替水准面。

1.4.2 地球曲率对高程的影响

在图1.13中，地面点B'的高程为铅垂距离$B'B$，如以平面代替球面，则B'的高程为铅垂距离$B'C$，两者之差即为高程误差Δh。由图1.13中可以看出，$\angle CAB=\frac{\alpha}{2}$，因该角很小，以弧度表示，则有：

$$\Delta h = d \cdot \frac{\alpha}{2} \tag{1.11}$$

【在线测试】

又因$\alpha=\frac{d}{R}$，故有：

$$\Delta h = \frac{d^2}{2R} \tag{1.12}$$

以不同的d值代入式(1.12)，即可求得相应的高差误差值，见表1.3。

表1.3 用水平面代替水准面对高差的影响

d/m	100	200	500	1000
Δh/mm	0.8	3.1	19.6	78.5

以上计算表明：当距离为100 m时，在高程方面的误差就接近1 mm，这对高程测量的影响是很大的，所以地球曲率对高程的影响是必须予以考虑的，即尽管距离很短，也不能以水平面代替水准面。

任务5 测量工作的基本内容和原则

【在线资源】

1.5.1 测量工作的基本内容

在测量工作中，地面点的空间位置用坐标和高程来表示，但坐标和高程通常不是直接测定的，而是通过测出待定点与已知点之间的几何关系，观测其他要素后计算得出。如图1.14所示，设地面点A的坐标和高程已知，要确定B点的位置，需要确定在水平面上B点到A点的水平距离D_{AB}和B点位于A点的方位。图上ab的方向可以用通过a点的指北方向线与ab的夹角（水平角）α表示，有了D_{AB}和α，B点在图上的平面位置就可以确定。但要进一步确定B点的空间位置，除了B点的平面位置外，还要知道A、B两点的高低关系，即A、B两点间的高差h_{AB}，这样B点的空间位置就可以唯一确定了。同理，可以确定C点的空间位置。

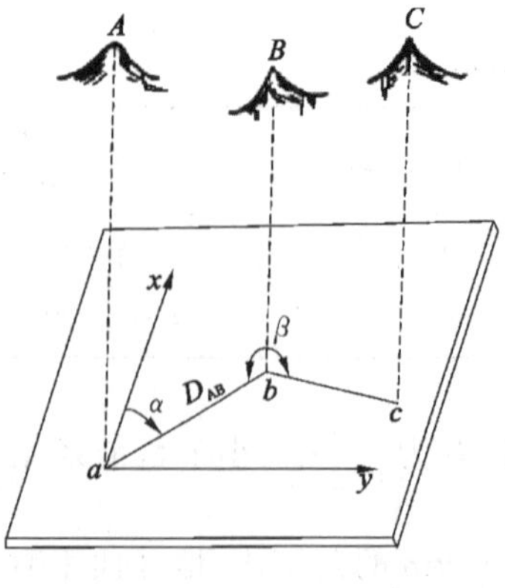

图1.14 测量工作的基本要素

由此可知，水平距离、水平角及高差是确定地面点相对位置的三个基本几何要素，而角度测量、距离测量和高程测量则是测量的三项基本工作。

1.5.2　测量工作的基本原则

测量工作中将地球表面复杂多样的形态分为地物和地貌两大类。要在一个已知点上测绘一个测区所有的地物和地貌是不可能的，只能测量其附近的一定范围，如图 1.15 所示，在测区内选择 A、B、C、D 等一些有控制意义的点（称为控制点），用精确的方法测定这些点的坐标和高程，然后根据这些控制点分区观测，测定其周围的地物和地貌特征点（称为碎部点）的坐标和高程，最后才能拼成一幅完整的地形图。施工放样也是如此。但不论采用何种方法、使用何种仪器进行测量或放样，都会给其成果带来误差。为了防止测量误差的逐渐传递和累积，要求测量工作必须遵循以下原则：

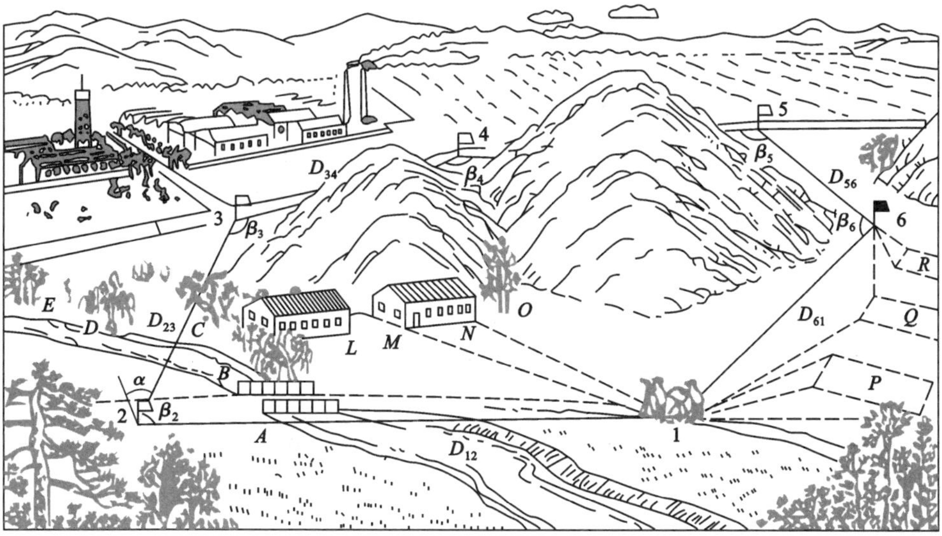

图 1.15　地形测量示意图

(1) 在布局上遵循“从整体到局部”的原则，测量工作必须先进行总体布置，然后再分期、分区、分项实施局部测量工作，而任何局部的测量工作都必须服从全局的工作需要。

(2) 在工作程序上遵循“先控制后碎部”的原则，就是先进行控制测量，测定测区内若干个控制点的平面位置和高程，作为后面测量工作的依据。

(3) 在精度上遵循“从高级到低级”的原则，即先布设高精度的控制点，再逐级发展布设低一级的交会点并进行碎部测量。

同时，测量工作必须进行严格的检核，“前一步工作未作检核不进行下一步测量工作”是组织测量工作应遵循的又一个原则。

【在线测试】

【在线资源】 【在线测试】

任务6 测量常用的计量单位与换算

测量常用的计量单位与换算见表1.4。

表1.4 测量常用的计量单位与换算

量名	单位名	符号	换算关系
长度	米	m	1 m=3 市尺
	分米	dm	1 dm=0.1 m
	厘米	cm	1 cm=0.01 m
	毫米	mm	1 mm=0.001 m
	千米	km	1 km=1000 m
	海里	n mile	1 n mile=1852 m
面积	平方米	m^2	
	平方千米	km^2	1 km^2 = 10^6 m^2 =100 ha=1500 亩
	公顷	ha	1 ha= 10^4 m^2 =15 亩
	亩		1 亩=666.67 m^2 =6000 市尺^2
角度	圆周角		1 圆周角=360°=2π rad
	度	°	1°=60′=0.01745 rad
	分	′	1′=60″=0.00029 rad
	秒	″	1″=0.000005 rad
	弧度	rad	$\rho^\circ \approx 57.30^\circ$;$\rho' \approx 3438'$;$\rho'' \approx 206265''$
时间	天	d	1 d=24 h
	小时	h	1 h=60 min
	分	min	1 min=60 s
	秒	s	

任务7 测量计算数值凑整规则

【在线测试】

为了避免测量误差的迅速累积而影响观测成果的精度，在测量计算中通常采用如下凑整规则：

(1) 若数值中被舍去部分的数值大于所保留的末位数的0.5,则末位加1;

(2) 若数值中被舍去部分的数值小于所保留的末位数的0.5,则末位不变;

(3) 若数值中被舍去部分的数值等于所保留的末位数的0.5,则末位凑整成偶数。

以上规则可归纳为:大于5者进,小于5者舍,等于5者视前面为奇数或偶数而定,奇进偶不进。

【例 1.1】 将表 1.5 所列数值凑整成小数点后 3 位有效数值。

【解】 凑整后数值见表 1.5。

表 1.5　数值表

原有数值	凑整后的数值
2.7335	2.734
2.31439	2.314
3.14159	3.142
4.62550	4.626
4.62650	4.626

思　考　题

1.1　建筑工程测量的任务和作用是什么？

1.2　何谓水准面、大地水准面？大地水准面有何用途？

1.3　北京某点经度为 116°24′，试计算它所在 3°带与 6°带的带号及其相应的中央子午线经度。

1.4　设某点的高斯平面直角坐标为 $x=2489576$ m，$y=20225760$ m，试问该点属第几投影带？离中央子午线及赤道各有多远？

1.5　测量工作中所用的平面直角坐标系与数学上的平面坐标系有何不同？

1.6　何谓绝对高程、相对高程和高差？两点间的绝对高程之差与相对高程之差是否相等？

1.7　用水平面代替水准面对水平距离和高程有何影响？

1.8　确定地面点的三个基本要素是什么？

1.9　测量工作的基本原则是什么？为什么？

项目二　水准测量

【主要内容】

水准测量原理；水准仪的构造和使用；水准测量的施测方法；四等水准测量；水准测量的成果计算；水准仪的检验和校正；水准测量的误差分析等。

重点：水准仪的使用方法；普通水准测量；四等水准测量的施测；水准仪的检校。

难点：四等水准测量一测站的观测、记录和计算；水准测量成果的计算。

【学习目标】

知识目标	能力目标
1. 认识水准仪、水准尺、尺垫； 2. 掌握水准测量原理； 3. 掌握水准测量的施测步骤、记录与计算方法； 4. 掌握四等水准测量施测方法； 5. 掌握国家四等水准测量精度要求； 6. 掌握水准测量成果计算的基本方法； 7. 掌握水准仪应检验与校正方法； 8. 理解水准测量误差的主要来源	1. 能熟练使用水准仪； 2. 能熟练使用水准仪进行水准测量的施测、记录与计算； 3. 能熟练使用水准仪进行四等水准测量，正确完成一测站的观测、记录和计算； 4. 能进行水准测量成果计算和精度评定； 5. 会检验并能校正水准仪的误差； 6. 能采取有效措施消除或减少水准测量误差

【思政目标】

通过认识水准点，激发学生对专业的认同感及以祖国为荣耀的爱国情怀；通过水准测量原理、水准测量方法及水准测量误差的学习，培养学生团结协作意识、吃苦耐劳和攻坚克难的精神品格，使学生养成认真严谨的学习态度，具备不断学习和创新的能力。

在测量工作中，要确定地面点的空间位置，就必须要确定地面点的高程，确定地面点的高程的测量工作称为高程测量。高程测量是测量工作的基本内容之一。依据测量原理和施测方法的不同，高程测量分为几何水准测量、三角高程测量、气压高程测量等几种方法。近年来，GPS 测量也可提供 GPS 高程，通过修正亦可换算为海拔高程。其中，几何水准测量是高程测量中最基本、最精密的一种方法，被广泛应用于高程控制测量和工程测量中。

按精度的高低，几何水准测量分为国家一、二、三、四等水准测量和普通水准测量（也称为等外水准测量或图根水准测量），其中一等水准测量的精度最高，是国家控制网的骨干，同时也是地壳垂直位移及有关科学研究的主要依据；二等水准测量的精度低于一等水准测量，是国家高程控制的基础；三、四等水准测量的精度依次降低，主要为地形测图和各种工程建设提供高程控制；普通水准测量的精度低于四等水准测量，主要服务于图根点的高程测定和普通工程建设施工。

本项目主要介绍普通水准测量和三、四等水准测量。

任务1　水准测量原理

2.1.1　水准测量的概念

水准测量是利用水准仪提供的水平视线在水准尺上读数，直接测定地面上两点间的高差，然后根据已知点高程及测得的高差来推算待定点高程的一种方法。

【在线资源】

2.1.2　水准测量的基本原理

如图2.1所示，地面上有A、B两点，设A为已知高程点，其高程为H_A，B点为待定点，其高程未知。可在AB两点之间安置一台能提供水平视线的仪器（水准仪），在两点上分别竖立带有刻划线的标尺（水准尺），当水准仪提供水平视线时，分别读取A点尺子上的读数a和B点尺子上的读数b，则A、B两点的高差为：

$$h_{AB}=a-b \tag{2.1}$$

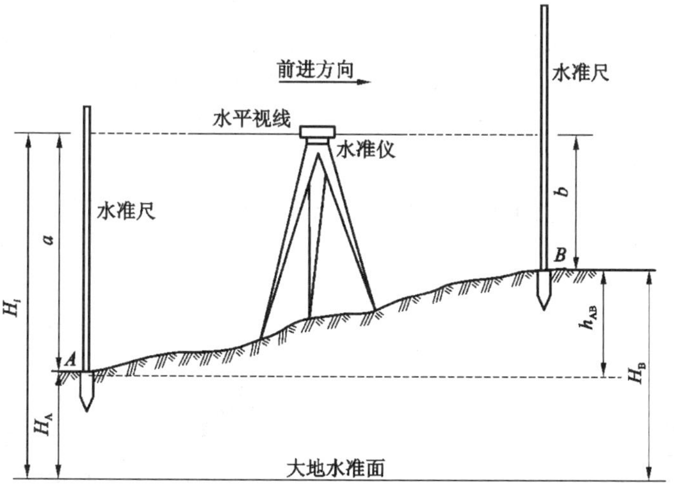

图2.1　水准测量原理

设水准测量的方向是从A点往B点前进，则规定称A点为后视点，A尺为后视尺（简称为后尺），A尺上的读数a为后视读数；称B点为前视点，B尺为前视尺（简称为前尺），B尺上的读数b为前视读数。安置仪器之处称为测站，竖立水准尺的点称为测点。

由式(2.1)可知，两点间的高差等于后视读数减去前视读数，即：

$$高差=后视读数-前视读数$$

显然，高差有正（+）、负（-）之分，当 B 点高于 A 点时，$a>b$，高差为正；当 B 点低于 A 点时，$a<b$，高差为负。

测得 AB 两点间的高差 h_{AB} 后，就可进一步由已知点 A 的高程 H_A 推算待定点 B 的高程 H_B，B 点的高程为：

$$H_B = H_A + h_{AB} = H_A + (a-b) \tag{2.2}$$

在工程测量中还有一种应用较为广泛的计算方法：即由视线高程计算 B 点的高程，由图 2.1 可知，A 点的高程加上后视读数 a 等于水准仪的视线高程（简称视线高），一般用 H_i 表示视线高，即：

$$H_i = H_A + a \tag{2.3}$$

则 B 点的高程等于仪器的视线高 H_i 减去 B 尺的读数 b，即：

$$H_B = H_i - b = (H_A + a) - b \tag{2.4}$$

【在线测试】

式(2.2)是直接用高差计算 B 点高程，称为高差法；式(2.4)是利用水准仪的视线高程计算 B 点高程，称为仪器高法。

任务 2　水准测量的仪器和工具

【在线资源】

在水准测量中，使用的仪器主要有水准仪、水准尺和尺垫。

2.2.1　DS_3 型微倾水准仪

水准测量使用的仪器称为水准仪，水准仪的全称为大地测量水准仪，按精度分为 DS_{05}、DS_1、DS_3、DS_{10} 等几个等级。D、S 分别为“大地测量”“水准仪”的汉语拼音第一个字母，下标数值表示仪器的精度，即每千米往返测高差中数的偶然中误差分别不超过 0.5 mm、1 mm、3 mm、10 mm。DS_{05} 和 DS_1 为精密水准仪，主要用于国家一、二等水准测量和精密水准测量；DS_3 和 DS_{10} 为普通水准仪，用于一般的工程建设测量和三、四等水准测量。本节着重介绍 DS_3 型水准仪。

图 2.2 所示是我国生产的 DS_3 型微倾水准仪的外形和各部分名称。DS_3 型微倾水准仪主要由望远镜、水准器和基座三部分组成。

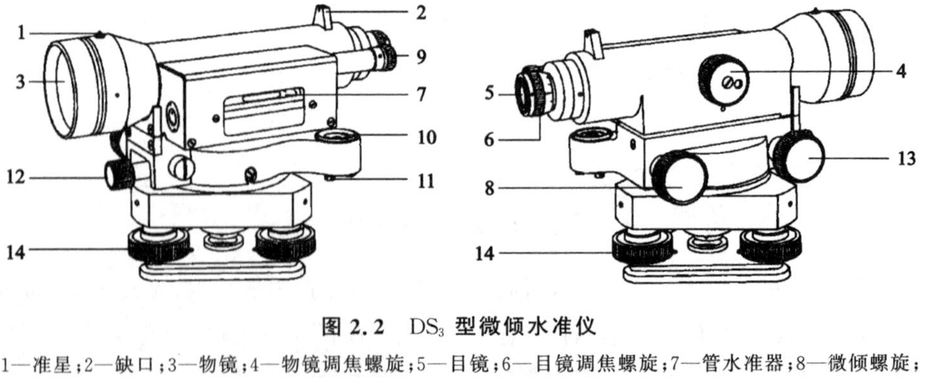

图 2.2　DS_3 型微倾水准仪

1—准星；2—缺口；3—物镜；4—物镜调焦螺旋；5—目镜；6—目镜调焦螺旋；7—管水准器；8—微倾螺旋；9—管水准器气泡观察窗；10—圆水准器；11—圆水准器校正螺旋；12—水平制动螺旋；13—水平微动螺旋；14—脚螺旋

2.2.1.1 望远镜

望远镜的作用是提供一条照准目标的视线，主要用于照准目标并在水准尺上读数，如图 2.2 所示。望远镜是由物镜、目镜、十字丝分划板、物镜调焦螺旋及目镜调焦螺旋组成。望远镜具有一定的放大倍数，DS_3 型水准仪望远镜的放大率一般不低于 28 倍。根据调焦方式不同，望远镜又分为外调焦望远镜和内调焦望远镜两种，现在我们使用的大多是内调焦望远镜。

物镜和目镜多采用复合透镜组，十字丝分划板上面刻有相互垂直的细线，称为十字丝。如图 2.3 所示，中间横的一条称为中丝(或横丝)，与中丝平行的上、下两根短丝，一根叫上丝，另一根叫下丝，统称为视距丝，用来测量仪器和目标之间的距离。

十字丝交点与物镜光心的连线称为视准轴，视准轴是水准测量中用来读数的视线。图 2.4 所示是望远镜构造图。

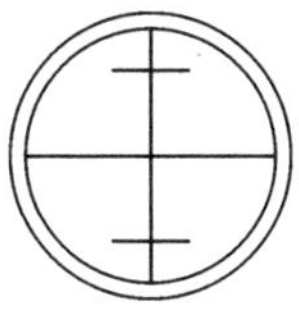

图 2.3 十字丝分划板

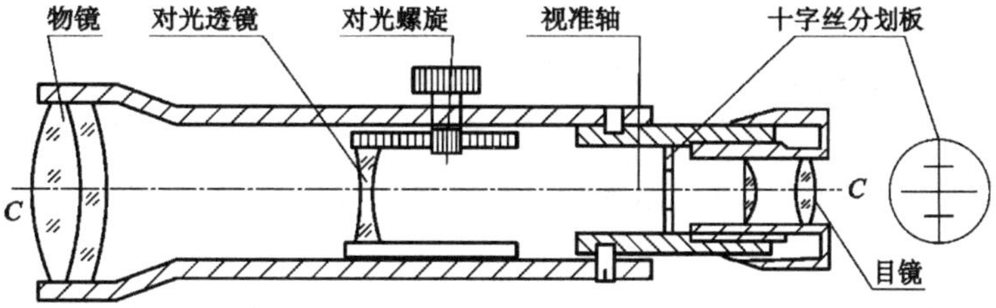

图 2.4 望远镜构造

2.2.1.2 水准器

水准器是用来衡量视准轴是否水平或仪器竖轴是否铅直的装置。水准器有水准管和圆水准器两种。水准管用来指示视准轴是否水平，圆水准器用来指示竖轴是否竖直。

(1) 水准管

水准管也叫管水准器，是纵向内壁磨成圆弧形的封闭玻璃管，管内装满酒精和乙醚的混合液，装满后封闭加热玻璃管，待其冷却后，在管内就形成一个小气泡。由于气体比液体密度小，所以气泡总是在最高点，如图 2.5 所示。

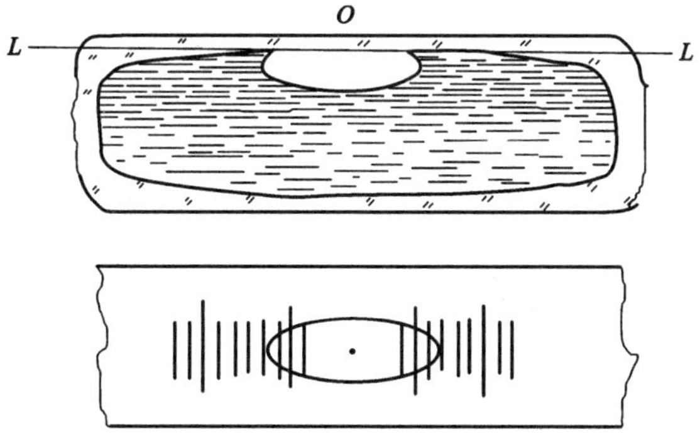

图 2.5 水准管

水准管圆弧形表面上刻有 2 mm 间隔的分划线，分划线的中心 O 是水准管圆弧的中点，称为水准管的零点。通过零点与圆弧相切的直线 LL_1，称为水准管轴。当气泡中心与零点重合时，称气泡居中，这时水准管轴 LL_1 一定处于水平位置。若气泡不居中，则水准管轴处于倾斜位置。

水准管上 2 mm 的弧长所对应的圆心角值称为水准管分划值，一般用 τ 表示。水准管的分划值即是气泡每移动一格时，水准管轴所倾斜的角值，即：

$$\tau=\frac{2}{R}\rho'' \tag{2.5}$$

式中 τ——水准管的分划值，″；

R——水准管圆弧的半径，mm；

ρ''——弧度的秒值，$\rho''=206265''$。

水准管分划值的大小反映了仪器整平精度的高低。由式(2.5)可以看出：水准管半径越大，分划值越小，灵敏度(整平仪器的精度)就越高，使仪器居中也越费时。DS_3 型水准仪的水准管分划值为 20″/2 mm。

为了提高水准管气泡居中的精度，微倾式水准仪在水准管的上方安装一组符合棱镜，通过棱镜的反射作用，把气泡两端的影像折射到望远镜旁的观察窗内，如图 2.6 所示。当气泡两端的半边影像完全吻合时，表示气泡居中；若两端影像错开，则表示气泡不居中，可转动微倾螺旋使气泡影像吻合。这种水准器称为符合水准器。

(2) 圆水准器

圆水准器是一封闭的玻璃圆盒，顶面的玻璃内表面研磨成球面，球面中央有一个圆圈，如图 2.7 所示。其圆心称为圆水准器的零点。零点与球心的连线，称为圆水准器轴。当气泡居中时，圆水准器轴就处于铅直位置。圆水准器的分划值是指气泡中心偏离零点 2 mm 时轴线所倾斜的角值。DS_3 水准仪圆水准器分划值一般为(8′～10′)/2 mm。由于圆水准器顶面内壁曲率半径较小，灵敏度较低，只能用于仪器的粗略整平。

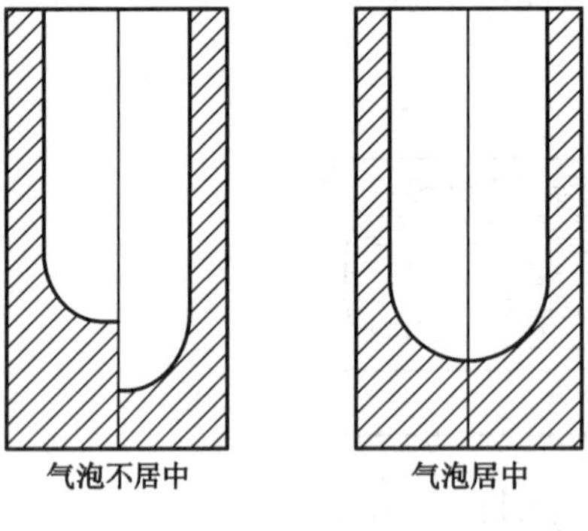

图 2.6 符合水准器影像

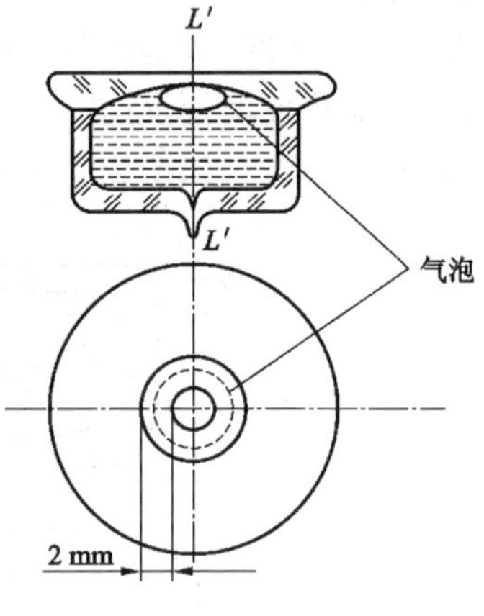

图 2.7 圆水准器

2.2.1.3 基座

基座用于支撑仪器的上部并与三脚架连接，主要由轴座、脚螺旋、底板和三角压板组成。

2.2.2 DS_3 型自动安平水准仪

2.2.2.1 自动安平水准仪介绍

自动安平水准仪也称为补偿器水准仪，是一种新型测量仪器，它的结构特点是没有水准管和微倾螺旋，而是利用自动安平补偿器代替水准管和微倾螺旋，自动获得视线水平时的水准尺读数。

用 DS_3 微倾水准仪进行水准测量时，必须调整微倾螺旋使符合气泡居中，才能获得水平视线，而自动安平水准仪没有水准管和微倾螺旋，是在望远镜的镜筒内安装了一个“自动补偿器”，用自动补偿器代替水准管，观测时只需将仪器圆气泡居中，便可进行中丝读数。由于自动安平水准仪省略了“精平”过程，简化了操作，提高了观测速度。

图 2.8 所示为天津欧波公司生产的 DS_3 型自动安平水准仪，各部件名称见图注。

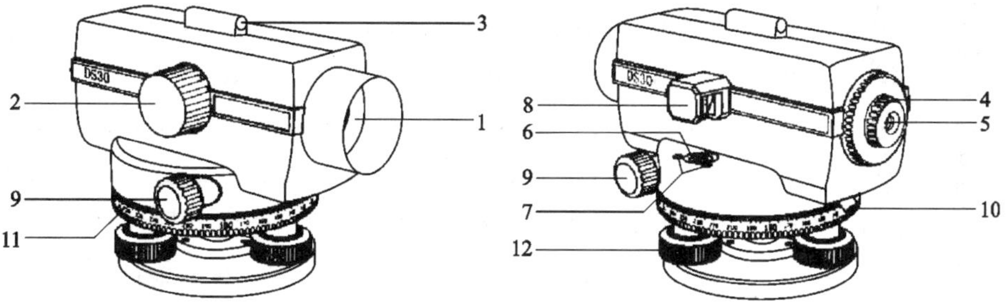

图 2.8 DS_3 型自动安平水准仪

1—物镜；2—物镜调焦螺旋；3—粗瞄器；4—目镜调焦螺旋；5—目镜；6—圆水准器；7—圆水准器校正螺丝；8—圆水准器反光镜；9—无限位微动螺旋；10—补偿器检测按钮；11—水平度盘；12—脚螺旋

2.2.2.2 自动安平水准仪的基本原理

在自动安平水准仪的光学系统中，设置了一个自动安平补偿器用以改变光路，使视准轴略有倾斜时，视线仍能保持水平，以达到水准测量的要求。

图 2.9 为自动安平补偿器的原理图，当水准轴水平时，水准尺的读数为 a_0，即 A 点的水平视线通过物镜光路到达十字丝的中心；当视准轴倾斜了一个小角度 α 时，视准轴的读数为 a，为了使十字丝横丝的读数仍为视准轴水平时的读数 a_0，在望远镜的光路中加了一个补偿器，使经过物镜光心的水平视线经过补偿器的光学元件后偏转了一个 β 角，水平光线将落在十字丝的交点处，从而得到正确的读数。补偿器要达到补偿的目的应满足下式要求：

$$f\alpha = d\beta \tag{2.6}$$

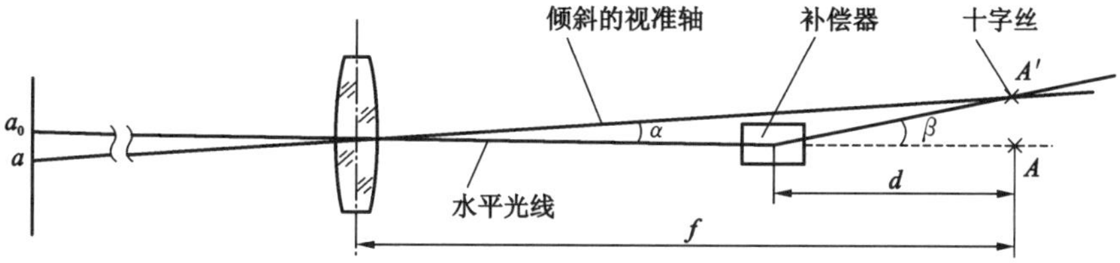

图 2.9 自动安平补偿器的原理

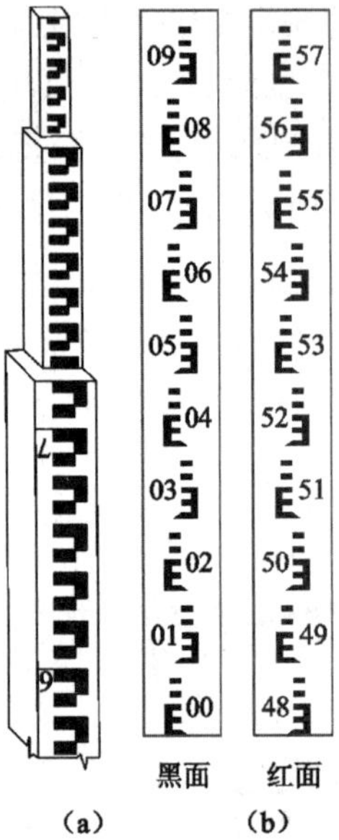

图 2.10 水准尺

(a) 塔尺；(b) 双面尺

2.2.3 水准尺

水准尺是水准测量时使用的标尺，由优质木材或玻璃钢制成，常用的水准尺有塔尺和双面尺两种。图 2.10 所示为两种尺子外形。

双面尺也叫直尺，尺长 3 m，尺的双面均有刻划，一面为黑白相间，称为黑面尺，尺底端起点为零；另一面为红白相间，称为红面尺，尺底端起点是一个常数，称为尺常数或零点，一般为 4.687 m 或 4.787 m。不同尺常数的两根尺子组成一对使用，利用黑、红面尺零点相差的常数可对水准测量读数进行检核。双面尺用于三、四等及普通水准测量中。

塔尺的形状呈塔形，由几节套接而成，其全长可达 5 m，尺的底部为零刻划，尺面以黑白相间的分划为刻划，最小刻划为 1 cm 或 0.5 cm，“米”和“分米”处注有数字，大于 1 m 的数字注记加注红点或黑点，点的个数表示米数。塔尺携带方便，但在连接处常会产生误差，一般用于精度较低的普通水准测量中。

2.2.4 尺垫

【在线测试】

进行水准测量时，转点上一般要使用尺垫，如图 2.11 所示。尺垫用生铁铸成，呈三角形，上面有一个凸起的半圆球，半圆球的顶点作为转点标志，水准尺立于尺垫的半圆球顶点上。使用时应将尺垫下面的三个脚踏入土中使其稳固。

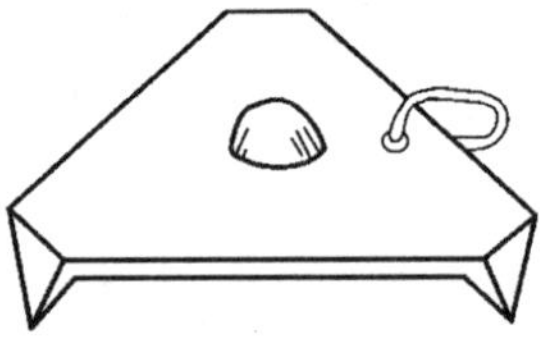

图 2.11 尺垫

任务 3 水准仪的使用

2.3.1 DS_3 型微倾水准仪的使用

【在线资源】

DS_3 型微倾水准仪的使用分为以下几个步骤：安置仪器、粗略整平、瞄准和调焦、精确整平和读数。

(1) 安置仪器

在安置仪器时，首先在测站上松开三脚架架腿的固定螺旋，伸缩三个脚使高度适中，再拧紧固定螺旋，打开三脚架，使三脚架架头大致水平，并将三脚架的架脚踩入土中。三脚架安置好后，从仪器箱中取出仪器，用中心连接螺旋将仪器固定在三脚架上。

(2) 粗略整平

粗略整平简称粗平，是调节仪器脚螺旋使圆水准器气泡居中，以达到水准仪的竖轴铅直，视线大致水平的目的。粗略整平可用脚螺旋进行。脚螺旋转动的规律是：顺时针转动脚螺旋，使该脚螺旋所在一端升高；逆时针转动脚螺旋，使该脚螺旋所在一端降低。气泡偏向哪端说明哪端高些，气泡的移动方向始终与左手大拇指转动的方向一致，称之为左手大拇指法则。如

图 2.12(a)所示，首先用双手按箭头所指的方向转动脚螺旋 1、2，使气泡移动到这两个脚螺旋方向的中间位置，如图 2.12(b)所示，再用左手转动脚螺旋 3，使气泡居中，如图 2.12(c)所示。按上述方法反复调整脚螺旋，能使圆水准器气泡完全居中。

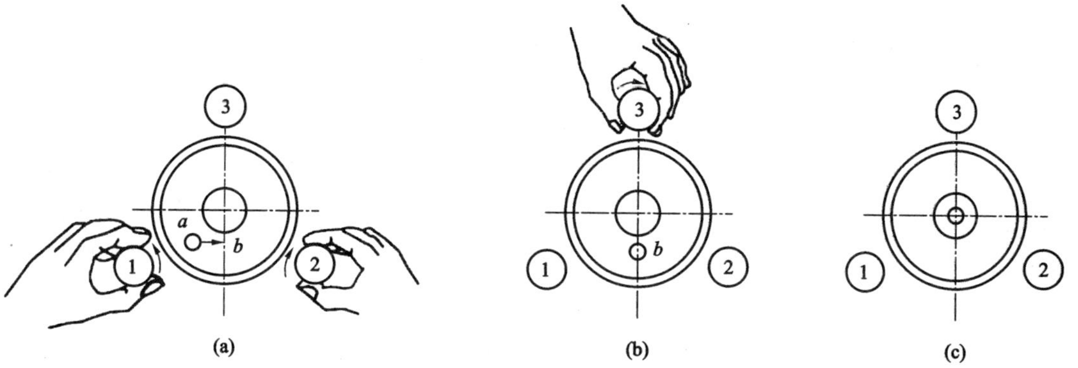

图 2.12 圆水准器整平方法

(3) 瞄准和调焦

瞄准目标简称瞄准。瞄准分为粗瞄和精瞄，具体的操作方法是：

① 粗瞄。转动望远镜制动螺旋，用望远镜镜筒外的缺口和准星粗略地瞄准水准尺，固定制动螺旋。

② 调焦。转动物镜对光螺旋，使尺子的成像清晰。

③ 精瞄。转动水平微动螺旋，使十字丝纵丝对准水准尺的中间。

④ 消除视差。如果调焦不到位，就会使尺子成像面与十字丝分划平面不重合，此时，观测者的眼睛靠近目镜端上下微微移动，就会发现十字丝和目标影像也随之变动，这种现象称为视差。视差的存在将影响观测结果的准确性，应予以消除。消除视差的方法是仔细反复进行目镜和物镜调焦，直到无论从哪个位置观察，尺像和十字丝均位于清晰状态，十字丝横丝所照准的读数始终不变。

(4) 精确整平

精确整平简称精平，就是调节微倾螺旋，使符合水准器气泡居中，即使目镜左边观察窗内的符合水准器的气泡两个半边影像完全吻合，这时望远镜的视准轴完全处于水平位置。每次在水准尺上读数之前都应进行精平。由于气泡移动有惯性，所以转动微倾螺旋的速度不能太快，只有使符合气泡两端影像完全吻合而又稳定不动后，气泡才居中。

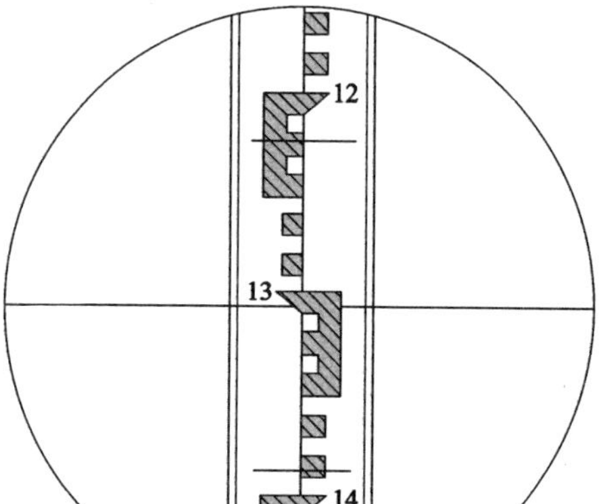

图 2.13 水准尺读数

(5) 读数

符合水准器气泡居中后，即可读取十字丝中丝在水准尺上的读数。依次读出米、厘米、分米、毫米四位数，其中毫米位是估读的。如图 2.13 所示，中丝读数为 1.306 m，如果以毫米为单位，读记为1306 mm。

由于水准尺有正像和倒像两种。正像的尺子上丝读数大，下丝读数小；倒像的尺子上丝读数小，下丝读数大。图 2.13 所示为倒像读数。

需要注意的是:在同一测站,当望远镜瞄准前尺时,必须重新转动微倾螺旋使水准管气泡符合后才能对水准尺进行读数。

2.3.2 自动安平水准仪的使用

(1) 粗平仪器(方法同 DS_3 型微倾水准仪)。

(2) 补偿器性能的检验

检查补偿器是否处于正常的工作状态:按动检查按钮,视线水平尺影像随之上下摆动,并迅速静止(约 1 s),或望远镜警示窗呈现绿色,说明仪器正常,可以施测。若仪器没有按钮装置,可先瞄准一根水准尺,整平仪器后读数,然后微微转动脚螺旋,若此时读数不变,说明补偿器工作正常。否则,说明补偿器有故障,不能使用,需要维修。

【在线测试】

(3) 瞄准和调焦(方法同 DS_3 型微倾水准仪)。

(4) 读数(方法同 DS_3 型微倾水准仪)。

任务 4 普通水准测量

普通水准测量又称等外水准测量或图根水准测量,也称为五等水准测量。它主要用于加密高程控制点且直接为地形测图服务,也广泛用于土木工程施工中。

【在线资源】

2.4.1 水准点

通过水准测量的方法测定其高程的控制点称为水准点,常用"BM"表示。水准点有永久性和临时性两种。永久性水准点一般用石料或钢筋混凝土制成,深埋在地面冻土线以下,顶面设有不锈钢或其他不易腐蚀的材料制成的半球状标志,如图 2.14(a)所示。有些水准点也可设置在稳定的墙脚上,称为墙上水准点,如图 2.14(b)所示。临时性的水准点可用地面上凸出的坚硬岩石做记号,松软的地面也可打入木桩,在桩顶钉一个小铁钉来表示水准点,在坚硬的地面上可以用油漆画出标记作为水准点。

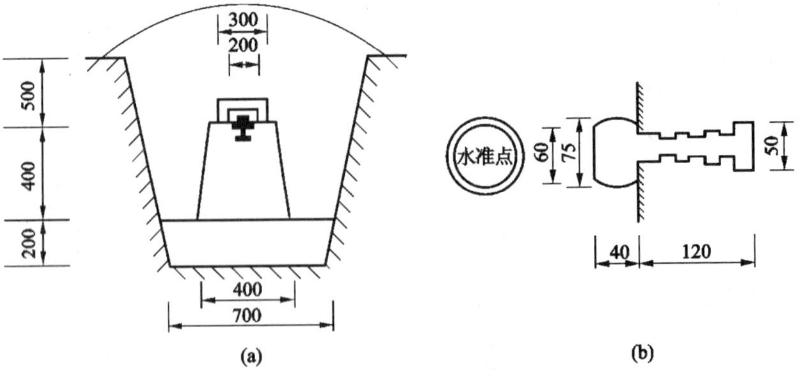

图 2.14 国家等级水准点

埋设水准点后,应绘出水准点与附近地物关系图,在图上还要写明水准点的编号和高程,称为点之记,以便于日后寻找水准点位置时使用。

2.4.2 水准路线

水准路线是水准测量实施时所经过的路线，为了避免在测量成果中存在人为的粗差，并保证测量成果能达到一定的精度要求，必须按照某种形式布设水准路线。布设水准路线的基本出发点必须满足具体任务要求，待定点的分布和实际情况，既要包含所有的待定点，又要能够进行成果的检核，一般以高一等级水准点为起点。水准路线上两相邻水准点之间称为“一个测段”。

水准路线通常有以下三种形式：

(1) 闭合水准路线

从一个已知的水准点出发，经过各待测水准点进行水准测量，最后又回到原来的已知水准点上，构成的环形水准路线称为闭合水准路线，如图 2.15(a)所示。闭合水准路线常用于方形区域。

(2) 附合水准路线

从一个已知水准点出发，经过各待测水准点进行水准测量，最后到另一个已知的水准点上结束的水准路线，称为附合水准路线，如图 2.15(b)所示。附合水准路线常用于带状区域。

(3) 支线水准路线

从一个已知的水准点出发，经过各待测水准点进行水准测量，其路线既不闭合回原来已知的水准点，也不附合到另一个已知水准点的路线，称为支线水准路线，简称为支水准路线，如图 2.15(c)所示。

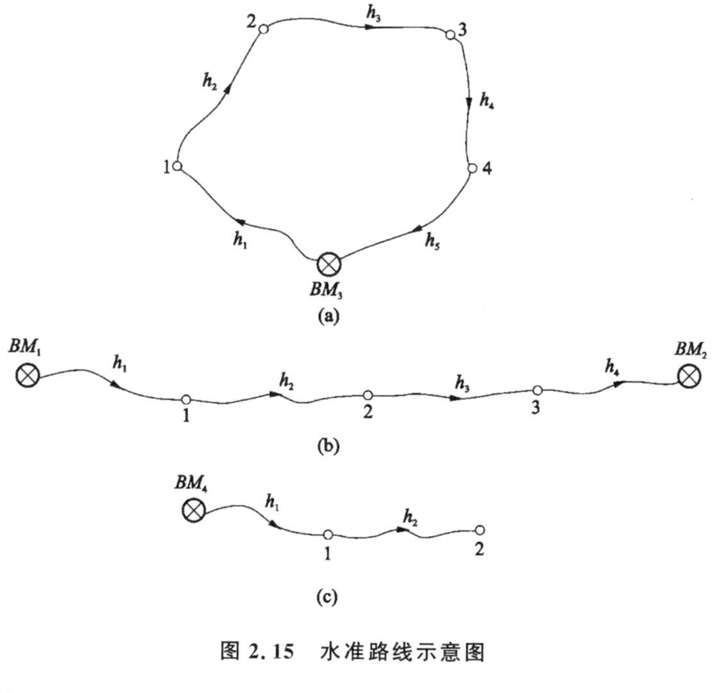

图 2.15 水准路线示意图

附合水准路线和闭合水准路线因为有检核条件，一般进行单程观测。支线水准路线缺乏检核条件，一般需要进行往返观测，或者单程双线观测，以便检核观测数据的正确性。

2.4.3 普通水准测量

2.4.3.1 水准测量的观测程序和方法

当已知点与待定点间相距不远、高差不大，且无视线遮挡时，只需安置一次水准仪就可测得两点间的高差。但当两水准点间相距较远或高差较大，或有障碍物遮挡视线时，仅安置一次仪器不可能测得两点间的高差，必须在两点之间依次连续安置水准仪测定各站高差，最后取各站高差的代数和，即得到已知点与待定点间的高差。

图 2.16 所示为普通水准测量示意图，A 点为已知水准点，其高程为 36.524 m，B 点为待定水准点。观测程序如下：

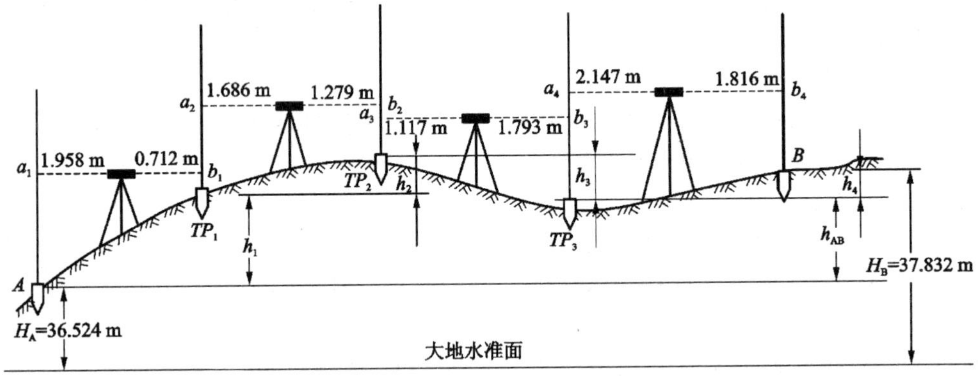

图 2.16 水准测量示意图

(1) 在已知点 A 上竖立后尺，选择一个适当的地点安置仪器，再选择一个合适的点 TP_1 放置尺垫并踏实，将前尺竖立在尺垫上。

(2) 按照水准仪的使用方法，整平仪器，读取后视读数 a_1，记录；再瞄准 TP_1 点的前尺，读取前视读数 b_1，记录。按照高差的计算公式，计算出第一站的高差。

(3) 第一站的前尺 TP_1 不动，作为第二站的后尺；仪器和第一站的后尺搬往下一站，选一个适当的地方安置仪器，选择 TP_2 作为第二站的前尺点，按照第一站的施测方法测量第二站的高差并计算。重复上述过程，一直观测到待定点 B 结束。

(4) 记录者应在现场完成每页记录手簿的计算和校核。

根据上述可知，每安置一次仪器就测得一站高差，即：

$$h_1 = a_1 - b_1$$
$$h_2 = a_2 - b_2$$
$$h_3 = a_3 - b_3$$
$$h_4 = a_4 - b_4$$

将上述各式相加，得：

$$h_{AB} = \sum h = \sum a - \sum b \tag{2.7}$$

则：

$$H_B = H_A + h_{AB} = H_A + \sum a - \sum b \tag{2.8}$$

式(2.8) 可用于检核高差计算的正确性。

从图 2.16 可以看出，在 A、B 两水准点之间设立了三个过渡点 TP_1、TP_2、TP_3，这三个点的高程是不要求测定的，它们的作用是传递高程，这样的点叫转点。值得注意的是，转点上要放置尺垫。

表 2.1 为普通水准测量的记录表，在表中的计算检核只能检查计算是否正确，不能检查观测和记录是否有误。

表 2.1 普通水准测量记录表

测站	测点	后视读数/m	前视读数/m	高差/m		高程/m	备注
				+	−		
1	A	1.958	0.712	1.246		36.524	
	1						
2		1.686	1.279	0.407			
	2						
3		1.117	1.793		0.676		
	3						
4		2.147	1.816	0.331			
	B					37.832	
$\sum$		6.908	5.600	1.984	0.676		
计算检核	$\sum a-\sum b=6.908-5.600=1.308$ m $H_B-H_A=37.832-36.524=1.308$ m $\sum h=1.984-0.676=1.308$ m						

2.4.3.2 水准测量的检核方法

长距离的水准测量工作的连续性很强，待定点的高程是通过各转点的高程传递而获得的。按照上述方法观测，若有一站上的后视读数或前视读数不正确，或者观测质量太差，则整条水准路线的测量成果都将受到影响，所以水准测量的检核是非常必要的。水准测量的检核有计算检核、测站检核和成果检核三种方法。

(1) 计算检核

计算检核的目的是及时检核记录手簿中的高差和高程计算中是否有错误，即检核后视读数总和减去前视读数总和、高差总和、待定点高程与起点高程之差，这三个数据是否相等。若相等，表示计算正确，否则说明计算错误。

例如表 2.1 中，$\sum a-\sum b=6.908-5.600=1.308$ m，$\sum h=1.984-0.676=1.308$ m，$H_B-H_A=37.832-36.524=1.308$ m，说明高程计算正确。

计算检核只能检核计算是否正确，不能检核观测是否正确。

(2) 测站检核

在水准测量中，为了及时地发现观测中的错误，保证每一站所测高差的正确性，可以采用测站检核的方法进行测站校核。测站检核一般采用改变仪器高法和双面尺法。

① 改变仪器高法

在一个测站上测得高差后，将水准仪改变高度(升高或降低 10 cm 以上)重新安置仪器，再测一次高差，两次测得的高差之差不超过限差时(一般为 5 mm)，取其平均值作为该站高差，超过此限差应重新观测。

② 双面尺法

在一个测站上，仪器高不变，分别用水准尺的黑、红面各测得一个高差，两个高差之差不超过限差时，可取其平均值作为观测结果。如不符合要求，则应重测。

(3) 成果检核

测站检核只能检查单个测站的观测精度是否符合要求，还必须进一步对水准测量成果进行检核。温度、风力、大气折光、尺垫下沉和仪器下沉等诸多外界条件引起的误差，还有尺子倾斜和估读误差以及水准仪本身误差等因素，虽然在一个测站上反映得不明显，但随着测站的增加使误差积累，有时也会超出规定的限差，因此，还需要进行整条水准路线的成果检核，将水准路线的测量结果与理论值相比较，来判断观测的精度是否符合要求。

实际测量的高差与高差理论值之差称为高差闭合差，一般用 f_{h} 表示：

$$f_{\text{h}} = \sum h_{测} - \sum h_{理} \tag{2.9}$$

如果高差闭合差不大于允许值，则观测结果正确，精度符合要求，否则应当重测。水准测量的高差闭合差的允许值根据水准测量的等级不同而异。表 2.2 为工程测量限差表。

表 2.2 工程测量限差表

等级	允许闭合差 /mm	一般应用范围举例
三等	$f_{\text{h允}} = \pm 12\sqrt{L}$ $f_{\text{h允}} = \pm 4\sqrt{n}$	有特殊要求的较大型工程、城市地面沉降观测等
四等	$f_{\text{h允}} = \pm 20\sqrt{L}$ $f_{\text{h允}} = \pm 6\sqrt{n}$	综合规划路线、普通建筑工程、河道工程等
等外 (图根)	$f_{\text{h允}} = \pm 40\sqrt{L}$ $f_{\text{h允}} = \pm 12\sqrt{n}$	水利工程、山区线路工程、排水沟疏浚工程、小型农田等

成果检核的方法因水准路线布设的形式不同而异。

① 附合水准路线

附合水准路线是从一个已知的高程点测到另一个已知的高程点，高差的理论值应为终点高程减去起点高程，即 $\sum h_{理} = H_{终} - H_{始}$，根据高差闭合差的定义得：

$$f_{\text{h}} = \sum h_{测} - (H_{终} - H_{始}) \tag{2.10}$$

② 闭合水准路线

闭合水准路线是起止于同一个已知点上，所以高差的总和理论上应为零，即 $\sum h_{理} = 0$，根据高差闭合差的定义得：

$$f_{\text{h}} = \sum h_{测} - \sum h_{理} = \sum h_{测} - 0 = \sum h_{测} \tag{2.11}$$

③ 支线水准路线

支线水准路线必须进行往、返测量。往测高差总和理论上应与返测高差总和大小相等、符号相反。因此，支线水准路线的高差闭合差为：

$$f_{\text{h}} = \sum h_{测} = \sum h_{往} + \sum h_{返} \tag{2.12}$$

高差闭合差反映了测量成果的质量，根据水准测量的等级不同，高差闭合差的要求也不相同。

根据有关测量规范要求，等外水准测量的高差闭合差的允许值为：

$$\left.\begin{aligned} f_{h允} &= \pm 40\sqrt{L} \quad (平地) \\ f_{h允} &= \pm 12\sqrt{n} \quad (山地) \end{aligned}\right\} \tag{2.13}$$

式中 $f_{h允}$—— 等外水准测量的高差闭合差的允许值,mm;

L—— 路线长度,km;

n—— 测站数。

2.4.4 水准测量的注意事项

(1) 在测量工作之前,应对水准仪进行检校。

(2) 仪器应安置在稳固的、便于观测的地面上。在光滑的地面上安置仪器时应防止脚架滑倒,损坏仪器。

(3) 视线一般控制在 100 m 之内,视线离地面高度一般不小于 0.2 m。

(4) 在已知点和待测点上,都不能放尺垫,应将水准尺直接立于标石或木桩上;尺垫只在转点上使用,尺子要竖立在尺垫半圆球上。

(5) 水准尺要扶直,不能前后左右倾斜。

(6) 读数时要消除视差的影响。

(7) 外业记录必须用铅笔在现场直接记录在手簿中,记录数据要端正、整洁,不得对原始记录进行涂改或擦拭。读错、记错的数据应划去,再将正确的数据记在上方,在相应的备注栏中注明原因。对于尾数读数有错误的记录,不论什么原因,都不允许更改,而应将该测站的观测结果废去重测,重测记录前需加“重测”二字。

(8) 有正、负意义的量,在记录时,都应带上“+”“-”,正号也不能省去;对于中丝读数,要求读记四位数,前后的“0”都要读记。

(9) 在观测员未迁站前,后视尺的尺垫不能动。

(10) 要注意保护好仪器,防止雨淋或暴晒,仪器在测站上,观测者不能离开仪器。

【在线测试】

任务5 水准测量成果的计算

水准测量外业工作结束后,即可进行内业成果的计算。计算前,必须对外业手簿进行检查,确保无误后才能进行内业成果的计算。

【在线资源】

2.5.1 内业成果计算的步骤

(1) 高差闭合差 f_h 及其允许值 $f_{h允}$ 的计算

当 $|f_h| \leqslant |f_{h允}|$ 时,进行内业成果的计算。

若 $|f_h| > |f_{h允}|$,则说明外业测量数据不符合要求,不能进行内业成果的计算,需重测。

(2) 高差闭合差调整值的计算

当高差闭合差在允许范围之内时,可进行高差闭合差的调整,高差闭合差调整的原则是将高差闭合差按测站数或距离成正比例反号平均分配到各观测高差上。

设每一测段高差改正数(也称调整值)为 v_i,则有:

$$v_i = -\frac{f_h}{\sum n} n_i \tag{2.14}$$

式中 $\sum n$—— 测站总数;

n_i—— 测段总测站数。

或:

$$v_i = -\frac{f_h}{\sum L} L_i \tag{2.15}$$

式中 $\sum L$—— 水准路线总长度;

L_i—— 测段总长。

高差改正数的总和应与高差闭合差大小相等、符号相反,即:

$$\sum v = -f_h \tag{2.16}$$

用式(2.16)检核计算的正确性。

对于支水准路线,取往测和返测高差的平均值作为两点间的高差,符号与往测相同。

(3) 计算改正后的高差 $\hat{h}_i$

将各段高差观测值加上相应的高差改正数,求出各段改正后的高差,即:

$$\hat{h}_i = h_i + v_i \tag{2.17}$$

改正后高差的总和应与理论高差相等,即:

$$\sum \hat{h}_i = \sum h_{理} \tag{2.18}$$

用式(2.18)检核计算的正确性。

(4) 待定点高程的计算

由起始点的已知高程 $H_{始}$ 开始,逐个加上相应测段改正后的高差 $\hat{h}_i$,即得下一点的高程 H_i:

$$H_i = H_{i-1} + \hat{h}_i \tag{2.19}$$

由待定点推算得到的终点高程与已知的终点高程应该相等,即:

$$H_{终} = H_{待n} + \hat{h}_{n+1} = H_{终已} \tag{2.20}$$

用式(2.20)检核计算的正确性。

2.5.2 工程案例

2.5.2.1 闭合水准路线成果案例

某一闭合水准路线的观测成果如图 2.17 所示,试按等外水准测量的精度要求,计算待定点 A、B、C 的高程($H_{BM} = 31.753$ m)。

(1) 计算高差闭合差 f_h 及其允许值 $f_{h允}$

$$f_h = \sum h_{测} = +0.026\ \text{m} = +26\ \text{mm}$$

$$f_{h允} = \pm 12\sqrt{n} = \pm 12\sqrt{22} = \pm 56\ \text{mm}$$

$|f_h| \leqslant |f_{h允}|$，可以进行高差闭合差的调整。

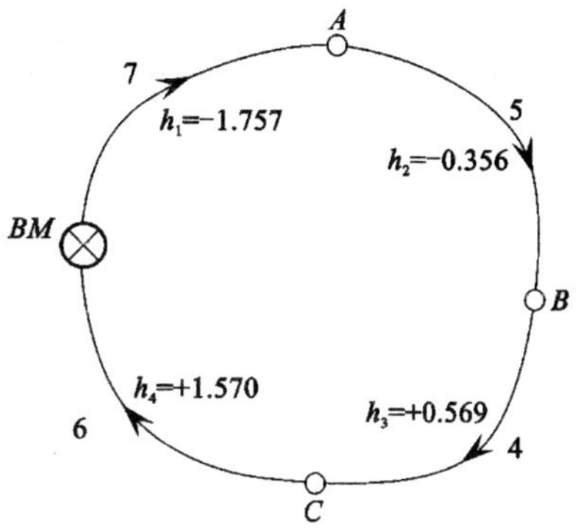

图 2.17　闭合水准路线

(2) 计算各段高差改正数

按式(2.14)进行高差闭合差改正数的计算：

$$v_1 = -\frac{f_h}{\sum n}n_1 = \frac{-0.026}{22} \times 7 = -0.008\ \text{m}$$

$$v_2 = -\frac{f_h}{\sum n}n_2 = \frac{-0.026}{22} \times 5 = -0.006\ \text{m}$$

$$v_3 = -\frac{f_h}{\sum n}n_3 = \frac{-0.026}{22} \times 4 = -0.005\ \text{m}$$

$$v_4 = -\frac{f_h}{\sum n}n_4 = \frac{-0.026}{22} \times 6 = -0.007\ \text{m}$$

改正数计算校核：

$$\sum v = -26\ \text{mm} = -f_h$$

计算正确。

(3) 计算改正后的高差 $\hat{h}_i$

按式(2.17)计算改正后的高差 $\hat{h}_i$：

$$\hat{h}_1 = h_1 + v_1 = -1.757 - 0.008 = -1.765\ \text{m}$$

$$\hat{h}_2 = h_2 + v_2 = -0.356 - 0.006 = -0.362\ \text{m}$$

$$\hat{h}_3 = h_3 + v_3 = +0.569 - 0.005 = +0.564\ \text{m}$$

$$\hat{h}_4 = h_4 + v_4 = +1.570 - 0.007 = +1.563\ \text{m}$$

改正后的高差计算校核：

$$\sum \hat{h} = 0 = \sum h_{理}$$

计算正确。

(4) 计算待定点高程

按式(2.19)计算各个待定点高程：

$$H_A = H_{BM} + \hat{h}_1 = 31.753 - 1.765 = 29.988\ \text{m}$$

$$H_B = H_A + \hat{h}_2 = 29.988 - 0.362 = 29.626\ \text{m}$$

$$H_C = H_B + \hat{h}_3 = 29.626 + 0.564 = 30.190\ \text{m}$$

检核计算：

$$H_{BM算} = H_C + \hat{h}_4 = 30.190 + 1.563 = 31.753\ \text{m} = H_{BM已知}$$

计算正确，至此计算结束。

计算步骤列于表 2.3 中。

表 2.3　闭合水准路线的成果计算表

点名	测站数	实测高差 /m	高差改正数 /m	改正后高差 /m	高程 /m	备注
BM					31.753	
	7	−1.757	−0.008	−1.765		
A					29.988	
	5	−0.356	−0.006	−0.362		
B					29.626	
	4	+0.569	−0.005	+0.564		
C					30.190	
	6	+1.570	−0.007	+1.563		
BM					31.753	
$\sum$	22	+0.026	−0.026	0		
辅助计算	$f_h = \sum h_{测} = +0.026\ \text{m} = +26\ \text{mm}$ $f_{h允} = \pm 12\sqrt{n} = \pm 12\sqrt{22} = \pm 56\ \text{mm}$					

2.5.2.2　附合水准路线的成果计算工程案例

某一附合水准路线观测成果如图 2.18 所示，试按等外水准测量的精度要求计算待定点 1、2、3 点的高程（$H_{BM1} = 48.000$ m，$H_{BM2} = 45.869$ m）。

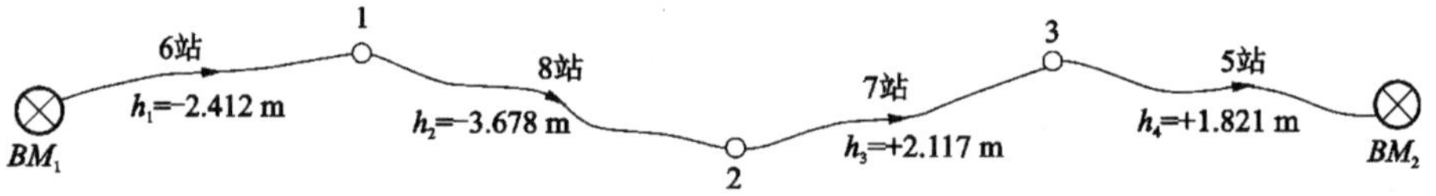

图 2.18　附合水准路线

分步计算略。计算结果见表 2.4。

表 2.4　附合水准路线成果计算表

点名	测站数	实测高差 /m	高差改正数 /m	改正后高差 /m	高程 /m	备注
BM_1					48.000	
	6	−2.412	+0.005	−2.407		
1					45.593	
	8	−3.678	+0.006	−3.672		
2					41.921	
	7	+2.117	+0.006	+2.123		
3					44.044	
	5	+1.821	+0.004	+1.825		
BM_2					45.869	
$\sum$	26	−2.152	+0.021	−2.131		
辅助计算	$f_h = \sum h_{测} - (H_{BM2} - H_{BM1}) = -0.021\ \text{m} = -21\ \text{mm}$ $f_{h允} = \pm 12\sqrt{n} = \pm 12\sqrt{26} = \pm 61\ \text{mm}$					

任务6　三、四等水准测量

在地形测图和施工测量中，多采用三、四等水准测量作为首级高程控制，三、四等水准测量与普通水准测量相比精度高，要求严格。三、四等水准测量的一测站的观测程序、操作方法、视线长度和读数等都有一定的技术要求。

【在线资源】

2.6.1　三、四等水准测量的技术要求

国家测绘局制定的三、四等水准测量的主要技术要求见表2.5。

表2.5　三、四等水准测量的主要技术要求

等级	视距/m	高差闭合差限差/mm		视线高度	前后视距差/m	前后视距积累差/m	黑、红面读数差/mm	黑、红面所测高差之差/mm
		平地	山区					
三等	≤75	$\pm 12\sqrt{L}$	$\pm 4\sqrt{n}$	三丝能读数	≤2.0	≤5.0	2.0	3.0
四等	≤100	$\pm 20\sqrt{L}$	$\pm 6\sqrt{n}$	三丝能读数	≤3.0	≤10.0	3.0	5.0

2.6.2　三、四等水准测量的施测方法

三、四等水准测量的观测应在通视良好、成像清晰稳定的情况下进行，一般采用双面水准尺进行观测。下面以四等水准测量为例介绍双面尺法的观测程序。

2.6.2.1　测站观测程序

(1) 照准后尺黑面，读取下丝(1)、上丝(2)、中丝(3)，并进行记录；

(2) 照准后尺红面，读取中丝(4)，并进行记录；

(3) 照准前尺黑面，读取下丝(5)、上丝(6)、中丝(7)，并进行记录；

(4) 照准前尺红面，读取中丝(8)，并进行记录。

以上四等水准测量的观测程序可简称为“后—后—前—前”或“黑—红—黑—红”。四等水准测量每站观测程序也可为“后—前—前—后”(或称为“黑—黑—红—红”)，即：

后视黑面尺读下、上、中丝；

前视黑面尺读下、上、中丝；

前视红面尺读中丝；

后视红面尺读中丝。

2.6.2.2　测站的计算与校核

首先将观测数据(1)、(2)、…、(8)按表2.6的形式记录。

(1) 视距计算

后视距离(9) = [(1) − (2)] × 100

前视距离(10) = [(5) − (6)] × 100

前、后视距差值(11) = (9) − (10)

$$\text{前、后视距累积差}(12) = \text{本站}(11) + \text{前站}(12)$$

(2) 高差计算

$$\text{后尺黑、红面读数差}(13) = K_1 + (3) - (4)$$

$$\text{前尺黑、红面读数差}(14) = K_2 + (7) - (8)$$

K_1、K_2 分别为后、前两水准尺的黑、红面的零点差，也称尺常数，一般为 4.687 m、4.787 m。

$$\text{黑面高差}(15) = (3) - (7)$$

$$\text{红面高差}(16) = (4) - (8)$$

$$\text{黑、红面高差之差}(17) = (15) - [(16) \pm 0.1] = (13) - (14)$$

式中(16)±0.1为两根水准尺的零点差(以m为单位)，二者相差0.1 m，取“+”或“—”号应视黑面所算出的高差来确定，红面高差比黑面高差小，则应加上 0.1 m，反之则应减去 0.1 m。

当上述计算合乎限差要求时，可进行高差中数计算。

$$\text{高差中数}\ (18) = \frac{1}{2}\{(15) + [(16) \pm 0.1]\}$$

(3) 检核计算

① 每站检核

$$(17) = (13) - (14) = (15) - [(16) \pm 0.1]$$

至此，一个测站测量工作全部完成，确认各项计算符合要求后，方可迁站。

② 每页观测成果检核

除了检查每站的观测计算外，还应在每页手簿的下方，计算本页的 $\sum$ 检查，并使之满足下列要求。

红、黑面后视中丝总和减红、黑面前视中丝总和应等于红、黑面高差总和，还应等于平均高差总和的两倍：

$$\sum(9) - \sum(10) = \text{末站}(12)$$

当每页测站数为偶数时：

$$\sum[(3) + (4)] - \sum[(7) + (8)] = \sum[(15) + (16)] = 2\sum(18)$$

当测站数为奇数时：

$$\sum[(3) + (4)] - \sum[(7) + (8)] = \sum[(15) + (16)] = 2\sum(18) \pm 0.1$$

校核无误后，算出总视距。

水准路线总长度：

$$L = \sum(9) + \sum(10)$$

2.6.3 成果计算

在完成水准路线观测后，计算高差闭合差，若高差闭合差符合要求，则调整闭合差并计算各点高程。表 2.6 是四等水准测量的记录、计算与检核表。

【在线测试】

三等水准测量一般采用“后 — 前 — 前 — 后”的观测顺序，这样的观测顺序主要是为了减小仪器下沉误差的影响。三等水准测量的计算、检核与四等水准测量的相同，只是限差要求更严格一些。

表 2.6 四等水准测量记录表

测站编号	后尺 上丝 / 下丝 / 后视距 / 视距差 d/m	前尺 上丝 / 下丝 / 前视距 / 累计差 $\sum d$/m	方向及尺号	标尺读数 黑面/mm	标尺读数 红面/mm	K＋黑减红/mm	高差中数/m	备注
	（1）	（5）	后 K_1	（3）	（4）	（13）	（18）	$K_1 = 4.687$ $K_2 = 4.787$
	（2）	（6）	前 K_2	（7）	（8）	（14）		
	（9）	（10）	后－前	（15）	（16）	（17）		
	（11）	（12）						
1	1738	2195	后 K_1	1153	5842	－2	－0.854	
	1367	1819	前 K_2	2008	6795	0		
	37.1	37.6	后－前	－0855	－0953	－2		
	－0.5	－0.5						
2	2071	1982	后 K_2	1848	6636	－1	＋0.089	
	1625	1537	前 K_1	1760	6446	＋1		
	44.6	44.5	后－前	＋0088	＋0190	－2		
	＋0.1	－0.4						
3	1861	2112	后 K_1	1698	6383	＋2	－0.251	
	1534	1787	前 K_2	1949	6734	＋2		
	32.7	32.5	后－前	－0251	－0351	0		
	＋0.2	－0.2						
4	1647	1985	后 K_2	1466	6253	0	－0.338	
	1283	1624	前 K_1	1804	6490	＋1		
	36.4	36.1	后－前	－0338	－0237	－1		
	＋0.3	＋0.1						

$\sum(9) = 150.8$　　$\sum(3) = 6165$　　$\sum(4) = 25114$　　$\sum(15) = -1356$

$\sum(10) = 150.7$　　$\sum(7) = 7521$　　$\sum(8) = 26465$　　$\sum(16) = -1351$

$\sum(9) - \sum(10) = +0.1$　　$[\sum(3) + \sum(4)] - [\sum(7) + \sum(8)] = -2708$　　$\sum(15) + \sum(16) = -2708$

末站(12) ＝＋0.1　　$\sum(18) = -1354$

总视距 $\sum(9) + \sum(10) = 301.5$　　$2\sum(18) = -2708$

任务7 水准仪的检验和校正

2.7.1 DS_3 型微倾式水准仪的检验和校正

【在线资源】

根据水准测量的基本原理，要求水准仪能提供一条水平视线。为了确保这个要求的实现，如图2.19所示，水准仪各轴线应满足的几何条件是：

(1) 圆水准器轴应平行于竖轴，即 $L_fL_f // VV$；

(2) 十字丝横丝应垂直于竖轴；

(3) 水准管轴应平行于视准轴，即 $LL // CC$(主要条件)。

在使用水准仪进行水准测量之前，必须对仪器进行检验；若不满足要求，则应进行校正。

2.7.1.1 圆水准器轴平行于仪器竖轴的检验和校正

(1) 检验

转动脚螺旋使圆水准器气泡居中，然后望远镜旋转 180°，如果圆水准器气泡仍然居中，说明仪器竖轴位置与铅垂线方向一致，即圆水准器轴平行于仪器的竖轴；如果圆水准器气泡不居中，则说明其条件不满足，需要进行校正。

检验原理：由图 2.20(a)可知，当圆水准器气泡居中时，圆水准器轴 L_fL_f 处于铅垂位置，若仪器的竖轴 VV 与 L_fL_f 不平行，偏了一个 α 角。当仪器绕竖轴旋转 180°时，如图 2.20(b)所示，圆水准器已转到仪器竖轴的另一边，由于圆水准轴与仪器竖轴的夹角 α 未改变，此时气泡将偏离圆水准器的中心而处于最高点，圆水准器轴 L_fL_f 与铅垂线 $L_f'L_f'$ 之间的夹角为 2α，它就是气泡偏移的弧长所对的圆心夹角。这说明 L_fL_f 不平行于 VV，需要校正。

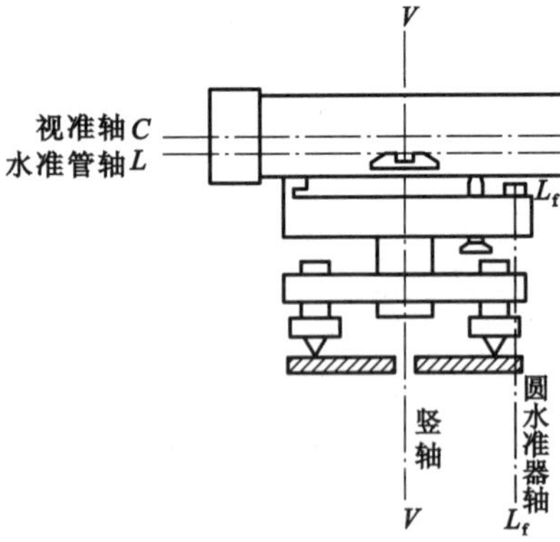

图 2.19 水准仪轴线图

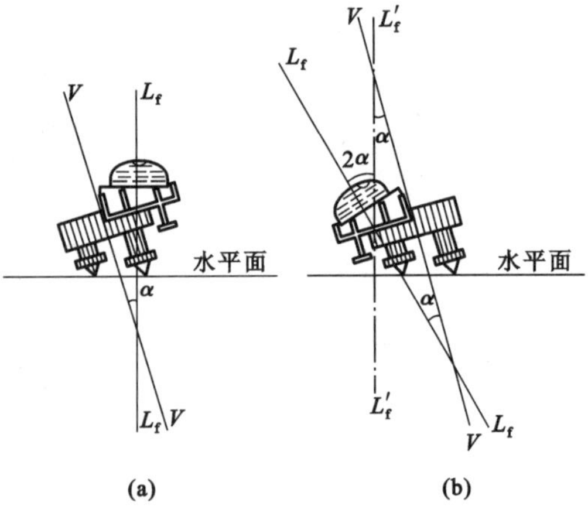

图 2.20 圆水准器轴检验原理

(2) 校正

用校正针拨动圆水准器的校正螺丝，使气泡向居中位置移动偏离长度的一半，此时，圆水准器轴平行于竖轴[图 2.21(a)]；再转动脚螺旋使气泡向中心移动偏离长度的另一半，则竖轴处于铅垂位置[图 2.21(b)]。这样就消除了圆水准器与竖轴间的夹角，两轴线互相平行。

圆水准器是利用其底部的固定螺丝固定在仪器上的，如图 2.21(c)所示。校正时，切勿旋松它，以免圆水准器从金属壳中掉出。拨动三个校正螺丝时，应注意气泡移动的方向。此项检验和校正需反复进行，直到圆水准器随竖轴旋转到任何位置都居中为止。

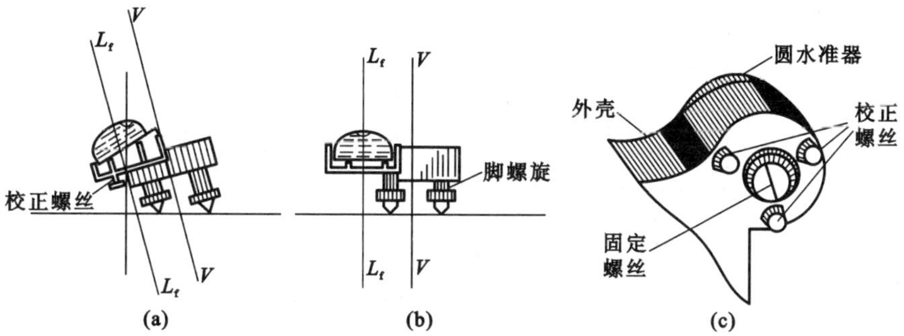

图 2.21　圆水准器轴的校正

2.7.1.2　十字丝横丝垂直于竖轴的检验和校正

(1) 检验

整平仪器后，用十字丝横丝的一端瞄准一固定点 A[图 2.22(a)]，拧紧制动螺旋，转动微动螺旋，若 A 点始终在十字丝横丝上移动，则条件满足；若 A 点偏离十字丝横丝[图2.22(b)]，则表示条件不满足，需要校正。

(2) 校正

松开十字丝分划板座的固定螺丝，如图 2.23 所示，转动十字丝分划板座，使横丝水平[图 2.22(c)]，再将固定螺丝拧紧。

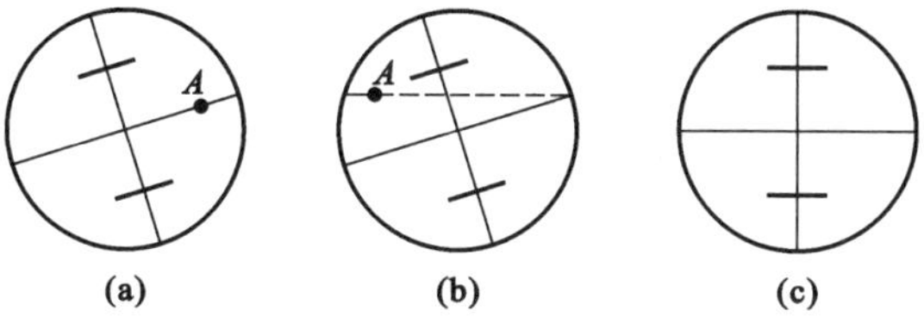

图 2.22　十字丝的检校

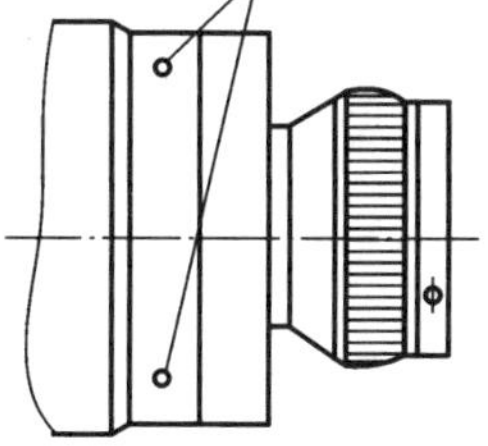

图 2.23　十字丝分划板座固定螺丝

2.7.1.3　水准管轴平行于视准轴的检验和校正

(1) 检验

如图 2.24 所示，在较平坦的地面上选定相距约 60 m 的 A、B 两点，并打下木桩或放尺垫。在 A、B 两点的中间处安置仪器，采用改变仪器高法或双面尺法测 A、B 两点的高差，若两次高差之差不超过±3 mm，则取两次高差的平均值 h_1 作为最后结果。

由于仪器离 A、B 两尺的距离相等，从图 2.24 可以看出，无论水准管轴是否平行于视准轴，在中间测出的高差 h_1 都是正确高差。然后将仪器搬到离 B 尺(或 A 尺)约 3 m 处，按水准测量的方法分别读得 B 尺读数为 b_2，A 尺读数为 a_2，则高差 $h_2=a_2-b_2$。若 $h_2=h_1$，则说明 $LL /\!/ CC$；若 $h_2 \neq h_1$，则说明条件不满足，需要校正。

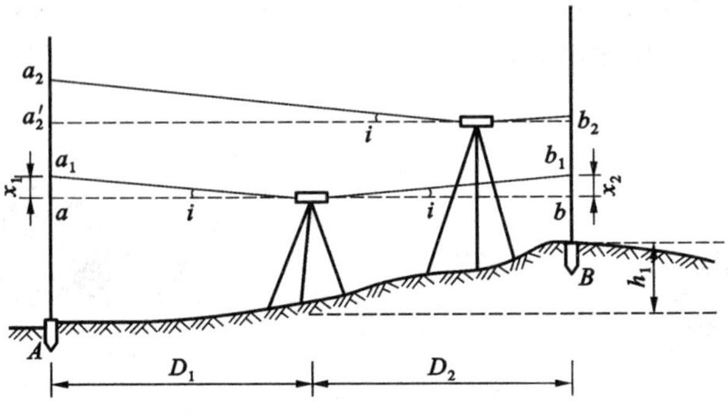

图 2.24 水准管轴平行于视准轴的检校

(2) 校正

在图 2.24 中，由于仪器离 B 尺很近，离 A 尺较远，故水准管轴不平行于视准轴的误差对 b_2 影响很小，可忽略不计，即可认为读数 b_2 是正确的，而读数 a_2 包含的误差较大，因此，校正前可根据高差 h_1 和读数 b_2 算出 A 尺的正确读数 a_2' 为：

$$a_2' = b_2 + h_1 \tag{2.21}$$

如果 $a_2'=a_2$ 说明两轴平行，否则，有 i 角存在。i 角值可根据下式计算：

$$i=\frac{a_2-a_2'}{D_{AB}}\rho'' \tag{2.22}$$

式中，$\rho''=206265''$。当 $i>0$ 时，说明视准轴向上倾斜；当 $i<0$ 时，说明视准轴向下倾斜。规范中规定 DS_3 型水准仪的 i 角大于 $20''$时需要进行校正。

校正时，望远镜仍瞄准 A 尺，转动微倾螺旋，使 A 尺上的读数为正确读数 a_2'，此时视准轴已处于水平位置，而水准管气泡必不居中，则用校正针拨动水准管上、下两个校正螺丝，如图 2.25所示，使气泡居中，这样水准管轴即平行于视准轴。为校核其条件是否满足，还需在 B 点附近采用改变仪器高法再测 A、B 两点的高差，直至所测得的高差与 h_1 之差不超过 2 mm 为止。

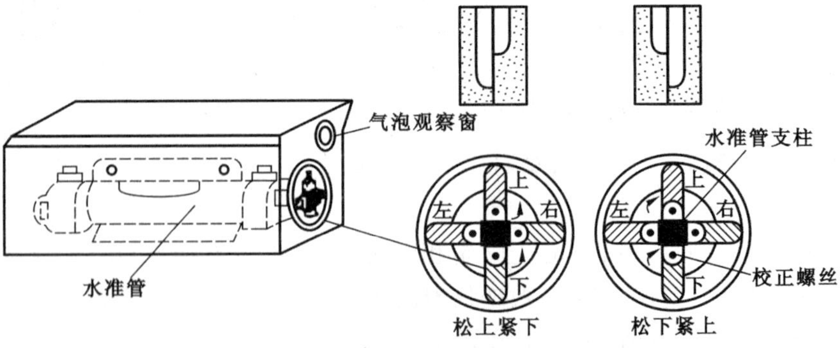

图 2.25 水准管的校正

水准仪上管水准器的一端有上、下、左、右四个校正螺丝，如图 2.25 所示，校正时，先略松左、右校正螺丝中的一个，使水准管能活动，然后拨动上、下校正螺丝使气泡居中。拨动水准管的上、下校正螺丝时，应先弄清楚需要抬高还是降低水准管校正螺丝的一端，以决定螺丝的转动方向。图 2.25 左边所示气泡的情况，表示目镜端需抬高，这时先松上面的校正螺丝，后拧紧下面的校正螺丝，使目镜端抬高，则气泡的影像相对移动，从而使气泡符合；图 2.25 右边所示的情况，校正螺丝的转动与上述情况相反。在拨动水准管的校正螺丝时，必须注意应先松后紧，否则易损坏校正螺丝。校正完毕后，还必须使各校正螺丝顶住水准管支柱，以免支柱移动影响两轴平行。

2.7.2　自动安平水准仪的检验和校正

(1) 圆水准器的检验和校正

方法同 DS_3 型微倾式水准仪。

(2) 视线水平度的检验和校正

检验的方法同 DS_3 型微倾式水准仪，校正时也是先计算出远尺端的正确读数，然后用2 mm的内六角扳手松动或拧紧图 2.8 中目镜端下方孔内的十字丝分划板校正螺丝，使十字丝中丝对准正确读数。

【在线测试】

任务 8　水准测量的误差分析

在水准测量中，观测成果质量的好坏与观测条件有密切的关系，而观测条件又受仪器误差、观测误差和外界因素的影响。

【在线资源】

2.8.1　仪器误差

(1) 仪器校正后的残余误差

主要是水准管轴不平行于视准轴的误差(即视线水平度的误差)。水准仪虽经过校正，但不可能完全满足条件，仍可能存在着残余误差，此项误差与仪器至立尺点距离成正比。在测量中，使前、后视距离相等，便可消除该项误差的影响。

(2) 水准尺的误差

该项误差包括水准尺刻划误差和尺底零点误差。不同等级的水准测量，对水准尺有不同的要求。按照规范规定，每米实际长度与名义长度之差不得超过±0.5 mm，因此，应用标准尺对水准尺进行检定。尺底零点误差可采取设置偶数站的方法来消除。

2.8.2　观测误差

(1) 视差

视差是对光不完善所引起的。当存在视差时，将对水准尺上的读数产生影响。消除视差的方法是认真做好调焦工作，直到观测者的眼睛在目镜端上、下移动时，十字丝交点在水准尺上的读数不变为止。

(2) 水准管气泡的居中误差(微倾式水准仪)

该误差是指水准管内液体与管壁的黏滞作用和受观测者眼睛分辨能力的限制，导致气泡没有严格居中而引起的误差。水准管气泡的居中误差一般为 0.15τ(τ 为水准管分划值)。采用符合水准器时，气泡居中精度可提高一倍，则气泡居中误差所引起的读数误差 m_τ 为：

$$m_\tau = \pm \frac{0.15\tau}{2\rho''} \cdot D \tag{2.23}$$

式中 ρ''——数值为206265″；

D——水准仪到水准尺的距离。

由式(2.23)可知，此项误差与仪器到水准尺的距离成正比，根据水准测量的等级来限制视线长度，且在每次读数前，尽可能使气泡严格居中，则可以消除该项误差的影响。

(3) 读数误差

读数误差是观测者在水准尺上估读毫米数的误差，与人眼的分辨能力、望远镜放大率及视线长度有关。一般认为人眼的分辨能力约为60″，若取望远镜放大率为V，则在尺上引起的读数误差m_V为：

$$m_V = \frac{60''}{V} \cdot \frac{D}{\rho''} \tag{2.24}$$

由式(2.24)可知，在水准尺上估读毫米数与望远镜的放大率和视线长度有关。放大率高，估读误差小；视线增长，水准尺上厘米分划成像随之缩小，估读误差将随之增大。因此，在普通水准测量中，一般规定视线长度不得超过100 m。

(4) 水准尺倾斜的误差

如图2.26所示，由于水准尺扶得不竖直，其读数b'和b''总比尺子在竖直位置时的读数b要大，且随着视线高度的增加，误差也随之加大。因此，要认真扶尺，使水准尺上的水准气泡居中，立直扶正。

2.8.3 外界因素的影响

(1) 仪器和尺垫下沉的误差

在土质松软的地区进行水准测量时，仪器可能会发生下沉。如图2.27所示，设在读完后视尺读数转向前视尺时，仪器下沉了Δ，致使前视读数b_1比正确读数b小了一个Δ。为消除仪器下沉的影响，应选择土质坚实的地面安置仪器和安放尺垫，并踩紧三脚架和尺垫。对有弹性的草地，应把草铲掉再安放尺垫，否则有可能产生尺垫回升引起的误差。

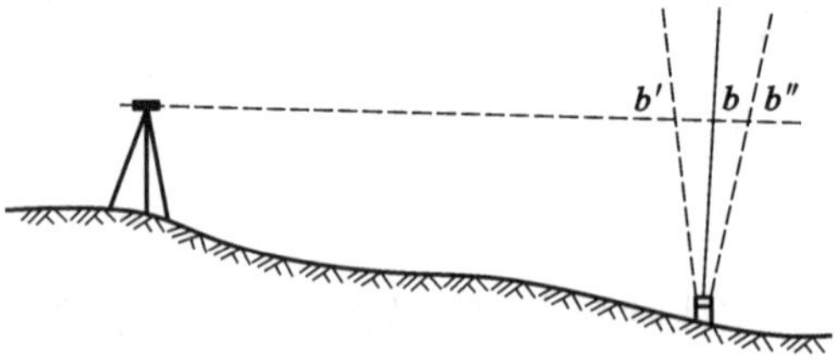

图2.26 水准尺扶尺不正的误差

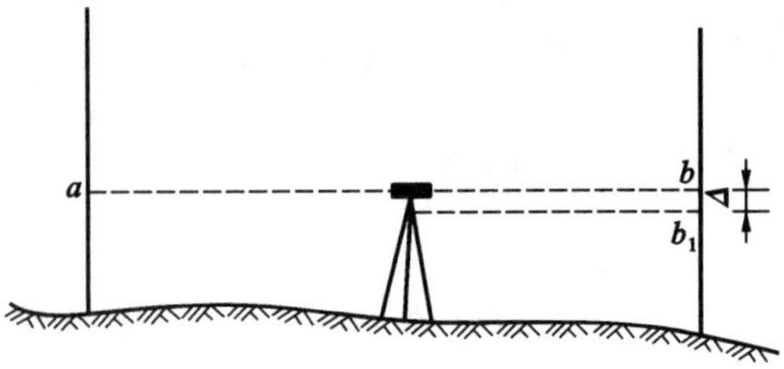

图2.27 仪器下沉的误差

(2) 地球曲率和大气折光的影响

地球曲率对高程的影响不能忽略，这在绪论中已被证明。但如何消除其影响呢？如图2.28(a)所示，由于水准仪提供的是一条水平视线，因此，后视读数a和前视读数b中分别含有地球曲率误差δ_1和δ_2，其高差$h_{AB}=(a-\delta_1)-(b-\delta_2)$。若将仪器置于距A、B两尺等距离处观测，此时$\delta_1=\delta_2$，即$h_{AB}=a-b$，就可消除地球曲率对高程的影响。

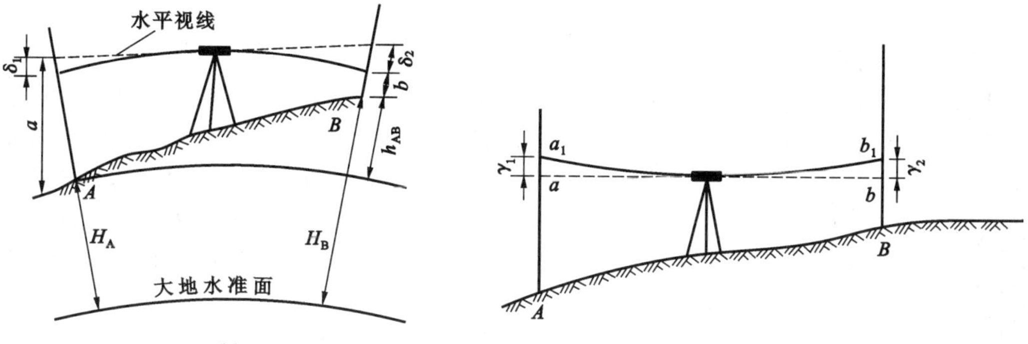

(a) (b)

图 2.28 地球曲率和大气折光的影响

地面上空气密度不均匀，将使光线发生折射。如图 2.28(b)所示，由于折光的影响，水准仪在 A 尺和 B 尺上的读数不是按水平视线读得的 a 和 b，而是分别读得 a_1 和 b_1，其中 $\gamma_1=a_1-a$，$\gamma_2=b_1-b$，即为折光差。由图 2.28(b)可知，当仪器安置在距 A、B 两尺等距离处，则 $\gamma_1=\gamma_2$，折光差即可部分消除。为什么说是部分消除呢？因为视线靠近地面将发生不规则折射，越接近地面折光差越大，所以在进行水准测量时，要求视线高出地面 0.3 m 以上。

(3) 温度的影响

温度变化会引起大气折光的变化，当雨过天晴、温度变化较大时，会造成望远镜视线上下跳动，难以读数。在烈日下进行水准测量，仪器各部分的光学透镜和金属部件会因温度的急剧变化而发生变形，影响测量成果的质量，特别是水准管，当太阳直晒时，气泡将向温度高的一端移动。因此，在水准测量时，应选择有利的观测时间，并撑伞保护仪器。

【在线测试】

任务 9 精密水准仪

DS_{05} 和 DS_1 型水准仪属于精密水准仪，主要用于国家一、二等水准测量，大型建筑物施工的高程控制，精密机械设备的安装，以及高层建筑物的沉降观测等。

【在线资源】

2.9.1 精密水准仪的特点

精密水准仪主要是能保证精密置平和精确读数，为此，精密水准仪的望远镜放大率一般为 40～50 倍，望远镜放大率增大，就可以提高读数的精度；水准管分划值愈小，灵敏度愈高，也就能使视线精确处于水平位置；为了能够精确读取水准尺上整分划以下的尾数，精密水准仪上还安装了测微器装置。

图 2.29 精密水准仪

图 2.29 所示为我国生产的 DS_1 型精密水准仪。望远镜放大率为 40 倍，水准管分划值为 10″/2 mm，测微器移动范围为 5 mm，其上刻有 100 格，因此，测微器最小读数为 0.05 mm。

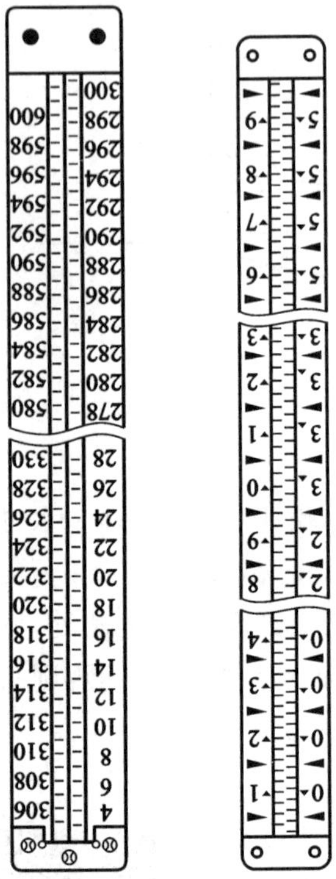

(a) (b)

图 2.30 精密水准尺

2.9.2 精密水准尺及读数方法

精密水准仪必须配备精密水准尺才能使用。如图 2.30 所示，精密水准尺是在木质的尺身沟槽内安装一条铟瓦合金带尺，尺的分划漆于铟瓦合金带尺上，数字注记在铟瓦合金带尺两边的木质标尺上。其分划有两种形式：一种是分划为 1 cm 的水准尺，如图 2.30(a)所示，尺子全长为 3.2 m，铟瓦合金带上左右两排分划彼此错开，右边一排注记数字为0～300 cm，称为基本分划；左边一排注记数字为 300～600 cm，称为辅助分划。基本分划与辅助分划注记相差一个常数 301.55 cm，称为基辅差(或尺常数)。另一种是铟瓦合金带上只有基本分划，无辅助分划，如图 2.30(b)所示，右边一排注记数字为米数，分划为偶数值，左边注记为分米数，分划为奇数值(小三角形表示半分米数，长三角形表示分米的起线)。每分格值的表面数值为 1 cm，但其实际格值为5 mm，所以尺上的注记数字比实际大一倍，因此，在尺上读得的读数除以 2 才是实际的读数。

图 2.31(a)所示为基辅分划水准尺的读数图。望远镜瞄准水准尺上的基本分划，转动微倾螺旋使符合水准管气泡两端影像符合，然后转动测微螺旋，使十字丝的楔形丝夹准水准尺上的基本分划，其读数为 148(以 cm 为单位)，左下角测微尺上读数为 6.52 mm(测微尺读数可估读至 0.01 mm)。因此，全读数为：

$$1.48\ \text{m}+0.00652\ \text{m}=1.48652\ \text{m}$$

图 2.31(b)所示为只有基本分划的水准尺读数图。望远镜瞄准水准尺，转动微倾螺旋使符合气泡两端影像符合，然后转动测微螺旋，使十字丝的楔形丝精确夹准最靠近中丝的尺上分划，其读数为 197(以 cm 为单位)，再在测微器分划尺上读得读数为1.54 mm，因此，图2.31(b)所示的全读数为 1.97154 m。此读数为表面读数，因为表面读数比实际读数扩大了一倍，故必须将表面读数除以 2 才是实际读数，所以图 2.31(b)中的实际读数为：

$$1.97154\ \text{m}\div 2=0.98577\ \text{m}$$

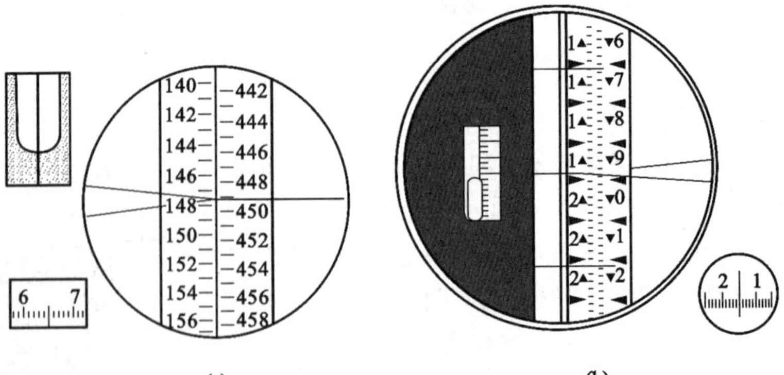

(a) (b)

图 2.31 精密水准尺读数方法

【在线测试】

在实际作业中，不需要将每一表面读数都除以 2 来求实际读数，只需将整测段的最后结果除以 2，即可得到实际的高差值。

任务10 数字水准仪

我国国家计量检定规程《水准仪》中将应用光电数码技术使水准测量数据的采集、处理、存储自动化的水准仪命名为数字水准仪，又叫电子水准仪。

【在线资源】

2.10.1 数字水准仪的构造及基本原理

如图 2.32 所示为我国生产的 DL-201 型数字水准仪，由望远镜、操作面板、数据处理系统和基座等组成。数字水准仪是在自动安平水准仪的基础上发展起来的，它与自动安平水准仪的主要区别在于，其望远镜中安置了一个由光敏二极管组成的行阵探测器（CCD 传感器），水准尺的分划采用二进制条码分划取代厘米分划。

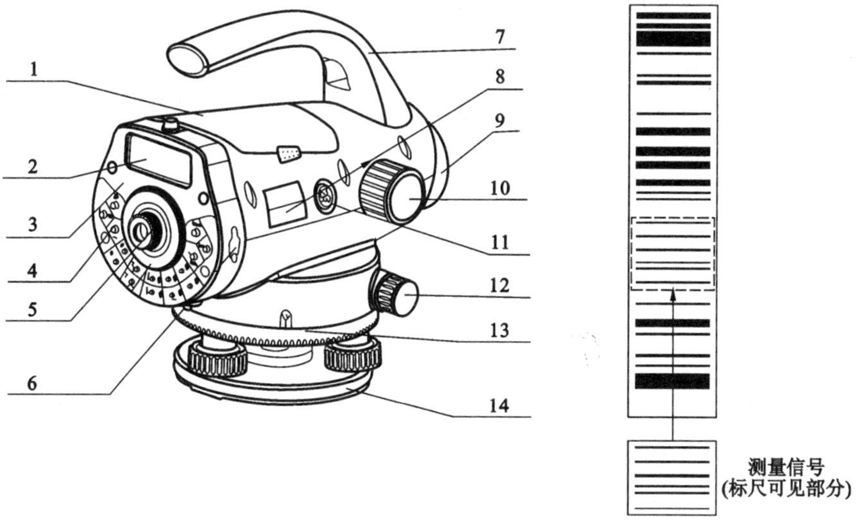

图 2.32 数字水准仪和条码水准尺

1—电池；2—显示屏；3—面板；4—按键；5—目镜对光螺旋；6—数据输出插口；7—提柄；8—型号标贴；9—物镜；10—物镜调焦螺旋；11—电源开关/测量键；12—水平微动螺旋；13—水平度盘；14—基座

数字水准仪的基本原理：水准尺上宽度不同的条码通过望远镜成像到像平面的 CCD 传感器上，CCD 传感器将黑白相间的条码图像转换为模拟视频信号，再经过仪器内部的数字图像处理，便可获得望远镜中丝在条码水准尺上的读数，显示在液晶显示屏上，并存储到存储器中。数字水准仪的关键技术是数字图像识别处理与编码标尺设计。

2.10.2 数字水准仪的优点

（1）读数客观

自动读数、自动存储，无任何人为的误差（读数误差、记录误差、计算误差）。

（2）精度高

实际观测时，视线高和视距读数都是采用大量条码分划图像处理后取平均得出来的，因此，削弱了标尺分划误差和外界因素的影响。

（3）速度快、效率高

实现了自动记录、检核、处理和存储，实现了水准测量从野外数据采集到内业成果计算的内外业一体化。只需照准、调焦和按键就可以自动观测，减轻了劳动强度，与传统仪器相比，可以节省 1/3 左右的测量时间。

2.10.3 数字水准仪的使用

数字水准仪有多种测量模式，即标准测量模式（包含水准测量、高程放样、高差放样和视距放样）、线路测量模式和检校模式，可以在选定的模式下进行观测。

数字水准仪的安置、粗平方法与自动安平水准仪基本相同，只是观测时瞄准的目标是条码尺。目标瞄准后，按下测量键，即可显示测量结果。

2.10.4 数字水准仪使用时的注意事项

由于数字水准仪测量是通过采集标尺条形码图像并进行处理来获取读数的，因此，图像采集的质量直接影响到测量成果的精度。为了提高测量成果的精度，应在测量过程中注意以下事项：

（1）精确调焦

精确调焦可缩短测量时间和提高测量精度。

（2）避免障碍物的影响

虽然标尺被障碍物遮挡不超过 30%时仍可进行测量，但会影响测量的精度，因此，应尽量减少障碍物对标尺的遮挡。

（3）避免阴影和震动的影响

当标尺遇到阴影或仪器震动时测量精度会受到一定的影响，有时会不能进行测量，因此，应尽量避免此种情况的发生，安置仪器时三脚架要踩紧，轻按测量键。

（4）避免背光和逆光的影响

当标尺所处的背景比较亮而影响标尺的对比度时，仪器不能进行测量，应遮挡物镜端以减少背景光进入物镜；当有强光进入目镜时，仪器也不能进行测量，应遮挡进入目镜的强光。因此，观测时应打伞。若标尺反射光过强，应将标尺稍旋转以减少其反射光强度。

【在线测试】

思　考　题

2.1　何谓前视读数和后视读数？将仪器置于 A、B 两点之间，在 A 尺上的读数为 1.664 m，在 B 尺上的读数为 0.543 m，试求高差 h_{BA}，并指出哪一点高。

2.2　何谓视准轴？水准管气泡居中，视准轴就处于水平状态，这句话对吗？

2.3　何谓圆水准器轴、水准管轴？圆水准器和水准管各起什么作用？若一台水准仪只有水准管，没有圆水准器是否能进行水准测量？

2.4　何谓水准管分划值？水准管分划值、灵敏度及其内壁的圆弧半径三者之间有何关系？

2.5　何谓转点？

2.6　何谓视差？产生视差的原因是什么？如何消除视差？

2.7 在四等水准测量中，采用双面尺法，测站上应做哪些检核？对于一条水准路线有哪些限差规定？

2.8 水准仪有哪些主要轴线？它们之间应满足的几何条件是什么？什么是主要条件？为什么？

2.9 在水准测量中，将水准仪置于前、后尺等距离处观测，可消除或削弱哪些误差？

2.10 用微倾式水准仪进行水准测量时，当后视完毕转向前视时，水准管气泡往往又不居中，为什么？如何处理？能否用脚螺旋使气泡居中？如果发现圆水准器也偏离中心，又该如何处理？

2.11 水准路线有哪几种布设形式？其闭合差的调整原则是什么？

2.12 设地面上 A、B 两点相距 50 m，仪器置于 A、B 两尺中间，测得 A 尺读数为 1.456 m，B 尺读数为 1.638 m；再将仪器置于 B 尺附近，测得 B 尺读数为 1.534 m，A 尺读数为 1.370 m。试问：A、B 两点间的正确高差是多少？仪器视线是否水平？若不水平，应怎样校正？

2.13 数字水准仪有何优点？它的关键技术是什么？

项目三　角度测量

【主要内容】

角度测量的基本原理;经纬仪的构造及使用;水平角测量;竖直角测量;经纬仪的检验和校正;角度测量误差等。

重点:角度测量的基本原理;测回法水平角测量;竖直角测量。

难点:全圆测回法水平角测量的计算;竖直角计算公式的判断。

【学习目标】

知识目标	能力目标
1. 了解经纬仪的基本构造; 2. 掌握角度测量的基本原理; 3. 掌握测回法和全圆测回法水平角测量的基本步骤、记录与计算方法; 4. 掌握竖直角测量的基本步骤、记录与计算方法; 5. 掌握竖盘指标差的计算方法; 6. 理解角度测量误差的主要来源	1. 能根据具体工程情况选择合理的水平角测量方法,正确计算出所测水平角; 2. 能根据仪器找出竖直角的计算公式,正确计算出所测竖直角大小及竖盘指标差

【思政目标】

通过学习水平角和竖直角的测量方法,培养学生严谨、认真、耐心的学习态度,以及分析问题、解决问题的能力;通过学习角度测量的误差来源,引导学生辩证地思考测量精度的重要性,启发学生的辩证思维,培养学生精益求精、勇于探索的学习精神。

任务1　水平角测量原理

3.1.1　水平角的概念

【在线资源】

水平角就是空间两条直线在水平面上投影的夹角。如图3.1所示,A、O、B为地面上任意三个点,倾斜线OA和OB所夹的$\angle AOB$是倾斜面上的角。如果通过倾斜线OA、OB分别作两个竖直面并与水平面相交,其交线oa与ob所构成的$\angle aob$就是水平角,也就是说,$\angle aob$就是通过OA和OB的两个竖直面所夹的两面角。

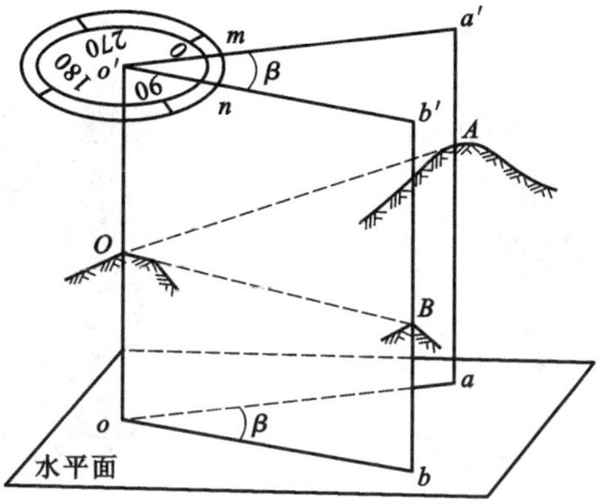

图 3.1 水平角测量原理

3.1.2 水平角测量原理

如何测定水平角$\angle aob$的大小呢？设在两竖直面交线oo'上的任意高度o'处放置一个与该交线正交，且依顺时针方向刻有从0°到360°刻划的水平度盘，通过OA、OB的两竖直面与水平度盘平面交于$o'a'$和$o'b'$，在该度盘上截得的读数分别为m和n，则有：

$$\beta = n - m \tag{3.1}$$

β就是水平角$\angle aob$的角值，取值范围为0°～360°。

由此可见，测量水平角的仪器应具备下列两个主要条件：

(1) 必须有一个带刻度的水平圆盘，测角时能使其放置水平，且圆盘中心位于角顶O的铅垂线上。

(2) 必须有一个能上下、左右转动用以瞄准目标的望远镜，且当仪器水平、望远镜上下转动时，所扫出的面是一个竖直面。

【在线测试】

经纬仪就是根据上述原理设计的。

任务2 电子经纬仪

电子经纬仪是在光学经纬仪的基础上发展起来的新一代测角仪器，为野外数据采集自动化创造了有利条件。它的外形结构与光学经纬仪相似，与光学经纬仪的主要不同点在于测角系统。光学经纬仪采用光学度盘和目视读数，而电子经纬仪的测角系统主要有三种，即编码度盘测角系统、光栅度盘测角系统和动态测角系统。

【在线资源】

3.2.1 电子经纬仪的性能

图3.2所示为我国生产的电子经纬仪，该仪器采用光栅度盘测角系统，集光、机、电和计算技术于一体，实现了角度测量、显示、存储等多项功能。它装有倾斜传感器，可实现竖直角度的倾斜补偿，自动补偿范围为±3′。测角系统的最小读数为1″，测角精度可达2″。

图3.3所示为液晶显示窗和操作键盘，液晶显示窗可同时显示提示内容、竖直角和水平角，6个键可发出不同指令，如表3.1所示。

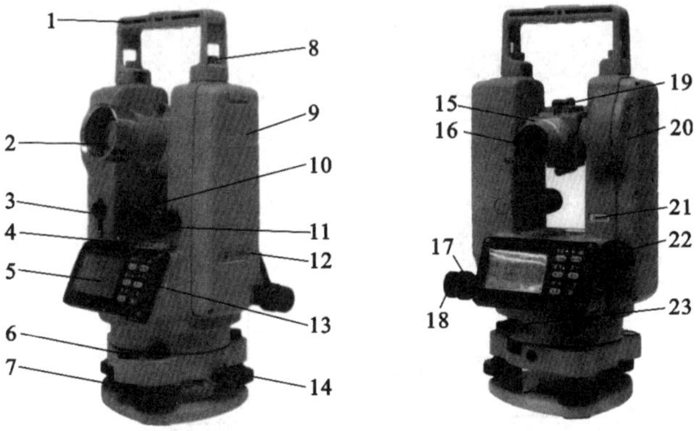

图 3.2 电子经纬仪

1—提手；2—物镜；3—测距仪接口；4—长水准管；5—显示屏；6—圆水准器；7—基座；8—提手锁紧钮；9—电池盒；10—竖直微动手轮；11—竖直止动手轮；12—仪器型号；13—面板按键；14—基座锁紧钮；15—望远镜调焦手轮；16—目镜；17—水平止动手轮；18—水平微动手轮；19—粗瞄准器；20—仪器中心标志；21—仪器号码；22—下对点器；23—手簿通信接口

图 3.3 液晶显示窗和操作键盘

电子经纬仪可与测距仪、电子手簿联机使用，配合适当的接口，将电子手簿记录的数据传至计算机，从而实现数据处理和绘图的自动化。

表 3.1 操作键功能表

代号	名称	无切换时	在切换状态时
1	左⇄右	左、右角增量方式	启动测距
2	角度/斜度	角度、斜度显示方式	平距、斜距、高差切换
3	锁定	水平角锁定	水平角复测
4	置 0	水平角置 0	调整时间
5	切换	键功能切换	夜照明
6	①	开关、记录、确认	

3.2.2 电子经纬仪的使用

电子经纬仪的使用与光学经纬仪一样，也要经过对中、整平、瞄准、读数四个步骤，其中对中、整平和瞄准的方法与光学经纬仪相同，这里不再赘述。下面以 DT200 系列电子经纬仪为例，简要介绍其使用方法。

(1) 开机

按住开关键【①】，所有字段点亮，释放开关键【①】后，仪器电源打开，进入初始化界面。

(2) 仪器初始化

首先上下转动望远镜，然后将仪器水平旋转一周，仪器进行初始化，并自动显示竖直度盘角度、水平度盘角度、电池容量及自动垂直补偿信息。

(3) 水平角度值置 0

按下【置 0】键并释放，蜂鸣器响，仪器显示屏上的水平角度值显示变化为 000°00′00″。

(4) 水平角度任意值的设置

将仪器水平旋转到所需设置的角度值附近，使水平制动螺旋制动，转动水平微动螺旋，使显示屏显示所需要的水平角度值，按住【锁定】键并释放，则该角度值被锁定并显示锁定信息“锁定”，此时转动仪器，水平角度值保持不变；然后转动仪器并用望远镜瞄准目标，则该目标的角度值即为所设定的值；再按住【锁定】键并释放，则该角度值不再被锁定，并可进行下一步的测量工作。

【在线测试】

任务 3 经纬仪的使用

【在线资源】

经纬仪的使用包括仪器安置、瞄准和读数三个方面。

3.3.1 经纬仪的安置

经纬仪安置程序是：打开三脚架腿螺旋，调整好脚架高度使其适合于观测者，将其安置在测站上，使架头大致水平。从仪器箱中取出经纬仪安置在三脚架头上，并旋紧连接螺旋，即可进行安置工作，即对中和整平。

3.3.1.1 对中

对中的目的是使仪器的中心(竖轴)与测站点(角的顶点)位于同一铅垂线上。这是测量水平角的基本要求。对中方法有三种：垂球对中、光学对中和激光对中。

(1) 垂球对中

将垂球挂在连接螺旋下面的铁钩上，调整垂球线的长度，使垂球尖接近地面点位。如果垂球中心偏离测站点较远，可以通过平移三脚架使垂球大致对准点位；如果还有偏差，可以把连接螺旋稍微松动，在架头上平移仪器来精确对准测站点，再旋紧连接螺旋即可。对中误差一般小于 3 mm。

(2) 光学对中

使用光学对中器时应与整平仪器结合进行。光学对中的步骤如下：

① 张开三脚架，目估对中且使三脚架架头大致水平，架高适中。

② 将经纬仪固定在脚架上，调整对中器目镜焦距，使对中器的圆圈标志和测站点影像清晰。

③ 转动仪器脚螺旋，使测站点影像位于圆圈中心。

④ 伸缩脚架腿，使圆水准器气泡居中，然后旋转脚螺旋，通过管水准器整平仪器。

⑤ 查看对中情况，若偏离不大，可以通过平移仪器使圆圈套住测站点位，精确对中。若偏离太远，应重新整置三脚架，直到达到对中的要求为止。

(3) 激光对中

激光对中的方法与光学对中的方法基本相同，不同的是激光对中的经纬仪没有光学对中器，按住仪器上的照明键几秒钟，激光束会打在地面上，在地面上可见红色的激光点，通过搬动仪器使激光点与地面点的标志重合，然后再按照光学对中的④、⑤操作即可。

安置仪器对中时需要注意以下几个方面：

① 对中后应及时固紧连接螺旋和架腿固定螺丝。

② 检查对中偏差应在规定限差要求之内。

③ 在平滑地面上设站时，应将脚架腿固定好，以防止脚架腿滑动。

④ 在山坡上设站时，应使脚架的两个脚架腿在下坡，一个脚架腿在上坡，以保障仪器稳定、安全。

3.3.1.2 整平

整平的目的是使仪器的水平度盘位于水平位置，仪器的竖轴位于铅垂位置。

整平分两步进行。首先用脚螺旋使圆水准气泡居中，即概略整平。其主要是通过伸缩脚架腿或旋转脚螺旋使圆水准气泡居中，其规律是圆水准气泡向伸高脚架腿的一侧移动，或圆水准气泡移动方向与左手大拇指和右手食指旋转脚螺旋的方向一致；精确整平是通过旋转脚螺旋使照准管水准器在相互垂直的两个方向上气泡都居中。精确整平的方法如下，如图 3.4 所示。

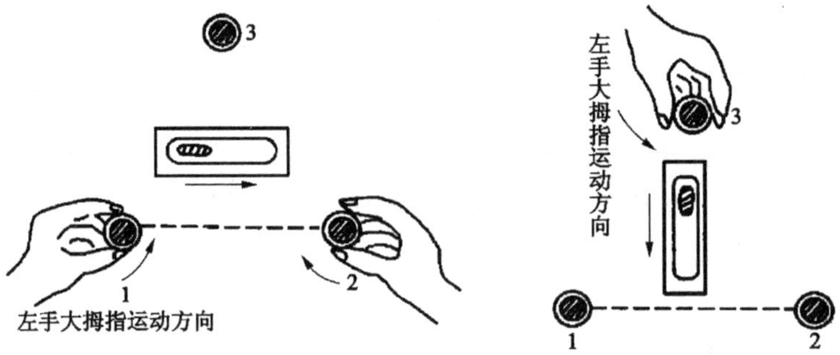

图 3.4 整平原理示意图

(1) 旋转仪器使照准部管水准器与任意两个脚螺旋的连线平行，用两手同时相对或相反方向转动这两个脚螺旋，使气泡居中。

(2) 然后将仪器旋转 90°，使水准管与前两个脚螺旋连线垂直，转动第三个脚螺旋，使气泡居中。如果水准管位置正确，如此反复进行数次即可达到精确整平的目的，即水准管器转到任何方向时，水准管气泡居中，或偏离不超过 1 格。

3.3.2 瞄准

瞄准是用十字丝中心部位正对目标，故十字丝是瞄准目标的主要设备。测水平角时，以十字丝的纵丝瞄准目标。当目标较粗时，常用单丝平分或用双丝对称夹准；若目标较细时，则常用单丝与目标重合或双丝对称夹准。如果杆状目标（花杆或旗杆）歪斜时，尽量照准根部，以减少照准偏差的影响。

横丝用来测竖直角时瞄准目标。照准时，目标要靠近纵丝。切准目标的部位一定要明确并记录在手簿上，一般用中丝切准目标的上沿。另外还应注意，无论测水平角或竖角，其照准目标的部位均应以接近于十字丝的中心为宜。如图 3.5 所示，经纬仪测水平角时用双丝瞄准目标。

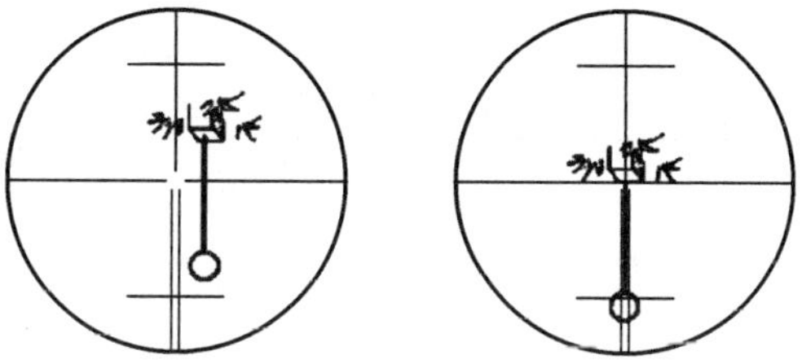

图 3.5　十字丝瞄准目标

操作方法：松开照准部和望远镜的制动螺旋，转动照准部和望远镜，用粗瞄准器使望远镜大致照准目标，然后从镜内找到目标并使其移动到十字丝中心附近，固定照准部和望远镜的制动螺旋，再旋转其微动螺旋，便可准确照准目标的固定部位，读取水平角或竖直角数值。

3.3.3　配置度盘

配置度盘是为了减少度盘分划误差的影响和便于计算方向观测值，使起始方向（或称零方向）水平度盘读数在 0°～1°，或某一指定位置，称为配置度盘。

当测角精度要求较高时，往往需要在一个测站上观测几个测回。为了减弱度盘分划误差的影响，各测回起始方向的递增值 δ 的计算公式为：

$$\delta=\frac{180^\circ}{n} \tag{3.2}$$

【在线测试】

式中　n——测回数。

任务 4　水平角测量

观测水平角，常采用的方法有测回法和全圆测回法两种，现分述如下：

【在线资源】

3.4.1　测回法

测回法适用于观测两个方向的单角。图 3.6 所示为水平度盘和观测目标的方向在水平度盘上的投影，其观测步骤如下：

(1) 将经纬仪安置于测站点 O，对中、整平。

(2) 盘左（亦称正镜，指竖盘在望远镜的左侧）瞄准左方目标 A，转动换盘手轮，配水平度盘略大于 0°（如 0°02′00″），读取该读数，记入表 3.2中。

(3) 松开照准部和望远镜制动螺旋，按顺时针方向转动照准部，瞄准右方目标 B，读取水平度盘读数（如 65°38′12″），记入表 3.2中。计算两目标的读数差为 65°38′12″－0°02′00″＝65°36′12″，称为上半测回角值。

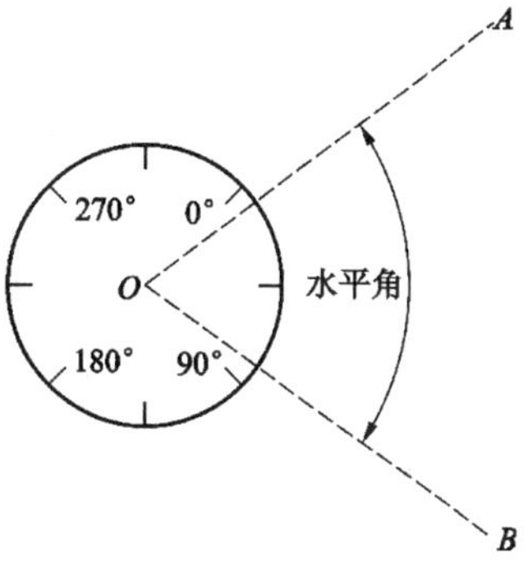

图 3.6　测回法测水平角

(4) 松开照准部和望远镜制动螺旋，倒转望远镜 180°成盘右（竖盘在望远镜的右侧，亦称倒镜）位置，先瞄准目标 B，再瞄准目标 A，测得角值为 65°36′06″，称为下半测回角值。取上、下两个半测回的平均值（如 65°36′09″）作为一测回角值，分别填入

表 3.2 中。

表 3.2　水平角观测记录(测回法)

测站	测回	竖盘位置	目标	水平度盘读数 ° ′ ″	半测回角值 ° ′ ″	一测回角值 ° ′ ″	各测回平均角值 ° ′ ″
O	1	盘左	A	00 02 00	65 36 12	65 36 09	65 36 12
			B	65 38 12			
		盘右	A	180 02 06	65 36 06		
			B	245 38 12			
O	2	盘左	A	90 01 00	65 36 18	65 36 15	
			B	155 37 18			
		盘右	A	270 01 06	65 36 12		
			B	335 37 18			

在测量中,为了提高测角的精度,往往要观测多个测回。同时,为了降低度盘刻划误差的影响,在每个测回开始观测时,应变换度盘的位置,变换数值按$\frac{180°}{n}$计算(n 为测回数)。例如,要观测 4 个测回,每个测回水平度盘的起始读数应分别设置在略大于 0°、45°、90°和 135°附近。若各测回之差不大于 24″,则取其平均值作为最后观测的水平角值。

3.4.2　全圆测回法

全圆测回法也称方向观测法,观测三个及以上的方向时,通常采用全圆测回法。它是以某一个目标作为起始方向(又称零方向),依次观测出其余各个目标相对于起始方向的方向值,然后根据方向值计算水平角值。

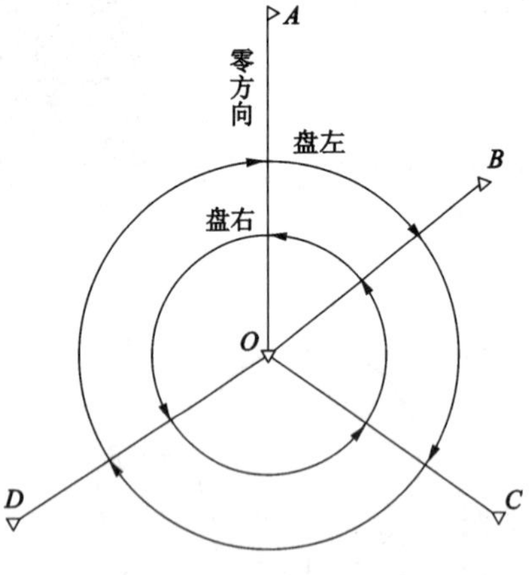

图 3.7　全圆测回法示意图

3.4.2.1　观测步骤

如图 3.7 所示,在测站 O 上观测 A、B、C、D 各个方向之间的水平角,采用全圆测回法的操作步骤如下:

(1) 将仪器安置于测站 O 上,对中、整平。

(2) 选与 O 点相对较远的目标 A 作为零方向。

(3) 盘左位置,照准目标 A,配置度盘的起始读数。读取该数并记入观测手簿中。

(4) 顺时针方向转动照准部,依次瞄准目标 B、C、D,读取相应的水平读数并记入观测手簿中。

(5) 为了检查观测过程中水平度盘是否变动,需要顺时针方向再次瞄准零方向 A 并读取水平度盘的读数。这一步骤称为"归零",两次零方向读数之差称为半测回归零差。使用 DJ_6 经纬仪观测,半测回归零差不应大于 18″。如果半测回归零差超限,应立即查明原因并重测。

以上步骤(3)至(5)为上半测回,可见上半测回的观测顺序为 $A \to B \to C \to D \to A$。

(6) 倒转望远镜使仪器成盘右位置,逆时针转动照准部,照准零方向 A,读取读数并记入观测手簿中。

(7) 逆时针方向转动照准部，依次照准目标 D、C、B，读取相应的读数并记入观测手簿中。

(8) 再逆时针转动照准部瞄准零方向 A，读取水平度盘读数并计算归零误差是否超限，其限差规定同上半测回。

步骤(6)至(8)为下半测回，可见下半测回的观测顺序为 $A \to D \to C \to B \to A$。

上、下半测回合起来称为一测回。表 3.3 为两个测回的全圆测回法手簿的记录和计算举例。

表 3.3 全圆测回法观测记录表

测站	测回数	目标	水平度盘读数 盘左 ° ′ ″	水平度盘读数 盘右 ° ′ ″	2C ″	盘左盘右平均值 ° ′ ″	归零方向值 ° ′ ″	各测回平均方向值 ° ′ ″	水平角值 ° ′ ″
O	1	A	0 00 06	180 00 18	−12	(0 00 16) 0 00 12	0 00 00	0 00 00	81 53 52
		B	81 54 06	261 54 00	+06	81 54 03	81 53 47	81 53 52	
		C	153 32 48	333 32 48	0	153 32 48	153 32 32	153 32 32	71 38 40
		D	284 06 12	104 06 06	+06	248 06 09	284 05 53	284 06 00	130 33 28
		A	0 00 24	180 00 18	+06	0 00 21			75 54 00
	2	A	90 00 12	270 00 24	−12	(90 00 21) 90 00 18	0 00 00		
		B	171 54 18	351 54 18	0	171 54 18	81 53 57		
		C	243 32 48	63 33 00	−12	243 32 54	153 32 33		
		D	14 06 24	194 06 30	−06	14 06 27	284 06 06		
		A	90 00 18	270 00 30	−12	90 00 24			

3.4.2.2 全圆测回法的计算及限差规定

(1) 计算两倍照准轴误差(2C)及限差

两倍照准轴误差(用 2C 表示)，它在数值上等于一测回同一方向的盘左读数 L 与盘右读数 $R \pm 180°$ 之差，即：

$$2C = L - (R \pm 180°) \tag{3.3}$$

同一测回中，2C 的最大值与最小值之差称为“2C 互差”。在进行水平角的测量时更多的是关注“2C 互差”。规范规定 DJ_6 型仪器同一测回 2C 互差的绝对值不得大于 36″。

(2) 计算各方向读数的平均值

取每一方向盘左读数与盘右读数 ±180° 的平均值，作为该方向的平均读数。

$$\text{平均读数} = \frac{L + (R \pm 180°)}{2} \tag{3.4}$$

由于归零起始方向有两个平均读数，应再取其平均值，作为该方向的平均读数。

(3) 各测回同一方向归零方向值的计算

为了便于测回间的计算和比较，要把起始方向值(零方向值)改化成0°00′00″，即把原来的方向值减去起始方向 A“归零”后的平均值。公式如下：

$$\text{归零方向值}=\text{平均读数}-\text{零方向平均读数} \tag{3.5}$$

如果进行多个测回观测，同一方向的各测回观测得到的归零方向值理论上应该是相等的，但实际会包含误差，它们之间的差值称为“同一方向各测回归零值之差”。规范规定 DJ_6 型仪器各测回同一方向归零方向值之差不得大于24″。

(4) 各测回平均归零方向值的计算

各测回同一方向归零方向值之差符合要求，将各测回同一方向的归零方向值相加并除以回数，即得该方向各测回平均归零方向值。

(5) 水平角计算

将组成该角的两个方向的方向值相减即可得该水平角。

3.4.3 原始数据更改的规定

(1) 读记错误的秒值不允许改动，应重新观测。读记错误的度、分值，必须现场更改，但同一方向盘左、盘右、半测回值三者之间不得同时更改两个相关数字，同一测站不得有两个相关的数字连环更改，否则均应重测。

(2) 凡更改错误，均应将错误数字、文字用横线整齐划去，在其上方写出正确的数字或文字。原错误数字或文字应仍能看清楚，以便检查。需要重测的方向或需要重测的测回可用从左上角至右下角的斜线划去。凡划改的数字或划去的不合格成果，均应在备注栏内注明原因。需要重测的方向或测回，应注明重测结果所在的页数。废站页应整齐划去并注明原因。

【在线测试】

(3) 补测或重测结果不得记录在测错的手簿页数之前。

任务5 竖直角测量

【在线资源】

3.5.1 竖直角的概念及其测量原理

竖直角是在同一竖直面内视线方向与水平线方向的夹角，用 α 表示。视线在水平线以上称为仰角，竖直角为正，如图3.8(a)所示；视线在水平线以下称为俯角，竖直角为负，如图3.8(b)所示。

依据竖直角的定义，测定竖直角必然也与测量水平角一样，其角值大小应是度盘上两个方向读数之差。所不同的是在测量竖直角时，两个方向中必须有一个是水平方向。由于其方向是统一规定的，因而在制作竖直度盘时，不管竖盘的标记方式如何，当视线水平时，都可以将水平方向的竖盘读数标记为定值，正常状态下注记为90°的整数倍。因此，在具体测量某一目标方向的竖直角时，只需对视线所指向的目标点数读取竖盘读数，即可计算出竖直角。

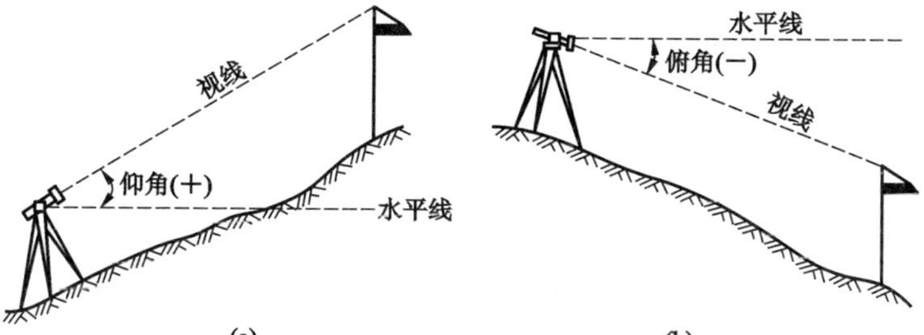

图 3.8 竖直角的概念

3.5.2 竖直度盘的构造

如图 3.9 所示，经纬仪上的竖盘装置包括竖直度盘（简称为竖盘）、竖盘指标水准管、竖盘指标水准管微动螺旋。竖直度盘是玻璃圆盘，其分划与水平度盘一样，固定在望远镜横轴的一端，随望远镜一起转动。竖盘指标在读数窗上，竖盘指标和竖盘指标水准管连接在竖盘指标微动架上，当转动竖盘指标水准管微动螺旋时，竖盘指标和竖盘指标水准管就一起转动。当竖盘指标水准管气泡居中时，竖盘指标就处于正确位置。如果望远镜视线水平，竖盘读数应为 90°或 270°（图3.9中所示为 90°）。当望远镜上下转动瞄准不同高度处的目标时，竖盘随之转动而指标线不动，就可读得不同的竖盘读数，从而计算出不同高度目标的竖直角。

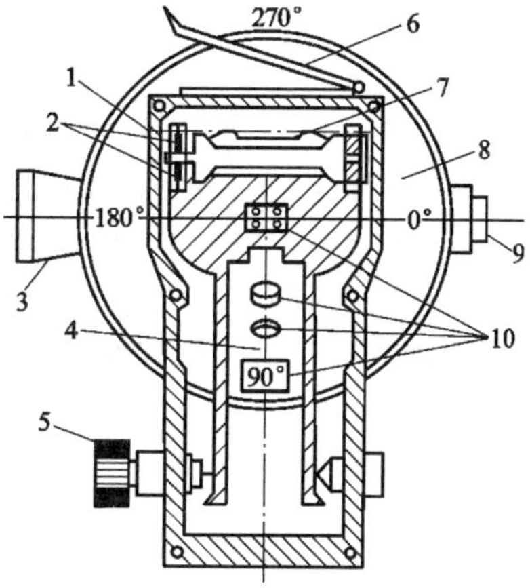

图 3.9 竖直度盘和读数系统

1—竖直度盘指标水准管轴；
2—竖直度盘指标水准管校正螺丝；3—望远镜；
4—光具组光轴；5—竖直度盘指标水准管微动螺旋；
6—竖直度盘指标水准管反光镜；7—竖直度盘指标水准管；
8—竖直度盘；9—目镜；10—光具组的棱镜透镜

现在已有一种具有竖盘指标自动补偿装置的经纬仪，这种经纬仪取消了竖盘指标水准管，而安装了一个自动补偿装置。具有这种装置的经纬仪，当仪器稍有微量倾斜时，就会自动调整光路，使读得的竖盘读数相当于竖盘指标水准管气泡居中时的数值。正常情况下，这时的指标差为零，故也称为自动归零装置，其原理与自动安平水准仪相同。使用该种仪器时，可在整平后立即照准目标进行竖直角观测，简化了操作程序，节省了观测时间。

3.5.3 竖直角计算

竖直度盘的注记形式有两种：一种是顺时针刻划，另一种是逆时针刻划，如图 3.10 所示。随着竖盘注记形式的不同，竖直角的计算公式也不相同。

若竖盘为顺时针刻划，从图 3.11 可以看出，盘左上仰望远镜，竖盘读数减小；盘右上仰望远镜，竖盘读数增加。设盘左竖盘读数为 L，盘右竖盘读数为

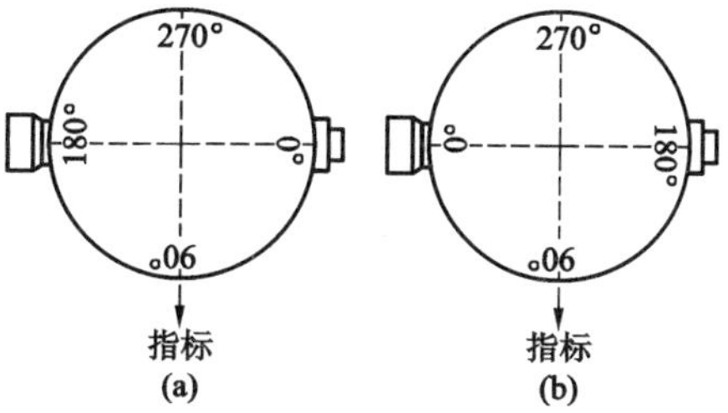

图 3.10 竖直度盘刻划的两种情况

R,则该竖直角的计算公式为:

$$\left.\begin{aligned}\alpha_{左} &= 90° - L \\ \alpha_{右} &= R - 270°\end{aligned}\right\} \tag{3.6}$$

若竖盘为逆时针刻划,从图 3.12 可以看出,盘左上仰望远镜,竖盘读数增加;盘右上仰望远镜,竖盘读数减小。同理可得,竖直角的计算公式为:

$$\left.\begin{aligned}\alpha_{左} &= L - 90° \\ \alpha_{右} &= 270° - R\end{aligned}\right\} \tag{3.7}$$

由以上各式计算出的竖直角为正时,则为仰角;为负时,则为俯角。

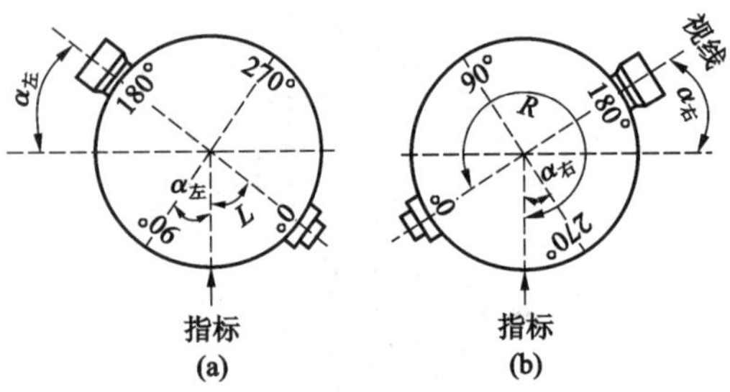

图 3.11　竖直度盘顺时针注记时公式推导示意图

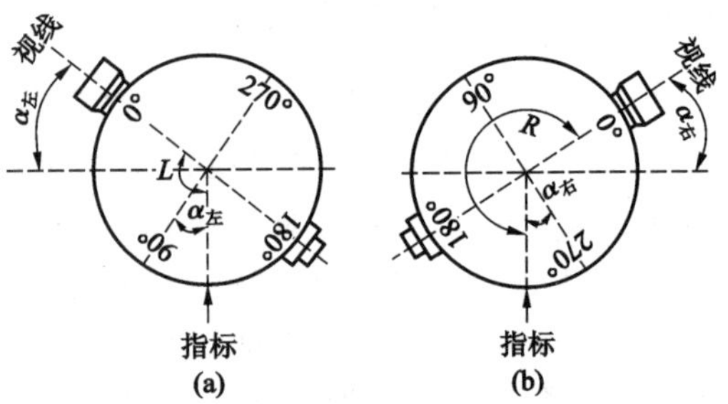

图 3.12　竖直度盘逆时针注记时公式推导示意图

3.5.4　竖盘指标差

竖直角的计算公式(3.6)、式(3.7)都认为当视线水平时,其读数是 90°的整数倍。但实际情况下这个条件是不满足的。这是由于指标从正确位置偏移了,使视线水平时的读数大了或小了一个数值,即竖盘读数指标的实际位置与正确位置之差,我们称这个偏差为指标差,通常用 x 表示。当指标偏移方向与竖盘注记方向一致时,则使读数中增大了一个 x,令 x 为正;反之,指标偏移方向与竖盘注记方向相反时,则使读数中减小了一个 x,令 x 为负。

如图 3.13(a)所示,为盘左位置时,照准轴水平,指标偏在读数大的一方,如图 3.13(b)所示为盘左位置,当望远镜抬高瞄准目标并使照准轴水平。设竖直度盘读数为 L,则竖直角 α 应为:

$$\alpha = 90° - L + x$$

图 3.13(c)为盘右位置后,仍照准原目标,并使照准轴水平。设竖直度盘读数为 R,则竖直角 α 应为:

$$\alpha = R - 270° - x$$

两式相加得竖直角为:

$$\alpha = \frac{1}{2}(R - L - 180°) \tag{3.8}$$

两式相减得指标差为:

$$x = \frac{1}{2}(L + R - 360°) \tag{3.9}$$

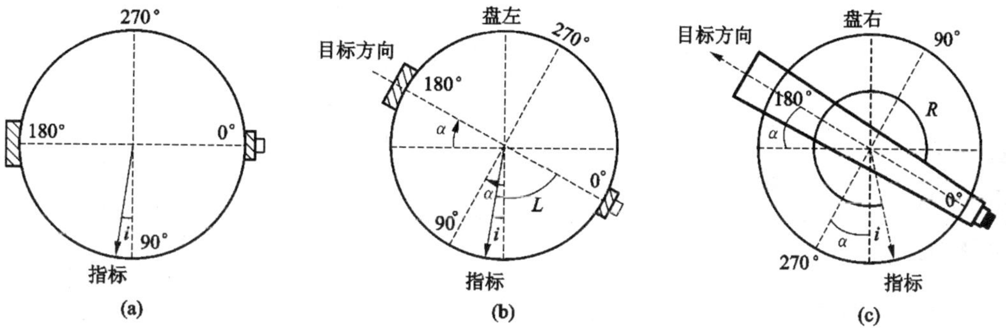

图 3.13 指标差计算示意图

由式(3.8)可以看出，利用盘左、盘右观测竖直角并取平均值可以消除竖盘指标差的影响，即 α 与 x 的大小无关，也就是说，指标差本身对求得的竖直角没有影响，只是指标差过大时心算不甚方便，应予以纠正。另外，α 与 x 均有正、负之分，计算时应加以注意。

3.5.5 竖直角观测

(1) 安置经纬仪于测站点，对中、整平，并判断所用仪器竖盘的注记形式，其方法是：将该仪器置于盘左位置，使望远镜大致水平，此时竖盘读数大致为 90°，再上仰望远镜，若竖盘读数减小，则为顺时针注记，按式(3.6)计算竖直角；若竖盘读数增加，则为逆时针注记，按式(3.7)计算竖直角。

(2) 盘左瞄准目标，转动竖盘指标水准管微动螺旋，使竖盘水准管气泡居中，读取竖盘读数 L，设为 74°15′06″，记入表 3.4 中。

(3) 盘右瞄准同一目标，转动竖盘指标水准管微动螺旋，使竖盘水准管气泡居中，读取竖盘读数 R，设为 285°45′18″，记入表 3.4 中。

(4) 竖直角计算(设竖盘为顺时针注记)

$$\alpha_{左} = 90° - 74°15'06'' = +15°44'54''$$

$$\alpha_{右} = 285°45'18'' - 270° = +15°45'18''$$

$$\alpha = \frac{1}{2}(\alpha_{左} + \alpha_{右}) = +15°45'06'' \tag{3.10}$$

【在线测试】

表 3.4 竖直角观测记录

测站	目标	竖盘位置	竖盘读数 °	′	″	半测回竖直角 °	′	″	指标差 ″	一测回竖直角 °	′	″	备注
O (1)	A	盘左	74	15	06	+15	44	54	+12	+15	45	06	竖盘为顺时针注记
		盘右	285	45	18	+15	45	18					
O (2)	B	盘左	93	18	48	−3	18	48	−6	−3	18	54	
		盘右	266	41	00	−3	19	00					

任务6　经纬仪的检验和校正

【在线资源】

从测角原理可知，经纬仪有四条主要轴线，即水准管轴（LL）、竖轴（VV）、视准轴（CC）和横轴（HH），如图3.14所示，它们之间应满足下列几何条件：

（1）水准管轴垂直于竖轴，即 $LL \perp VV$；

（2）十字丝竖丝垂直于横轴；

（3）视准轴垂直于横轴，即 $CC \perp HH$；

（4）横轴垂直于竖轴，即 $HH \perp VV$。

除满足上述条件以外，经纬仪应满足竖盘指标差为零及光学对中器的视准轴与仪器竖轴重合的条件。

仪器出厂时，以上各条一般均能满足，但由于仪器的长期使用和搬运过程中的振动，各部件的连接部分会发生变动，所以经纬仪在使用之前应进行检验和校正。

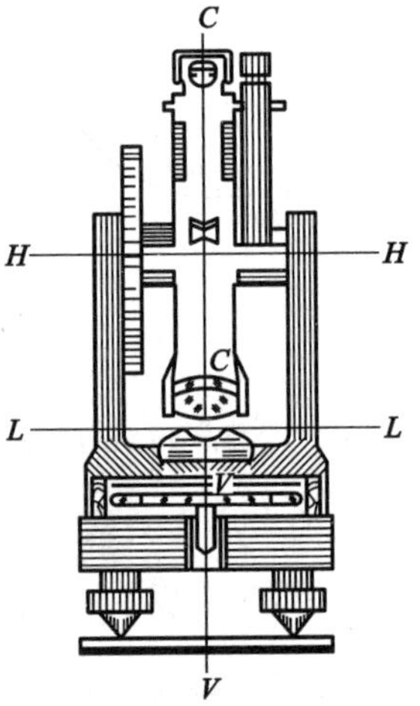

图3.14　经纬仪轴线图

3.6.1　照准部水准管轴垂直于竖轴的检验和校正

3.6.1.1　目的

使照准部水准管轴垂直于竖轴，只有这样，当仪器整平后，才能保证竖轴铅直，水平度盘水平。

3.6.1.2　检验

先将仪器整平，再转动照准部，使其水准管平行于任意一对脚螺旋，转动该对脚螺旋使水准管气泡居中。然后将照准部旋转180°，若气泡居中，则条件满足；否则，需校正。

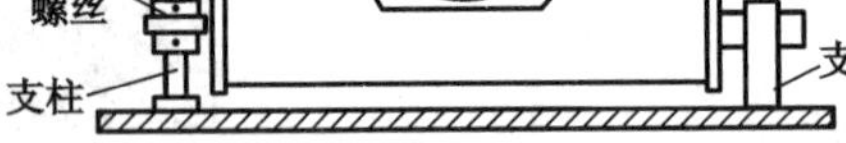

图3.15　照准部水准管

3.6.1.3　校正

用校正针拨动水准管一端的上、下校正螺丝，如图3.15所示，使气泡退回偏离长度的一半，再转动脚螺旋，使气泡居中。此项校正需反复进行，直到满足要求为止。

校正原理　为什么只校正气泡偏离长度的一半呢？如图3.16(a)所示，由于水准管两支柱不等长，气泡虽居中，但水准管轴 $L'L'$ 不平行于水平度盘，且与其交成一个小角 α；此时，经纬仪的竖轴也偏离铅垂线一个小角 α。当水准管随照准部旋转180°后[图3.16(b)]，竖轴的位置没有变，但水准管支柱的高低端交换了位置，使水准管轴处于新的位置 $L''L''$，水准管轴 $L'L'$ 与 $L''L''$ 之间的夹角为 2α，这时气泡不居中，所偏离中心的弧长即表示为 2α 角的弧长。而水准管轴与水平度盘的夹角为 α，因此只需校正 α 角的弧长，就可使水准管轴平行于水平度盘，因水平度盘与竖轴垂直，所以此时水准管轴也就垂直于竖轴了，如图3.16(c)所示。然后，转动脚螺旋使气泡居中，竖轴即处于铅垂位置，如图3.16(d)所示。

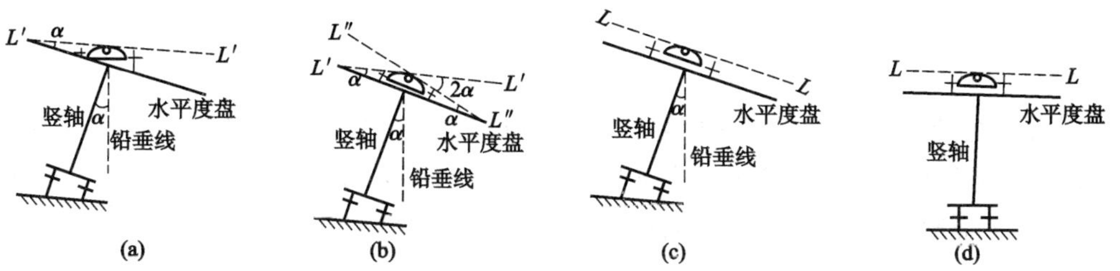

图 3.16 照准部水准管校正原理

3.6.2 十字丝竖丝垂直于横轴的检验和校正

3.6.2.1 目的

使十字丝竖丝处于铅直状态。这样，在观测水平角时，可用竖丝的任何部位照准目标；在观测竖直角时，可用横丝的任何部位照准目标。

3.6.2.2 检验

整平仪器后，用十字丝竖丝一端瞄准一清晰小点，固定照准部制动螺旋和望远镜制动螺旋，转动望远镜微动螺旋使望远镜上下移动，如果小点始终在竖丝上移动，则条件满足；否则应进行校正。

3.6.2.3 校正

卸下目镜处分划板护盖，如图 3.17 所示，用螺丝刀松开四个十字丝环固定螺丝，转动十字丝环，使竖丝处于竖直位置，然后将四个螺丝拧紧，装上护盖。

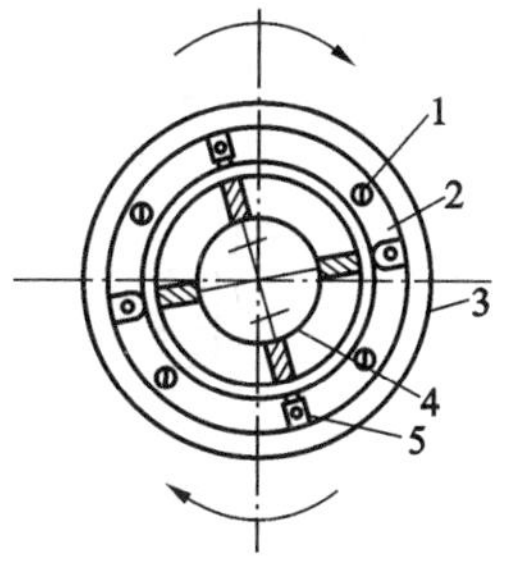

图 3.17 十字丝分划板的校正

1—十字丝分划板固定螺丝；2—十字丝分划板座；3—望远镜镜筒；4—十字丝分划板；5—十字丝校正螺丝

3.6.3 视准轴垂直于横轴的检验和校正

3.6.3.1 目的

使视准轴垂直于横轴，只有这样，当望远镜绕横轴旋转时，才能使其视准面为一个平面；若视准轴不垂直于横轴，望远镜绕横轴旋转将扫出一个圆锥面，则用该仪器测量同一竖直面内不同高度的目标时，水平度盘的读数是不一样的，将会产生测角误差。

3.6.3.2 检验

整平仪器，盘左瞄准一个大致与仪器同高的远处目标 M，读取水平度盘读数 $m_{左}$（如 5°24′24″）。盘右瞄准同一点 M，读取水平度盘读数 $m_{右}$（如 185°23′06″）。盘左、盘右两读数之差应为±180°；若两读数之差不是±180°，则此读数与 180°的差就是视准轴不垂直于横轴的误差的两倍，称为“两倍视准误差”，用“$2c$”表示，即：

$$2c = m_{右} - (m_{左} \pm 180^\circ) \tag{3.11}$$

本例中有：

$$2c = 185^\circ 23' 06'' - (5^\circ 24' 24'' + 180^\circ) = -1' 18''$$

则 $c=-39''$。

其原理如下：

视准轴不垂直于横轴是由于十字丝交点所处的位置不正确而引起的。如图 3.18(a)所示，设十字丝交点不在正确位置 K 而在 K'(偏向于横轴的 H 端)，致使盘左时视线不与横轴垂直。为瞄准目标 M，必须使望远镜向右转动一个 c 角，此时度盘读数 $m_{左}$ 比正确读数 m 小了一个 c 角，即：

$$m = m_{左} + c \tag{3.12}$$

盘右时[图 3.18(b)]，十字丝交点 K' 仍偏向于横轴 H 端，K' 在 K 的右边，瞄准目标 M 时，比正确读数 $m\pm180°$读大了一个 c 角，即：

$$m \pm 180° = m_{右} - c \tag{3.13}$$

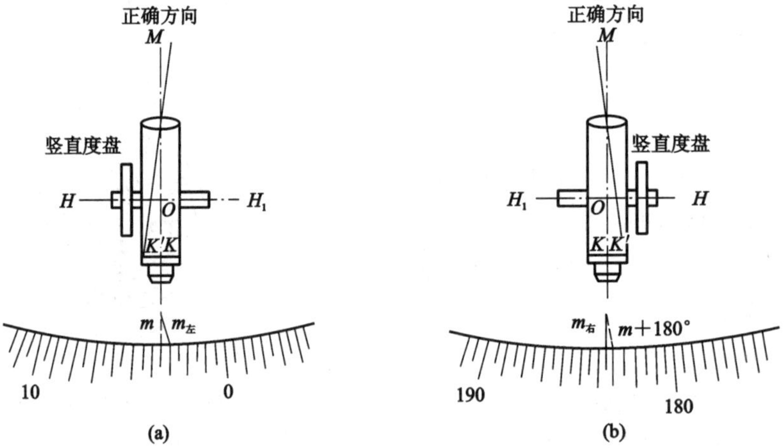

图 3.18 视准误差的校正原理

将式(3.12)与式(3.13)相加得：

$$m = \frac{1}{2}(m_{左} + m_{右} \pm 180°) \tag{3.14}$$

将式(3.12)减式(3.13)，得：

$$c = \frac{1}{2}[m_{右} - (m_{左} \pm 180°)] \tag{3.15}$$

由式(3.14)可以看出，采用盘左、盘右观测取平均值的方法，可以消除视准误差 c 的影响。对于 DJ_6 型光学经纬仪，c 超过$\pm30''$，电子经纬仪 c 超过$\pm10''$时，则需校正。

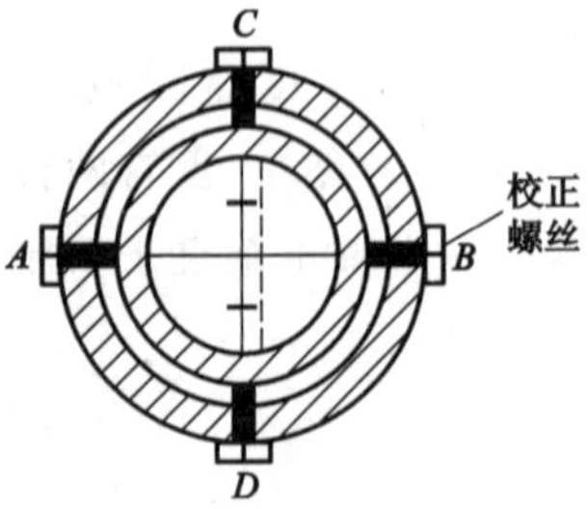

图 3.19 视准误差的校正

3.6.3.3 校正

(1) 计算出盘右位置的正确读数：

$$m_{右正} = m_{右} - c \tag{3.16}$$

本例为：

$$m_{右正} = 185°23'06'' - (-39'') = 185°23'45''$$

(2) 转动照准部微动螺旋，使水平度盘读数恰为 $m_{右正}$，此时十字丝的竖丝已偏离了目标，如图 3.19 所示。

(3) 旋下十字丝分划板护盖，略松十字丝分划板上、下校正螺丝 C 和 D，用一松一紧的方法拨动左、右校正螺丝 A 和 B，使十字丝的竖丝对准目标 M。然后，拧紧上、下校正螺丝 C 和 D，旋上十字丝分划板护盖。

此项工作需反复进行，直至视准误差 c 在限差范围内为止。

3.6.4 横轴垂直于竖轴的检验和校正

3.6.4.1 目的

使横轴垂直于竖轴，以保证竖轴垂直时横轴水平，望远镜绕横轴旋转时扫出一个铅垂面。若横轴不垂直于竖轴，则视准轴绕横轴旋转扫出的是一个倾斜面。

3.6.4.2 检验

如图 3.20 所示，整平仪器，盘左瞄准墙上一高处目标 M，固定照准部，将望远镜俯至水平位置，依据十字丝交点在墙上标出一点 m_1；然后盘右仍瞄准 M 点，使望远镜俯至水平位置，依同法在墙上标出一点 m_2。若 m_1 与 m_2 重合，则条件满足，否则需校正。

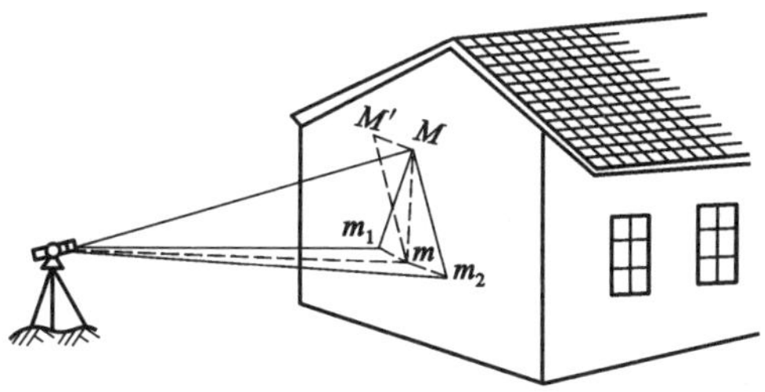

图 3.20 横轴误差的检验和校正

3.6.4.3 校正

量出 m_1、m_2 之间的距离，取其中点 m。转动照准部微动螺旋，使望远镜的十字丝交点对准 m 点，然后仰起望远镜至 M 处，此时十字丝交点已偏离了 M 点而处于 M' 的位置。

校正时，先打开右支架处横轴的盖板，松开偏心轴环的三个固定螺丝，调整偏心架，使横轴一端升高或降低，直至十字丝交点对准 M 点为止。此项校正应送仪器检修部门，由专业人员在室内进行。

3.6.5 竖盘指标差的检验和校正

(1) 检校目的

使竖盘指标差接近于零。

(2) 自动安平补偿器经纬仪指标差的检验与校正

检验方法：整平仪器后，照准一个明显标志点，分别用盘左、盘右观测目标，并读取竖盘读数 L 和 R，按式(3.9)计算指标差，若 $x>15''$，则应进行校正。

经纬仪的每项校正需要反复进行，最后要求满足应具备的条件。不过要校正得完全满足理论上提出的要求是很困难的，一般只求达到实际作业所需的精度，因此必然存在残余的误差。这些残余的误差，如果采用合理的观测方法，大部分可以抵消掉。

3.6.6 光学对中器的检验和校正

3.6.6.1 目的

使光学对中器的视准轴与仪器竖轴重合。

3.6.6.2 检验

整平仪器，在仪器正下方地面上放一块白色纸板。将光学对中器的分划圈中心投绘到纸板上，设为 P_1 点，如图 3.21(a)所示。然后，将照准部旋转 180°，再将分划圈中心投绘到纸板上，设为 P_2 点。若 P_1 与 P_2 重合，则条件满足，否则需校正。

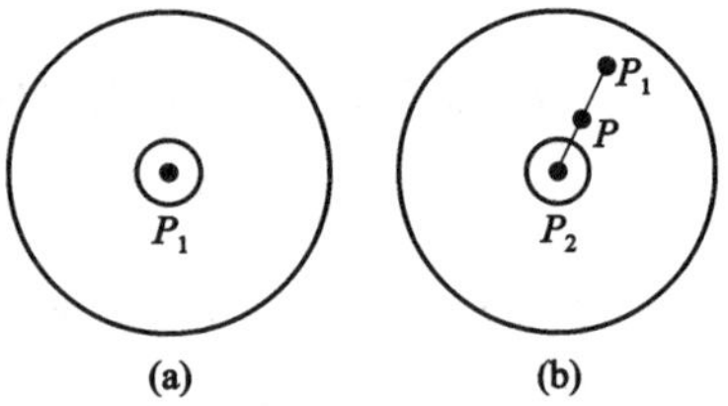

图 3.21 光学对中器的检校

3.6.6.3 校正

在纸板上标定出 P_1 与 P_2 连线的中点 P，调节光学对中器校正螺丝，使 P_2 点移至 P 点即可，如图 3.21(b)所示。

【在线测试】

任务 7 角度测量的误差分析

【在线资源】

角度观测误差来源于仪器误差、观测误差、仪器工具安置误差和外界条件的影响四个方面。

3.7.1 仪器误差

仪器误差是指仪器校正后的残余误差及仪器加工不完善所引起的误差。例如，视准误差(视准轴不垂直于横轴的误差)、横轴误差(横轴不垂直于竖轴的误差)和水平度盘的偏心误差(DJ_6 型光学经纬仪)，均可采用盘左、盘右观测取平均值的方法加以消除。

竖轴倾斜误差，不能用盘左、盘右观测取平均值的方法消除其影响。因此，在测角时应细心地整平仪器，使竖轴竖直。

水平度盘刻划不均匀的误差一般很小，可采用每测回开始时变动度盘位置(变动值为 $\frac{180°}{n}$)的方法，削弱其影响。电子经纬仪无此项误差。

3.7.2 观测误差

(1) 照准误差

照准精度的影响因素很多，主要有人眼的分辨能力、望远镜的放大倍率、照准标志的形状和清晰度等。一般认为，人眼的最小分辨视角为 60″，所使用的望远镜放大率愈大，照准的目标将愈清晰，照准误差就愈小。设望远镜的放大率为 v，则通过望远镜的照准误差为：

$$m_v = \pm \frac{60''}{v} \tag{3.17}$$

对于 DJ_6 型经纬仪，$v=28$，则 $m_v = \pm 2.2''$。

(2) 读数误差

读数误差首先取决于仪器的读数设备。对于配备测微尺读数装置的 DJ_6 型经纬仪,读数误差为最小分划值的 1/10,即 $\pm 6''$。若照明情况不佳,读数显微镜未调好焦距,读数不仔细,则读数误差会增大,这种情况应尽量避免。电子经纬仪无此项误差。

3.7.3 仪器工具安置误差

(1) 仪器对中误差

在测角时,如果仪器对中有误差,则会使仪器中心与测站点不在同一铅垂线上,此种现象称为测站点偏心,如图 3.22 所示。OO' 间的距离 e 称为测站点的偏心距。若过 O 点作 $OA' /\!/ O'A$,$OB' /\!/ O'B$,设无对中误差时的正确角度为 β,有对中误差时的实测角度为 β',则其误差为:

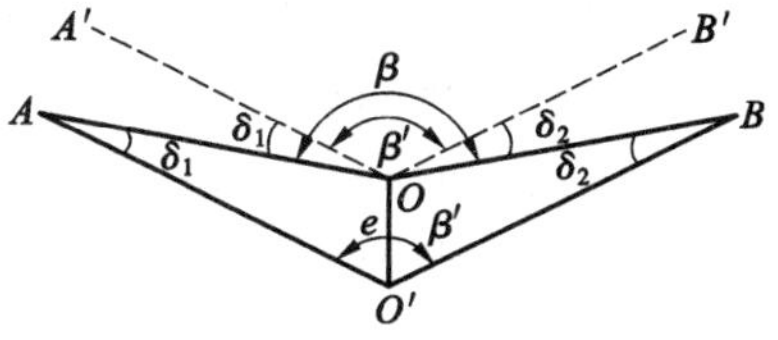

图 3.22　仪器对中误差

$$\Delta\beta = \beta - \beta' = \delta_1 + \delta_2$$

因偏心距 e 是一个很小的值,故 δ_1 和 δ_2 也为一小角,于是可把 e 近似地作为一段小圆弧看待,故得:

$$\Delta\beta = \delta_1 + \delta_2 = \left(\frac{e}{S_1} + \frac{e}{S_2}\right)\rho'' \tag{3.18}$$

式中　S_1,S_2——OA 和 OB 的边长;

ρ''——数值为 $206265''$。

由式(3.18)可知,$\Delta\beta$ 与偏心距 e 成正比,与边长成反比。因此,当边长较短时,应注意仔细对中。

(2) 目标偏心误差

角度测量时,通常是将标杆立于目标点上,作为瞄准的标志。当标杆倾斜而又瞄准标杆顶部时,将使照准点偏离目标而产生目标偏心误差。

如图 3.23 所示,设 O 为测站点,A、B 为观测目标,若在 A 点上所立的标杆倾斜,由此而测得的水平角不是 β 而是 β',两者之差为:

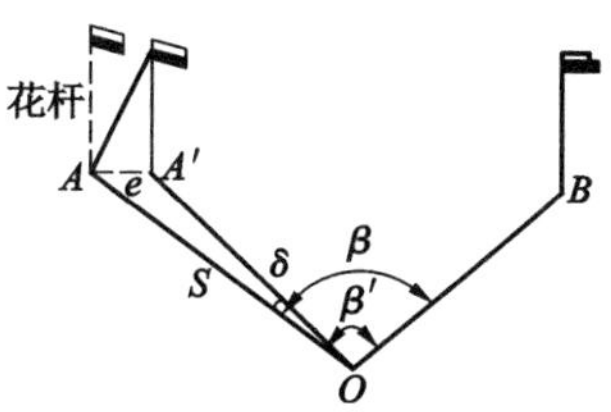

图 3.23　照准点偏心误差

$$\Delta\beta = \beta - \beta' = \delta = \frac{e}{S} \times \rho'' \tag{3.19}$$

式中　S——OA 的边长;

e——目标点的偏心距。

由式(3.19)可知,偏心距 e 愈小或边长 S 愈大,则目标偏心误差愈小。因此,观测时应将标杆竖直,尽量瞄准标杆的底部,以减小目标偏心误差对测角的影响。

3.7.4 外界条件的影响

外界条件的影响主要有大气的垂直折光、空气对流、风沙和雾气等。视线穿过不同密度的大气层会产生垂直折光差，视线离地面越近，折光差越大，应尽可能使视线高出地面 1 m 左右。空气对流会使视线成像不稳定，风沙和雾气会造成视线不清晰，因此，应选择合适的天气进行观测。

【在线测试】

思 考 题

3.1 何谓水平角？当用望远镜瞄准同一竖直面内不同高度的两个目标时，在水平度盘上的读数是否一样？测定两个不同竖直面内不同高度的目标间的夹角是否为水平角？

3.2 仪器对中、整平的目的是什么？

3.3 观测水平角时，如测两个以上测回，为什么各测回要变换度盘位置？现欲测 3 个测回，各测回的起始读数应如何变换？

3.4 何谓竖直角？如何确定竖直角的计算公式？

3.5 经纬仪有哪些主要轴线？它们之间应满足的几何条件是什么？

3.6 何谓视准误差？若用经纬仪瞄准与仪器大致等高的一点 A，盘左时水平度盘的读数为 215°18′24″，盘右时水平度盘读数为 35°17′06″。试问：该仪器的视准误差是多少？盘右时水平度盘的正确读数是多少？

3.7 何谓指标差？用经纬仪瞄准一目标 P，盘左时竖盘读数为 92°17′48″，盘右时竖盘读数为 267°41′06″（盘左望远镜仰起，竖盘读数减小）。试计算正确的竖直角、指标差，以及盘右时的正确读数。

3.8 在角度测量中，用盘左、盘右观测可消除哪些误差？能否消除仪器竖轴倾斜误差？

3.9 仪器对中误差和目标的偏心误差对测角的影响与偏心距 e 和边长 S 各有何关系？

项目四　距 离 测 量

【主要内容】

直线定线的概念和方法；水平距离的概念；钢尺量距；视距量距；光电量距；全站仪使用等。

重点：直线定线；钢尺一般量距方法；全站仪的使用。

难点：钢尺精密量距。

【学习目标】

知识目标	能力目标
1. 掌握水平距离的概念； 2. 掌握钢尺量距的一般方法和精密量距； 3. 掌握直线定线的概念和方法； 4. 掌握视距测量的基本原理和施测方法； 5. 了解光电测距的基本原理； 6. 掌握光电测距仪的使用； 7. 掌握全站仪的构造和性能； 8. 掌握全站仪的基本测量功能	1. 能根据工程实际情况选用钢尺量距方法； 2. 能根据工程实际情况选用视距量距方法； 3. 能根据工程实际情况选用光电量距方法； 4. 能使用全站仪进行角度测量、距离测量和坐标测量

【思政目标】

通过学习距离测量的不同方法，培养学生精雕细琢、精益求精的工匠精神，秉持以工匠精神成就高质量的测量成果，养成严谨细心、积极探索真知的学习态度。

距离测量是测量地面上两点之间的水平距离。随着所需的精度不同，所使用的仪器和测量方法也不同。目前，常采用的测量方法有钢尺量距和电磁波测距两种方法。

任务1　距 离 丈 量

4.1.1　量距的工具

4.1.1.1　钢尺

钢尺又称钢卷尺，一般用宽 10～15 mm 的薄钢片制成，如图 4.1 所示，其长度有 15 m、20 m、30 m、50 m 等。钢尺的基本刻划有两种：一种是全毫米刻划，另一种是仅在钢尺端点0～10 cm处为毫米刻划，其余均为厘米刻划。

【在线资源】

钢尺根据零点的位置不同,可分为端点尺和刻线尺两种。端点尺是以钢尺拉环的外沿为零点,如图 4.2(a)所示;刻线尺是以尺的前端刻线作为钢尺的零分划线,如图 4.2(b)所示。

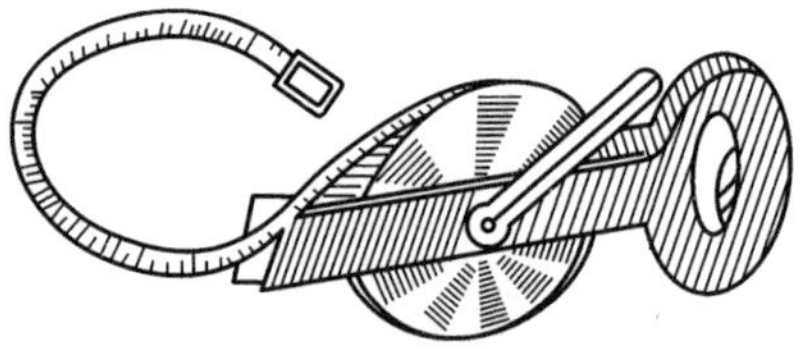

图 4.1 钢卷尺

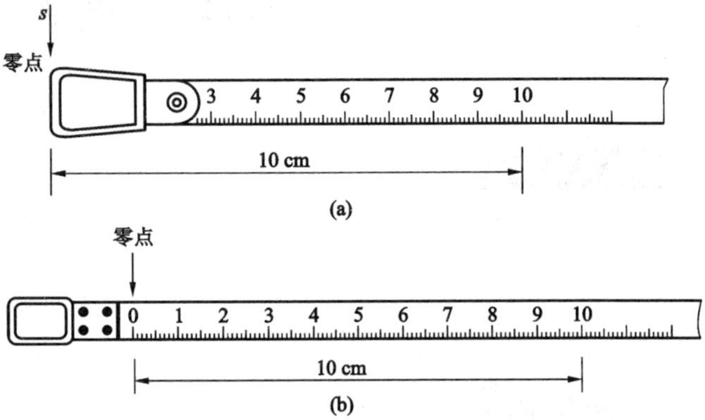

图 4.2 钢卷尺零点位置示意图

(a) 端点尺;(b) 刻线尺

钢尺可用于较高精度的距离丈量,如控制测量和施工放样的量距中。

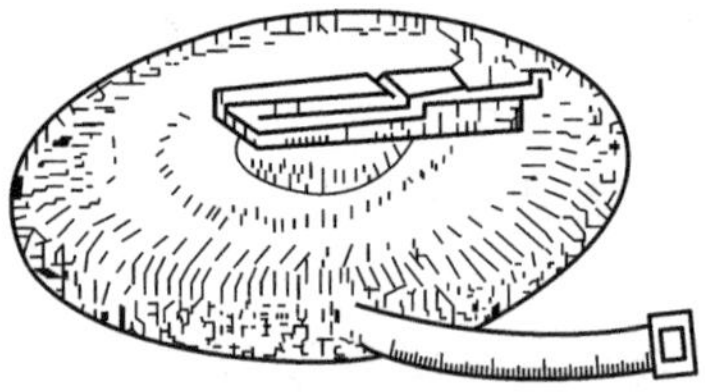

图 4.3 皮尺

4.1.1.2 皮尺

皮尺是由麻皮制成的,如图 4.3 所示。皮尺的基本刻划为厘米,尺环端为零点,其长度有 20 m、30 m、50 m 等。皮尺伸缩性较大,精度低,只能用于精度要求较低的丈量工作。

4.1.1.3 辅助工具

量距的辅助工具有花杆、测钎、垂球、弹簧秤和温度计。花杆长 2～3 m,杆上涂以 20 cm 相间的红、白油漆,主要用于直线定线。测钎用细钢筋制成,长约 30 cm;一端磨尖,以便插入土中,另一端做成环状,便于携带;它可用来标志尺段的起、止点和计算已量过的整尺段数。垂球用于倾斜地面平量时,标定尺上某分划的水平投影位置。弹簧秤和温度计可分别用来控制拉力和测定温度。

4.1.2 丈量距离的一般方法

4.1.2.1 在平坦的地面上量距

如图 4.4 所示,欲丈量 AB 直线的长度,首先要进行直线定线,常用目估定线法,即在 AB 直线之间用花杆标定其直线的方向。

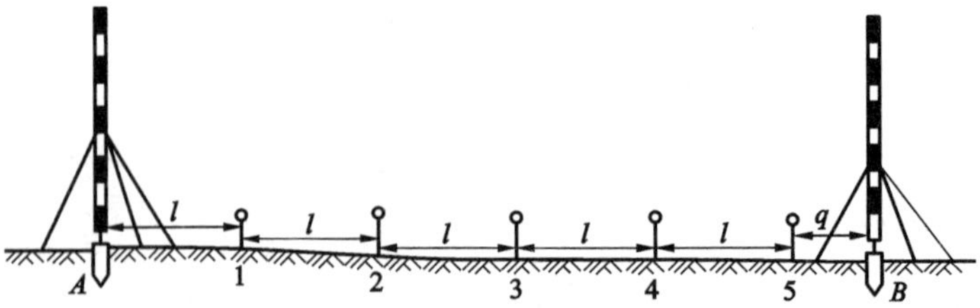

图 4.4 钢卷尺量距的一般方法

量距时,后测手拿一根测钎和钢尺零端,立于直线的起点 A 处;前测手拿若干根测钎及钢尺末端,沿定线方向前进到一整尺处;两人同时将钢尺放在 AB 直线上并拉紧,当后测手将零

点对准 A，发出“好”的信号时，前测手就将一根测钎对准钢尺末端刻划插于地上，即得 1 点，这就完成了 A—1 整尺段的丈量工作。然后，两人抬起尺子，沿定线方向继续前进，待后测手走到 1 点时停止前进，按同法丈量 1—2、2—3 等整尺段，最后丈量不足一整尺的距离 q，读至毫米。则直线 AB 的长度为：

$$L = nl + q \tag{4.1}$$

式中 L——直线总长；

n——整尺段数；

q——不足一整尺的余数。

在实际丈量中，为了校核和提高精度，一般需要往返丈量，并取往返丈量的平均值作为该直线的最后丈量结果，并将往返丈量之差称为较差，用 ΔL 表示；较差与往返丈量的平均值之比，称为相对误差，用 K 表示，用以衡量丈量的精度，即：

$$K = \frac{|\Delta L|}{L_{平}} = \frac{1}{\frac{L_{平}}{|\Delta L|}} = \frac{1}{N} \tag{4.2}$$

例如，对某直线进行往返丈量，往测为 208.926 m，返测为 208.842 m，则其相对误差为：

$$K = \frac{0.084}{208.884} \approx \frac{1}{2487}$$

相对误差要用分子为 1 的分数表示，分母越大，表示量距精度越高。在平坦地区，量距精度要达到 1/2000 以上，在困难地区要达到 1/1000 以上。

4.1.2.2 在倾斜的地面上量距

(1) 平量法

当地面起伏不大时，可将钢尺拉平丈量，如图 4.5 所示。后测手使尺子的零刻划线对准 A 点，前测手将尺子抬高、拉平、拉紧，用垂球尖将尺子某刻划线投于地面，并插上测钎。用同法量至 B 点，各尺段丈量结果的总和就是直线 AB 的水平距离，即：

$$L = l_1 + l_2 + \cdots + l_n \tag{4.3}$$

(2) 斜量法

如果地面坡度均匀，可沿斜坡丈量出倾斜距离 L'，测出倾斜角 α 或高差 h，如图 4.6 所示，再按下式换算成水平距离，即：

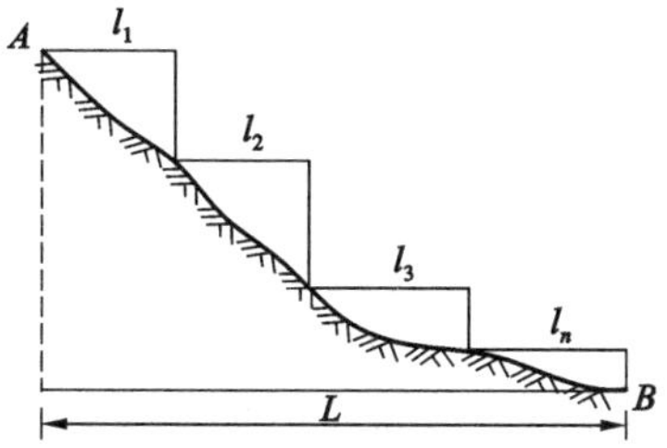

图 4.5 平量法

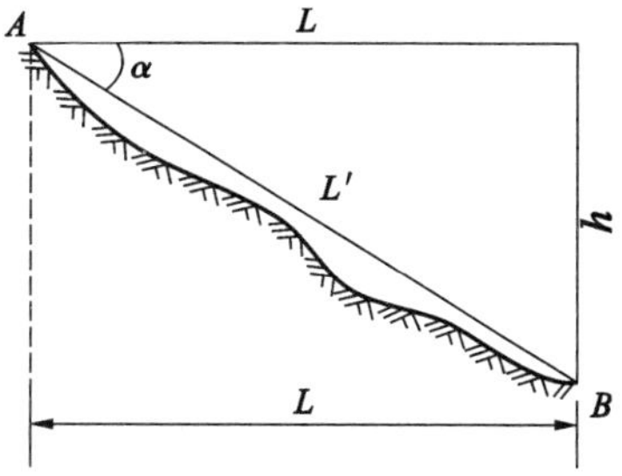

图 4.6 斜量法

$$L = L'\cos\alpha \tag{4.4}$$

或：

$$L = \sqrt{L'^2 - h^2} \tag{4.5}$$

4.1.3 丈量距离的精密方法

丈量距离的一般方法，量距精度只能达到 1/4000～1/1000，当量距精度要求在 1/10000 以上时，应采用精密量距法。

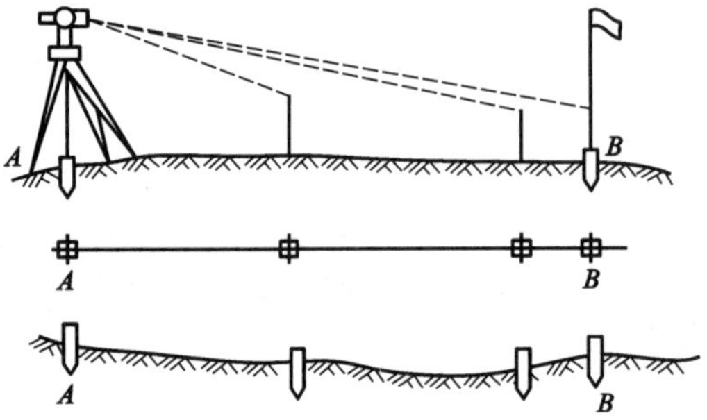

图 4.7 钢卷尺精密量距

4.1.3.1 定线

精密量距采用经纬仪定线法。如图 4.7 所示，先清除直线方向内的杂草和障碍物，再将经纬仪安置于 A 点，瞄准 B 点，沿 AB 方向用钢尺概量，使每尺段的长度略短于所使用钢尺的长度，打下小木桩，桩顶要高出地面 2～3 cm。然后，利用经纬仪进行定线，在各桩顶上画出位于 AB 方向的直线，并作此直线的垂线，其交点即为量距时钢尺读数的标志。

4.1.3.2 量距

用检定过的钢尺丈量两木桩间的距离。丈量组由五人组成，两人拉尺，两人读数，一人记录计算并测温度。丈量时，后测手用弹簧秤来控制施加给钢尺的拉力，这个拉力应与钢尺检定时的拉力相等。一般情况下，30 m 的钢尺，拉力为10 kg；50 m 的钢尺，拉力为 15 kg。当拉力达到标准时，前后读数员同时读数，两端读数之差即为尺段长度。每尺段要移动钢尺位置测三次，每次移动 1～2 cm，三次所得尺段长度的互差若不超过 2～3 mm，则取平均值作为该尺段的观测结果。在量距的同时，记录每尺段现场的温度，估读至 0.1 ℃。往测完毕，依同法由 B 点向 A 点进行返测。

4.1.3.3 测定相邻桩顶间的高差

用水准仪按一般水准测量的方法，测定各段桩顶间的高差，以便进行倾斜改正。

4.1.3.4 成果整理

在精密量距中，量得的每尺段长度，应进行尺长改正、温度改正和倾斜改正。

(1) 尺长改正

设钢尺尺面的名义长度为 l_0，钢尺在标准拉力、标准温度下经过检定后的实际长度为 l，则钢尺的实际长度与名义长度之差就是一整尺的尺长改正数 Δl，即：

$$\Delta l = l - l_0 \tag{4.6}$$

钢尺实际长度大于名义长度时，尺长改正数为“＋”，反之为“－”。若不足一整尺的尺段，应按比例计算该尺段的尺长改正数，则任意长度 L 的尺长改正数为：

$$\Delta L = \frac{\Delta l}{l_0} \times L \tag{4.7}$$

(2) 温度改正

钢尺的长度随温度不同有所变化。当量距时的温度 t 与钢尺检定时的温度 t_0 不一致时，要进行温度改正。其计算公式为：

$$\Delta L_t = \alpha(t - t_0)L \tag{4.8}$$

式中 α——钢尺的膨胀系数，一般取值 0.000012/1 ℃。

(3) 倾斜改正

如图 4.8 所示，设沿地面量得斜距为 L，已测得两端的高差为 h，将斜距转化为水平距离 d，应进行倾斜改正。其计算公式推导如下：

$$h^2 = L^2 - d^2 = (L+d)(L-d)$$

$$L - d = \Delta L_h = \frac{h^2}{L+d}$$

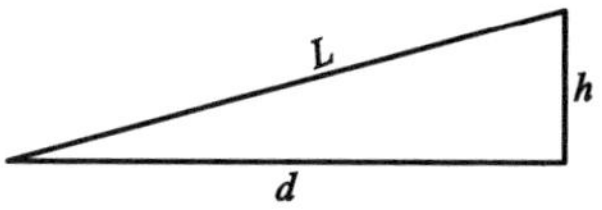

图 4.8　倾斜改正

因改正数 ΔL_h 为一小值，在上式分母内可近似地取 $d \approx L$，则有：

$$\Delta L_h = -\frac{h^2}{2L} \tag{4.9}$$

式(4.9)中的负号是因为水平距离总比倾斜距离要短，所以倾斜改正数总是负值。

综上所述，每尺段改正后的水平距离为：

$$D = L + \Delta L + \Delta L_t + \Delta L_h \tag{4.10}$$

【例 4.1】　用 30 m 的钢尺精密丈量 AB 直线的长度，其各尺段丈量的结果、丈量时的温度、各尺段之间的高差均填于表 4.1 中。经检定，钢尺的实际长度为 30.0025 m，检定时的温度为 20 ℃，拉力为 10 kg。已知丈量时的拉力与检定时的相同，试计算 AB 直线的实际长度，并判断其误差是否在允许范围内($K_{允} = \frac{1}{20000}$)。

表 4.1　精密量距记录计算表

测线	尺段	次数	前尺读数/m	后尺读数/m	尺段长度/m	尺段平均长度/m	温度 t/℃ 温度改正 ΔL_t/mm	高差 h/mm 高差改正 ΔL_h/mm	尺长改正 ΔL/mm	改正后的尺段长度/m
AB	A—1	1	29.930	0.064	29.866	29.8650	25.8	+0.272	+2.5	29.8684
		2	40	76	64		+2.1	−1.2		
		3	50	85	65					
	1—2	1	29.220	0.015	29.205	29.2057	27.6	+0.174	+2.4	29.2103
		2	30	25	05		+2.7	−0.5		
		3	40	33	07					
	2—B	1	17.880	0.076	17.804	17.8050	27.5	−0.065	+1.5	17.8080
		2	70	64	06		+1.6	−0.1		
		3	60	55	05					
BA	B—2	1	17.890	0.085	17.805	17.8037	27.4	+0.065	+1.5	17.8067
		2	900	97	03		+1.6	−0.1		
		3	880	77	03					
	2—1	1	29.230	0.024	29.206	29.2053	27.5	−0.174	+2.4	29.2098
		2	50	44	06		+2.6	−0.5		
		3	60	56	04					
	1—A	1	29.910	0.045	29.865	29.8640	27.6	−0.272	+2.5	29.8680
		2	30	66	64		+2.7	−1.2		
		3	20	57	63					

往测长度：

$$D_{往}=29.8684+29.2103+17.8080=76.8867\ \text{m}$$

返测长度：

$$D_{返}=17.8067+29.2098+29.8680=76.8845\ \text{m}$$

平均长度：

$$D_{平}=\frac{76.8867+76.8845}{2}=76.8856\ \text{m}$$

较差：

$$\Delta D=D_{往}-D_{返}=76.8867-76.8845=0.0022\ \text{m}$$

则相对误差为：

$$K=\frac{0.0022}{76.8856}=\frac{1}{34948}<\frac{1}{20000}$$

丈量结果满足要求。

4.1.4 钢尺检定

由于各种因素的影响，使得钢尺的名义长度与实际长度不等，因此必须对钢尺进行检定。钢尺检定一般要送到专门的检定单位，在恒温或温度变化较小的地下室进行。其方法是，在标准拉力下，将被检定的钢尺与标准尺进行比较，求得两者之间的差值，然后推算出在标准温度下的尺长方程式，即：

$$l_t = l_0 + \Delta l + \alpha(t - t_0) \times l_0 \tag{4.11}$$

式中 l_t——钢尺在温度 t 时的实际长度；

l_0——钢尺的名义长度；

Δl——钢尺的尺长改正；

α——钢尺的膨胀系数；

t——钢尺丈量时的温度；

t_0——钢尺检定时的温度。

钢尺检定分为平量和悬量两种，检定单位一般会给出两种不同的尺长方程式。在使用时，应根据丈量方法的不同适当选用。在精度要求较高时，要考虑钢尺刻划不均匀引起的误差，亦可对钢尺进行分段检定。例如，0～5 m 可进行每米检定，其余可按每 5 m 进行检定，以满足使用单位的特殊丈量要求。

4.1.5 距离丈量误差及其削减方法

距离丈量时，无论采用何种方法，其往返丈量的结果常常是不一致的，这说明在距离丈量中不可避免地存在误差。因此，应了解距离丈量误差的来源，并采取相应的措施削弱或消除其影响。

4.1.5.1 尺长误差

因为钢尺的名义长度与实际长度不符而产生的尺长误差，会随着距离的增长而增加。所以，在量距之前，应对钢尺进行检定，以便在计算中加上尺长改正以消除之。

4.1.5.2 温度变化误差

钢尺的长度随温度而变化，所以在精密量距时，需测定钢尺的表面温度（最好使用点温计），以便进行温度改正。

4.1.5.3 拉力误差

钢尺具有弹性，受拉时会伸长。如果丈量时不用弹簧秤衡量拉力，仅凭手臂感觉，则会因与检定时的拉力不一致而产生拉力误差。可以证明，当拉力误差为 3 kg、尺长为 30 m 时，钢尺量距误差可达到±1 mm。因此，在精密量距时，应使用弹簧秤控制拉力，使其与检定时的拉力相等。

4.1.5.4 钢尺不水平误差与垂曲误差

平量时钢尺不水平，悬量时钢尺中间下垂，都会导致量得的长度大于实际长度。因此，平量时应拉平尺子，若是精密量距应进行倾斜改正。悬量时最好有人在中间托一下尺子，并利用悬量方程式进行尺长改正。

4.1.5.5 定线误差

量距时，若各尺段标志不在待量距离的直线方向，即定线有误差，这样量出的距离是折线而不是直线，则会导致所量距离总是偏大。因此，在一般量距中，每一整尺段的定线误差要控制在0.4 m以内；在精密量距中，应使用经纬仪定线。

4.1.5.6 钢尺对准及读数误差

钢尺对准及读数误差是指量距时，钢尺未对准端点及插测钎时落点不准，以及读数不准确而引起的误差。这种误差属偶然误差，无法抵消。因此，必须认真仔细地对点和读数。

此外，钢尺使用时，不能在地面上拖，以免尺面刻划受磨损，使数字注记不清晰；钢尺不能扭曲，否则极易折断；使用完毕，应及时擦去尺面上的灰尘和水，涂以机油，以防生锈。

【在线测试】

任务2 电磁波测距

电磁波测距是一种利用电磁波作载波，在其上调制测距信号，测量两点间距离的方法。它与钢尺量距和视距测量相比，具有速度快、测程长、精度高、受地形影响小、使用方便等优点。随着微电子技术的高速发展，电磁波测距仪正朝着小型化、智能化、多功能方向发展，因此，被广泛应用于各项测量工作中。

【在线资源】

4.2.1 测距原理

如图 4.9 所示，欲测量 A、B 两点间的距离 D，在 A 点安置测距仪，B 点安置反射镜。由测距仪发出的电磁波信号，经反射镜反射又回到测距仪。若电磁波信号往返所需的时间为 t，信号在大气中传播的速度为 c，则 A、B 之间的距离为：

$$D = \frac{1}{2}ct \tag{4.12}$$

从式(4.12)可以看出，测距精度主要取决于测时精度。电磁波测距仪按测定时间 t 的方法不同，分为脉冲式和相位式两种：脉冲式测距的测距精度较低，一般为 0.5～1 m，常用于激光雷达、微波雷达等远程测距上；相位式测距是将测量时间变成测量光在测线中传播的载波相位差，测距精度较高。精密测距仪均采用相位式。

图 4.10 所示为测距仪发出的调制信号往返传播的展开图。调制信号的周期为 T，一个周期的相位移为 2π，调制信号的频率为 f，角频率为 ω，信号往返所产生的相位移为：

$$\varphi = \omega t = 2\pi f t$$

则：

$$t = \frac{\varphi}{2\pi f} \tag{4.13}$$

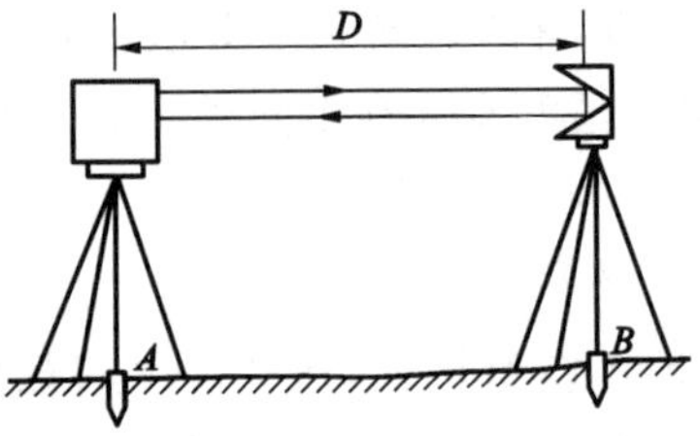

图 4.9 电磁波测距基本原理

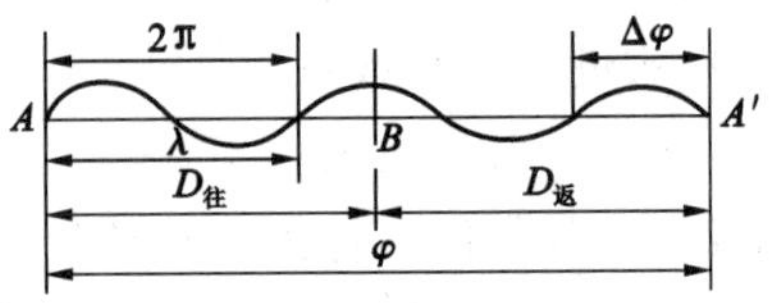

图 4.10 相位法测距

从图 4.10 可以看出，φ 可表示为 N 个整周期的相位移和不足一个整周期的相位移尾数 $\Delta\varphi$ 之和，即：

$$\varphi = 2\pi N + \Delta\varphi = 2\pi\left(N + \frac{\Delta\varphi}{2\pi}\right) \tag{4.14}$$

将式(4.13)、式(4.14)代入式(4.12)，整理得：

$$D = \frac{c}{2f}\left(N + \frac{\Delta\varphi}{2\pi}\right) \tag{4.15}$$

式(4.15)中，$\lambda = \frac{c}{f}$，设 $\Delta N = \frac{\Delta\varphi}{2\pi}$，则有：

$$D = \frac{\lambda}{2}(N + \Delta N) \tag{4.16}$$

式(4.16)中，$\lambda/2$ 可以看作一根光尺的长度，则距离 D 就是一个整光尺长度与不足一个整光尺的余长之和。但仪器只能测出尺段尾数 ΔN，而不能测出整周期数 N。因此，当测距大于光尺长度时，仅用一把光尺无法测定距离，解决的方法是采用几个不同频率的光尺测量同一距离。例如，采用 15 MHz 和 150 kHz 两种调制频率的光波，就相当于用 10 m 长和 1000 m 长的两把光尺量距，以短测尺(又称精测尺)保证精度，以长测尺(又称粗测尺)保证测程。若所测距离为 654.738 m，由精测尺测得 4.738 m，粗测尺测得 650 m，两者经测距仪内部的逻辑电路自动相加并显示为 654.738 m。

4.2.2 PD30 手持式激光测距仪简介

手持测距仪是测距仪中的一种，不需特别的反射物，有无目标板均可使用。它具有体积小、携带方便等特点，主要用于建筑学专业的古建筑测量、装饰装修专业的室内面积或体积测量等。

4.2.2.1　仪器构造及性能

（1）仪器构造

图 4.11 所示为 PD30 手持式激光测距仪的控制面板，它可测量距离、面积、体积，还可进行距离的加、减计算。

（2）性能指标

测量范围：

有目标板的测量范围：0.05～200 m；

无目标板的测量范围：干白色墙面 70 m；

干水泥面 50 m；

干砖墙面 50 m。

测距精度：±1.5 mm（约$\pm\frac{1}{16}$ in）。

工作环境温度：−10～+50 ℃。

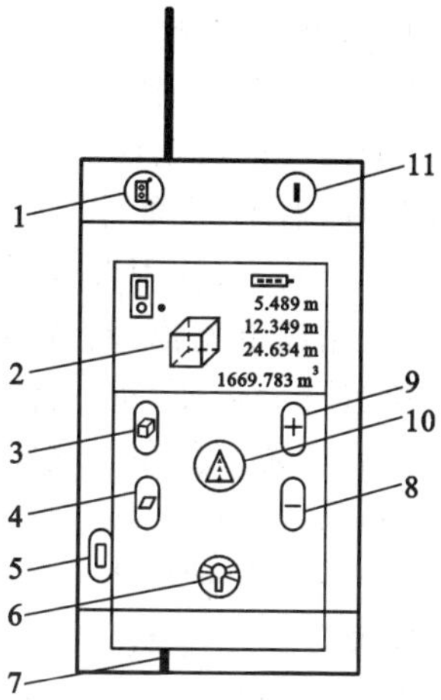

图 4.11　控制面板

1—测量基准点；2—显示屏；3—体积功能；4—面积功能；5—水平表镜；6—屏幕照明；7—定针；8—距离相减；9—距离相加；10—测量按键；11—开/关

4.2.2.2　PD30 手持式激光测距仪的使用

（1）距离测量

距离测量模式有两种：一种是单一距离测量，另一种是连续距离测量。单一距离测量是按【测量】键，启动激光光束；再次按【测量】键，在 1 秒钟内显示测量结果。连续距离测量是按住【测量】键约 2 秒，启动此模式。在连续测量期间，每秒 8～15 次的测量结果更新显示在结果行中，再次按【测量】键方告终止。随后，将最后一次有效的距离值显示在结果行上。

（2）面积测量

按【面积】功能键，激光光束切换为开。将测距仪瞄准目标，按【测量】键，将测得并显示所量物体的宽度，随后图形化显示界面将自动要求测量物体的长度，再按【测量】键，将测得物体的长度，且立即计算出面积，并将结果显示在结果行中。计算面积所需的两段距离，显示在中间的结果行。

（3）体积测量

按【体积】功能键，激光光束切换为开。分别瞄准物体的长、宽、高，按【测量】键，立即计算出体积，并将结果显示在结果行中。计算体积所需的三段距离，显示在中间的结果行。

【在线测试】

任务 3　全站仪及其使用

全站仪是全站型电子速测仪的简称，可在一个测站上同时完成测角（水平角、竖直角）、测距（斜距、平距和高差）工作，并能自动计算出待定点的三维坐标（x，y，H）。

【在线资源】

4.3.1　全站仪的构造及性能

4.3.1.1　全站仪的构造及功能

全站仪的品牌和型号繁多，但其主要部件的结构大致相同。全站仪按结构一般分为组合式和整体式两类。组合式全站仪的特点是光电测距仪和电子经纬仪既可组合在一起使用，也可以分开使用。整体式全站仪的特点是光电测距仪和电子经纬仪共用一个望远镜,并安装在同一个外壳内,成为一个完整的整体,使用更为方便。现在,人们所讲的全站仪通常是指整体式全站仪。

全站仪按数据存储方式分为内存型和电脑型两种。内存型全站仪的所有程序都固化在仪器的存储器中,不能添加或改写,其功能无法扩充;而电脑型全站仪内置操作系统,所有的程序均运行于其上,使用者可根据实际需要添加相应程序来扩充其功能。

全站仪由电源、测角、测距、中央处理器、输入输出接口几个部分组成。电源是可充电电池,供各部分运转、望远镜十字丝和显示器照明。测角部分相当于电子经纬仪,用来测水平角、竖直角,设置方位角。测距部分就是测距仪,一般用红外光源测量仪器到反射棱镜间的斜距、平距和高差。中央处理器用于接收指令、分配各种作业、进行测量数据运算,还包括运算功能更为完善的各种软件。输入输出接口部分包括操作键盘、显示屏和接口,键盘可输入操作指令、数据及设置参数;显示屏可显示当前所处的工作模式、状态、观测数据和运算结果;接口使全站仪与微机交互通信、传输数据。图 4.12 所示为日本索佳 SET210K 双面电子全站仪的外形和各部件的名称。

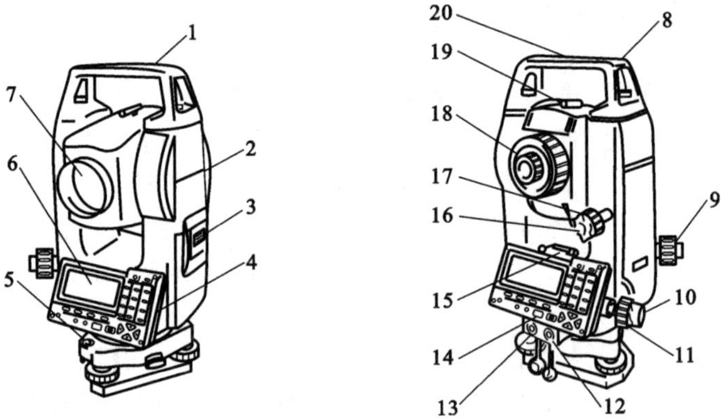

图 4.12 SET210K 双面电子全站仪

1—手把;2—仪器高标志;3—电池盒盖;4—操作面板;5—圆水准器;6—显示窗;7—望远镜物镜;8—管式罗盘插口;9—光学对中器;10—水平制动螺旋;11—水平微动螺旋;12—数据通信接口;13—外接电源插口;14—遥控键盘感应器;15—长水准管;16—竖直制动螺旋;17—竖直微动螺旋;18—望远镜目镜;19—粗瞄器;20—仪器中心标志

全站仪除具有测角(水平角、竖直角)、测距(斜距、平距和高差)、自动计算出待定点的三维坐标(x,y,H)的功能外,还具有对边测量、悬高测量、偏心测量、后方交会、放样测量、面积计算、线路计算、地形测图等一些特殊功能。

4.3.1.2 全站仪的主要性能指标

衡量一台全站仪的主要性能指标有测角精度、测距精度、测程、补偿器范围、测距时间及工作温度等。表 4.2 列出的是三种型号的全站仪的主要性能指标,仅供参考。

表 4.2 全站仪的主要性能指标

	索佳 SET210K	苏一光 OTS812	南方 WINCE(R)系列
望远镜放大倍数	30x	30x	30x
最短视距/m	1.0	1.5	1.7
角度最小显示	1″	1″	1″

续表 4.2

		索佳 SET210K	苏一光 OTS812	南方 WINCE(R)系列
测角精度		±2″	±2″	±2″
双轴自动补偿范围		±3′	±3′	±3′
最大测程 /km	单棱镜	2.4	5.0	5.0
	三棱镜	3.1	免棱镜 0.3	免棱镜 0.3
测距精度(精测)/mm		$\pm(2+2\times10^{-6}D)$	$\pm(2+2\times10^{-6}D)$	$\pm(2+2\times10^{-6}D)$
测距时间(精测)/s		2.8	1.75	2
使用温度/℃		−20～+50	−20～+50	−20～+50

4.3.2 全站仪的使用

不同厂家生产的全站仪，同一厂家生产的不同等级的全站仪，甚至是同一厂家在不同时期生产的同一等级的全站仪，其外观、结构、功能、键盘设计、操作方法和步骤都会有所区别。因此，在操作使用某台全站仪之前，必须认真详细地阅读其使用说明书，严格按照说明书进行操作。现以苏一光 OTS812 为例介绍其使用方法。

4.3.2.1 角度测量

角度测量的基本操作方法和步骤与经纬仪类似。全站仪具有水平度盘自动置零和任意方位角设置功能，使测角更加方便。

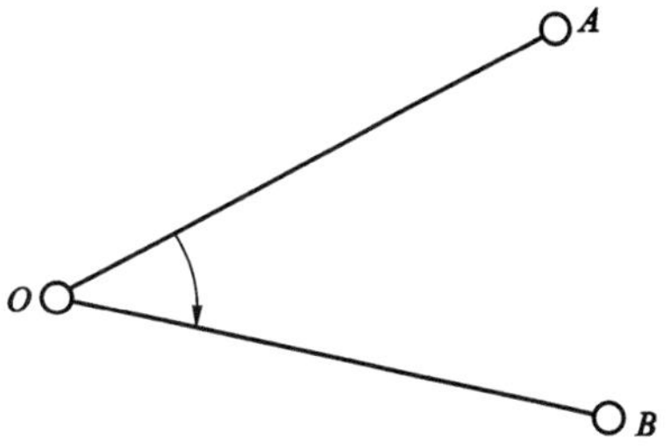

图 4.13 角度测量

(1) 两点间角度测量(测回法)

如图 4.13 所示，其操作步骤如下：

① 将反射棱镜置于 A、B 两点(可免棱镜)，全站仪置于 O 点，对中、整平。

② 开机。按仪器电源键，仪器启动后出现图 4.14 所示界面，点击“FOIFSurvey-TS”图标，仪器进入程序装载界面，并出现一个与项目相关的对话框(图 4.15)，点击“打开最近项目”，仪器进入主菜单界面(图4.16)；点击“常规测量”，仪器进入常规测量界面第一页(图 4.17)；点击“基本测量”，仪器进入基本测量界面。

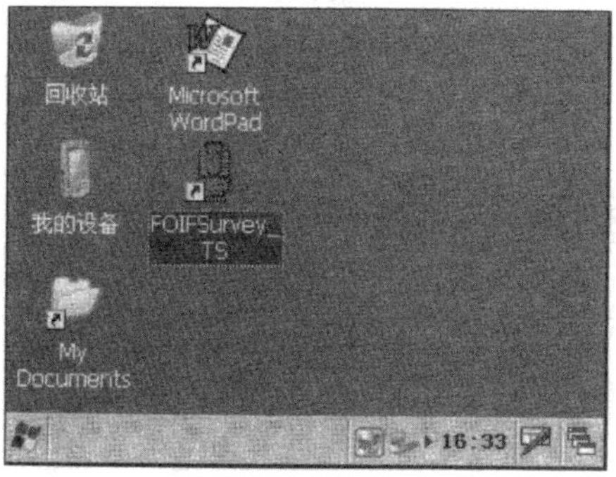

图 4.14 程序图标

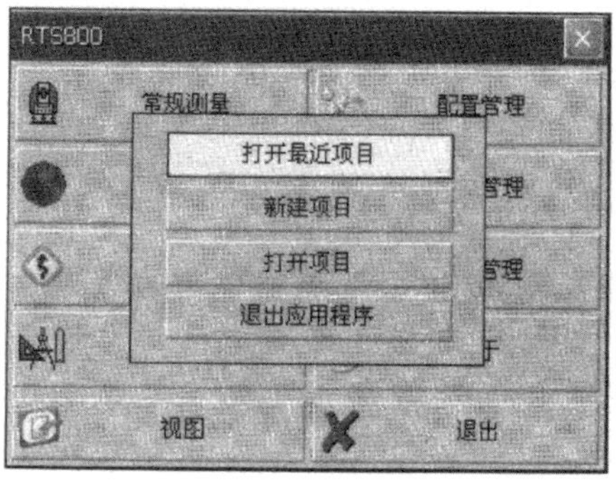

图 4.15 程序装载界面

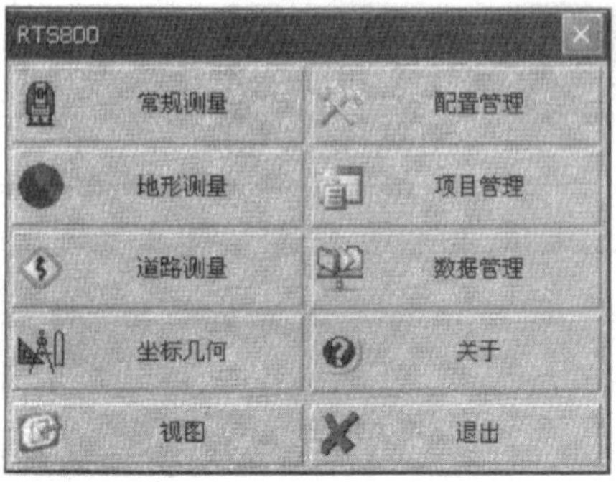

图 4.16 主菜单界面

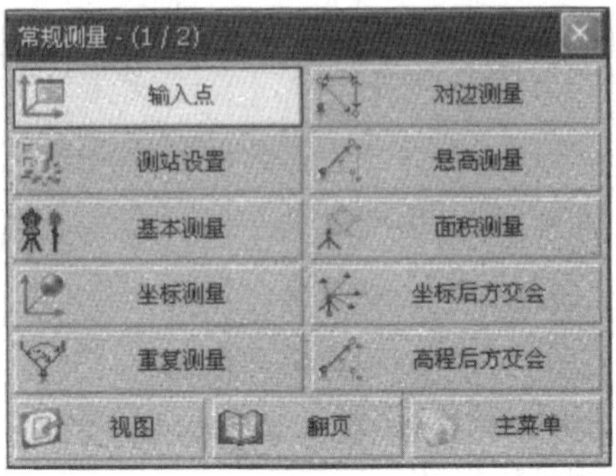

图 4.17 常规测量界面第一页

③ 盘左：瞄准目标 A，按【置 0】键，此时目标 A 的方向值已被设置为 0；再照准目标 B，所显示的水平角值即为上半测回角值。

④ 盘右：瞄准目标 A，读水平度盘读数；再照准目标 B，读水平度盘读数；两读数之差即为下半测回水平角值。

以上为一测回，按【ESC】键退回到常规测量界面第一页。

(2) 水平角复测法

如图 4.18 所示，其操作步骤如下：

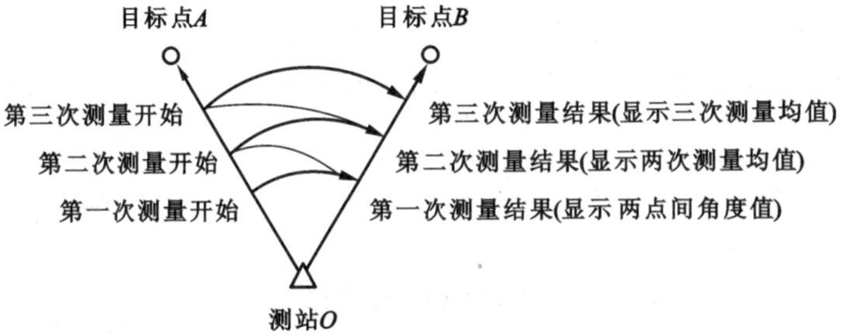

图 4.18 复测法

① 在常规测量界面第一页，点击“重复测量”，仪器进入重复测量界面(图 4.19)。

② 照准后视目标 A，点击√；照准前视目标 B，点击√(图 4.20)；仪器显示第一次的和值、次数 1 和均值(图 4.21)。

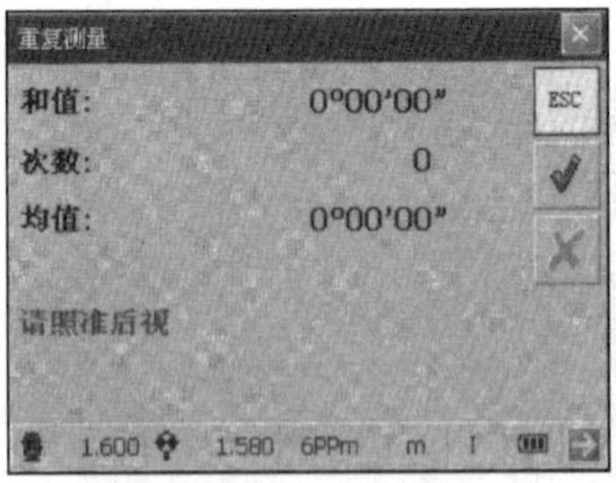

图 4.19 重复测量界面(一)

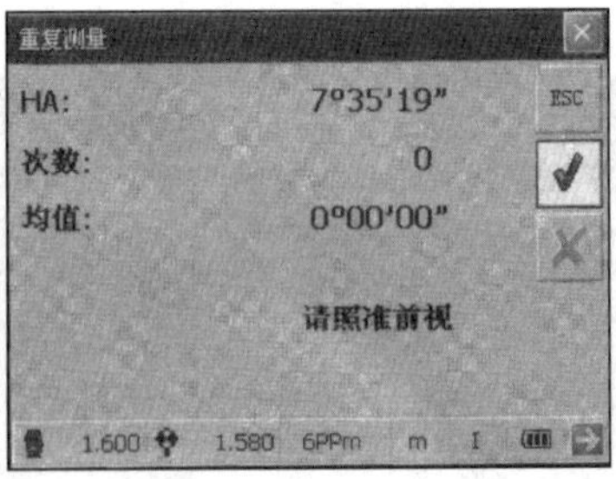

图 4.20 重复测量界面(二)

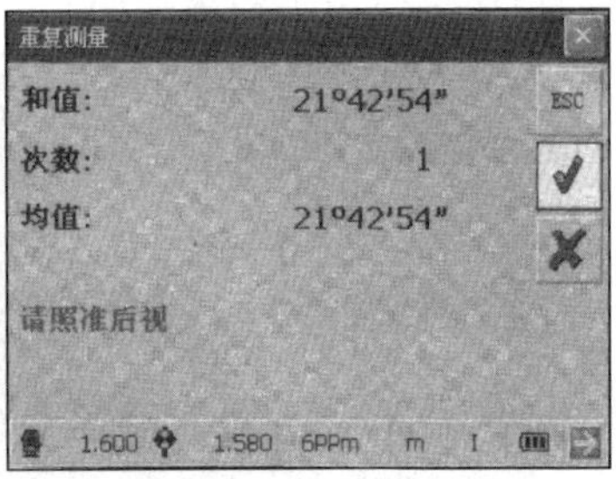

图 4.21 重复测量界面(三)

③ 第二次照准目标 A，点击√；照准目标 B，点击√，仪器显示第二次的和值、次数 2 和均值。

④ 重复以上步骤继续测量 n 次($n \leqslant 10$)，显示第 n 次的和值、次数 n 和均值。

⑤ 按【ESC】键退回到常规测量界面第一页结束。

4.3.2.2　距离测量

距离测量的基本操作方法与光电测距仪类似，其操作步骤如下：

(1) 在图 4.16 所示的主菜单界面，点击“配置管理”，仪器进入配置管理界面；点击“测距参数”，进入图 4.22 所示的测距参数界面，设置测距模式（单次粗测、单次精测、重复精测、跟踪测量）、目标类型（棱镜、反射片、免棱镜）、测距次数、棱镜常数、温度、气压，全部修改完成后，点击“确定”，确定修改并退出。

(2) 照准目标，在常规测量界面第一页，点击“基本测量”，进入基本测量界面（图 4.23），点击仪器棱镜图案，即可测出斜距“*SD*”、平距“*HD*”和高差“*VD*”。

图 4.22　测距参数界面

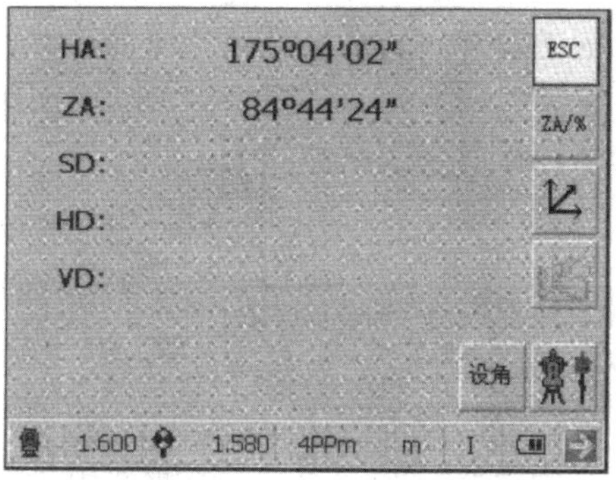

图 4.23　基本测量界面

(3) 按【ESC】键退回到常规测量界面第一页。

4.3.2.3　三维坐标测量

如图 4.24 所示，设 *A* 为测站点，*B* 为后视点，*P* 为目标点，欲测出 *P* 点的三维坐标。其操作步骤如下：

(1) 将全站仪安置于测站点 *A*，量取仪器高和目标高。

(2) 在常规测量界面第一页，点击“测站设置”，仪器进入测站点界面。输入测站点的三维坐标、仪器高和目标高；点击“后视”，输入后视点坐标或后视方位角，点击“确定”，确定修改并退出。

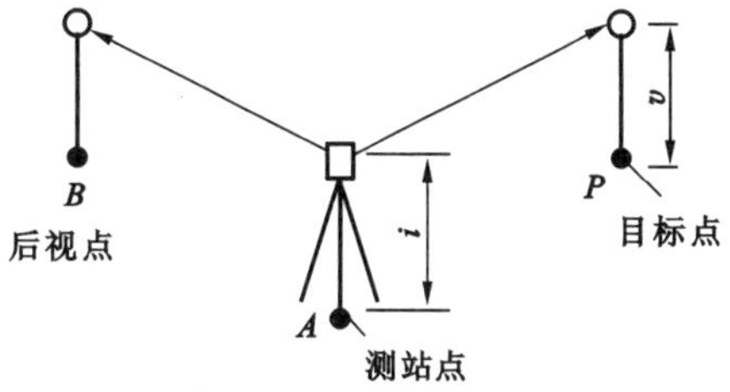

图 4.24　坐标测量

(3) 在常规测量界面第一页，点击“坐标测量”，仪器进入坐标测量界面。

(4) 照准目标点 *P*，点击仪器棱镜图案，即可测出 *P* 点的三维坐标。

(5) 按【ESC】键退回到常规测量界面第一页。

下面为仪器利用自身存储的计算程序自动计算目标点 *P* 的三维坐标公式（x_P, y_P, H_P）：

$$\left.\begin{aligned} x_P &= x_A + S\cdot\cos\alpha\cdot\cos\theta \\ y_P &= y_A + S\cdot\cos\alpha\cdot\sin\theta \\ H_P &= H_A + S\cdot\sin\alpha + i - v \end{aligned}\right\} \tag{4.17}$$

式中　S——仪器至反射棱镜的斜距；

α——仪器至反射棱镜的竖直角；

θ——仪器至反射棱镜的方位角。

4.3.3 全站仪在工程测量中的应用

全站仪作为一种既能自动测角又能自动测距的全能仪器，在各种工程测量，如控制测量、地形测图、地籍测量、房产测量、变形监测、施工放样测量等中获得了广泛的应用，给测量工作带来了极大的方便。下面举两个具体的应用实例。

4.3.3.1 对边测量

将全站仪安置于测站点 O 上，分别与两个目标 P_1、P_2 通视（P_1、P_2 两点间通视与否均可），便可以测定 P_1、P_2 两点之间的距离，这种方法称为对边测量。它适用于测量目标点间互不通视或有障碍物无法安置全站仪的情况。

(1) 两点间的对边测量

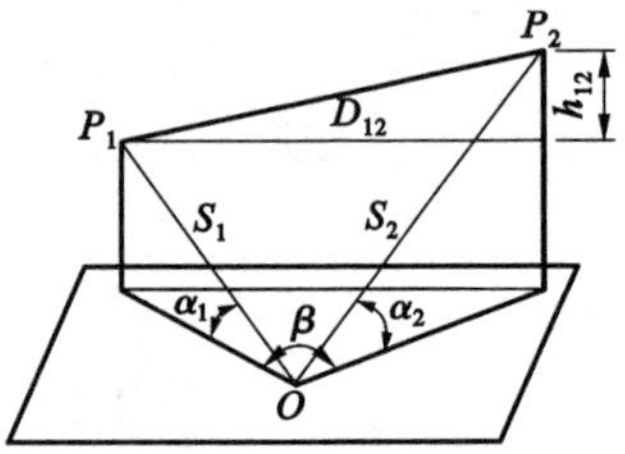

图 4.25 对边测量

如图 4.25 所示，其操作步骤如下：

① 在两目标 P_1、P_2 上分别竖立反射棱镜，在分别与 P_1、P_2 通视的任意点 O 安置全站仪。

② 照准起始点 P_1，按距离测量的方法测出 OP_1 边的距离 S_1。

③ 照准目标 P_2，点击"对边测量"，进入对边测量界面。屏幕显示目标点 P_2 与起始点 P_1 间的测量值：斜距 S、平距 H、高差 V。以上测量值均由仪器自动按下式计算出：

$$H = \sqrt{S_1^2\cos^2\alpha_1 + S_2^2\cos^2\alpha_2 - 2S_1S_2 \cdot \cos\alpha_1 \cdot \cos\alpha_2 \cdot \cos\beta} \tag{4.18}$$

$$V = S_2\sin\alpha_2 - S_1\sin\alpha_1 \quad (\text{当目标高 } v_1 = v_2 \text{ 时}) \tag{4.19}$$

$$V = S_2\sin\alpha_2 - S_1\sin\alpha_1 + (v_1 - v_2) \quad (\text{当目标高 } v_1 \neq v_2 \text{ 时}) \tag{4.20}$$

式中 S_1，S_2——仪器至两反射棱镜的斜距；

α_1，α_2——仪器至两反射棱镜的竖直角；

β——OP_1 与 OP_2 两方向间的水平夹角。

(2) 多点间的对边测量

多点间的对边测量主要用于在不搬动仪器的情况下，直接测量多个目标点相对于某一起始点间的斜距、平距和高差。如图 4.26 所示，将仪器设置于 O 点，在不搬动仪器的情况下，测量目标 P_1 与 P_2、P_1 与 P_3 之间的距离，其操作步骤如下：

① 将反射棱镜置于 P_1、P_2、P_3 目标点上。

② 将全站仪置于分别与 P_1、P_2、P_3 点通视的任意点 O 上。

③ 照准起始目标点 P_1 上的棱镜，在距离测量界面进行距离测量。

④ 照准目标点 P_2，屏幕上便显示出目标点 P_2 与起始点 P_1 间的斜距 S_1、平距 H_1 与高差 V_1。

⑤ 照准目标点 P_3，在对边测量界面对目标点 P_3 进行测量，屏幕即可显示出目标点 P_3 与起始点 P_1 间的斜距 S_2、平距 H_2、高差 V_2。

⑥ 同理可测出多个目标与起始点间的斜距、平距和高差。

测量中最后观测的目标点也可被设置为后面测量的起始点，改变起始点的方法如下：

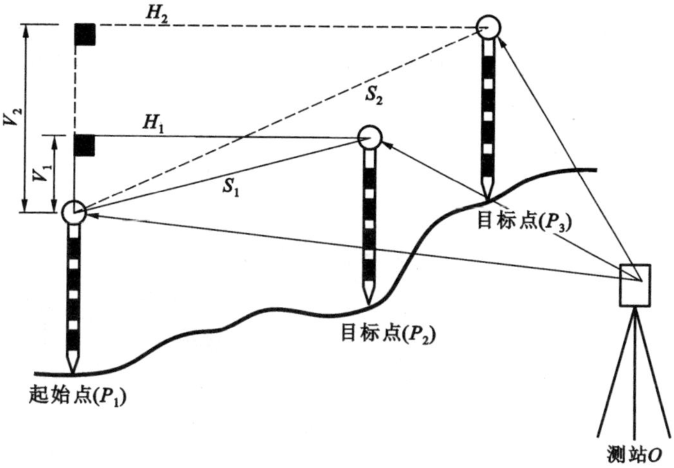

图 4.26　多点间的对边测量

① 按多点间对边测量的方法对起始点和目标点进行测量；

② 完成某一目标点测量后按【起点】键，再按【Yes】键，则该目标即被设定为后面测量的起始点，按多点间对边测量的方法继续进行测量。

4.3.3.2　悬高测量

如图 4.27 所示，当棱镜无法放置于待定点上，但可以放在其正上方或正下方的某个位置时，可用悬高测量的程序来测出待定点的高度。在待定点正上方或正下方放置棱镜的点称为基准点，测量时首先观测基准点，再测出待定点的竖直角，便可计算出待定点的高度，即空中某点距地面的高度。悬高测量多用于高压输电线、悬空电缆、桥梁等高度的测量，其具体操作步骤如下：

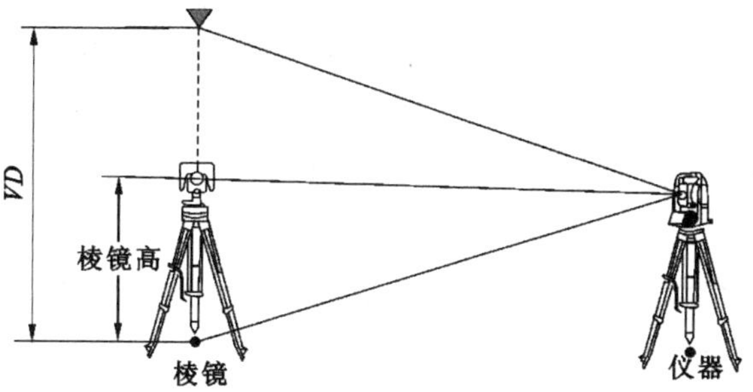

图 4.27　悬高测量

(1) 在常规测量界面第一页，点击"悬高测量"，进入悬高测量界面，如图 4.28 所示。

(2) 照准棱镜，点击图标进行测距。

(3) 在有棱镜的情况下，勾选"有棱镜高"选项并点击"悬高"按钮，照准待定悬高点，此时显示出当前的地面点到目标点的高度；在无棱镜的情况下，勾选"无棱镜高"选项，照准地面，点击"地面"按钮，再照准待定悬高点，此时显示出当前的地面点到目标点的高度。

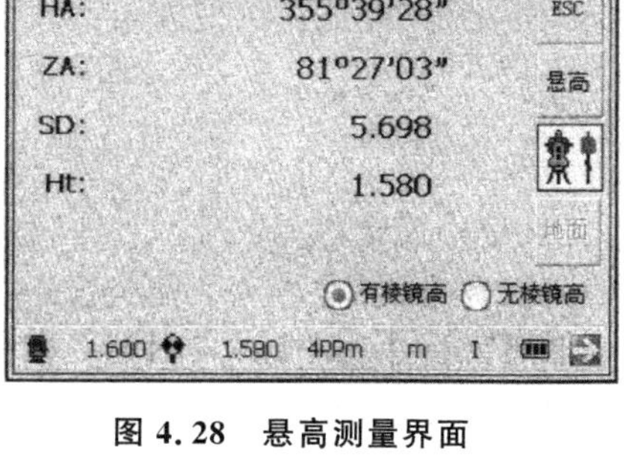

图 4.28　悬高测量界面

4.3.3.3　全站仪面积测算

全站仪面积测算是指通过测量或调用仪器内存中的3个以上点的坐标，计算出由这些点连线而成的封闭图形的面积，如图4.29所示。

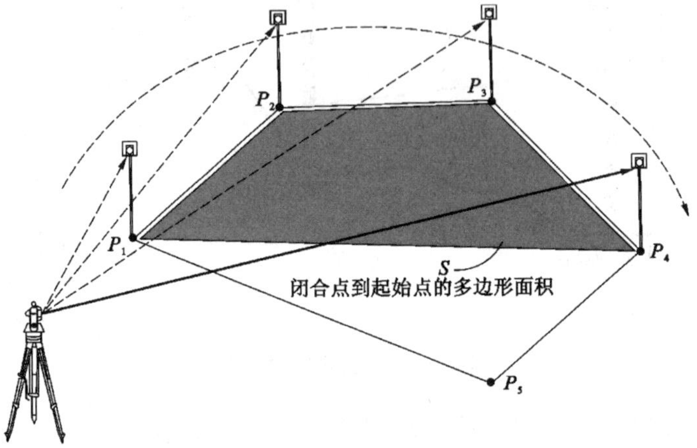

图4.29　全站仪面积测算

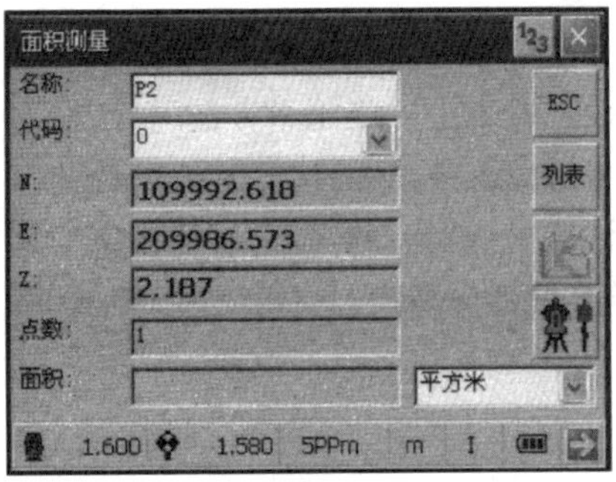

图4.30　面积测量界面

全站仪面积量测的作业步骤如下：

(1) 按照坐标测量的方法进行测站设置，输入测站坐标、仪器高、标高，并设置好方位角。

(2) 在常规测量界面下，点击“面积测量”按钮，进入面积测量界面，如图4.30所示。

(3) 照准 P_1 点上的棱镜，点击按钮进行测距，测量完成后，该点的坐标值显示在屏幕上。

(4) 重复步骤(2)，按顺时针或逆时针方向依次测量出全部的面积边界点。例如由边界点1、2、3、4、5和边界点5、4、3、2、1所定义的区域为同一区域。

(5) 当连续测量点数达3个或以上时，仪器将自动计算出这些点所构成封闭图形面积的大小，并显示于屏幕上的面积显示框中。

(6) 可以切换面积显示的单位，仪器将自动刷新显示的面积结果值。

(7) 点击按钮，可将边界点的数据记录至仪器中。

(8) 点击“列表”按钮，可以浏览已存储在仪器中的面积边界点测量数据，选中一条数据后，点击“删除”按钮可把该条数据从仪器中删除，点击“确定”按钮返回面积测量界面。

(9) 点击“显示全部”按钮，可显示存储在仪器中的全部点的数据，选中一条数据后，点击“删除”按钮可把该条数据从仪器中删除，点击“确定”按钮可返回面积测量界面，点击“显示当前”按钮可返回面积测量数据显示界面。

4.3.3.4　利用全站仪的对边测量功能进行遇障碍物直线测设

在实际工作中，直线测设是经常要进行的一项测量工作。当遇到障碍物时，传统的直线测设方法有矩形移轴法、三点移轴法、直角移轴法、平行四边形法，以及等腰三角形法和等腰梯形法等。这些方法因需要多次安置仪器，操作起来比较麻烦，且直线测设的精度也较低。利用全站仪的对边测量功能，可方便、快速、精确地完成该项工作。

如图 4.31 所示，AB 为已测直线，现需将直线 AB 绕过障碍物进行延长。利用全站仪的对边测量功能进行遇障碍物直线测设的步骤如下：

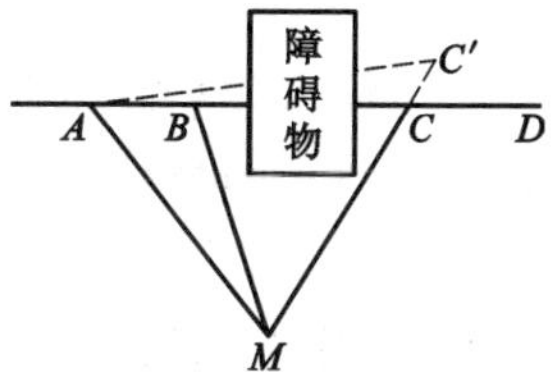

图 4.31　遇障碍物直线测设

(1) 在适当位置 M 点安置全站仪。

(2) 在已测直线 AB 上取 A、B 两点，并分别竖立反射棱镜。

(3) 在障碍物的另一侧 AB 延长线的大致方向 C' 点上竖立反射棱镜。

(4) 选定对边测量模式后，依次照准 A、B、C'、A 点上的反射棱镜，连续测定 A 点与 B 点、B 点与 C' 点、C' 点与 A 点的平距 D_{AB}、$D_{BC'}$ 和 $D_{C'A}$。

(5) 若 $D_{AB}+D_{BC'}=D_{C'A}$ 成立，则 C' 点即已位于 AB 的延长线上；否则，指挥 C' 点上的反射棱镜沿 MC' 方向前后移动，重复步骤(4)、(5)，直至满足 $D_{AB}+D_{BC'}=D_{C'A}$。

同理，可测设出 D 点。连接 CD，则直线 CD 即为 AB 绕过障碍物的延长线。

由此可见，利用全站仪的对边测量功能进行遇障碍物的直线测设十分方便、快捷，精度也较高。同时，由于对边测量对全站仪的安置没有什么特殊的要求，所以此方法在实际应用中具有很大的灵活性，能适应各种复杂情况的直线测设。

4.3.3.5　全站仪在建筑挡光测量中的应用

挡光测量是指准确测定建筑物与其主要日照朝向建筑物之间的距离、高差及相关位置，以计算其日照间距系数是否符合有关规定。挡光测量的内容包括间距测量、高差测量和平面图绘制三部分。

由于挡光测量是在很小的区域范围中进行，间距一般为 25～30 m，即不超过一个整尺段 30 m。一般情况下，间距多采用钢尺丈量；高差通过各个部位的高程测量求得：挡光房与被挡光房的地面高程、房高测量联系点的高程由水准测量测定，联系点到房顶的高度用钢尺量测。这种方法虽然工具比较简单，但操作起来比较费时、费力，特别是丈量房高时，作业人员要爬至房顶，既危险又不易操作。因此，在全站仪广泛普及的今天，应该积极地采用这种先进的测量仪器以提高测量工作的质量和效率。

如图 4.32 所示，利用全站仪进行挡光测量的步骤如下：

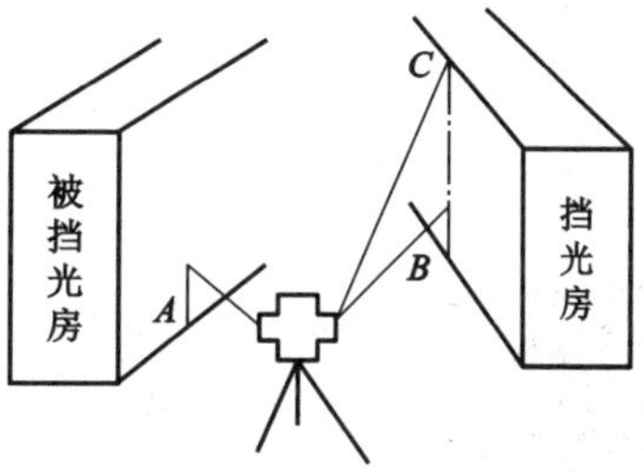

图 4.32　挡光测量

(1) 在挡光房与被挡光房之间的适当位置安置全站仪。

(2) 利用全站仪把挡光房房顶某点 C 投影至地面，设为 B 点。

(3) 在 B 点竖立反射棱镜，进行悬高测量，获得挡光房的房高 h_{BC}。

(4) 在被挡光房前地面 A 点再竖立一反射棱镜(A 点的选取，应尽量使 A、B 的连线与被挡光房垂直)，进行对边测量，获得 A 点与 B 点间的平距 D_{AB} 和高差 h_{AB}。为了使 D_{AB} 即为两建筑物间的平距，需将 A 点的反射棱镜沿墙面移动，当 D_{AB} 为最小时即测量完毕。

(5) 挡光房与被挡光房之间的间距为：

$$D = D_{AB} + \Delta_A + \Delta_B \tag{4.21}$$

式中 Δ_A，Δ_B——反射棱镜中心到墙面的距离，可用小钢尺量取。

挡光房房顶与被挡光房地面之间的高差为：

$$h_{AC} = h_{AB} + h_{BC} \tag{4.22}$$

可见，利用全站仪进行建筑物挡光测量十分便捷，避免了测量人员上高爬下，克服了用钢尺丈量有时无法作业的困难。若采用免反射棱镜全站仪，挡光测量会变得更加方便。因为免反射棱镜全站仪可以实现"所瞄即所测"，即不需反射棱镜作为合作目标，瞄准某点进行测量便可获得该点的三维坐标。利用测得的各特征点的三维坐标，不仅可以求出所需的各种数据，还可以绘制成图。

4.3.4 全站仪的检验、校正及使用注意事项

4.3.4.1 全站仪的检验和校正

全站仪与其他仪器一样，要定期进行检验和校正。检校项目主要有以下三个方面：

(1) 光电测距部分的检校

光电测距部分的检校项目主要有发射、接收系统的检校，照准三轴关系正确性的检校，周期误差检校，仪器常数检校，精测频率检校和测程检校等。详细内容可参见《光电测距仪》(JJG 703—2003)。

(2) 电子测角部分的检校

电子测角部分的检校项目与电子经纬仪类似，主要有照准部水准管轴垂直于仪器竖轴的检校、望远镜的视准轴垂直于横轴的检校、横轴垂直于仪器竖轴的检校、竖直度盘指标差的检校等。其方法在前文中已经论述，这里不再重复。

(3) 系统误差补偿的检校

目前，许多全站仪自身提供了对竖轴误差、视准误差、竖直角零基准的补偿功能，对其补偿的范围和精度也要进行相应的检校。

4.3.4.2 全站仪使用时的注意事项

(1) 仪器要由专人使用、保管；运输时要注意防震，存放时要注意防潮，保持仪器清洁和干燥。

(2) 任何时候都不允许物镜直对太阳，以避免强光损坏内部电子元件；作业时应打伞遮阳，避免强光暴晒；任何时候仪器都不得淋雨，以免发生短路而烧毁电子元件。

(3) 仪器和棱镜安置处的周围不能有其他光源或良好反光物，以免这些物体的反射信号进入接收系统，产生干扰信号。仪器还应避开高压线、变压器等强电场的干扰。

(4) 应进行正常保养和检校，不使用时，每月对电池充电一次和操作仪器一次。

【在线测试】

思 考 题

4.1 在进行尺段长度的各项改正数计算时，当钢卷尺的实际长度大于名义长度、量距时的温度低于检定时的温度、两桩间的高差为正时，其尺长改正、温度改正、倾斜改正为正还是为负？为什么？

4.2 某钢卷尺的尺长方程式为 $l_t = 30\ \text{m} - 0.004\ \text{m} + 1.2 \times 10^{-5} \times (t - 20\ ℃) \times 30\ \text{m}$，这把钢卷尺的尺长改正数为多少？今用该钢尺按检定时的拉力，在温度为 28 ℃时丈量一段距离得 98.326 m，则该段距离的实际长度是多少？

4.3 用钢卷尺往、返丈量了一段距离，其平均长度为 126.354 m，现要求往、返丈量的相对误差不得大于 1/3000，问：往、返丈量的较差应不超过多少？

4.4 试分别判断在定线不准、拉力偏大、钢尺不平三种情况下，钢尺丈量的结果比实际距离增大还是减小。

4.5 试简述全站仪的构造及组成。

4.6 全站仪有哪些主要功能？

4.7 试简述全站仪进行角度测量(复测法)的作业步骤。

4.8 试简述全站仪进行距离测量的作业步骤。

4.9 试简述全站仪进行悬高测量的作业步骤。

4.10 试简述全站仪进行坐标测量的作业步骤。

4.11 试简述全站仪进行对边测量的作业步骤。

项目五　测量误差的基本知识

【主要内容】

测量误差的概念、来源和分类；偶然误差的特性；衡量观测值精度的指标；误差传播定律及其应用。

重点：测量误差的概念、来源和分类；衡量观测值精度的指标。

难点：偶然误差的特性；误差传播定律

【学习目标】

知识目标	能力目标
1. 了解测量误差的概念和来源； 2. 认识观测条件对观测值质量的影响； 3. 掌握测量误差的分类； 4. 理解偶然误差的特性； 5. 熟知衡量观测值精度的指标； 6. 掌握误差传播定律及其在测量中的应用	1. 能区分系统误差和偶然误差； 2. 能计算中误差、相对误差和极限误差； 3. 能根据精度指标来衡量观测值的精度； 4. 能根据实际情况选取合适的衡量精度指标； 5. 能运用误差传播定律评定观测值函数精度

【思政目标】

通过学习测量误差的来源、分类、特性及衡量观测值精度指标，培养学生要用全面、联系、发展的眼光看问题，要善于分析事物的具体联系，总结事物的发展规律。通过公式的演绎和测量数据处理的学习，培养学生树立尊重事物客观规律、注重细节、一丝不苟、精益求精的工匠精神。

任务1　测量误差概述

【在线资源】

在测量工作中，当对某一确定的量进行多次重复观测时，其所得的结果经常是不一致的。通常把观测值与观测值、观测值与理论值之间的差异，称为观测误差。例如，往返丈量某一距离若干次，每次丈量的结果都不一致；测量某一平面三角形的三内角之和，不等于理论值180°等。产生这些差异的主要原因是，观测值中不可避免地包含有观测误差。

5.1.1 观测误差的来源

观测误差的产生，主要来源于如下三个方面：

5.1.1.1 仪器误差

测量工作主要是利用测量仪器进行的，而测量仪器在构造及制造工艺等方面不可能十分完美，尽管经过了检验和校正，但还是会存在残余误差，因而使观测值的精度受到一定的限制。

5.1.1.2 观测者的误差

由于观测者感觉器官的鉴别能力有一定的局限性，所以在安置仪器、照准目标、读数等方面都会产生误差；同时，观测者的技术水平，也是对观测成果的质量有直接影响的重要因素。

5.1.1.3 外界条件的影响

外界条件主要是温度、湿度、风力、大气折光和大气透明度等，也会对观测成果产生直接的影响。

综上所述，任何测量工作都会受到以上三方面的影响，这就说明观测误差是不可避免的，通常把这三方面的因素综合起来称为观测条件。观测条件相同的各次观测，称为等精度观测；观测条件不相同的各次观测，称为不等精度观测。

在观测结果中，有时还会出现错误。如测错、记错、算错等，统称为粗差。粗差是由于观测者粗心大意造成的，是绝对不允许的。

5.1.2 观测误差的分类

5.1.2.1 系统误差

在相同的观测条件下，对某量进行一系列的观测，如果观测误差在数值大小和符号上均相同，或按一定规律变化着，则这种误差称为系统误差。例如，用钢尺量距时，钢尺的名义长度为 30 m，经鉴定后，其实际长度为 30.002 m，即每量一整尺，都比实际长度小 0.002 m。因此，量的距离越长，所累积的误差也越大。又如，因水准仪校正不完善，水准管轴不平行于视准轴所产生的误差，使得视线愈长，在水准尺上的读数就愈大。这些都会使观测值带有系统误差。

系统误差对观测值有累积的影响，有时会相当显著。因此，在测量工作中，必须采取一定的观测方法或计算方法加以削弱或消除。例如，用钢尺量距时，可通过对量距结果加上尺长改正数、温度改正数和高差改正数来消除尺长、温度及倾斜误差。又如，在水准测量中，采用前后距离相等的方法，可以消除水准管轴与视准轴不平行的误差。

5.1.2.2 偶然误差

在相同的观测条件下，对某量进行一系列的观测，如果观测误差在数值大小和符号上都不相同，即从表面上看没有任何规律性，而实际上服从一定的统计规律，这种误差称为偶然误差。如水准测量中的估读误差、水平角测量中的照准误差等。

在测量过程中，系统误差和偶然误差总是同时存在，当系统误差被设法削弱或消除后，决定观测精度的主要是偶然误差。因此，本章主要研究的是偶然误差。

5.1.3 偶然误差的特性

从单个偶然误差来看，其数值大小和符号是偶然的、随机的、没有规律的；但当偶然误差大量出现时，总体上又具有一定的规律性，称为统计规律性。误差个数愈多，这种规律性愈明显。

例如，在相同的观测条件下，独立观测 358 个三角形的全部内角，由于观测值中含有偶然误差，故三角形内角之和不等于真值 180°。用 X 表示真值，用 L 表示三角形内角和的观测值，则真值 X 和观测值 L 之差称为真误差，用 Δ 表示。每个三角形内角和的真误差 Δ 可由下式计算：

$$\Delta_i = L_i - X \qquad (i = 1,2,\cdots,358) \tag{5.1}$$

在测量学中，三角形内角和的真误差通常称为三角形闭合差。由式(5.1)计算出 358 个真误差，按区间 4″排列于表 5.1 中。

表 5.1　误差分布表

误差区间	正误差个数	负误差个数	总　和
0～4″	45	46	91
4″～8″	40	41	81
8″～12″	33	33	66
12″～16″	23	21	44
16″～20″	17	16	33
20″～24″	13	13	26
24″～28″	6	5	11
28″～32″	4	2	6
32″以上	0	0	0
$\sum$	181	177	358

从表 5.1 可以看出，最大的误差为 32″，超过 32″的误差没有出现；绝对值小的误差比绝对值大的误差出现的个数多；绝对值相等的正、负误差几乎相同。由此分析可得偶然误差的四个特性如下：

(1) 在一定的观测条件下，偶然误差的绝对值不会超过一定的限值。

(2) 绝对值较小的偶然误差比绝对值较大的偶然误差出现的机会多。

(3) 绝对值相等的偶然误差出现的机会相等。

(4) 当观测次数无限增加时，偶然误差的算术平均值趋近于零，即：

$$\lim_{n\to+\infty}\frac{[\Delta]}{n} = 0 \tag{5.2}$$

式中　n——观测次数；

　　[　]——表示求和，$[\Delta]=\Delta_1+\Delta_2+\cdots+\Delta_n$。

第一个特性是界限性，说明误差的范围；第二个特性是单峰性，说明误差值大小出现的规律；第三个特性是对称性，说明误差出现的符号规律；第四个特性是抵消性，是由第三个特性导出的。偶然误差的这些特性，又称为统计规律性。从统计学的角度来看，偶然误差是一个随机变量，它服从数学期望(即算术平均值)为零的正态分布规律。因此，在测量工作中，通常采用取多次观测值的算术平均值作为最后的观测结果。

【在线测试】

任务2　衡量精度的标准

【在线资源】

所谓精度，就是指该组观测值误差分布密集或离散的程度。在一定的观测条件下进行的一组观测，精度总是对应着一种确定不变的误差分布。图5.1所示为两组不同的误差分布曲线，从图中可以明显地看出，一条陡峭，而另一条平缓。陡峭的一条说明其误差分布较为密集，小误差出现的个数多，其观测精度较高；平缓的一条说明其误差分布较为离散，即该组的观测精度较低。由此可以判断，前者的观测精度比后者的高。但是在实际工作中，人们往往需要一个数字概念，以便定性地分析误差的大小、精度的高低。下面介绍几种常用的精度指标。

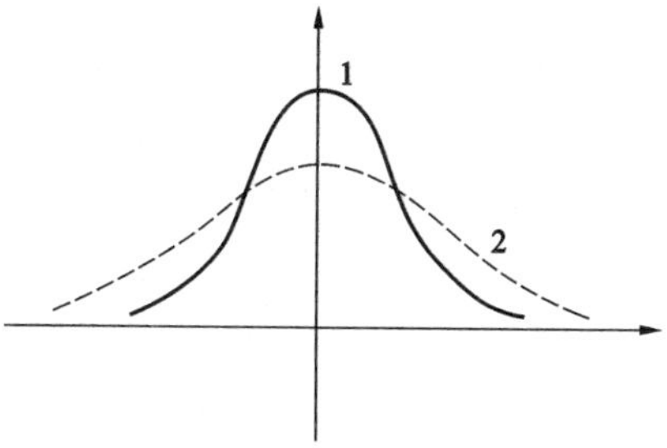

图5.1　两组误差分布曲线

5.2.1　中误差

(1) 设在等精度条件下，对某量进行 n 次观测，其观测值分别为 L_1、L_2、…、L_n，相应的真误差分别为 Δ_1、Δ_2、…、Δ_n，通常取各个真误差平方和的平均值的平方根作为中误差 m，即：

$$m=\pm\sqrt{\frac{[\Delta\Delta]}{n}} \tag{5.3}$$

式中　m——一次观测值的中误差；

$[\Delta\Delta]$——平方和，$[\Delta\Delta]=\Delta_1^2+\Delta_2^2+\cdots+\Delta_n^2$；

n——观测次数。

从式(5.3)中可以看出，中误差不等于真误差，它只表示该观测列中每个观测值的精度；中误差 m 的大小，反映了这组观测值精度的高低，由于是等精度观测，故每个观测值的精度是相同的，均为 m。但是该组观测值的真误差彼此并不相等，这是由于真误差具有偶然误差的特性。

【例5.1】　甲、乙两人分别观测了10个三角形的三个内角，求得各三角形的闭合差(即真误差)如下：

甲：$+3''$、$+5''$、$-6''$、$+9''$、$-5''$、$+8''$、$-9''$、$-10''$、$+9''$、$-6''$；

乙：$-1''$、$-11''$、$+2''$、$-12''$、0、$+18''$、$-1''$、$-2''$、$+12''$、$-11''$。

试比较甲、乙两人的观测精度。

【解】　根据式(5.3)得：

$$m_{甲}=\pm\sqrt{\frac{9+25+36+81+25+64+81+100+81+36}{10}}=\pm\sqrt{\frac{538}{10}}=\pm 7.3''$$

$$m_{乙}=\pm\sqrt{\frac{1+121+4+144+0+324+1+4+144+121}{10}}=\pm\sqrt{\frac{864}{10}}=\pm 9.3''$$

从计算结果可以看出，甲比乙的观测精度高。

(2) 由改正数计算中误差

用式(5.3)来计算中误差，需要知道观测值的真误差 Δ，但一般情况下真值 X 是不知道的，因而也无法计算观测值精度。下面介绍用改正数计算中误差的方法。

观测值的算术平均值 x 与观测值 L_i 的差数称为改正数，用 v_i 表示，即：

$$v_i = x - L_i \quad (i = 1,2,3,\cdots,n) \tag{5.4}$$

将式(5.1)和式(5.4)相加得：

$$\Delta_i = -v_i + (x - X) \quad (i = 1,2,3,\cdots,n) \tag{5.5}$$

将式(5.4)平方后求和得：

$$[\Delta\Delta] = [vv] - 2[v](x - X) + n(x - X)^2$$

将上式两边同除以 n，并考虑 $[v]=0$，得：

$$\frac{[\Delta\Delta]}{n} = \frac{[vv]}{n} + (x - X)^2 \tag{5.6}$$

式中：

$$\begin{aligned}(x - X)^2 &= \left(\frac{[L]}{n} - X\right)^2 = \frac{1}{n^2}([L] - nX)^2 \\ &= \frac{1}{n^2}(L_1 - X + L_2 - X + \cdots + L_n - X)^2 \\ &= \frac{1}{n^2}(\Delta_1 + \Delta_2 + \cdots + \Delta_n)^2 \\ &= \frac{1}{n^2}(\Delta_1^2 + \Delta_2^2 + \cdots + \Delta_n^2 + 2\Delta_1\Delta_2 + 2\Delta_1\Delta_3 + \cdots) \\ &= \frac{\Delta_1^2 + \Delta_2^2 + \cdots + \Delta_n^2}{n^2} + 2\,\frac{\Delta_1\Delta_2 + \Delta_1\Delta_3 + \cdots}{n^2}\end{aligned}$$

当 n 无限增大时，上式右边第二项趋于零，则有：

$$(x - X)^2 = \frac{[\Delta\Delta]}{n^2}$$

将上式代入式(5.6)，得：

$$\frac{[\Delta\Delta]}{n} = \frac{[vv]}{n} + \frac{[\Delta\Delta]}{n^2}$$

将式(5.3)代入上式，得：

$$m^2 = \frac{[vv]}{n} + \frac{1}{n}m^2$$

$$m^2 - \frac{1}{n}m^2 = \frac{[vv]}{n}$$

$$\frac{m^2(n-1)}{n} = \frac{[vv]}{n}$$

$$m^2 = \frac{[vv]}{n-1}$$

故：

$$m = \pm\sqrt{\frac{[vv]}{n-1}} \tag{5.7}$$

式(5.7)就是用改正数 v 来计算观测值中误差的公式。

【例 5.2】 有 A、B 两架经纬仪，在各自的观测条件下，对某一水平角观测了 4 个测回，如表 5.2 所示。试比较 A、B 两架仪器的观测精度。

表 5.2　用改正数计算中误差

测回数	A 仪器			B 仪器		
	观测值	v	v^2	观测值	v	v^2
	° ′ ″	″		° ′ ″	″	
1	85 42 18	+6	36	85 41 30	+33	1089
2	85 42 42	−18	324	85 42 12	−9	81
3	85 42 30	−6	36	85 42 30	−27	729
4	85 42 06	+18	324	85 42 00	+3	9
平均值	85 42 24	$[v]=0$	$[vv]=720$	85 42 03	$[v]=0$	$[vv]=1908$

【解】 由式(5.7)得：

$$m_A = \sqrt{\frac{36+324+36+324}{4-1}} = \sqrt{\frac{720}{4-1}} = \pm 15.5''$$

$$m_B = \sqrt{\frac{1089+81+729+9}{4-1}} = \sqrt{\frac{1908}{4-1}} = \pm 25.2''$$

由此说明，A 仪器的观测精度比 B 仪器的观测精度高。

5.2.2　容许误差

由偶然误差的第一特性可知，在一定的观测条件下，偶然误差的绝对值不会超过一定的限值。那么，如何来规定偶然误差的限值呢？

根据误差理论及大量的实践证明，在一系列同精度的观测误差中，绝对值大于 2 倍中误差的偶然误差，其出现的可能性为 5%，大于 3 倍中误差的偶然误差，其出现的可能性只有 0.3%。因此，通常将 3 倍的中误差作为偶然误差的容许值，称为容许误差，即：

$$\Delta_{容} = 3m \tag{5.8}$$

如果在一组观测中，有超过容许误差的大误差，则应当舍弃或重测。

在实际工作中，有时对精度要求较高，也有规定以 2 倍中误差作为容许误差的，即：

$$\Delta_{容} = 2m \tag{5.9}$$

5.2.3　相对中误差

真误差 Δ 和中误差 m 都是绝对误差。

对于某些观测结果，有时单靠绝对误差还不能完全表达观测结果的好坏。例如，分别丈量 100 m 和 50 m 两段距离，其观测值的中误差均为±0.02 m。从表面看，两者观测精度相同，但就单位长度而言，两者精度并不相同，因为量距误差与长度有关。此时，就需采用另一种衡量精度的标准，即相对中误差，一般用 K 来表示。

相对中误差 K 是中误差与观测值之比，是个无量纲数，在测量中经常用分子为 1 的分数表示，即：

$$K = \frac{|m|}{D} = \frac{1}{\frac{D}{|m|}} = \frac{1}{N} \tag{5.10}$$

本例中前者的相对中误差为：

$$K_1 = \frac{m_1}{L_1} = \frac{0.02}{100} = \frac{1}{5000}$$

后者的相对中误差为：

$$K_2 = \frac{m_2}{L_2} = \frac{0.02}{50} = \frac{1}{2500}$$

由此可见，相对中误差愈小，即分母 N 愈大，其观测结果的精度愈高；反之愈低。所以，本例中前者的精度高于后者。

【在线测试】

任务3 误差传播定律

【在线资源】

本章任务2已经阐述了如何根据同精度观测值的真误差来评定观测值的精度问题，即通常以中误差作为精度指标。但在实际工作中，某些量的值往往不是直接测定的，而是由其他观测值通过一定的函数关系间接计算出来的。例如，在水准测量中，一个测站的高差 h 必须由后视读数 a 减去前视读数 b 计算而得，a 和 b 是独立观测值，h 是 a 和 b 的函数。如果观测值的中误差已经求得，那么如何根据观测值的中误差去求观测值函数的中误差呢？阐述观测值中误差与观测值函数中误差关系的定律，称为误差传播定律，现根据不同情况阐述如下：

5.3.1 观测值的和或差函数的中误差

设有函数：

$$z = x \pm y \tag{5.11}$$

式中，z 是 x、y 的和或差函数，x、y 为独立观测值。如果观测值 x 和 y 各产生真误差 Δ_x 和 Δ_y，则函数 z 也产生真误差 Δ_z，即：

$$z + \Delta_z = (x + \Delta_x) \pm (y + \Delta_y) \tag{5.12}$$

将式(5.12)减去式(5.11)，得：

$$\Delta_z = \Delta_x \pm \Delta_y \tag{5.13}$$

假如对 x 和 y 以同精度各观测了 n 次，则有：

$$\Delta_{zi} = \Delta_{xi} \pm \Delta_{yi} \qquad (i = 1,2,\cdots,n)$$

将上式平方后求和，得：

$$[\Delta_z^2] = [\Delta_x^2] + [\Delta_y^2] \pm 2[\Delta_x\Delta_y]$$

将上式两边除以 n，得：

$$\frac{[\Delta_z^2]}{n} = \frac{[\Delta_x^2]}{n} + \frac{[\Delta_y^2]}{n} \pm 2\frac{[\Delta_x\Delta_y]}{n} \tag{5.14}$$

式(5.14)最后一项中，Δ_x 和 Δ_y 均为偶然误差，其正、负误差出现的机会相等。由5.1.3节偶然误差特性(3)、(4)可知，在求$[\Delta_x\Delta_y]$时，其正值与负值有互相抵消的可能，当 $n \to +\infty$ 时，则$\frac{[\Delta_x\Delta_y]}{n}$趋近于零。根据中误差定义，得：

$$m_z^2=\frac{[\Delta_z^2]}{n},\quad m_x^2=\frac{[\Delta_x^2]}{n},\quad m_y^2=\frac{[\Delta_y^2]}{n}$$

故可将式(5.14)写成：

$$m_z^2=m_x^2+m_y^2$$

或：

$$m_z=\sqrt{m_x^2+m_y^2} \tag{5.15}$$

当 $m_x=m_y=m$ 时，式(5.15)可写成：

$$m_z=\pm\sqrt{2}m \tag{5.16}$$

【例 5.3】 用 DJ_6 型光学经纬仪观测某一角度，按国家规定，一测回一方向的中误差 $m_{方}$ 为±6″，试求使用该类型仪器进行水平角观测时两测回之差的容许误差 $\Delta_{容}$(取 $\Delta_{容}=2m$)。

【解】 一个角度为两个方向值之差，故一测回角值的中误差为：

$$m_{测回}=\pm\sqrt{2}m_{方}=\pm\sqrt{2}\times 6''=\pm 8.5''$$

两测回之差的中误差为：

$$m_{测回差}=\pm\sqrt{2}m_{测回}=\pm\sqrt{2}\times 8.5''=\pm 12''$$

两测回之差的容许误差为：

$$\Delta_{容}=2m_{测回差}=\pm 24''$$

当函数 z 为 n 个独立观测值的代数和时，即：

$$z=x_1\pm x_2\pm\cdots\pm x_n$$

按上述的推导方法，可得出函数 z 的中误差的平方为：

$$m_z^2=m_1^2+m_2^2+\cdots+m_n^2$$

其中，m_i 为观测值 x_i 的中误差。当观测值 x_i 为同精度观测时，各观测值的中误差均为 m，即 $m_1=m_2=\cdots=m_n=m$，则上式可写成：

$$m_z=\sqrt{n}m$$

【例 5.4】 设在两点间进行水准测量，已知一次读数的中误差 $m_{读}=\pm 2$ mm，试求观测 n 个站所得高差的容许误差(取 $\Delta_{容}=3m$)。

【解】 水准测量一站的高差为：

$$h_{站}=a-b$$

则每站高差的中误差为：

$$m_{站}=\pm\sqrt{m_{读}^2+m_{读}^2}=\pm\sqrt{2}m_{读}=\sqrt{2}\times 2=\pm 2.8\text{ mm}$$

n 站总高差 $\sum h$ 为：

$$\sum h=h_1+h_2+\cdots+h_n$$

n 站总高差 $\sum h$ 的中误差为：

$$m_{\sum h}=\pm\sqrt{n}m_{站}=\pm 2.8\sqrt{n}\text{ mm}$$

则高差闭合差的容许误差为：

$$\Delta_{容}=\pm 3m_{\sum h}=\pm 3\times 2.8\sqrt{n}\approx\pm 8\sqrt{n}\text{ mm}$$

5.3.2 观测值的倍数函数的中误差

设有函数：

$$z = kx \tag{5.17}$$

式中，z 为观测值 x 的函数，k 为常数。当观测值 x 含有真误差 Δ_x 时，则函数 z 也会有真误差 Δ_z，即：

$$z + \Delta_z = k(x + \Delta_x) \tag{5.18}$$

将式(5.18)减去式(5.17)，得：

$$\Delta_z = k\Delta_x \tag{5.19}$$

若对 x 共观测了 n 次，则有：

$$\Delta_{zi} = k\Delta_{xi} \quad (i = 1,2,\cdots,n)$$

将式(5.19)平方后求和，得：

$$[\Delta_z^2] = k^2[\Delta_x^2]$$

上式两边除以 n，得：

$$\frac{[\Delta_z^2]}{n} = k^2 \frac{[\Delta_x^2]}{n} \tag{5.20}$$

按中误差定义，将式(5.20)写成：

$$m_z^2 = k^2 m_x^2$$

或：

$$m_z = km_x \tag{5.21}$$

即观测值与常数乘积的中误差等于观测值中误差乘常数。

【例 5.5】 在 1∶1000 比例尺地形图上，量得某直线长度 d=284.5 mm，其中误差 m_d=±0.5 mm，试求该直线的实地长度 D 及中误差 m_D。

【解】 实地长度：

$$D = 1000 \times d = 1000 \times 284.5 \text{ mm} = 284.5 \text{ m}$$

实地长度的中误差：

$$m_D = 1000 \times m_d = 1000 \times (\pm 0.5) \text{ mm} = \pm 0.5 \text{ m}$$

最后结果：

$$D = 284.5 \text{ m} \pm 0.5 \text{ m}$$

5.3.3 线性函数的中误差

设有线性函数：

$$z = k_1x_1 \pm k_2x_2 \pm \cdots \pm k_nx_n \tag{5.22}$$

式中 $x_1,x_2,\cdots,x_n$——独立观测值；

$k_1,k_2,\cdots,k_n$——常数。

则按与推导式(5.15)和式(5.21)相同的方法，可以得到：

$$m_z^2 = k_1^2m_1^2 + k_2^2m_2^2 + \cdots + k_n^2m_n^2 \tag{5.23}$$

【例 5.6】 设有某线性函数 $z=\frac{1}{3}x_1+\frac{1}{5}x_2+\frac{1}{7}x_3$，式中，$x_1$、$x_2$、$x_3$ 分别为独立观测值，其中误差分别为 m_1、m_2、m_3，试求函数 z 的中误差。

【解】 函数 z 的中误差为：

$$m_z = \sqrt{\frac{1}{9}m_1^2 + \frac{1}{25}m_2^2 + \frac{1}{49}m_3^2}$$

5.3.4 一般函数的中误差

设有函数：

$$z = f(x_1, x_2, \cdots, x_n) \tag{5.24}$$

式中，$x_i(i=1,2,\cdots,n)$为独立观测值，其中误差为 $m_i(i=1,2,\cdots,n)$，求函数 z 的中误差 m_z。

当 x_i 具有真误差 Δ_i 时，则函数 z 相应地具有真误差 Δ_z。由数学分析可知，变量的误差与函数的误差之间的关系，可以近似地用函数的全微分表达如下：

$$\mathrm{d}z = \frac{\partial f}{\partial x_1}\mathrm{d}x_1 + \frac{\partial f}{\partial x_2}\mathrm{d}x_2 + \cdots + \frac{\partial f}{\partial x_n}\mathrm{d}x_n \tag{5.25}$$

由于真误差 Δ 均为小值，故可用真误差的符号"Δ"替代微分符号"d"，得：

$$\Delta z = \frac{\partial f}{\partial x_1}\Delta x_1 + \frac{\partial f}{\partial x_2}\Delta x_2 + \cdots + \frac{\partial f}{\partial x_n}\Delta x_n \tag{5.26}$$

式中，$\frac{\partial f}{\partial x_i}(i=1,2,\cdots,n)$是函数对各个变量所取的偏导数，以观测值代入其中所算出的数值，它们都是常数。因此，式(5.26)就是线性函数，按式(5.23)可得：

$$m_z^2 = \left(\frac{\partial f}{\partial x_1}\right)^2 m_1^2 + \left(\frac{\partial f}{\partial x_2}\right)^2 m_2^2 + \cdots + \left(\frac{\partial f}{\partial x_n}\right)^2 m_n^2 \tag{5.27}$$

一般函数的中误差的平方，等于该函数对每个独立观测值所求得的偏导数值的平方乘以该独立观测值中误差的平方之和。

【例 5.7】 有一段倾斜距离为 $D=20.000$ m，其中误差 $m_D=\pm 0.02$ m；倾斜角 $\alpha=30°$，其中误差 $m_\alpha=\pm 20''$。试求水平距离 L 及其中误差 m_L。

【解】

$$L = D \cdot \cos\alpha = 20.000 \times \cos30° = 17.321 \text{ m}$$

$$m_L^2 = \left(\frac{\partial L}{\partial D}\right)^2 m_D^2 + \left(\frac{\partial L}{\partial \alpha}\right)^2 \frac{m_\alpha^2}{\rho^2}$$

其中：

$$\frac{\partial L}{\partial D} = \cos\alpha = \cos30°$$

$$\frac{\partial L}{\partial \alpha} = -D \cdot \sin\alpha = -20.000 \times \sin30°$$

故有：

$$m_L^2 = \cos^2\alpha \cdot m_D^2 + (-D \cdot \sin\alpha)^2 \cdot \left(\frac{m_\alpha}{\rho}\right)^2$$

即：

$$m_L = \sqrt{\cos^2 30° \times 0.02^2 + (-20.000 \times \sin30°)^2 \times \left(\frac{20.000}{206265}\right)^2} = \pm 0.017 \text{ m}$$

则测量结果为：

$$L = 17.321 \text{ m} \pm 0.017 \text{ m}$$

在以上演算中，$\left(\frac{m''_\alpha}{\rho''}\right)$是将角值化成弧度。

综上所述，应用误差传播定律求观测值函数的中误差时，可按下列步骤进行：

(1) 按所提问题的要求列出函数式，函数式中可直接观测的未知量必须是相互独立的；

(2) 对函数式进行全微分，得出函数的真误差与观测值真误差之间的关系式；

(3) 写出函数中误差与观测值中误差之间的关系式，然后代入数值进行计算，计算时，必须注意各项的单位要统一。

【在线测试】

所谓误差独立，是指各变量间不包含共同的误差。如有误差不独立的情况，则应通过误差代换、同类项合并或移项等方法，使所求未知量的误差表达成独立误差的函数。

任务4　算术平均值及其中误差

【在线资源】

5.4.1 算术平均值原理

由偶然误差的特性可知，对某量进行多次同精度观测，则其算术平均值就是最可靠的结果，是一个最接近于真值的值。

设对真值为 X 的某量进行 n 次等精度的直接观测，得观测值分别为 L_1、L_2、…、L_n，则其算术平均值 x 为：

$$x = \frac{L_1 + L_2 + \cdots + L_n}{n} = \frac{[L]}{n} \tag{5.28}$$

观测值的真误差分别为 Δ_1、Δ_2、…、Δ_n，即：

$$\Delta_i = L_i - X \qquad (i = 1, 2, \cdots, n)$$

将上式求和，得：

$$[\Delta] = [L] - nX$$

再将上式两边除以 n，得：

$$\frac{[\Delta]}{n} = \frac{[L]}{n} - X$$

将式(5.28)代入上式，得：

$$x = X + \frac{[\Delta]}{n} \tag{5.29}$$

式(5.29)说明，观测值的算术平均值等于观测值的真值加上真误差的算术平均值。由5.1.3节偶然误差特性(4)可知，当观测次数无限增加时，偶然误差的算术平均值$\frac{[\Delta]}{n}$趋近于零，此时观测值的算术平均值也将趋近于真值 X，即：

$$\lim_{n \to +\infty} \frac{[\Delta]}{n} = 0$$

于是式(5.29)可写成：

$$x = X \tag{5.30}$$

在实际工作中，观测次数总是有限的，因此，算术平均值 x 可以认为是一个近似的真值，是最可靠的值。

5.4.2 算术平均值的中误差

设对某量进行 n 次同精度观测，得观测值 L_1、L_2、…、L_n，各观测值的中误差均为 m，算术平均值的中误差以 M 表示。现推导算术平均值中误差 M 的计算公式如下：

由式(5.28)得：

$$x = \frac{[L]}{n} = \frac{1}{n}L_1 + \frac{1}{n}L_2 + \cdots + \frac{1}{n}L_n$$

上式为线性函数，且各项的系数与观测精度均相同，故按式(5.23)即可得算术平均值的中误差为：

$$M^2 = \left(\frac{1}{n}\right)^2 m^2 + \left(\frac{1}{n}\right)^2 m^2 + \cdots + \left(\frac{1}{n}\right)^2 m^2 = \frac{m^2}{n}$$

故：

$$M = \pm \frac{m}{\sqrt{n}} \tag{5.31}$$

分析式(5.31)可以得出以下几点结论：

(1) 算术平均值中误差为观测值中误差的 $\frac{1}{\sqrt{n}}$ 倍，因此，增加观测次数可以提高算术平均值的精度。

(2) 在观测值中误差一定时，设 $m=1$，那么观测次数 n 增加多少，才既合理又经济呢？为了对通过增加观测次数来提高观测结果的精度有一个数量的概念，现用不同的观测次数 n 代入式(5.31)，其计算结果列于表5.3中。

表5.3 观测次数与算术平均值的中误差的关系

n	1	2	3	4	5	6	16	20	30	40	50	100
M	1.00	0.71	0.58	0.50	0.45	0.41	0.25	0.22	0.18	0.16	0.14	0.10

根据以上数据，取算术平均值中误差 M 为纵坐标，观测次数 n 为横坐标作图，如图5.2所示。

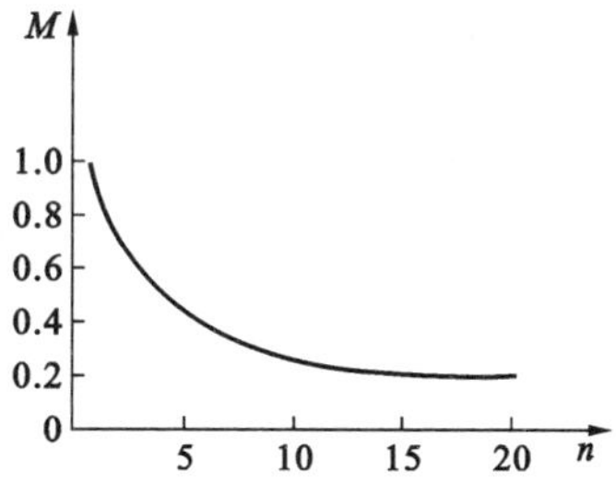

图5.2 算术平均值的中误差与观测次数的关系

从表5.3可以看出，随着观测次数 n 的增加，M 值随之减小，因此，算术平均值 x 的精度就随之提高。但表5.3中的数据和图5.2中的曲线都说明：当观测次数增加到一定的数值后，再增加观测次数，精度提高得很慢。例如，从表5.3中看出，观测次数自1次增加到4次，精度提高一倍，从4次增加到16次，再从20次增加到100次，它们的精度亦仅各自增加一倍。因此，单纯用增加观测次数的方式来提高算术平均值 x 的精度是不经济的，此时应当从改进观测方法、选用适当的仪器等方面来考虑，以使观测值中误差 m 减小，从而达到减小 M 的目的。

(3) 如果已知某仪器一测回的测角中误差 m 及规定某角应达到的测角精度 M，则测量该角所需的测回数 n 可用下式计算：

$$n = \left(\frac{m}{M}\right)^2 \tag{5.32}$$

【在线测试】

【例 5.8】 设对水平角 β 进行 5 次等精度观测，其观测值列于表 5.4 中，试求其观测值的算术平均值 x、一次观测值的中误差 m 及算术平均值的中误差 M。

【解】 为使计算清晰明了，现将整个计算过程和结果列于表 5.4 中。

表 5.4 例 5.8 计算过程和结果

编 号	观测值 L	改正数 $v/''$	vv	计 算
1	34°43′18″	−12	144	$m=\pm\sqrt{\frac{[vv]}{n-1}}=\pm\sqrt{\frac{360}{5-1}}=\pm9.5''$ $M=\pm\frac{m}{\sqrt{n}}=\pm\frac{9.5''}{\sqrt{5}}=\pm4.2''$
2	34°43′12″	−6	36	
3	34°43′06″	0	0	
4	34°42′54″	+12	144	
5	34°43′00″	+6	36	
算术平均值	$x=34°43'06''$	$[v]=0$	$[vv]=360$	观测结果为：$\beta=34°43'06''\pm4.2''$

思 考 题

5.1 何谓观测误差？引起观测误差的主要因素有哪些？

5.2 何谓系统误差、偶然误差？偶然误差有哪些特性？

5.3 何谓精度？何谓等精度观测和不等精度观测？

5.4 试举例说明真误差、一次观测值中误差、算术平均值中误差、较差、较差相对误差和相对中误差。

5.5 在水平角测量中，正、倒镜观测主要是为了消除系统误差还是偶然误差？增加测回数是为了消除系统误差还是偶然误差？

5.6 如一测回一方向的中误差为±6″，则一测回的测角中误差及两测回平均值的中误差各为多少？

5.7 用经纬仪观测水平角，已知一测回的测角中误差为±9″，欲使测角精度达到±5″，试问：至少要测几个测回？

5.8 在水准测量中，要求一测站高差的中误差为±3 mm，试问：在水准尺上的读数中误差应为多少？

5.9 有两段距离 AB 和 CD，其往测结果分别为 218.598 m 和 121.745 m，返测结果分别为 218.547 m 和 121.778 m。试分别计算距离 AB 和 CD 的往返较差、较差相对误差，并比较两者精度的高低。

5.10 在一个三角形中观测两内角 α、β，其中误差分别为：$m_\alpha=\pm15''$、$m_\beta=\pm15''$。由 180°减去 $\alpha+\beta$ 求 γ 角，试计算 γ 角的中误差。

项目六　直线方位测量

【主要内容】

标准方向；真方位角、磁方位角、坐标方位角及象限角的概念；三种方位角之间的关系；正、反坐标方位角的概念；直线坐标方位角的推算；坐标计算原理；罗盘仪的构造和使用等。

重点：正反坐标方位角换算；坐标方位角和象限角的换算；坐标正算。

难点：直线坐标方位角的推算；坐标反算。

【学习目标】

知识目标	能力目标
1. 了解直线方向的表示方法； 2. 了解三种方位角之间的关系； 3. 掌握坐标方位角的推算公式； 4. 掌握坐标正、反算的基本方法； 5. 掌握罗盘仪的使用方法	1. 能计算直线的正、反坐标方位角； 2. 能进行坐标方位角的推算； 3. 能进行坐标正算、坐标反算； 4. 会使用罗盘仪测定直线的磁方位角

【思政目标】

通过学习坐标方位角的推算及坐标正算和坐标反算，培养学生科学严谨、耐心细致的学习态度，明白一分一毫的坐标误差都会造成不可估量的工程建设损失，培养学生具备良好的职业素养和责任意识，提升学生学习的使命担当。

任务1　直线定向

在测量工作中，为了把地面上的点位、直线等测绘到图纸上或将图上的点放样到地面上，常要确定点与点之间的平面位置关系。要确定这种关系，除了需要测量两点间的水平距离以外，还需要知道这条直线的方向。一条直线的方向是根据某一标准方向来确定的，确定一条直线与标准方向之间所夹的水平角的测量工作称为直线定向。

【在线资源】

6.1.1　标准方向

标准方向也称为基准方向或起始方向，我国通用的标准方向有三种，即真子午线方向、磁

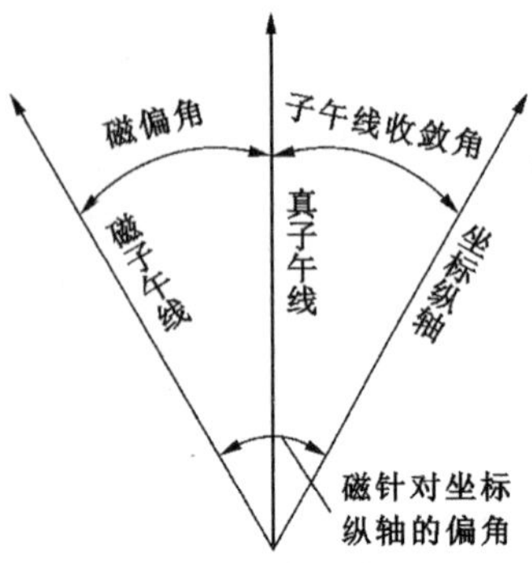

图 6.1　三北方向

子午线方向和坐标纵轴方向，简称为真北方向、磁北方向和轴北方向，即通常所说的三北方向，如图 6.1 所示。

6.1.1.1　真子午线方向

通过地球表面某点的真子午线的切线方向称为该点的真子午线方向，即真北方向。它是通过天文测量的方法测定的。

6.1.1.2　磁子午线方向

通过地球表面某点磁子午线的切线方向称为该点的磁子午线方向，即磁北方向。它是用罗盘仪测定的，磁针在地球磁场的作用下自由静止时所指的方向即为磁子午线方向。

6.1.1.3　坐标纵轴方向

在高斯平面直角坐标系中，其每一投影带中央子午线的投影为坐标纵轴方向，即轴北方向。若采用假定坐标系，则将坐标纵轴方向作为标准方向。

6.1.2　直线方向的表示方法

在测量工作中，常用方位角和象限角来表示直线方向。

6.1.2.1　方位角

直线的方位角是从基准方向线的北端顺时针旋转至某直线所夹的水平角。方位角一般用 α 表示，其角值范围是 0°～360°。

根据所选的基准方向不同，方位角又分为真方位角、磁方位角和坐标方位角三种。

(1) 真方位角

从真子午线的北端起顺时针旋转到某直线所成的水平角称为该直线的真方位角，用 $A_{真}$ 表示。

(2) 磁方位角

从磁子午线的北端起顺时针旋转到某直线所成的水平角称为该直线的磁方位角，用 $A_{磁}$ 表示。

(3) 坐标方位角

从坐标纵轴的北端顺时针旋转到某直线所成的水平角称为该直线的坐标方位角，一般用 α 表示。

6.1.2.2　象限角

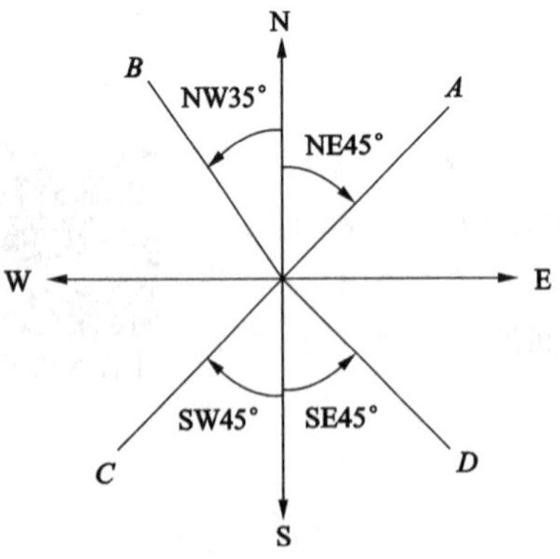

图 6.2　象限角

在测量工作中，有时也用象限角表示直线的方向，象限角是从基准方向线的南端或北端量至某直线所成的水平角，一般用 R 表示，其角值范围是 0°～ 90°。因为同样角值的象限角，在四个象限中都能找到，所以用象限角定向时，不仅要表示出角度的大小，还要注明该直线所在的象限名称。象限角分别用北东、南东、北西和南西表示。如图 6.2 所示。

由于象限角常在坐标计算时使用，故一般所说的象限角是指坐标象限角。

6.1.2.3　坐标方位角与象限角之间的关系

坐标方位角与象限角之间的关系如表 6.1 所示。

表 6.1 坐标方位角与象限角之间的关系

象限		坐标方位角范围	由坐标方位角求坐标象限角	由坐标象限角求坐标方位角
编号	名称			
Ⅰ	北东(NE)	0°～90°	$R=\alpha$	$\alpha=R$
Ⅱ	南东(SE)	90°～180°	$R=180°-\alpha$	$\alpha=180°-R$
Ⅲ	南西(SW)	180°～270°	$R=\alpha-180°$	$\alpha=180°+R$
Ⅳ	北西(NW)	270°～360°	$R=360°-\alpha$	$\alpha=360°-R$

6.1.3 三种方位角之间的关系

6.1.3.1 真方位角与磁方位角之间的关系

由于地磁的两极与地球的两极并不重合，故同一点的磁北方向与真北方向一般是不一致的，其间的夹角称为磁偏角，以 δ 表示。真方位角与磁方位角之间的关系如图 6.3 所示。其换算关系式如下：

$$A_{真}=A_{磁}+\delta \tag{6.1}$$

当磁针北端偏向真北方向以东称为东偏，磁偏角为正；当磁针北端偏向真北方向以西称为西偏，磁偏角为负。以磁子午线作为基准方向线，仅适用于低精度测量。我国的磁偏角的变化范围在+6°～−10°。

6.1.3.2 真方位角与坐标方位角之间的关系

赤道上各点的真子午线方向是相互平行的，地面上其他各点的真子午线都收敛于地球两极，是不平行的。地面上各点的真子午线北方向与坐标纵轴北方向之间的夹角，称为子午线收敛角，一般用 γ 表示。真方位角与坐标方位角的关系如图 6.4 所示，其换算关系式如下：

$$A_{真}=\alpha+\gamma \tag{6.2}$$

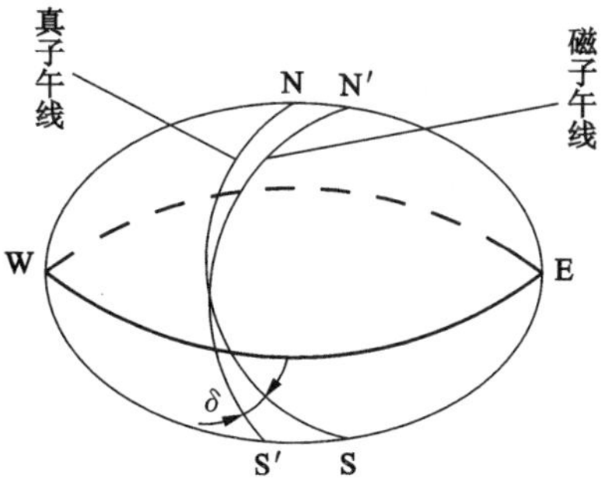

图 6.3 磁偏角

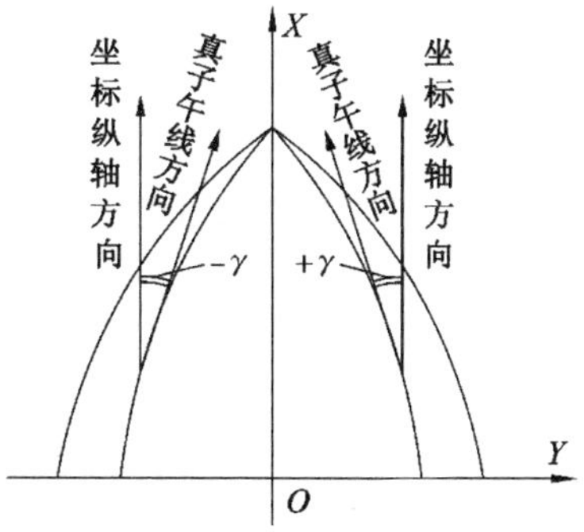

图 6.4 子午线收敛角

在中央子午线以东地区，各点的坐标纵轴北方向偏在真子午线的东边，γ 为正值；在中央子午线以西地区，γ 为负值。

6.1.3.3 坐标方位角与磁方位角之间的关系

已知某点的子午线收敛角 γ 和磁偏角 δ，则坐标方位角与磁方位角之间的关系为：

$$\alpha=A_{磁}+\delta-\gamma \tag{6.3}$$

【在线测试】

【在线资源】

任务 2 坐标方位角的推算

6.2.1 正、反坐标方位角

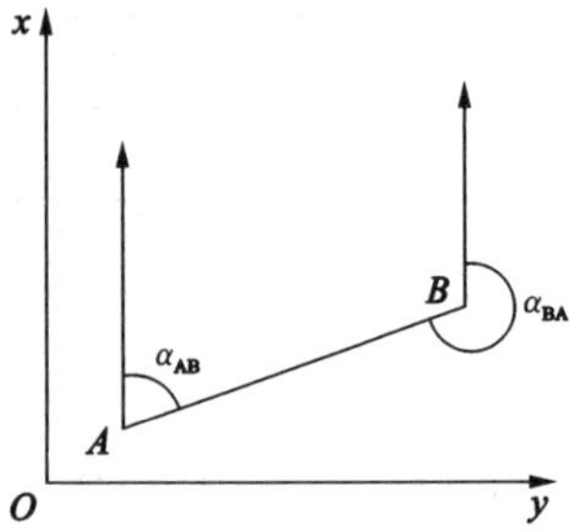

图 6.5 正、反坐标方位角

测量工作中，直线都是具有一定方向性的，一条直线存在正、反两个方向，如图 6.5 所示。就直线 AB 而言，通过 A 点的坐标纵轴北方向与直线 AB 所夹的水平角 α_{AB} 称为直线 AB 的正坐标方位角；通过 B 点的坐标纵轴北方向与直线 BA 所夹的水平角 α_{BA} 称为直线 AB 的反坐标方位角。正、反坐标方位角的概念是相对的。

由于坐标北方向都是相互平行的，所以一条直线的正、反坐标方位角互差 180°，即：

$$\alpha_{BA} = \alpha_{AB} \pm 180° \tag{6.4}$$

6.2.2 坐标方位角的推算

测量工作中并不直接测定每条直线的坐标方位角，而是根据已知方向和相关水平夹角推算直线的坐标方位角。

下面通过已知坐标方位角和观测的水平夹角 β 来推算直线的坐标方位角，如图 6.6 所示。折线 1—2—3—4—5 所夹的水平角 β_1、β_2、β_3，称为转折角，在推算时，β 角有左角和右角之分，左角(右角)是指该角位于推算前进方向左侧(右侧)的水平夹角。

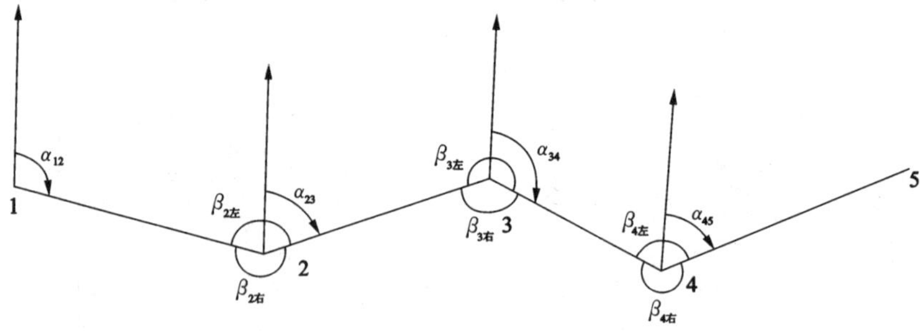

图 6.6 坐标方位角的推算

6.2.2.1 相邻两条边坐标方位角的推算

设 α_{12} 为已知方位角，各转折角为左角，则有：

$$\alpha_{23} = \alpha_{12} + \beta_2 - 180° \tag{6.5}$$

同理，有：

$$\alpha_{34} = \alpha_{23} + \beta_3 - 180° \tag{6.6}$$

$$\alpha_{45} = \alpha_{34} + \beta_4 - 180° \tag{6.7}$$

$$\vdots$$

$$\alpha_{i,i+1} = \alpha_{i-1,i} + \beta_i - 180° \tag{6.8}$$

由此可以得出按左角推算相邻边坐标方位角的计算公式为：

$$\alpha_{前}=\alpha_{后}+\beta_{左}-180° \tag{6.9}$$

根据左、右角之间的关系，将 $\beta_{左}=360°-\beta_{右}$ 代入式(6.9)，则有：

$$\alpha_{前}=\alpha_{后}-\beta_{右}+180° \tag{6.10}$$

综合式(6.9)和式(6.10)，可得出相邻两条边坐标方位角的计算公式为：

$$\alpha_{前}=\alpha_{后}\pm\beta\pm180° \tag{6.11}$$

6.2.2.2　任意边坐标方位角的推算

将式(6.5)、式(6.6)、式(6.7)、式(6.8)左、右两边依次相加到所求的边，可得：

$$\alpha_{终}=\alpha_{始}\pm\sum\beta\pm n\times180° \tag{6.12}$$

式(6.12)即为坐标方位角的推算公式。不难看出，式(6.11)是式(6.12)的特殊情况。

使用公式计算时，需要注意以下问题：

(1) 式(6.12)中 β 前"±"的取法：当 β 为左角时取"＋"，当 β 为右角时取"－"。

(2) 实际计算时，可根据坐标方位角的范围为 0°～360°这一特征，$n\times180°$前的"±"可以任意取"＋"或"－"，随之坐标方位角可能出现大于 360°或负值的两种情况，此时，可以通过 $\pm n\times360°$使坐标方位角取值在 0°～360°范围内。

(3) 式(6.12)中，β 角是从起始边(已知方向)所在终点的转折角开始连续计算到终边(所求方向)始点的转折角。

(4) 若 n 为偶数，在计算中可以不考虑 $\pm n\times180°$；若 n 为奇数，计算中可以只考虑 $\pm1\times180°$，而使计算工作简化。

【在线测试】

【例 6.1】　图 6.6 中，已知 $\alpha_{12}=100°$，$\beta_{2左}=110°$、$\beta_{3左}=240°$、$\beta_{4左}=100°$，求 α_{45}。

【解】　根据式(6.12)可得：

$$\alpha_{45}=100°+110°+240°+120°+3\times180°=1110°$$

化为 0°～360°的角值为：

$$\alpha_{45}=1110°-6\times180°=30°$$

或：

$$\alpha_{45}=100°+110°+240°+120°-3\times180°=30°$$

由此可见，不管式(6.12)中 $\pm n\times180°$取"＋"还是取"－"，计算结果完全相同。

任务 3　坐标计算原理

地面上两点间的平面位置关系与该两点间的水平距离、坐标方位角密切相关。地面点的平面位置可以用该点的纵、横坐标来表示。

【在线资源】

6.3.1　坐标正算

根据直线起点的坐标、直线的水平距离及其坐标方位角来计算直线终点的坐标，称为坐标正算。如图 6.7 所示，已知直线 AB 的起点 A 的坐标为(x_A, y_A)，AB 两点间的水平距离为 D_{AB}，AB 边的坐标方位角为 α_{AB}，要计算终点 B 的坐标(x_B, y_B)，可按下列步骤计算：

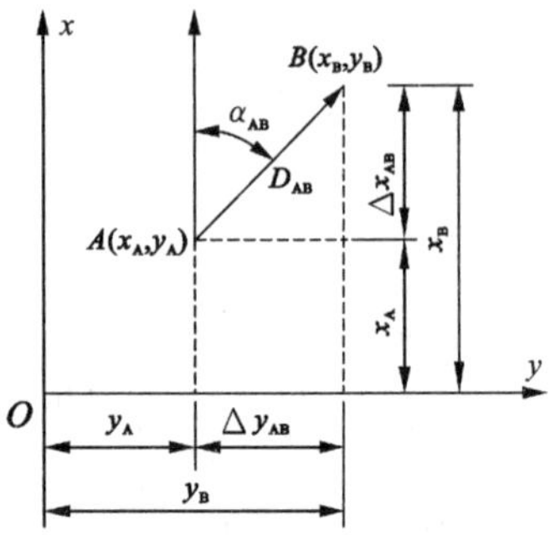

图 6.7　坐标计算

设 $\Delta x_{AB}=x_B-x_A$，Δx_{AB}称为 A 点至 B 点的纵坐标增量；$\Delta y_{AB}=y_B-y_A$，Δy_{AB}称为 A 点至 B 点的横坐标增量。则可以得出：

$$\left.\begin{aligned}\Delta x_{AB}&=D_{AB}\cos\alpha_{AB}\\ \Delta y_{AB}&=D_{AB}\sin\alpha_{AB}\end{aligned}\right\} \tag{6.13}$$

B 点的坐标计算式为：

$$\left.\begin{aligned}x_B&=x_A+\Delta x_{AB}=x_A+D_{AB}\cos\alpha_{AB}\\ y_B&=y_A+\Delta y_{AB}=y_A+D_{AB}\sin\alpha_{AB}\end{aligned}\right\} \tag{6.14}$$

6.3.2　坐标反算

根据直线始点和终点的坐标，计算直线的水平距离和直线的坐标方位角，称为坐标反算。图 6.7 中，A、B 两点的水平距离及坐标方位角可按下列公式计算：

$$D_{AB}=\sqrt{\Delta x_{AB}^2+\Delta y_{AB}^2}=\sqrt{(x_B-x_A)^2+(y_B-y_A)^2} \tag{6.15}$$

$$\alpha'_{AB}=\arctan\frac{\Delta y_{AB}}{\Delta x_{AB}}=\arctan\frac{y_B-y_A}{x_B-x_A} \tag{6.16}$$

根据坐标方位角定义可知，方位角的范围在 0°～360°，从式(6.16)计算所得的角值，根据坐标增量 Δx_{AB}、Δy_{AB}的符号变化，方位角将出现负值，与定义不符，故需要进行象限判断，将其转化为 0°～360°范围内。转化方法如下：

(1) 当 $\Delta x_{AB}>0$、$\Delta y_{AB}>0$ 时，α_{AB}是第Ⅰ象限的角，其角值范围在 0°～90°，所求的坐标方位角 α_{AB}就等于计算的角值 α'_{AB}，即 $\alpha_{AB}=\alpha'_{AB}$。

(2) 当 $\Delta x_{AB}<0$、$\Delta y_{AB}>0$ 时，α_{AB}是第Ⅱ象限的角，其角值范围在 90°～180°，所求的坐标方位角 α_{AB}等于计算所得的负角值 α'_{AB}加上 180°，即 $\alpha_{AB}=\alpha'_{AB}+180°$。

(3) 当 $\Delta x_{AB}<0$、$\Delta y_{AB}<0$ 时，α_{AB}是第Ⅲ象限的角，其角值范围在 180°～270°，所求的坐标方位角 α_{AB}等于计算所得的正角值 α'_{AB}加上 180°，即 $\alpha_{AB}=\alpha'_{AB}+180°$。

(4) 当 $\Delta x_{AB}>0$、$\Delta y_{AB}<0$ 时，α_{AB}是第Ⅳ象限的角，其角值范围在 270°～360°，所求的坐标方位角 α_{AB}等于计算所得的负角值 α'_{AB}加上 360°，即 $\alpha_{AB}=\alpha'_{AB}+360°$。

【在线测试】

如果先计算出坐标方位角值，也可用下式计算水平距离 D_{AB}：

$$D_{AB}=\frac{\Delta y_{AB}}{\sin\alpha_{AB}}=\frac{\Delta x_{AB}}{\cos\alpha_{AB}} \tag{6.17}$$

【例 6.2】 已知 A 点的坐标为(523.45,748.36)，AB 边的边长为 90.56 m，AB 边的坐标方位角 $\alpha_{AB}=40°30'$，试求 B 点坐标。

【解】

$$x_B=523.45+90.56\cos 40°30'=592.31$$

$$y_B=748.36+90.56\sin 40°30'=807.17$$

【例 6.3】 已知 A、B 两点的坐标为 $A(450.00,689.27)$，$B(455.38,500.00)$，试计算 AB 的边长及 AB 边的坐标方位角。

【解】

$$D_{AB}=\sqrt{(x_B-x_A)^2+(y_B-y_A)^2}=\sqrt{(455.38-450.00)^2+(500.00-689.27)^2}=189.35$$

$$\alpha_{AB}=\arctan\frac{y_B-y_A}{x_B-x_A}=\arctan\frac{500.00-689.27}{455.38-450.00}=-88°22'19''$$

由于 $\Delta x_{AB}>0$、$\Delta y_{AB}<0$，所以 α_{AB} 应为第Ⅳ象限的角，根据坐标方位角的判断方法：

$$\alpha_{AB}=-88°22'19''+360°=271°37'41''$$

任务4　罗盘仪及其使用

6.4.1　罗盘仪的构造

罗盘仪是用来测定直线磁方位角的一种测量仪器。罗盘仪的种类有很多，构造大同小异，其主要部件是由磁针、刻度盘和望远镜三部分构成。图 6.8 所示是罗盘仪的一种。

磁针是由磁铁制成，磁针位于刻度盘中心的顶针上，磁针静止时，磁针就指向南北极方向，即过测站点的磁子午线方向。一般在磁针的北端涂有黑漆，南端缠绕有细铜丝，这是因为我国位于地球的北半球，磁针的北端受磁力的影响下倾，缠绕铜丝可以保持磁针水平。磁针下方有一小杠杆，不用时应拧紧杠杆一端的小螺丝，使磁针离开顶针，避免顶针不必要的磨损。罗盘仪的刻度盘按逆时针方向从 0°～360°每 10°有一注记，最小分划为 1°或 30′，物镜端与目镜端分别在刻划线 0°与 180°的上面。罗盘仪内装有两个相互垂直的长水准器，用于整平罗盘仪。罗盘仪的刻度盘如图 6.9 所示。

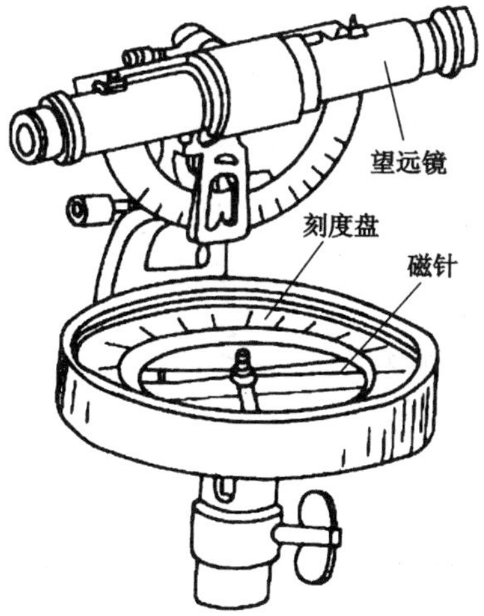

图 6.8　罗盘仪

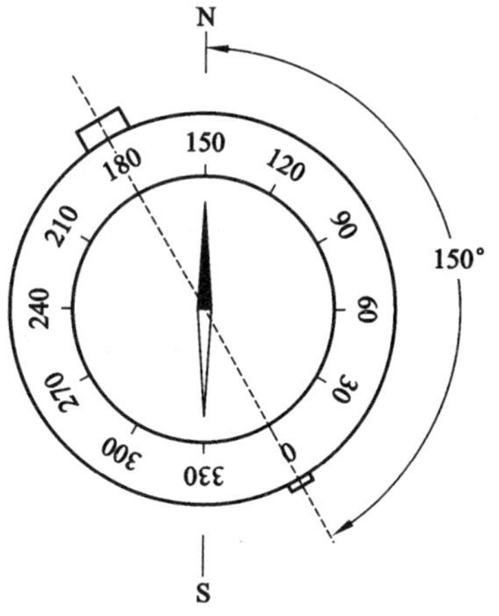

图 6.9　刻度盘

6.4.2　用罗盘仪测定直线磁方位角的方法

如图 6.10 所示，为了测定直线 AB 的磁方位角，将罗盘仪安置在 A 点，用垂球对中，使刻度盘中心与 A 点处于同一铅垂线上，再调平仪器上的水准管，松开磁针固定螺丝，使磁针处于自由状态，用望远镜瞄准 B 点，待磁针静止后读取磁针北端所指的读数。图 6.9 中读数为 150°，该读数即为直线 AB 的磁方位角。

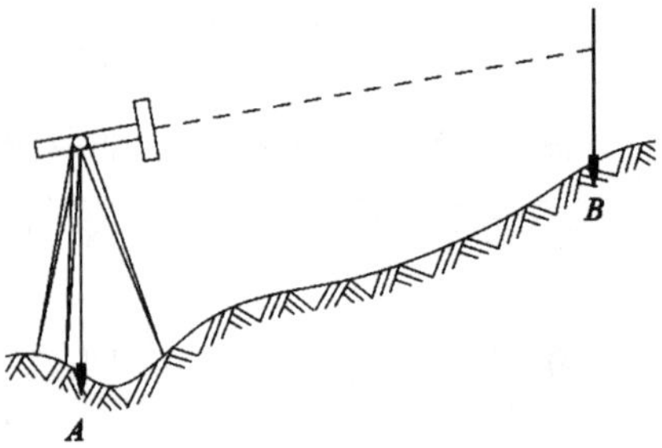

图 6.10 罗盘仪测定磁方位角

6.4.3 使用罗盘仪时的注意事项

（1）使用罗盘仪时附近不能有任何铁器，应避开高压线、磁场等物质，否则磁针会发生偏转而影响测量结果。

（2）罗盘仪须置平，磁针能自由转动，必须等待磁针静止时才能读数。

（3）观测结束后，必须旋紧顶起螺丝，将磁针顶起，以免磁针磨损，并保护磁针的灵活性。若磁针长时间摆动还不能静止，则说明仪器使用得太久，磁针的磁性不足，应进行充磁。

【在线测试】

思 考 题

6.1 何谓直线定向？为什么要进行直线定向？

6.2 测量上作为定向依据的标准方向有几种？

6.3 何谓方位角？方位角有几种？它们之间的关系是什么？

6.4 已知直线 AB 的坐标方位角为 50°25′，则直线 BA 的坐标方位角是多少？

6.5 如图 6.11 所示，已知 AB 边坐标方位角为 75°16′23″，观测的转折角 $\beta_1=110°54'45''$、$\beta_2=120°36'42''$、$\beta_3=106°24'36''$，试计算 DE 边的坐标方位角。

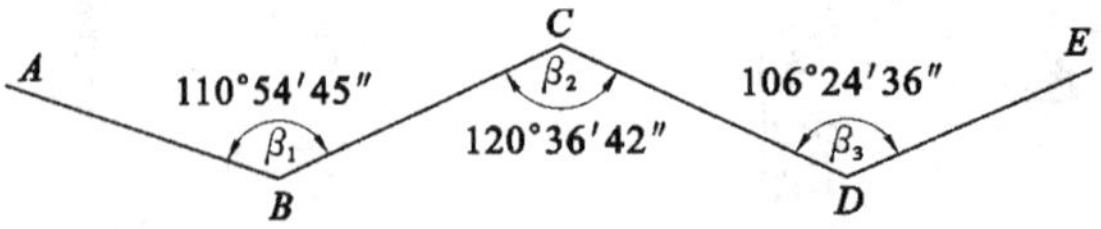

图 6.11

6.6 已知 A 点的坐标为(478.356，256.864)，AB 边的边长 $D_{AB}=89.257$ m，AB 边的坐标方位角为 $\alpha_{AB}=40°38'56''$，试求 B 点的坐标。

6.7 已知 A 点的坐标为(483.283，589.757)，B 点的坐标为(352.147，754.589)，试求 AB 的边长 D_{AB} 及 AB 边的方位角 α_{AB}。

6.8 如何使用罗盘仪测定直线的磁方位角？

项目七　小地区控制测量

【主要内容】

控制测量的概念和分类；国家基本平面控制网、城市及工程平面控制网、图根平面控制网；控制测量的常用方法；导线测量的外业工作及施测要求；导线测量内业成果计算方法；交会测量；三角高程测量等。

重点：导线测量的外业测量工作；导线测量内业计算，三角高程测量方法。

难点：闭合导线坐标计算；附合导线坐标计算；三角高程测量成果的计算。

【学习目标】

知识目标	能力目标
1. 掌握控制测量的概念和分类； 2. 了解国家平面控制网、城市和工程控制网，图根控制网； 3. 掌握导线测量外业工作的内容及施测要求； 4. 掌握导线测量内业成果计算方法； 5. 了解交会定点的基本知识； 6. 掌握三角高程测量原理； 7. 掌握三角高程测量的方法、计算及校核； 8. 理解地球曲率和大气折光对三角高程测量产生的影响	1. 能根据工程情况选择合理的平面控制测量方法； 2. 能根据工程情况选择合理的导线布置形式； 3. 能进行导线选点布网及外业观测； 4. 会闭合导线和附合导线的成果计算； 5. 会衡量导线测量的精度； 6. 能根据工程情况选择合理的高程控制测量方法； 7. 能进行三角高程测量的外业工作和内业计算

【思政目标】

通过学习控制网的布设和分类，增强学生的爱国情怀，深刻认识到测量工作对我国经济发展所做出的巨大贡献，增强职业自豪感；通过学习小区域控制测量的外业工作内容和内业计算方法，培养学生的团队合作意识、一丝不苟的工匠精神及直面挫折坚定必胜的信念。

任务1 控制测量概述

【在线资源】

在项目一中已经介绍了测量工作必须遵循“从整体到局部、先控制后碎部”的原则，即在测区内先选择一些起控制作用的点，组成一定的几何图形，称为控制网。用较精密的方法测定这些点的平面位置和高程，然后根据这些控制点施测其周围的碎部点。控制网按其性质分为平面控制网和高程控制网两类。测定控制点平面位置的工作称为平面控制测量，测定控制点高程的工作称为高程控制测量。

7.1.1 国家控制网

在全国范围内建立的控制网称为国家控制网。它是用精密的仪器、准确的方法、严格的数据处理方式，按一、二、三、四四个等级，由高级向低级逐级建立的，如图7.1所示。

平面控制网按控制点所组成的几何图形不同又分为三角网和导线网。三角网由一系列扩展成网状的三角形组成，网中各三角形的顶点称为三角点，测定各三角点平面位置的工作称为三角测量。导线网是由折线或多边形所组成，导线的各转折点称为导线点，测定各导线点平面位置的工作称为导线测量。

平面控制测量除三角测量和导线测量外，还可利用GPS卫星进行定位，称为卫星大地测量。

高程控制网一般称为水准网，如图7.2所示，高程控制点亦称水准点。国家一、二等高程控制测量主要采用精密水准测量的方法，三、四等是在一、二等水准点的基础上进一步加密，直接为地形测图和工程建设提供高程控制点。在平原地区，可采用GPS水准进行四等水准测量。

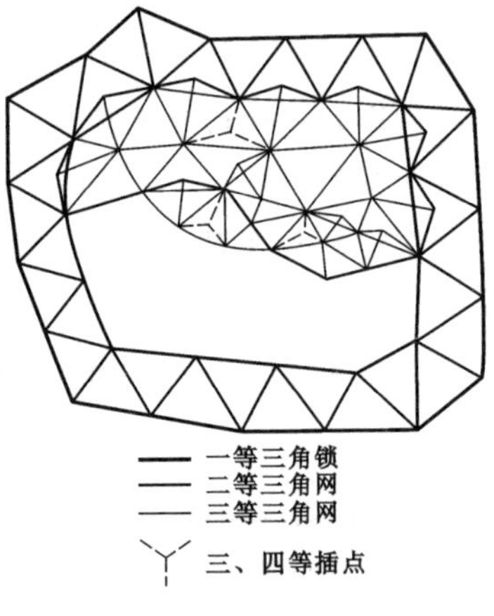

图7.1 国家平面控制网

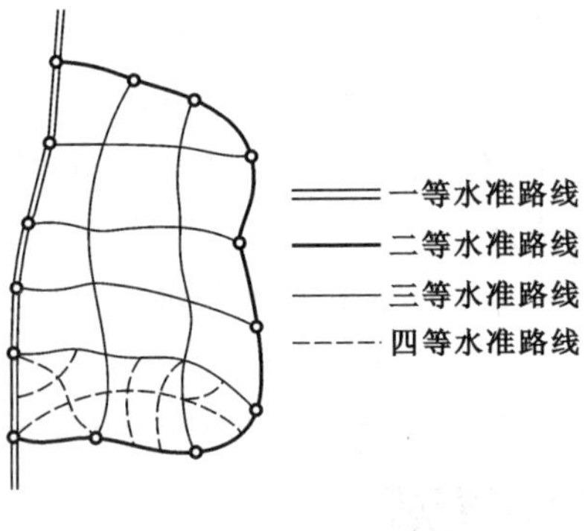

图7.2 国家高程控制网

7.1.2 小区域控制网

【在线测试】

在小范围内建立的控制网称为小区域控制网。小区域控制网在可能的情况下应与国家控制网连测，若测区内或附近无国家控制点时，可建立测区独立控制网。小区域控制网分为三级，即首级控制、图根控制和测站点。小区域控制网常用导线测量和小三角测量的方法测定其平面位置，用三、四等水准测量的方法测定其高程。

任务2 导线测量

导线测量是建立平面控制网的一种方法，导线比较适宜布设在地物复杂的建筑区及障碍物较多的隐蔽区。

【在线资源】

7.2.1 导线的布设形式及应用范围

导线测量是用连续的折线把各控制点连接起来，测其边长和转折角，以推算各控制点坐标。这些折线有的组成闭合形状，有的伸展成折线形状。因此，导线按其布置形式的不同可分为如下三种：

7.2.1.1 闭合导线

自某一点出发，最后仍回到该点上，形成一闭合多边形，如图 7.3 所示。由于它本身具有严密的几何条件，故具有检核作用。

7.2.1.2 附合导线

自某高级控制点出发，附合到另一高级控制点上，成为一伸展的折线形状，如图 7.4 所示。此种布设形式具有检核观测成果的作用。

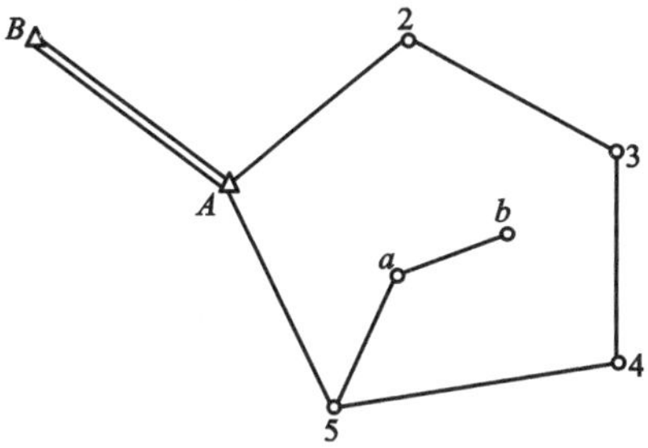

图 7.3 闭合导线和支导线

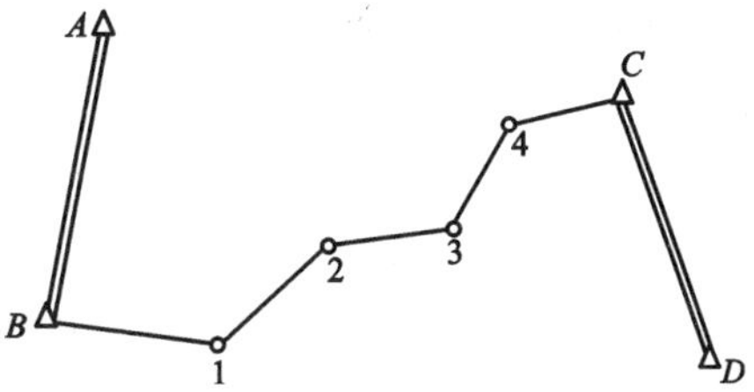

图 7.4 附合导线

7.2.1.3 支导线

自某一点出发，既不闭合于起始点，也不附合于另一控制点，如图 7.3 中的 a、b 点。这种导线因缺乏检核作用，一般只容许支出一点，在个别困难条件下，最多容许连续引测两点。

导线还依据测量边长的方法不同分为电磁波测距导线(简称测距导线)、钢尺量距导线(简称量距导线)、经纬仪视距导线(简称视距导线)等。前两种亦用于首级控制和图根控制，后一种因精度较低，一般在精度要求不高时用它加密测站点。

7.2.2 导线测量的等级及主要技术要求

导线测量主要用于小区域大比例尺地形测量，按其精度可分为一、二、三级导线和图根导线测量。其主要技术指标如表 7.1 所示。

表 7.1　导线测量的主要技术指标

等级		附合导线长度/m	平均边长/m	测距相对中误差	测角中误差/″	测回数		方位角闭合差/″	全长相对中误差
						DJ_2	DJ_6		
一级		3600	500	1/30000	±5	2	4	$\pm 10\sqrt{n}$	1/15000
二级		2400	250	1/14000	±8	1	3	$\pm 16\sqrt{n}$	1/10000
三级		1200	100	1/7000	±12	1	2	$\pm 24\sqrt{n}$	1/5000
图根	1∶500	500	75	1/3000	±30	—	1	$\pm 60\sqrt{n}$	1/2000
	1∶1000	1000	110						
	1∶2000	2000	180						

注：n 为测站数。

7.2.3　导线测量的外业工作

导线测量的外业工作包括踏勘选点、转折角测量、边长测量、导线的定向和连接。

(1) 踏勘选点

踏勘选点的任务是根据测图的目的、要求和测区的具体情况，拟定导线的布置形式，实地选定导线点并设立标志。临时性的导线点可用木桩，并在桩顶钉一个小钉表示点位；永久性的导线点应用混凝土桩或铁桩，在顶部刻"+"，标以点位。导线点应统一编号，为了方便寻找，要绘制导线点草图。选点时，应注意下列几点：

① 相邻导线点间必须通视，并便于量距或测距；

② 点位要选在视野开阔、控制面积大、便于施测碎部的地方；

③ 导线点应分布均匀，具有足够的密度，以便控制整个测区；

④ 导线边长应大致相等，相邻边长不宜相差悬殊，图根导线的边长可参照表 7.1；

⑤ 导线点应选在土质坚硬、便于保存的地方。

(2) 转折角测量

导线的转折角用经纬仪按测回法进行观测。转折角有左角和右角之分，在导线前进方向左边的角度称为左角，右边的角度称为右角。附合导线一般观测左角，闭合导线观测右角。各等级导线的角度观测应满足其技术要求。对于图根导线，用 DJ_6 型经纬仪测一个测回，半测回差不得超过±36″，方位角闭合差不得超过 $\pm 60''\sqrt{n}$（n 为测站数）。

测角的照准标志，可用三根小竹竿捆成的三脚架(或罗盘仪脚架)悬挂大垂球，以垂球线作为瞄准标志，当边长较长时，可在垂球线上绑一小圆筒作为瞄准标志[图 7.5(a)]；也可用一个小的铁三角对点架，在对点架孔里插入长测钎作为瞄准标志[图 7.5(b)]。

(3) 边长测量

边长测量可用检定过的钢尺，按钢尺量距的一般方法进行量距。往、返丈量各一次，边长丈量较差的相对误差一般不得超过 1/3000，在特别困难地区允许到1/1000。若有条件，可采用光电测距仪测距。

(4) 导线的定向和连接

① 对于独立导线，用罗盘仪测定起始边的正、反磁方位角，取平均值作为定向的依据。

② 对于连接到高级控制点上的导线，要观测连接角，以便借助于高级控制点的方位角来推算各导线边的方位角。

图 7.5　照准点标志

7.2.4　导线测量的内业计算

导线测量内业计算的目的是根据外业测量的成果和起始点的坐标,计算其他各导线点的坐标。

计算之前,先要检查外业记录和计算是否有误,当成果完全满足要求后,绘制计算简图,注以相应的数据,然后进行内业计算。下面结合实例分别介绍闭合导线和附合导线的计算方法。

7.2.4.1　闭合导线的内业计算

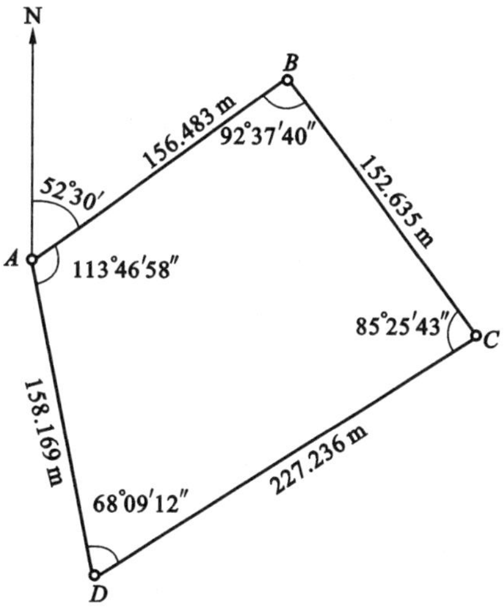

图 7.6　闭合导线计算实例

图 7.6 所示为一独立闭合导线实例简图,已知 A 点的坐标为 $x_A=800.000$ m、$y_A=500.000$ m,测得的各边长、内角及起始边的坐标方位角 α_{AB} 均注于图中,试计算其他各导线点的坐标。

(1) 角度闭合差的计算与调整

根据几何原理可知,n 边形闭合导线内角和的理论值应为:

$$\sum\beta_{理}=(n-2)\times180° \tag{7.1}$$

由于观测存在误差,测得的内角总和 $\sum\beta_{测}$ 与理论值 $\sum\beta_{理}$ 有一差数,此差数称为角度闭合差,用 f_β 表示,即:

$$f_\beta=\sum\beta-(n-2)\times180° \tag{7.2}$$

角度闭合差的大小说明了导线测角的精度,对于不同等级的导线,其闭合差的允许值各不相同。对于图根导线,规范规定为:

$$f_{\beta容}=\pm60''\sqrt{n} \tag{7.3}$$

若 $f_\beta\leqslant f_{\beta容}$,可将 f_β 反其符号平均分配到各内角观测值上。设各角度改正值为 $\Delta\beta$,则有:

$$\Delta\beta=-\frac{f_\beta}{n} \tag{7.4}$$

若算出的 $\Delta\beta$ 带有小数,可适当进行凑整至秒,使改正后的内角和等于 $\sum\beta_{理}$。改正后的角度用 β' 表示,即:

$$\beta'=\beta_{测}+\Delta\beta \tag{7.5}$$

在本例中:

$$f_\beta = 359°59'33'' - 360° = -27''$$

$$f_{\beta容} = \pm 60''\sqrt{4} = \pm 120''$$

因为 $f_\beta < f_{\beta容}$，需进行闭合差的调整。角度的改正值为：

$$\Delta\beta = -\frac{-27''}{4} = +6.75''$$

为了使改正值凑整至秒，将边长较长的夹角 β_4 改正 $+6''$，其他各角改正 $+7''$，填入表 7.2 第 3 栏中。

改正后的角值分别为：

$$\beta_A' = 113°47'05''$$
$$\beta_B' = 92°37'47''$$
$$\beta_C' = 85°25'50''$$
$$\beta_D' = 68°09'18''$$

填入表 7.2 第 4 栏中。

(2) 坐标方位角的推算

角度闭合差调整好后，用改正后的角值从第一条边的已知方位角开始，依次推算出其他各边的方位角。其计算式为：

$$\alpha_{前} = \alpha_{后} \pm \beta \pm 180° \tag{7.6}$$

上式中 $\pm 180°$，若 $\alpha_{后}$ 小于 $180°$，取 $+180°$，否则取 $-180°$；

上式中的 $\pm\beta$，若 β 为左角，取 $+\beta$，否则取 $-\beta$。

在推算方位角时，为了校核，还要从最后一条边的方位角推算出起始边的方位角，推算出的方位角应和已知方位角相等。

本例中，所测的内角均为右角，用 $\beta_{右}$ 表示。其计算过程如下：

$$\alpha_{BC} = 52°30'00'' + 180° - 92°37'47'' = 139°52'13''$$
$$\alpha_{CD} = 139°52'13'' + 180° - 85°25'50'' = 234°26'23''$$
$$\alpha_{DA} = 234°26'23'' + 180° - 68°09'18'' = 346°17'05''$$
$$\alpha_{AB} = 346°17'05'' + 180° - 113°47'05'' - 360° = 52°30'00''(校核)$$

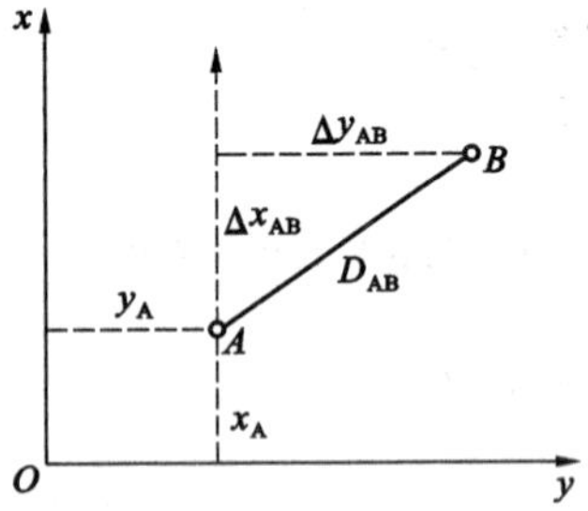

图 7.7 坐标增量计算

按式(7.6)算出的方位角是负值时应加上 $360°$，大于 $360°$ 时应减去 $360°$，并将计算结果填入表 7.2 第 5 栏中。

(3) 坐标增量的计算与坐标增量闭合差的调整

直线两端的坐标差称为该直线的坐标增量，用 Δx、Δy 表示。如图 7.7 所示，设直线 AB 的坐标方位角为 α、边长为 D，则其坐标增量为：

$$\left.\begin{aligned}\Delta x &= D\cos\alpha \\ \Delta y &= D\sin\alpha\end{aligned}\right\} \tag{7.7}$$

本例中：

$$\Delta x_{AB} = D_{AB}\cos\alpha_{AB} = 156.483 \times \cos52°30'00'' = +95.261 \text{ m}$$
$$\Delta y_{AB} = D_{AB}\sin\alpha_{AB} = 156.483 \times \sin52°30'00'' = +124.146 \text{ m}$$

其他各点以此类推，并将计算结果填入表 7.2 第 7 栏中。

因为闭合导线是一闭合多边形，其坐标增量随各边所在的象限不同而有正有负，纵、横坐标增量的代数和在理论上应分别为零，即：

$$\left.\begin{aligned}\sum \Delta x_{理} &= 0\\ \sum \Delta y_{理} &= 0\end{aligned}\right\} \tag{7.8}$$

但由于测边和测角有误差，角度虽经调整，但仍有残余误差存在，使得计算出的纵、横坐标增量的代数和不等于零，其不符值称为纵、横坐标增量闭合差，分别用 f_x、f_y 表示，即：

$$\left.\begin{aligned}f_x &= \sum \Delta x\\ f_y &= \sum \Delta y\end{aligned}\right\} \tag{7.9}$$

由于纵、横坐标增量闭合差的存在，致使闭合导线所构成的多边形不能闭合而形成一个缺口 $A1'$，如图 7.8 所示。缺口 $A1'$的长度称为导线全长闭合差，以 f 表示。从图 7.8 中可以看出：

$$f = \sqrt{f_x^2 + f_y^2} \tag{7.10}$$

导线愈长，测角、测边的工作量愈多，误差的影响也愈大。因此，一般用 f 与导线全长 $\sum D$ 的比值 K 来衡量其精度，K 称为导线全长相对闭合差，即：

$$K = \frac{f}{\sum D} = \frac{1}{\dfrac{\sum D}{f}} \tag{7.11}$$

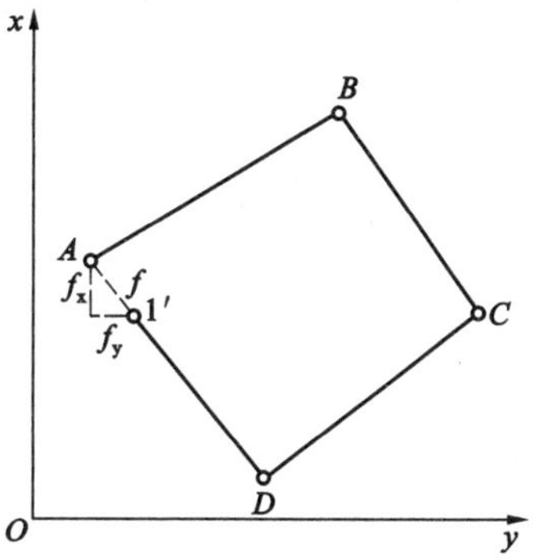

图 7.8　导线全长闭合差

K 值愈小，精度愈高。对于不同等级的导线，其精度要求不同，具体可参见表 7.1。图根导线全长相对闭合差一般不得大于 1/2000。本算例中，$K=1/3924$，符合精度要求，则可将坐标增量闭合差 f_x、f_y 进行调整。调整的原则是：将坐标增量闭合差 f_x、f_y 反其符号，按与边长成正比的方法分配到各导线边的坐标增量中去，从而得到改正后的坐标增量。

坐标增量改正数为：

$$\left.\begin{aligned}v_x &= -\frac{f_x}{\sum D}\cdot D_i\\ v_y &= -\frac{f_y}{\sum D}\cdot D_i\end{aligned}\right\} \tag{7.12}$$

在本例中：

$$v_{x_{AB}} = -\frac{f_x}{\sum D}\cdot D_{AB} = -\frac{0.066}{694.523}\times 156.483 = -0.015\ \text{m}$$

$$v_{y_{AB}} = -\frac{f_y}{\sum D}\cdot D_{AB} = -\frac{0.164}{694.523}\times 156.483 = -0.037\ \text{m}$$

同法算得其他各边的坐标增量改正数，并填入表 7.2 第 7、8 栏的括号内。

改正后的坐标增量为：

$$\left.\begin{aligned}\Delta x' &= \Delta x + v_x\\ \Delta y' &= \Delta y + v_y\end{aligned}\right\} \tag{7.13}$$

本例中：

$$\Delta x'_{AB} = \Delta x_{AB} + v_{x_{AB}} = 95.261 - 0.015 = 95.246\ \text{m}$$
$$\Delta y'_{AB} = \Delta y_{AB} + v_{y_{AB}} = 124.146 - 0.037 = 124.109\ \text{m}$$

同法算得其他各边改正后的坐标增量，填入表 7.2 第 9、10 栏内。改正后的坐标增量代数和应等于零，用以校核计算是否有误。

(4) 坐标计算

根据起始点 A 的已知坐标及改正后的坐标增量，可按式(7.14)依次推算各点坐标，最后还需推算起始点 A 的坐标，应与起始数据相等，以作校核。

$$\left.\begin{aligned} x_{\text{前}} &= x_{\text{后}} + \Delta x' \\ y_{\text{前}} &= y_{\text{后}} + \Delta y' \end{aligned}\right\} \tag{7.14}$$

本例中 B 点的坐标为：

$$x_B = x_A + \Delta x'_{AB} = 800 + 95.246 = 895.246 \text{ m}$$

$$y_B = y_A + \Delta y'_{AB} = 500 + 124.109 = 624.109 \text{ m}$$

同法计算其他各点坐标，依次填入表 7.2 第 11、12 栏中。

表 7.2 闭合导线计算表

测站	角度观测值	改正值	改正后角值	坐标方位角	边长/m	坐标增量(改正数)/m		改正后坐标增量/m		坐标值/m	
	° ′ ″	″	° ′ ″	° ′ ″		Δx	Δy	$\Delta x'$	$\Delta y'$	x	y
1	2	3	4	5	6	7	8	9	10	11	12
A										800.000	500.000
				52 30 00	156.483	−0.015 +95.261	−0.037 +124.146	+95.246	+124.109		
B	92 37 40	+7	92 37 47							895.246	624.109
				139 52 13	152.635	−0.014 −116.703	−0.036 +98.376	−116.717	+98.940		
C	85 25 43	+7	85 25 50							778.529	722.449
				234 26 23	227.236	−0.022 −132.151	−0.054 −184.857	−132.173	−184.911		
D	68 09 12	+6	68 09 18							646.356	537.538
				346 17 05	158.169	−0.015 +153.659	−0.037 −37.501	+153.644	−37.538		
A	113 46 58	+7	113 47 05							800.000	500.000
				52 30 00							
B											
$\sum$	359 59 33	+27	360 00 00		694.523	+0.066	+0.164	0	0		
辅助计算	$f_\beta = -27''$		$\sum D = 694.523$			$f_x = +0.066$ m			$f_y = +0.164$ m		
	$f_{\beta容} = \pm 60''\sqrt{4} = \pm 120''$				$f = \sqrt{f_x^2 + f_y^2} = 0.177$ m			$K = \dfrac{f}{\sum D} = \dfrac{1}{3924}$			

7.2.4.2 附合导线的内业计算

有一附合导线如图 7.9 所示，A、B、C、D 为已知控制点，B、C 两点的坐标分别为：$x_B = 1944.540$ m，$y_B = 2053.860$ m，$x_C = 2138.380$ m，$y_C = 2975.800$ m。坐标方位角 α_{AB}、α_{CD} 及其他实测数据均注于图中，试求导线点 1、2、3 的坐标。

附合导线的计算步骤与闭合导线相同，只是由于两者形式不同，致使角度闭合差、坐标方位角和坐标增量闭合差的计算方法稍有差异，现结合实例仅介绍其差异部分的计算。

(1) 角度闭合差的计算

从图 7.9 中可以看出，根据起始边 AB 的坐标方位角和连接角(β_B、β_C)、转折角(β_1、β_2、β_3)

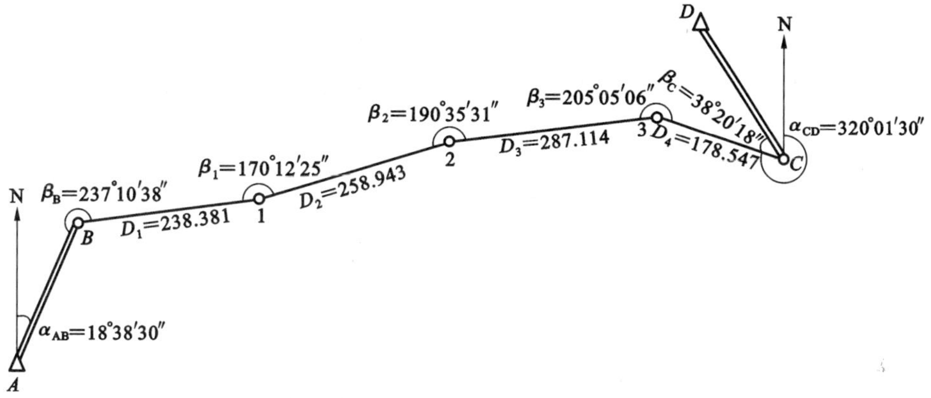

图 7.9　附合导线计算实例

的观测值，可以推算出终边 CD 的坐标方位角 α'_{CD}，即：

$$\alpha'_{CD}=\alpha_{AB}\pm\sum\beta\pm n\times180° \tag{7.15}$$

将本例中的 α_{AB} 及各 β 角值代入式(7.15)，得：

$$\alpha'_{CD}=320°02'28''$$

由于测角误差的存在，使得所推算的坐标方位角 α'_{CD} 与已知方位角 α_{CD} 不相等，其差值称为角度闭合差 f_β，即：

$$f_\beta=\alpha'_{CD}-\alpha_{CD} \tag{7.16}$$

一般可写为：

$$f_\beta=\alpha'_{终}-\alpha_{终}=\alpha_{始}\pm\sum\beta\pm n\cdot180°-\alpha_{终} \tag{7.17}$$

若角度闭合差在允许范围内，则应进行角度闭合差的调整，调整的方法与闭合导线相同。

本例中：

$$f_\beta=320°02'28''-320°01'30''=+58''$$

因 $f_\beta<f_{\beta容}$，故可进行闭合差的调整。短边夹的角∠B、∠3、∠C 分配 $-12''$，而∠1、∠2 分配 $-11''$。

(2) 坐标方位角的推算

根据起始边的坐标方位角 α_{AB} 及改正后的角度 β'，可推算各边的坐标方位角。由于在附合导线中习惯上是观测左角，因此，可根据式(7.16)列出用左角推算各边坐标方位角的一般公式：

$$\alpha_{前}=\alpha_{后}+\beta_{左}\pm180° \tag{7.18}$$

在推算过程中，若$(\alpha_{后}+\beta_{左})>180°$，取“$-$”号；反之，则取“$+$”号。

根据改正后的角度推算出的坐标方位角 α'_{CD} 应与已知的坐标方位角 α_{CD} 相等，用以检核计算。

(3) 坐标增量闭合差的计算

根据边长和坐标方位角按式(7.7)计算出的附合导线各边的坐标增量，其代数和应等于 C、B 两已知点的坐标差，即：

$$\left.\begin{aligned}\sum \Delta x_{理} &= x_C - x_B \\ \sum \Delta y_{理} &= y_C - y_B\end{aligned}\right\} \tag{7.19}$$

但由于测边、测角存在误差，实测的 $\sum \Delta x$、$\sum \Delta y$ 与理论值不符，其不符值即为坐标增量闭合差，即：

$$\left.\begin{aligned}f_x &= \sum \Delta x - (x_C - x_B) \\ f_y &= \sum \Delta y - (y_C - y_B)\end{aligned}\right\} \tag{7.20}$$

将本例中相应的数值代入式(7.20)，得：

$$f_x = +0.135\ \text{m}$$
$$f_y = -0.084\ \text{m}$$

将式(7.20)改写成计算附合导线坐标增量闭合差的一般公式为：

$$\left.\begin{aligned}f_x &= \sum \Delta x - (x_{终} - x_{始}) \\ f_y &= \sum \Delta y - (y_{终} - y_{始})\end{aligned}\right\} \tag{7.21}$$

附合导线的其他计算方法与闭合导线相同，这里不再赘述。其计算全过程参见表7.3。

【在线测试】

表7.3 附合导线计算表

测站	角度观测值	改正值	改正后角值	坐标方位角	边长	坐标增量(改正数)/m		改正后坐标增量/m		坐标值/m	
	° ′ ″	″	° ′ ″	° ′ ″	/m	Δx	Δy	$\Delta x'$	$\Delta y'$	x	y
1	2	3	4	5	6	7	8	9	10	11	12
A											
				18 38 30							
B	237 10 38	−12	237 10 26							1944.540	2053.860
				75 48 56	238.381	−0.034 +58.414	+0.021 +231.113	+58.380	+231.134		
1	170 12 25	−11	170 12 14							2002.920	2284.994
				66 01 10	258.943	−0.036 +105.241	+0.022 +236.592	+105.205	+236.614		
2	190 35 31	−11	190 35 20							2108.125	2521.608
				76 36 30	287.114	−0.040 +66.497	+0.025 +279.307	+66.457	+279.332		
3	205 05 06	−12	205 04 54							2174.582	2800.940
				101 41 24	178.547	−0.025 −36.177	+0.016 +174.844	−36.202	+174.860		
C	38 20 18	−12	38 20 06							2138.380	2975.800
				320 01 30							
D											
$\sum$	841 23 58	−58	841 23 00		694.523	+193.975	+921.856	+193.840	+921.940		
辅助计算	$f_\beta = +58''$ $f_{\beta容} = \pm 60''\sqrt{5} = \pm 134''$			$\sum D = 962.985$ m $f = \sqrt{f_x^2 + f_y^2} = 0.159$ m			$f_x = +0.135$ m			$f_y = -0.084$ m $K = \dfrac{f}{\sum D} = \dfrac{1}{6056}$	

任务3 全站仪导线测量

由于全站仪具有坐标测量的功能，所以在导线测量的外业工作中，可直接测量导线点的三维坐标，再以坐标为观测值，进行导线的近似平差计算。

【在线资源】

7.3.1 全站仪导线测量的外业工作

（1）踏勘选点(方法同本章任务2所述)。

（2）起始边方位角测量(独立闭合导线)。

（3）导线边长测量(按4.3.2节介绍的距离测量方法操作)。

（4）导线三维坐标测量(按4.3.2节介绍的三维坐标测量方法操作)。

在实际观测时，边长测量和三维坐标测量同时进行。

7.3.2 以坐标为观测值的导线内业计算

现用全站仪对图7.6所示闭合导线进行观测，其坐标观测值和各边边长均注于表7.2中。已知 A 点坐标的已知值为(x_A, y_A)，其观测值为(x'_A, y'_A)，求其他各点的坐标。

（1）坐标闭合差的计算：

$$\left.\begin{aligned} f_x &= x'_A - x_A \\ f_y &= y'_A - y_A \end{aligned}\right\} \tag{7.22}$$

（2）导线全长闭合差的计算：

$$f = \sqrt{f_x^2 + f_y^2}$$

（3）导线全长相对闭合差的计算：

$$K = \frac{f}{\sum D} = \frac{1}{\frac{\sum D}{f}}$$

不同等级的导线，其导线全长相对闭合差的容许值 K 是不一样的。

（4）各点坐标改正数的计算：

$$\begin{cases} v_x = -\dfrac{f_x}{\sum D} \cdot D_i \\ v_y = -\dfrac{f_y}{\sum D} \cdot D_i \end{cases}$$

式中 D_i——第 i 点之前导线边长之和。

（5）改正后的坐标计算：

$$\left.\begin{aligned} x_i &= x'_i + v_{x_i} \\ y_i &= y_i{}' + v_{y_i} \end{aligned}\right\} \tag{7.23}$$

由于全站仪坐标测量可以获得每个导线点的高程，因此，高程的计算可与坐标一样一并进行，其高程闭合差为起点 A 的高程观测值与已知值之差，即：

$$f_H = H'_A - H_A \tag{7.24}$$

各导线点的高程改正数为：

$$v_{H_i}=-\frac{f_H}{\sum D}\cdot D_i \tag{7.25}$$

【在线测试】

式中 D_i——第 i 点之前导线边长之和。

改正后各导线点的高程为：

$$H_i=H_i'+v_{H_i} \tag{7.26}$$

将计算结果填于表 7.4 中。

表 7.4 全站仪闭合导线坐标计算表

点号	坐标观测值/m			边长/m	边长累积值/m	坐标改正数/mm			改正后的坐标/m		
	x'	y'	H'			v_x	v_y	v_H	x	y	H
A				156.483	156.483				800.000	500.000	35.265
B	895.251	624.122	35.143	152.635	309.118	−5	−13	+3	895.246	624.109	35.146
C	778.555	722.474	34.933	227.236	536.354	−11	−25	+5	778.554	722.449	34.938
D	464.375	537.581	34.848	158.169	694.253	−19	−43	+9	646.356	537.538	34.857
A	800.024	500.056	35.253			−24	−56	+12	800.000	500.000	35.265
计算	$f_x=+0.024$ m		$f_y=+0.056$ m		$f=0.061$ m		$K=1/11395$		$f_H=-0.012$ m		

任务 4 高程控制测量

【在线资源】

7.4.1 高程控制测量概述

地形测图除了布设平面控制网外，还应建立高程控制网，进行高程控制测量。因为高程控制点的高程都是采用水准测量的方法测定的，所以高程控制网一般称为水准网，高程控制点亦称水准点。

国家高程控制网同平面控制网一样，采用“从整体到局部”分级布设、逐级控制的方法。按照控制次序和施测精度，国家水准测量分为一、二、三、四共四个等级。一、二等水准测量是国家高程控制的基础，称为精密水准测量。三、四等水准测量是在一、二等水准点的基础上进一步加密，可直接为地形测图和各种工程建设提供所必需的高程控制点。

小区域高程控制测量是以国家水准点为依据，根据测区的大小、测图的比例尺及精度要求，一般采用三、四等水准测量，图根水准测量或三角高程测量的方法，建立高程控制网。由于图根水准测量(即等外水准测量)及三、四等水准测量在第 2 章中已做介绍，因此，本节只介绍三角高程测量。

7.4.2 三角高程测量

用水准测量的方法测定高程，其施测精度虽然较高，但对于地面起伏较大的丘陵或山区，施测起来不仅进程缓慢，有时甚至非常困难，若采用三角高程测量的方法传递高程，就很简单、方便、快捷。特别是自光电测距仪普遍使用以来，三角高程的实用性大为扩展，实现了包括三角高程在内的三维控制，以代替相应等级的水准测量。这样，既减轻了作业强度，又提高了经济效益。

7.4.2.1 三角高程测量原理

三角高程测量是根据测站点与未知点两点间的水平距离，以及测站点向未知点目标所观测的竖直角，按三角公式计算两点间的高差，进而推算未知点高程。如图 7.10 所示，已知 A 点高程为 H_A，欲求 B 点的高程 H_B。

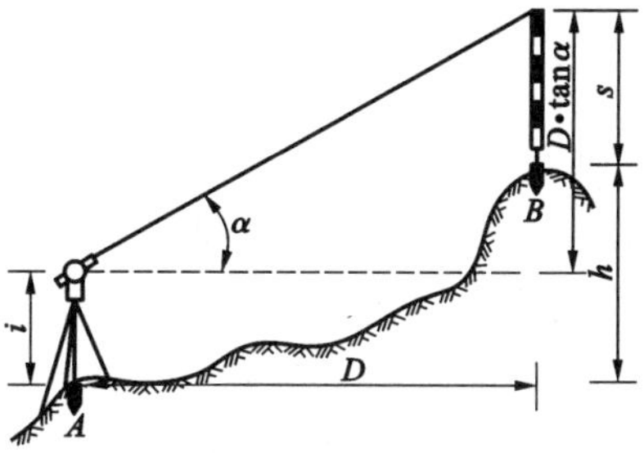

图 7.10 三角高程测量原理

将仪器安置于 A 点，标杆立于 B 点，量取仪器高 i 及标杆高 s，用望远镜的中丝瞄准杆顶，测得竖直角 α，根据两点间的水平距离 D 即可按下式求得 A、B 两点间的高差，即：

$$h_{AB} = D \cdot \tan\alpha + i - s \tag{7.27}$$

则 B 点的高程为：

$$H_B = H_A + h_{AB}$$

7.4.2.2 地球曲率和大气折光对高差的影响

上述计算公式是在把水准面视作水平面，把视线看成一条直线的情况下推导出来的。实际上，由于地球的基准面(大地水准面)是一个曲面，从而使得 A、B 两点的水准面不是水平面，如图 7.10 所示。因此，上述公式中以水平面作为基准面，应考虑地球曲率的影响(球差改正)；同时，在观测竖直角时，由于受大气折光的影响，使视线成为一条向上凸的曲线，所以，还应进行大气折光差改正，称之为气差改正。以上两项改正合称为“球气差改正”，或简称为“两差改正”。

关于地球曲率对高差的影响，已在绪论中论述过，其计算公式为：

$$\Delta h = \frac{D^2}{2R}$$

现着重讨论大气折光的影响。在图 7.11 中，将仪器置于 A 点，用望远镜瞄准 K 时，由于大气折光的影响，视线不是直线而是弧线 $A'K$，视线的方向则为该弧线的切线方向 $A'M$。因此，观测 K 点的竖直角，实际上变成了观测 M 点的竖直角。折光曲线是随地区的高度、地形、气温等条件的变化而变化的，通常把它当作圆弧看待，其半径约为地球曲率半径 R 的 7 倍，故大气折光对高差的影响 P 为：

$$P = \frac{1}{7} \cdot \frac{D^2}{2R} = 0.14\,\frac{D^2}{2R}$$

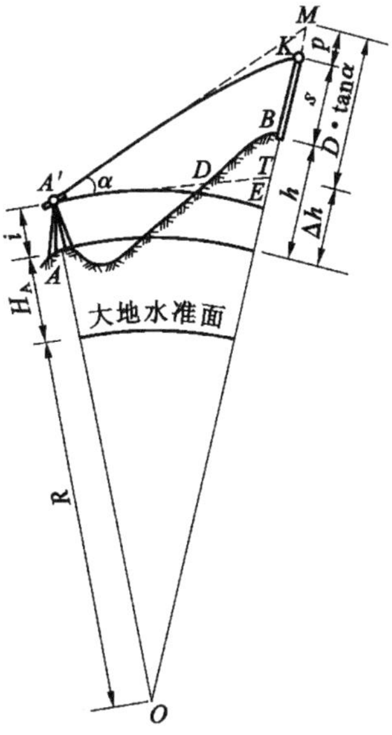

图 7.11 球气差改正示意图

因为球差改正值 Δh 恒为正值，它总是使高差减小，所以在求高差时必须加上这项影响；而气差改正值恒为负值，它总是使高差增大，所以在求高差时必须减去这项影响。故地球曲率和大气折光联合影响的球气差改正数 f 为：

$$f = \frac{D^2}{2R} - 0.14\frac{D^2}{2R} = 0.43\frac{D^2}{R} \tag{7.28}$$

若将水平距离 $D=300$ m 代入式(7.28)，得球气差 $f=6$ mm。因此，用三角高程测量的方法传递高程，当距离超过 300 m 时，应加球气差改正。这时高差的计算公式变为：

$$h_{AB} = D \cdot \tan\alpha + i - s + 0.43\frac{D^2}{R} \tag{7.29}$$

为了抵消球气差的影响，在三角高程测量中一般采用对向观测，即由 A 点观测 B 点，再由 B 点观测 A 点，取其高差绝对值的平均值作为最后测量的结果。

7.4.2.3 三角高程测量的施测方法

(1) 安置仪器于测站上，量取仪器高 i 及目标高 s；

(2) 瞄准目标，采用测回法观测竖直角 α，取平均值作为最后结果；

(3) 应用式(7.27)计算高差，当距离超过 300 m 时，应用式(7.29)计算高差。

【在线测试】

思考题

7.1 什么叫控制测量？平面控制测量有哪几种形式？

7.2 导线有哪几种布设形式？各适用于什么情况？

7.3 导线测量的外业工作有哪些？选点时应注意哪些问题？

7.4 在导线测量的内业计算中，其角度闭合差调整的原则是什么？坐标增量闭合差调整的原则是什么？如何计算闭合、附合导线的坐标增量及坐标增量闭合差？

7.5 在推算导线的坐标方位角时，按右角编号推算和按左角编号推算有何不同？

7.6 在什么情况下采用三角高程测量？如何观测、记录和计算？

项目八　大比例尺地形图的测绘

【主要内容】

地形图的概念；比例尺的概念及分类；比例尺精度；地物符号；地貌符号；地形图的图外注记；全站仪数字化测图方法；碎部点的选择；地物绘制；等高线勾绘；地形图的检查和整饰等。

重点：地形图的概念、地物符号、等高线概念和特性。

难点：地貌特征点的选择；数字化测图作业过程；根据等高线识别典型地貌。

【学习目标】

知识目标	能力目标
1. 掌握地形图比例尺的概念及分类； 2. 掌握地物符号； 3. 掌握等高线的概念、种类和特性； 4. 理解地形图的图外注记； 5. 了解测图前的准备工作内容； 6. 掌握地物及地貌的测绘方法； 7. 掌握地形图的拼接、检查与整饰； 8. 掌握数字测图的基本方法	1. 能进行地物和地貌特征点的选取； 2. 能根据测图比例尺争取进行地物取舍； 3. 能绘图地形图； 4. 能进行全站仪野外数据采集和数据处理； 5. 能进行基本的数字成图

【思政目标】

通过学习地形图的基本知识，以及了解我国的地物地貌和地图版图，展现新中国取得的巨大成就，提高学生维护国家版图完整和国家统一的意识；通过学习大比例尺地形测绘的基本理论和工作方法，使学生认识到科技兴国的重要性，调动学生学习的主动性和积极性，培养学生树立起道路自信、理论自信、制度自信和文化自信，提升学生的民族自豪感和爱国主义情怀。

任务1 地形图的基本知识

【在线资源】

测绘地形图的程序是“从控制到碎部”。控制测量工作结束后，以控制点为测站，按一定的比例尺测出其周围能代表各种地物、地貌等特征点的点位及高程，用规定的符号展绘到图纸上的工作称为碎部测量。这种既能表示地物的平面位置，同时也能表示地面高低起伏情况的图称为地形图。

大比例尺地形图传统的测绘方法有经纬仪测绘法、大平板仪测绘法、小平板配合经纬仪测绘法等。目前，随着测绘技术的迅速发展，用全站型电子速测仪测绘大比例尺地形图的方法已全面普及，并正朝着从外业数据采集到内业成图一整套的自动化作业流程迈进。鉴于在城市和工程的规划、设计和施工中，一般需要测绘面积较小的大比例尺地形图，因此，本着学以致用的原则，本项目将重点介绍经纬仪测绘法，简单介绍全站仪测图。

8.1.1 比例尺

地形图上某一线段的长度与地面上相应线段的水平距离之比称为比例尺。比例尺的表示方法有两种，即数字比例尺和图示比例尺。

8.1.1.1 数字比例尺

数字比例尺一般用分子为1、分母为整数的分数表示。设图上一线段长度为 d，相应实地水平距离为 D，则该图的比例尺为：

$$\frac{d}{D}=\frac{1}{\frac{D}{d}}=\frac{1}{M} \tag{8.1}$$

式中 M——比例尺分母，分母愈小，比例尺愈大。

通常把1∶500、1∶1000、1∶2000和1∶5000的比例尺地形图称为大比例尺地形图；把1∶1万、1∶2.5万和1∶5万的比例尺地形图称为中比例尺地形图；把1∶10万、1∶20万、1∶50万和1∶100万的比例尺地形图称为小比例尺地形图。

8.1.1.2 图示比例尺

为了使用方便，避免由于图纸伸缩而引起的误差，通常在地形图图幅的下方绘一图示比例尺。最常见的图示比例尺为直线比例尺。图8.1所示为1∶1000直线比例尺，是在图纸上先绘两条相互平行的直线，把全长分为若干个2 cm长的基本单位，再将左端的一个基本单位分成10等份。直线比例尺上所注记的数字表示以m为单位的实地水平距离，由它能读到基本单位的1/10。

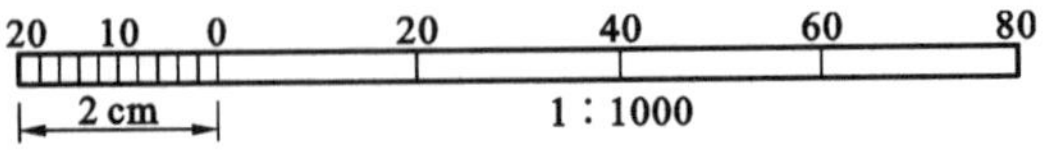

图8.1 图示比例尺

8.1.1.3 比例尺精度

一般人眼能分辨图上的最小距离为0.1 mm。因此，通常把相当于图上0.1 mm的实地水平距离称为比例尺精度。对于不同的比例尺，其比例尺精度的数值也不相同。表 8.1 所示为各种大比例尺的比例尺精度值。

表 8.1 大比例尺的比例尺精度值

比例尺	1∶500	1∶1000	1∶2000	1∶5000
比例尺精度/m	0.05	0.1	0.2	0.5

比例尺精度的概念对于测图或用图都具有十分重要的意义。一方面，可以根据比例尺精度确定测图时测量的地物应准确到什么程度。例如，要测 1∶1000 的地形图，实地量距精度只需达到 0.1 m，因为测量得再精确，在图上也表示不出来。另一方面，可按照用图的要求，根据比例尺精度确定测图比例尺的大小。又如，某城市规划设计，要求在图上能反映地面上 0.2 m 的精度，则所采用的测图比例尺应为 1∶2000。

从表 8.1 可以看出，比例尺愈大，所表示的地物、地貌就愈详细，精度也就愈高，但测图工作量也随之成倍地增加，因此，应按实际需要选择测图比例尺。

8.1.2 地物符号

为了便于测图和用图，常用各种不同的符号将地面上地物和地貌的各种要素在图上表示出来，这些符号统称为地形图图式。图式由国家测绘管理机关统一制定，是地形测图的依据之一。地物符号根据其大小和描绘方法的不同，可分为比例符号、非比例符号、线形符号和注记符号四种。

8.1.2.1 比例符号

比例符号是指将地面物体按测图比例尺缩小，用规定的符号画出的地物符号。它的特点是能真实地反映该物体轮廓的位置、形状及大小。如房屋、河流、湖泊、耕地等这些轮廓较大的地物，常采用比例符号。

8.1.2.2 非比例符号

有些地物，如测量控制点、地质钻孔、纪念碑等，不能按测图比例尺缩绘，但又很重要，必须在图上表示其点位，则往往采用比它们缩绘后大得多的特定符号来表示，这类符号称为非比例符号。

8.1.2.3 线形符号

线形符号是指地物的长度依地形图比例尺缩绘，而宽度不依比例尺表示的地物符号。如围墙、篱笆、铁路、输电线路等一些线状延伸的地物，都用线形符号表示，描绘时中心线应和实际地物的中心线一致。

8.1.2.4 注记符号

图上用文字、数字所加的注记和说明称为注记符号。它可分为名称注记、数字注记和说明注记三种。如地名、厂名、校名、公路名等称为名称注记；房屋的层数、控制点和等高线的高程、河流和湖泊的正常水位等称为数字注记；各种植被的种类、河水流向等称为说明注记。

测图的比例尺不同，其符号的大小和详略也有所不同。测图比例尺愈大，用比例符号描绘的地物就愈多。表 8.2 所示为国家测绘管理机关颁布的“1∶500、1∶1000、1∶2000 地形图图式”中所规定的部分符号与注记。若在“地形图图式”中没有规定的地物和地貌，可自行补充，但应在技术报告中加以说明。

表 8.2　常用地物注记和地貌符号

编号	符号名称	1∶500　1∶1000　1∶2000
1	一般房屋 混——房屋结构 3——房屋层数	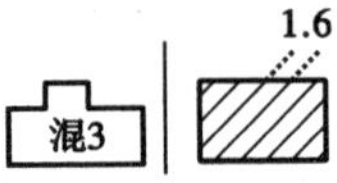
2	简单房屋	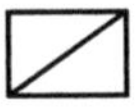
3	建筑中的房屋	
4	破坏房屋	
5	棚房	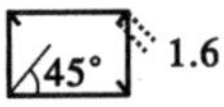
6	架空房屋	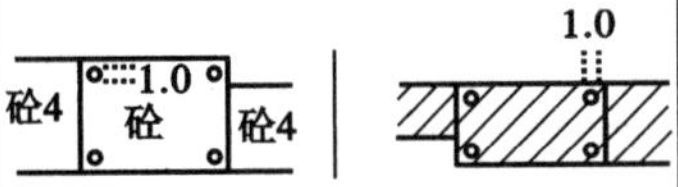
7	廊房	
8	台阶	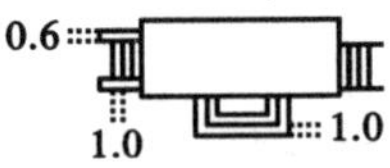
9	无看台的露天体育场	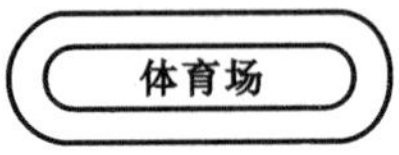
10	游泳池	
11	过街天桥	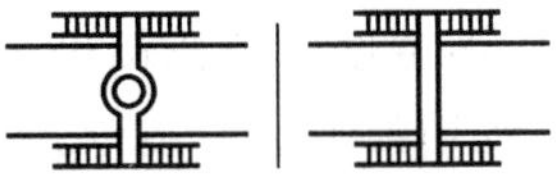
12	高速公路 a——收费站 0——技术等级代码	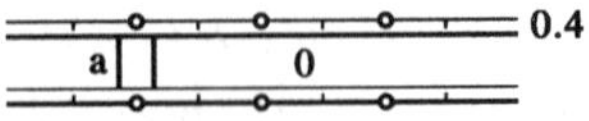
13	等级公路 2——技术等级代码 (G325)——国道路线编码	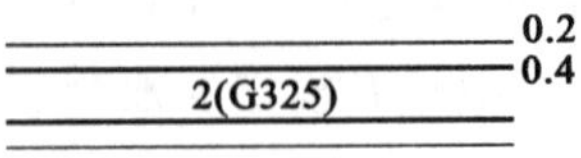
14	乡村路 a. 依比例尺的 b. 不依比例尺的	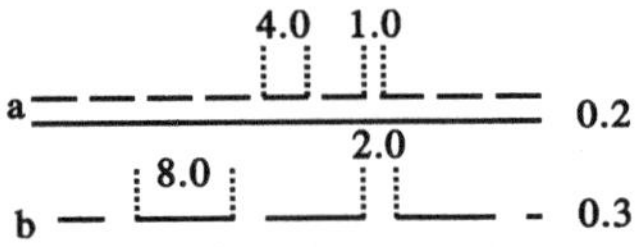
15	小路	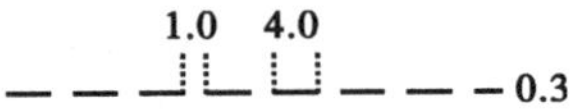
16	内部道路	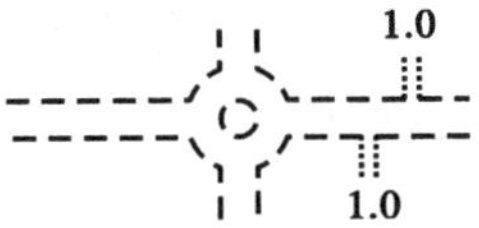
17	阶梯路	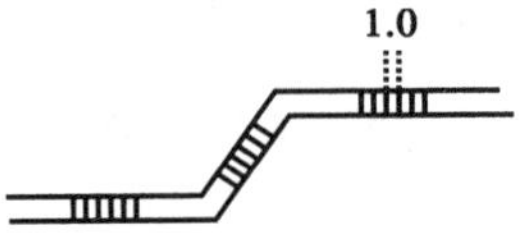
18	打谷场、球场	
19	旱地	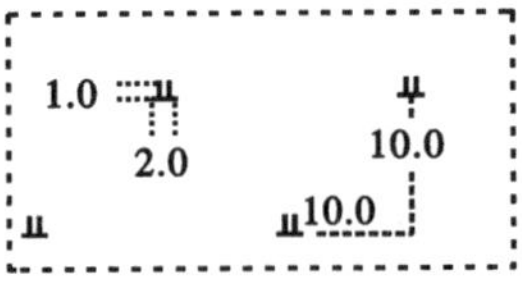
20	花圃	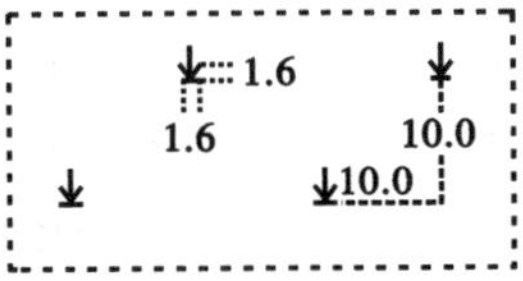
21	有林地	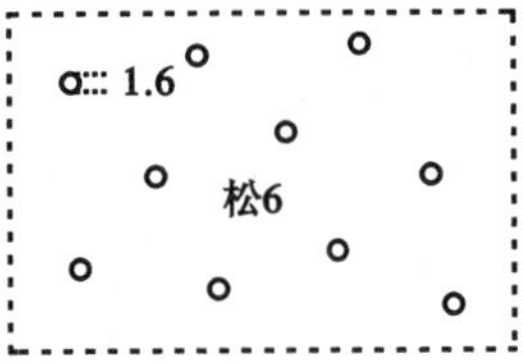
22	人工草地	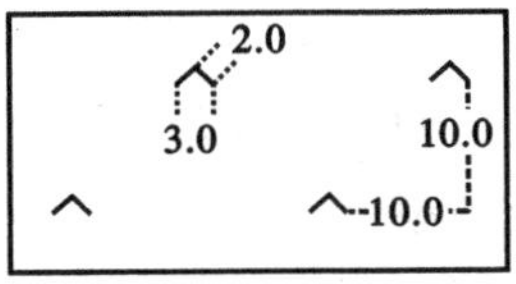
23	稻田	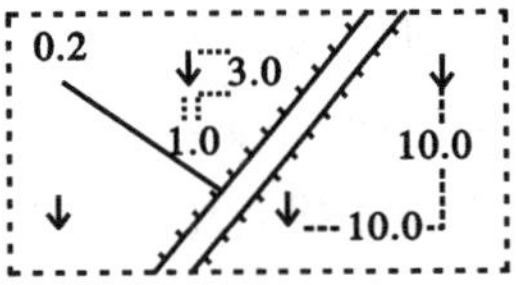

续表 8.2

编号	符号名称	1∶500	1∶1000	1∶2000
24	常年湖			
25	池塘			
26	常年河 a. 水准线 b. 高水界 c. 流向 d. 潮流向 ←⫽⫽ 涨潮 —→ 落潮	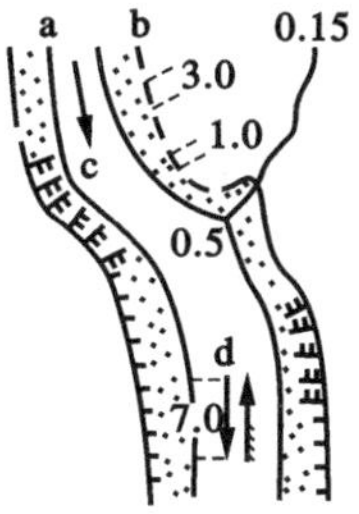		
27	喷水池			
28	GPS 控制点	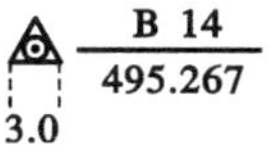		
29	三角点 凤凰山——点名 394.468——高程	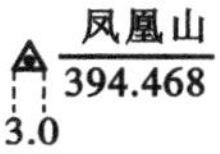		
30	导线点 I16——等级、点号 84.46——高程	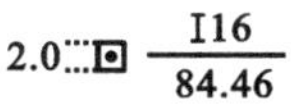		
31	埋石图根点 16——点号 84.46——高程	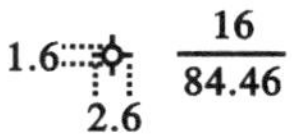		
32	不埋石图根点 25——点号 62.74——高程	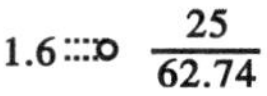		
33	水准点 Ⅱ京石 5——等级、点名、点号 32.804——高程	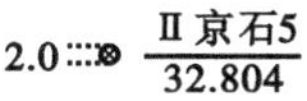		
34	加油站	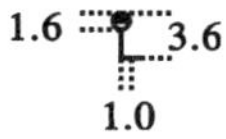		
35	路灯	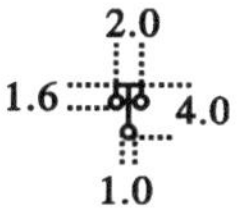		
36	独立树 a. 阔叶 b. 针叶 c. 果树 d. 棕榈、椰子、槟榔	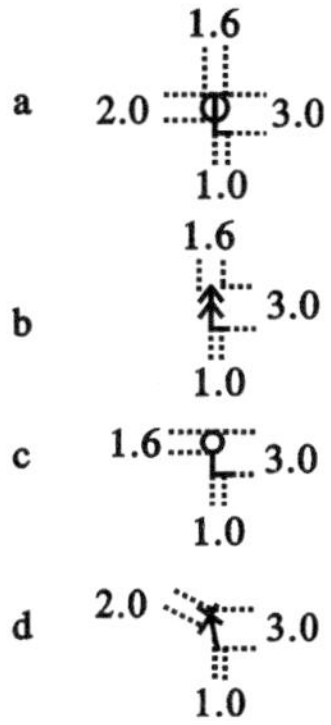		
37	独立树 棕榈、椰子、槟榔	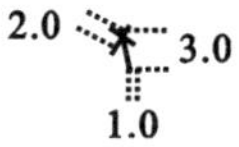		
38	上水检修井			
39	下水（污水）、雨水检修井			
40	下水暗井			
41	煤气、天然气检修井			
42	热力检修井			
43	电信检修井 a. 电信人孔 b. 电信手孔	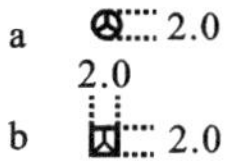		
44	电力检修井			
45	地面下的管道	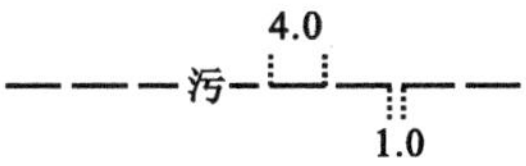		
46	围墙 a. 依比例尺的 b. 不依比例尺的	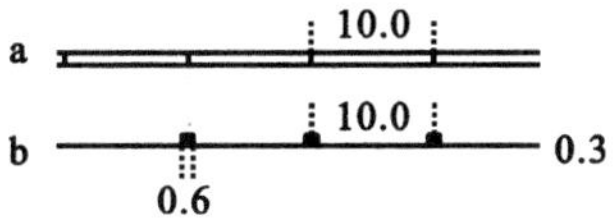		
47	挡土墙	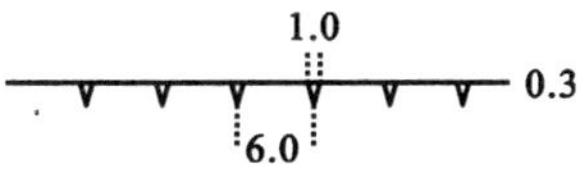		
48	栅栏、栏杆	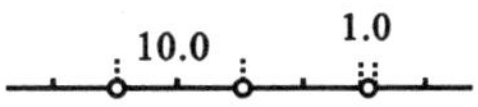		

续表 8.2

编号	符号名称	1∶500　1∶1000	1∶2000
49	篱笆	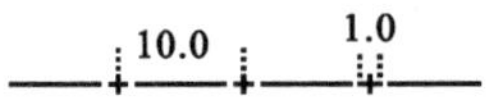	
50	活树篱笆	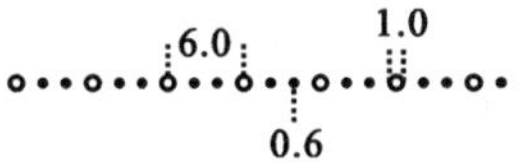	
51	铁丝网	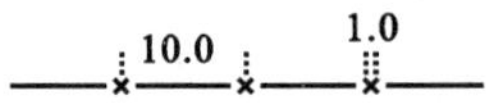	
52	通信线（地面上的）		
53	电线架		
54	配电线（地面上的）	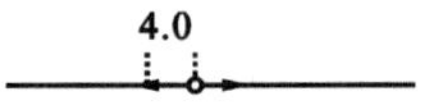	
55	陡坎 a. 未加固的 b. 加固的	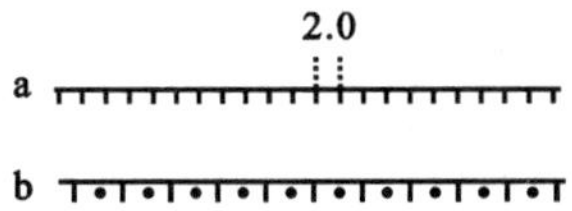	
56	散树、行树 a. 散树 b. 行树	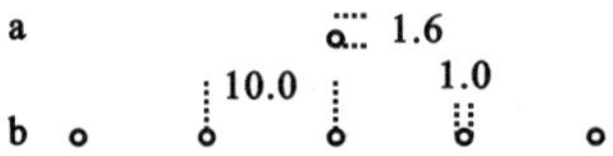	
57	一般高程点及注记 a. 一般高程点 b. 独立性地物的高程	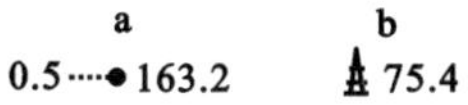	
58	名称说明注记	**友谊路** 中等线体4.0(18k) **团结路** 中等线体3.5(15k) **胜利路** 中等线体2.75(12k)	
59	等高线 a. 首曲线 b. 计曲线 c. 间曲线	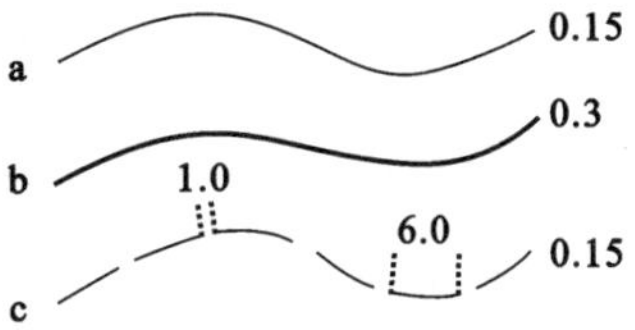	
60	等高线注记	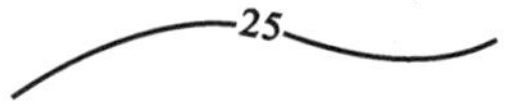	
61	示坡线	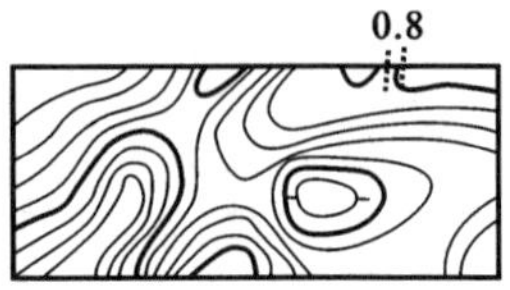	
62	梯田坎	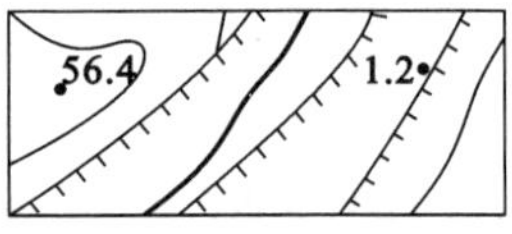	

8.1.3　地貌符号

在地形图中，通常用等高线表示地貌。因为等高线不仅能表示地面的起伏状态，而且能科学地表示出地面的坡度和高程。

8.1.3.1　等高线的概念

等高线是指地面上高程相同的相邻点所连成的闭合曲线。图 8.2 所示为一山头，当水面的高程为 75 m 时，水面与山头的交线即为 75 m 的等高线；若水位上升 5 m，则得 80 m 的等高线；随后又上升 5 m，则得 85 m 的等高线。然后把这些实地的等高线垂直投影到水平面上，并按规定的比例尺缩绘在图纸上，即可得到表示该山头地貌形态的等高线图。

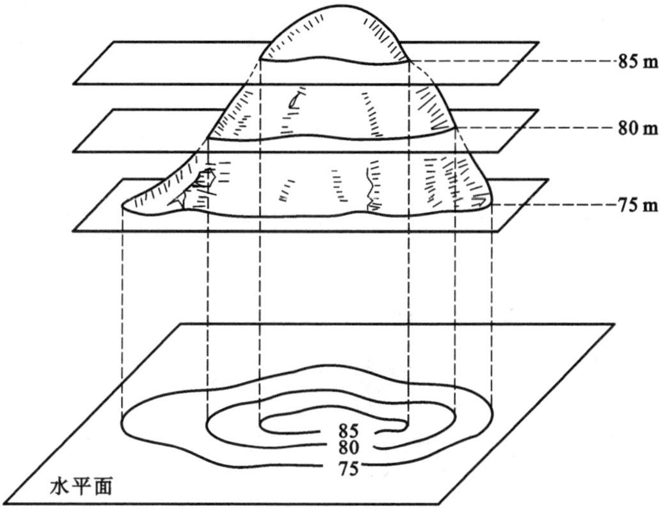

图 8.2 用等高线表示地貌的方法

8.1.3.2 等高距和等高线平距

相邻两等高线间的高差称为等高距(或等高线间隔),用 h 表示。图 8.2 中的等高距为 5 m。在同一幅地形图上,等高距应相同。基本等高距的大小应按测图比例尺、测区地形类别及用图目的来确定,一般情况可参见表 8.3。

表 8.3 不同地形的基本等高距

比例尺	等高线的等高距/m			
	平地 0°～2°	丘陵地 2°～6°	山地 6°～25°	高山地 25°以上
1∶500	0.5	0.5	0.5,1	1
1∶1000	0.5	0.5,1	1	1,2
1∶2000	0.5,1	1	2	2

相邻等高线间的水平距离称为等高线平距,用 d 表示,它随地面坡度的变化而变化。地面坡度愈陡,等高线平距就愈小,等高线就愈密集;若地面坡度相同,则等高线平距就相等。

8.1.3.3 等高线的分类

(1) 首曲线

在同一幅图上,按规定的等高距测绘的等高线称为首曲线,也叫基本等高线。首曲线常用 0.15 mm的细实线表示。

(2) 计曲线

为了便于读图,每隔四条首曲线加粗描绘一根能被 5 整除的等高线,这些加粗的等高线称为计曲线。计曲线常用 0.3 mm 的粗实线表示,并在计曲线上的适当位置注记高程。注记高程时,计曲线断开,字头朝高处。

(3) 间曲线和助曲线

当首曲线不足以显示局部地貌特征时,可加绘 1/2 基本等高距的等高线,称为间曲线,用长虚线表示；还可加绘 1/4 基本等高距的等高线，称为助曲线，用短虚线表示。描绘时均可不闭合。

8.1.3.4　地貌的基本形态及其等高线

地表形态千变万化，但仔细观察分析，不外乎是山头、山脊、山谷、鞍部、盆地等几种基本形态的组合。地貌的这些基本形态及其相应的等高线如图 8.3 所示。

(a)　　(b)

图 8.3　各种地貌的等高线图

隆起而高于四周的高地称为山地，其最高处为山头[图 8.4(a)]；而低于四周的低地称为洼地，大的洼地称为盆地[图 8.4(b)]。从图 8.4 中可以看出，山头和盆地的等高线形态是相似的。其区别是：等高线的高程向外逐渐减小的是山头，等高线的高程向外逐渐增加的是盆地。如果等高线上没有注记高程，则可用示坡线表示。示坡线是一条垂直于等高线而指示坡度下降方向的短线。

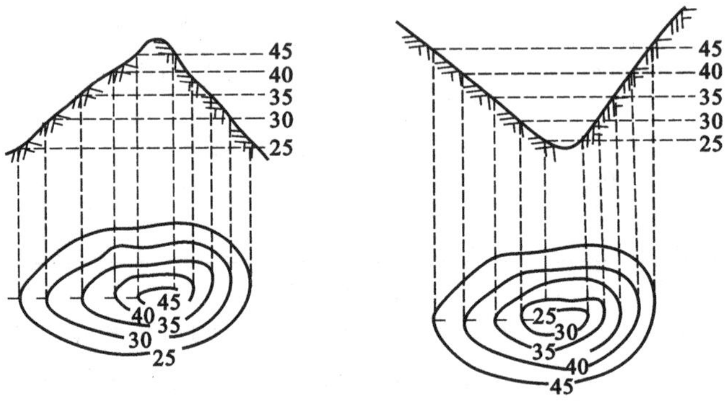

(a)　　(b)

图 8.4　山头和盆地等高线

(a) 山头；(b) 盆地

沿一个方向延伸的高地称为山脊，山脊上最高点的连线为山脊线(即分水线)；沿一个方向延伸的洼地称为山谷，山谷最低点的连线称为山谷线(即集水线)；介于两个山头之间的低地，形状好像马鞍一样，称为鞍部。图 8.5 所示为山脊、山谷和鞍部的形态及其等高线。

近于垂直的山坡称为峭壁或绝壁，在峭壁处等高线非常密集甚至重叠，可用峭壁符号表示，如图 8.6 所示。下部凹进的峭壁称为悬崖，悬崖的等高线投影到水平面上会出现相交，一般将下部凹进的地方用虚线表示，如图 8.7 所示。

除上述以外，还有冲沟、雨裂、台地等一些特殊地貌，其表示方法可参见地形图图式。

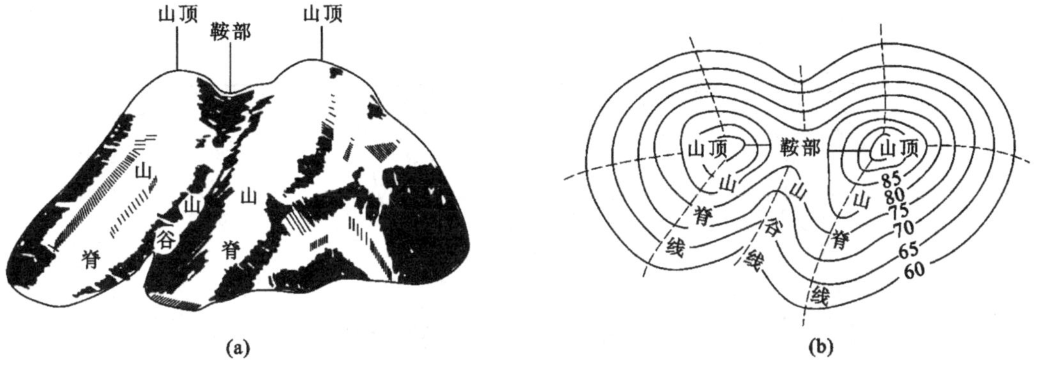

图 8.5　山脊、山谷和鞍部

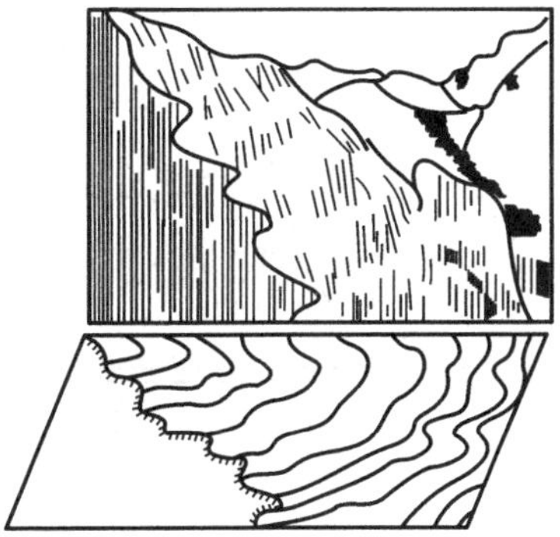

图 8.6　峭壁

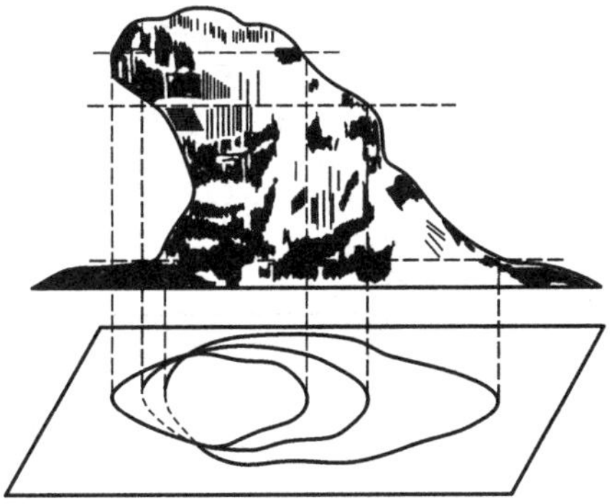

图 8.7　悬崖

8.1.3.5　等高线的特性

(1) 等高性：同一条等高线上的各点高程相同。

(2) 闭合性：等高线应是一条闭合曲线，若不在本图幅内闭合，就必在相邻的图幅内闭合。只有遇到用符号表示的峭壁和坡地时才能断开。

(3) 非交性：除峭壁或悬崖外，不同高程的等高线不能重合或相交。

(4) 正交性：等高线与山脊线和山谷线正交，且山脊的等高线向低处凸出，山谷的等高线向高处凸出。

(5) 陡缓性：在同一幅地形图上等高距相同。等高线越密，表示地面坡度越陡；等高线越稀，则表示地面坡度越缓。

8.1.4　图外注记

为了便于管理和用图，在地形图的图框外有许多注记。如图 8.8 所示，图框外注有图名、图号、接图表、比例尺、图廓和坐标格网等。

8.1.4.1　图名和图号

图名即为本图幅的名称，常用本图幅内最著名的地名，最大的村庄或突出的地物、地貌名称来命名，如图 8.8 的图名为红星镇。

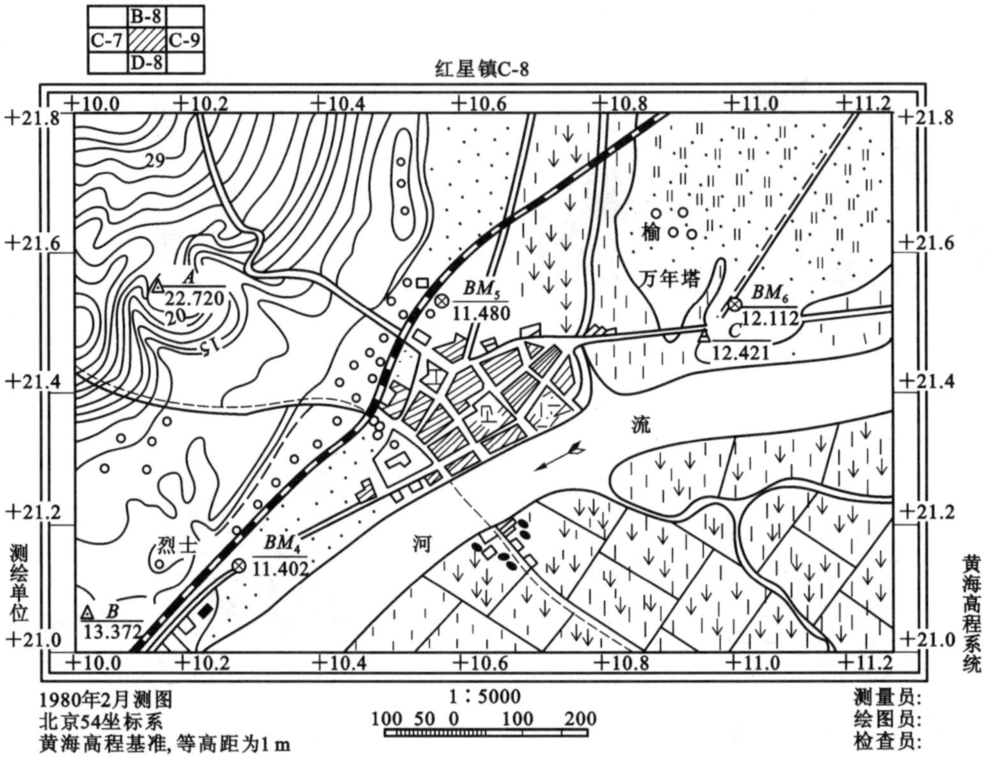

图 8.8 红星镇地形图

图号是指本图幅相应分幅方法的编号。地形图分幅编号的方法有两种:一是按经纬线划分的梯形分幅法;二是按坐标格网划分的矩形分幅法。前者用于国家基本图的分幅,后者多用于城市或工矿建设大比例尺地形图的分幅,图幅大小如表 8.4 所示。

表 8.4 矩形分幅的图幅大小

比例尺	图幅大小/(cm×cm)	实地面积/km²	每平方千米图幅数	一张 1∶5000 图幅所包括的本图幅数
1∶5000	40×40	4	0.25	1
1∶2000	50×50	1	1	4
1∶1000	50×50	0.25	4	16
1∶500	50×50	0.0625	16	64

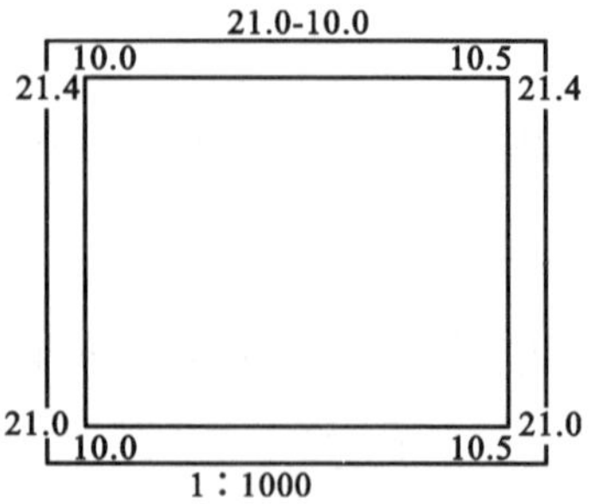

图 8.9 西南角坐标千米数编号法

矩形分幅与编号的方法较简单,一般可采用下列方法:

(1) 西南角坐标千米数编号法

它是指以该幅图西南角的纵、横坐标值(以 km 为单位)作为图幅的编号,其图号在 1∶500 地形图上取至 0.01 km,在1∶1000、1∶2000 地形图上取至 0.1 km。图 8.9 所示为一幅1∶1000比例尺地形图的编号,图号为 21.0-10.0,其中 21.0 为该图幅西南角的纵坐标,10.0 为其横坐标。

(2) 行列编号法

将图幅由上至下划分为横行，以大写字母 A、B、C、… 为其代号；由左至右划分为纵列，以数字 1、2、3、… 为其代号；一般按先行后列的方法编号。如图8.10所示，虚线表示测区范围，图幅的编号为 A-1、A-2、…。

(3) 流水编号法

图幅的编号自左至右、从上而下用阿拉伯数字按顺序编定。如图8.11所示，在虚线所包围的测区内，阿拉伯数字 1、2、3、…、27 分别表示各幅图的图号。

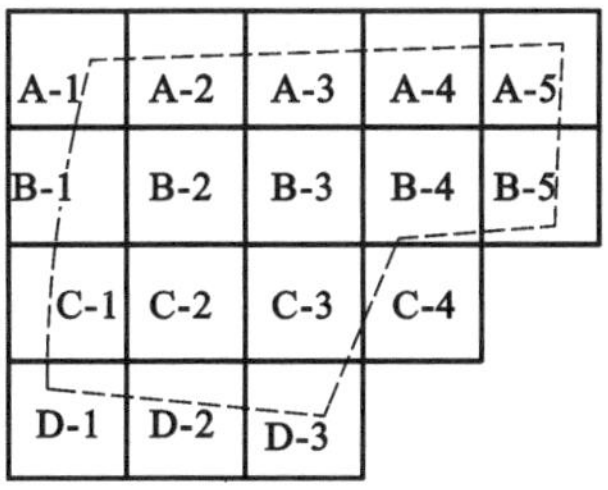

图 8.10 行列编号法

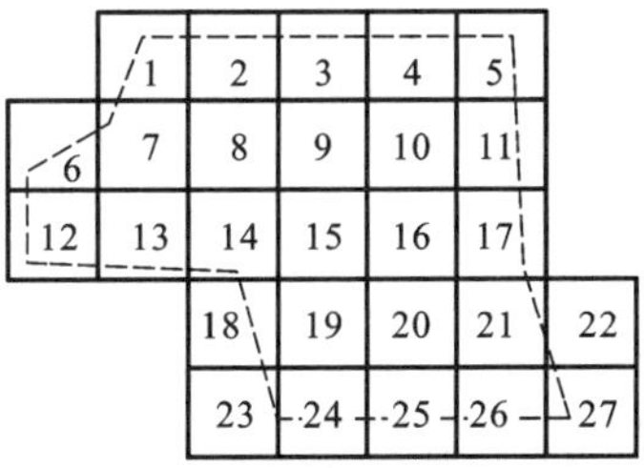

图 8.11 流水编号法

图名和图号均注于该图幅上方正中央。

8.1.4.2 接图表和比例尺

为了表明本图幅与相邻图幅的联系，便于查找相邻图幅，通常在图幅的左上方画九个小方格，注上相邻图幅的图号或图名，称为接图表。在每幅图的下方中央注以测图的数字比例尺，有的图则在数字比例尺的下方绘出图示比例尺，如图 8.8 所示。

8.1.4.3 图廓和坐标格网

图廓是图幅四周的边界线，有内、外图廓之分，内、外图廓相距 12 mm；内图廓用细实线描绘，是坐标格网线；外图廓仅起装饰作用，以粗实线描绘。

【在线测试】

任务 2 全站仪数字化测图

全站仪数字化测图是将地形的图形信息通过全站仪转化为数字信息输入计算机，以数字形式贮存在存储器(数据库)中形成数字地形图。

【在线资源】

8.2.1 全站仪数字化测图的优点

(1) 自动化程度高，数据成果易于存取，便于管理。

(2) 测图精度高，地形图和图根加密可同时进行，地形点到测站点的距离可比常规测图长。

(3) 数字化测图不受图幅的限制，可以无缝接图。作业小组的任务可按照河流、道路的自然分界来划分，既便于地形图的施测，又减少了很多常规测图的接边问题。

(4) 使用方便、快捷。虽然数字地形图是依某一固定的比例尺和固定的图幅大小所贮存的一幅图，但它可以根据用户的需要，在一定比例尺范围内很方便地调整输出比例尺。

(5) 信息量大，跑点更仔细。数字测图按点的坐标绘制地形符号，要绘制地物轮廓就必须有轮廓特征点的全部坐标，因此，数字测图的立尺位置选择尤为重要，对需要表示的细部都必须立尺测量。

8.2.2 碎部点的选择

测绘地形图时，合理地选择碎部点，将直接关系到测图的质量和速度。选择碎部点的工作又称为跑点。碎部点一般应选取既能充分表示地物、地貌的特征，又能均匀分布在测区内、代表性较强的点。碎部点的密度，一般在图上的间隔约为 2 cm。城市测量中，碎部点的最大间距和最大视距的规定参见表 8.5。

表 8.5 地形点的最大间距和视距

比例尺	地形点的最大间距/m	地形点的最大视距/m	
		主要地物点	次要地物点和地形点
1∶500	15	50	70
1∶1000	30	80	120
1∶2000	50	120	200

对于地物，主要测出其轮廓线的转折点，如房屋角，道路边线、河岸线的转折点，水井、独立树的中心等。一般规定，凡建筑物轮廓线的凸凹长度在图上大于 0.4 mm 时都要表示出来。

对于地貌，应测出最能反映地貌特征的山脊线、山顶、鞍部、山脚线及坡度变化处，在地势比较平坦而地物又稀少的地区跑点，则只需注意地形点均匀分布即可。

8.2.3 全站仪数字化测图中点的表示方法

地形图可以分解为点、线、面三种图形元素，而点是最基本的图形元素。测量工作的实质是测定点位。在数字测图中，必须赋予测点以下三类信息：

(1) 点的三维坐标(x,y,H)

(2) 点的属性的表示方法——信息编码

点的属性是指该点属于地貌点还是地物点，若是地物点，是何种地物点？点的属性必须用地形编码来表示，编码应按照《基础地理信息要素分类与代码》(GB/T 13923—2022)进行。基础地理信息要素类按照从属关系划分为大类、中类、小类和子类。要素类的大类和中类见标准附录 A。各比例尺的地理信息要素类型的大类和中类严格按照标准附录 A 的要求进行划分。

分类采用线分类法，具体分类代码为 6 位十进制数字码组成的要素类代码，分别为按数字顺序排列的大类、中类、小类和子类码，代码结构如下：

```
×   ×   ××   ××
|   |   |    |
大类 中类 小类  子类
```

其中，左起第一位为大类码；左起第二位为中类码，是在大类基础上细分成的二级要素分类；左起第三、四位为小类码，是在中类基础上细分形成的三级要素分类；左起第五、六位为子类码，为小类码的进一步细分。各级比例尺要素分类代码见标准附录 B、附录 C、附录 D。

(3) 点的连接信息

测量得到的是测点的点位，但此点是独立地物，还是与其他测点相连形成一个地物？若是后者，则是以直线相连还是以曲线或圆弧相连？也就是说，还必须给出应连接的连接点和连接线型信息。连接点之间的连接形式有直线、曲线、圆弧和独立点四种，分别以 1、2、3 和空为代码。

8.2.4　全站仪数字化测图的作业过程

全站仪数字化测图系统的基本硬件为全站仪、微型计算机、打印机或绘图仪;软件系统的功能为数据的图形处理、交互方式下的图形编辑、等高线自动生成、地形图绘制等。如南方公司的CASS、清华三维公司的EPSW等软件已在测绘工作中得到广泛应用。全站仪数字化测图分为野外数据采集(包括数据编码)、数据处理、地形图和测量成果报表的输出三个阶段。

8.2.4.1　野外数据采集

野外数据采集时,要记录、存储图根控制点、测站点的参数,记录每一个碎部点的点号、坐标,以及编码、连接点和连接线型等信息码。信息码极为重要,因为数字测图在计算机制图中自动绘制地形符号就是通过识别测量点的信息码而执行相应的程序来完成的。信息码的输入可在地形碎部测量的同时进行,即观测第一个碎部点后随即输入该点的信息码,或者是在碎部测量时绘制草图,随后按草图输入碎部点信息码。地形图上的地理名称及其他各种注记,除一部分根据信息码由计算机自动处理外,其余不能自动注记的需要在草图上注明,在内业作业时通过人机交互编辑的方式进行注记。

常规的地形测图工作要求对照实地进行绘制,而数字测图记录的数字信息,很难在实地进行巡视检查。为克服数字测图记录的不直观性,可将便携机与全站仪相连,用便携机记录并显示图形,对照实地进行检查。更好的办法是用打印机绘制工作图,用以外业巡视检查。特别是在作业地点远离内业地点的情况下,必须采取一定的措施对记录数据和编码进行检查,以保证内业工作的顺利进行。

8.2.4.2　数据处理

数据处理是大比例尺数字测图的一个重要环节,直接影响最后输出的图解图的图面质量和数字图在数据库中的管理。外业工作记录的原始数据经计算机数据处理生成图块文件后,在计算机屏幕上显示图形,然后在人机交互方式下进行地形图的编辑,生成数字地形图的图形文件。

数据处理分为数据预处理、地物点的图形处理和地貌点的等高线处理。数据预处理是对原始记录数据进行检查,删除已作废标记的记录和与图形生成无关的记录,补充碎部点的坐标计算和修改有错误的信息码。数据预处理后生成点文件,点文件以点为记录单元,记录内容是点号、编码、点与点之间的连接关系码和点的坐标。

图形处理是根据点文件,将与地物有关的点记录生成地物图块文件夹,将与等高线有关的点记录生成等高线图块文件。地物图块文件的每一条记录以绘制地物符号为单元,其记录内容是地物编码、按顺序排列的地物点点号或坐标值,以及点与点之间的连接线型码。等高线处理是在考虑地性线、断裂线的条件下,将表示地貌的离散点自动连接成三角形网络,建立起数字高程模型。在三角形边上用内插法计算等高线通过点的平面位置 x、y,然后搜索同一条等高线上的点,依次连接排列起来,形成每一条等高线的图块记录。

8.2.4.3　地形图和测量成果报表的输出

计算机数据处理的成果可分三路输出:一路到打印机,按需要打印出各种数据(原始数据、清样数据、控制点成果等);另一路到绘图仪,绘制地形图;第三路可接数据库系统,将数据存储到数据库,并能根据需要随时取出数据绘制任何比例尺的地形图,以提供一幅精确、美观、清晰、完整的地形图。

8.2.5 苏一光 OTS812 型全站仪在数字化测图中的应用

苏一光 OTS812 型全站仪不需要外挂的地形测量软件，仪器本身具有地形测量的功能。它具有强大的图形处理功能，包括图形绘制、图形编辑、图形浏览等功能，能满足地形测量野外实时成图的需要，充分体现了现代仪器智能化、人性化的特点，比外挂的地形测量软件更加方便、灵活，使野外测绘工作更加轻松、快捷。

8.2.5.1 各种符号的选择及管理设置

(1) 在仪器主界面状态下，点击“地形测量”进入“地形测量”界面(图 8.12)。

(2) 点击“视图”可切换到图形显示状态(图 8.13)。

(3) 点击屏幕右侧绘图工具栏里的“”按钮可切换到绘图工具。

(4) 图形设置

在“地形测量”界面，点击“图形设置”按钮进入“图形设置”界面(图 8.14)。点击左侧的设置项，可以对图形设置的功能进行更改；点击“默认”，可恢复默认的图形设置；点击“确定”，即可确认设置并退出。

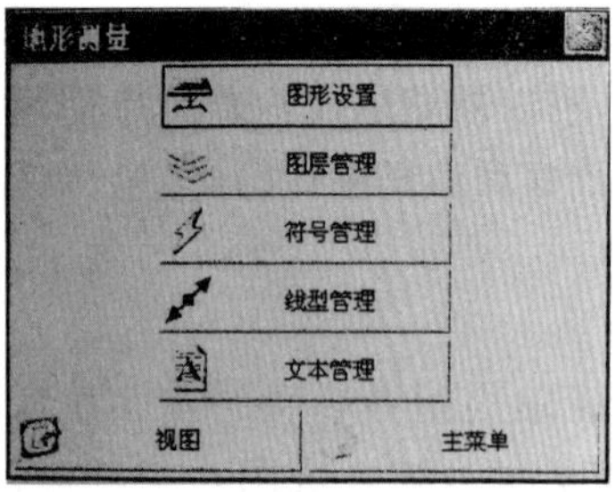

图 8.12 “地形测量”界面

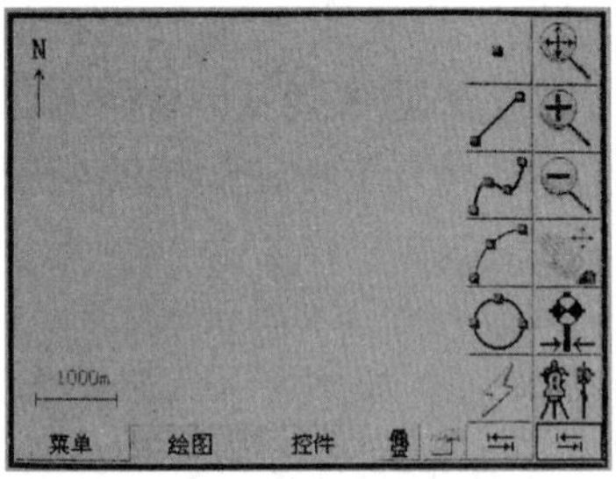

图 8.13 图形显示状态

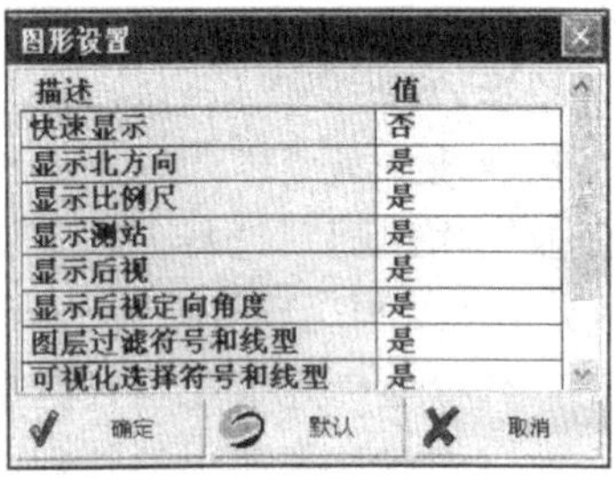

图 8.14 “图形设置”界面

(5) 图层管理

在“地形测量”界面，点击“图层管理”按钮进入“图层管理”界面(图 8.15)。在“名称”选框中输入需要新建的图层名，在“颜色”选框中输入需要的颜色后，点击“新建”按钮，即可在图层列表框末新增该图层(图 8.16)。

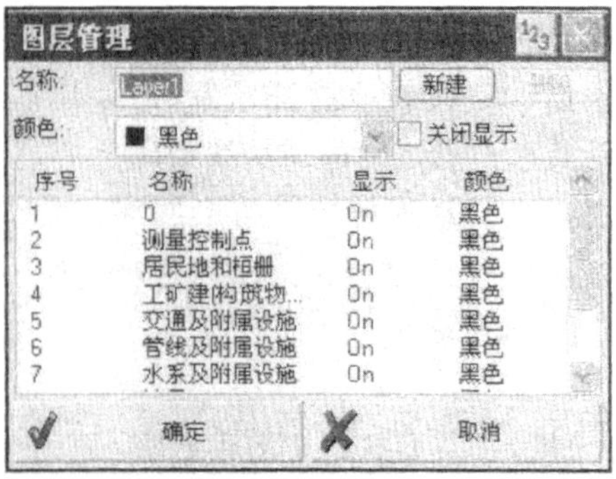

图 8.15 “图层管理”界面(一)

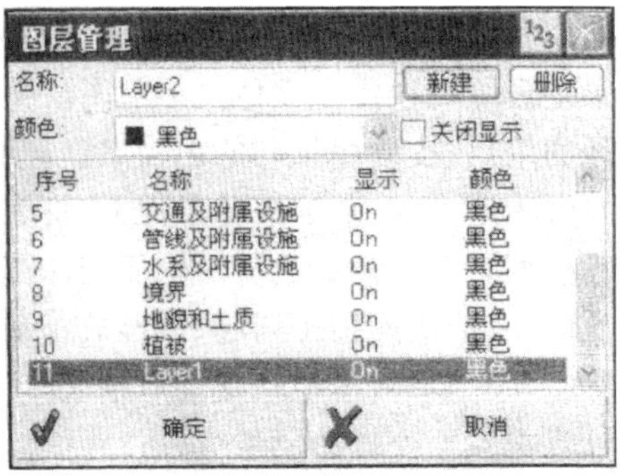

图 8.16 “图层管理”界面(二)

(6) 符号管理

在“地形测量”界面,点击“符号管理”按钮进入符号管理界面(图 8.17)。点击“新建”按钮进入“新建符号”界面(图 8.18),输入需要新建符号的代码和所属图层后,点击下方的“引入”按钮进入“符号库”界面(图 8.19),选择一个需要的符号,点击“确定”,该符号即被选定为新建符号,添加至符号列表框中(图 8.20)。在符号列表框中选定一个符号后,点击“编辑”按钮进入“编辑符号”界面(图 8.21),对该符号进行编辑,编辑完成后,点击“确定”按钮自动返回“符号管理”界面。符号管理中的代码是唯一的标识符,不能重复。

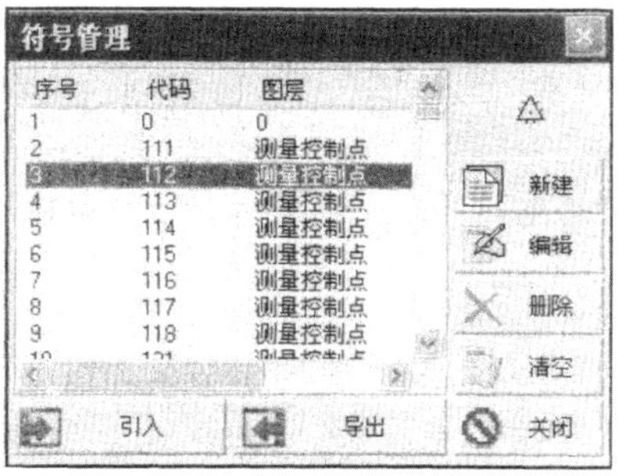

图 8.17　“符号管理”界面

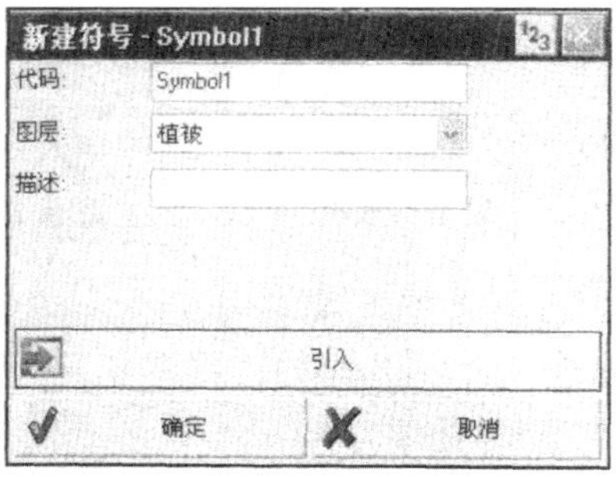

图 8.18　“新建符号”界面

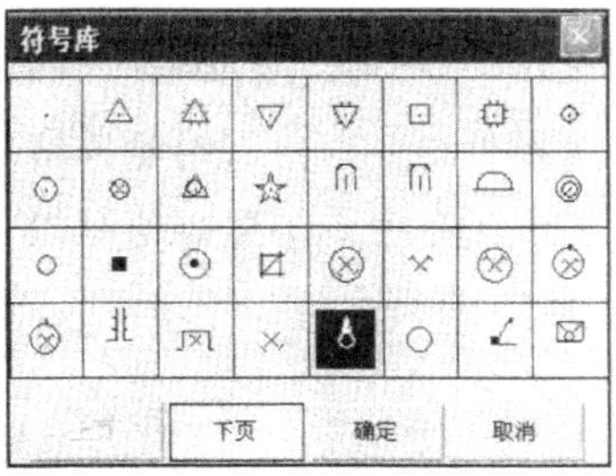

图 8.19　“符号库”界面

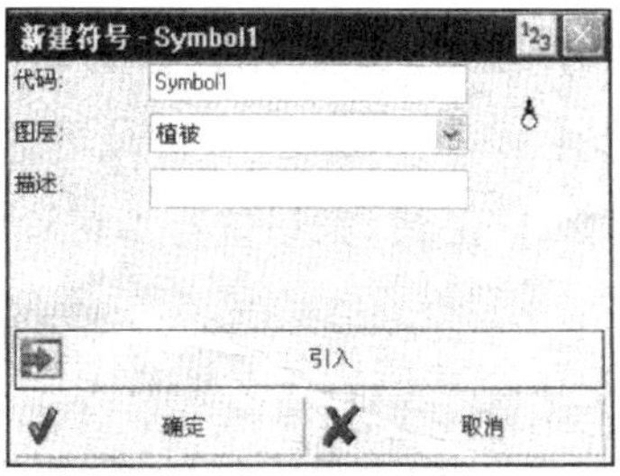

图 8.20　符号列表框

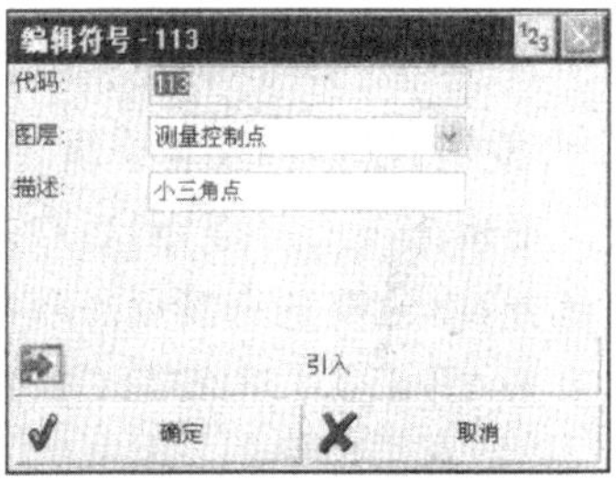

图 8.21　“编辑符号”界面

(7) 线型管理

在“地形测量”界面,点击“线型管理”按钮进入“线型管理”界面(图 8.22)。点击“新建”按钮进入“新建线型”界面(图 8.23),输入需要新建线型的代码和所属图层后,点击下方的“引入”按钮进入“线型库”界面(图 8.24),选择一个需要的线型,点击“确定”,该线型即被选定为新建线型,添加至线型列表框中(图 8.25)。在线型列表框中选定一个线型后,点击“编辑”按钮进入“编辑线型”界面(图 8.26),对该线型进行编辑,编辑完成后,点击“确定”按钮自动返回“线型管理”界面。线型管理中的代码是唯一的标识符,不能重复。

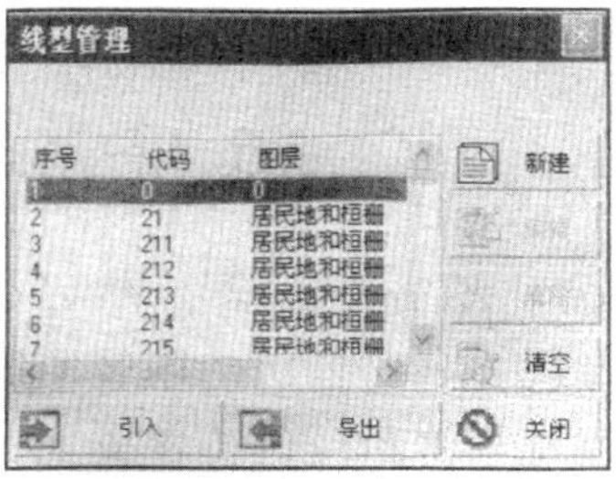

图 8.22　“线型管理”界面

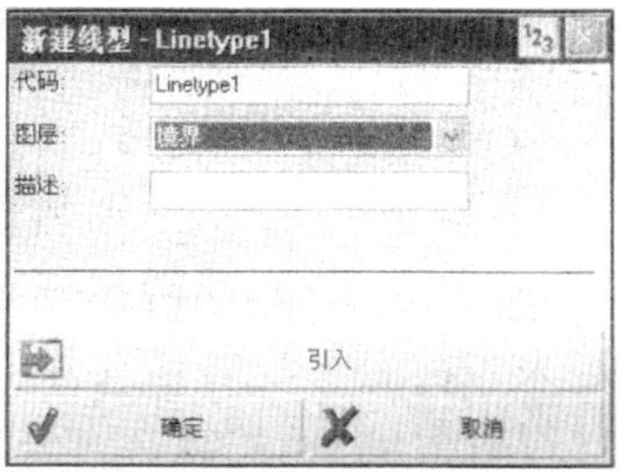

图 8.23　“新建线型”界面

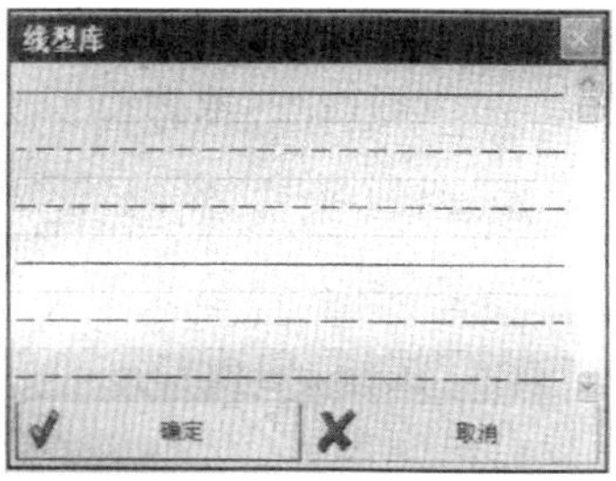

图 8.24　“线型库”界面

(8) 文本管理

在“地形测量”界面，点击“文本管理”按钮进入“文本管理”界面(图 8.27)。选择及输入需要的文本后，点击“新建”按钮，可将当前文本添加至文本管理列表框中。

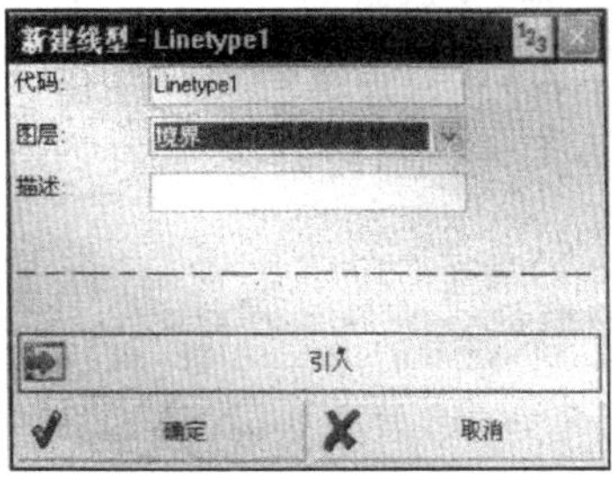

图 8.25 线型列表框

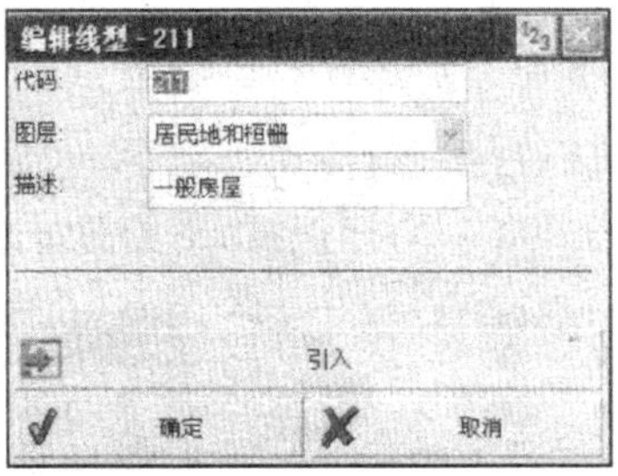

图 8.26 “编辑线型”界面

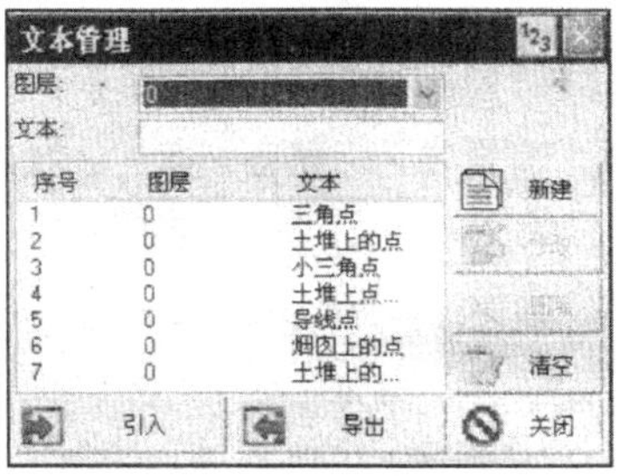

图 8.27 “文本管理”界面

8.2.5.2 地形图测绘

首先进行测站设置，输入仪器高、棱镜高，然后按如下方法进行地形图绘制：

(1) 点符号绘制

本方法适用于绘制单点定位，且符号的大小不随比例变化的点状符号。其定位信息是一个点的坐标。

在“地形测量”界面，点击“视图”按钮，仪器自动切换到“图形显示”界面(图 8.28)，点击“”按钮，仪器进入点绘制状态；点击“”按钮，即可弹出符号选择框(图 8.29)，用触摸笔直接点击所需要的符号，然后点击“确定”按钮，则该符号即可设定为当前符号。在需要绘制符号的地方，用触摸笔直接点击触摸屏，或照准目标点进行距离测量，则当前符号在对应的地方显示出来(图 8.30)。重复以上步骤，绘制其他的点状地物图形符号。

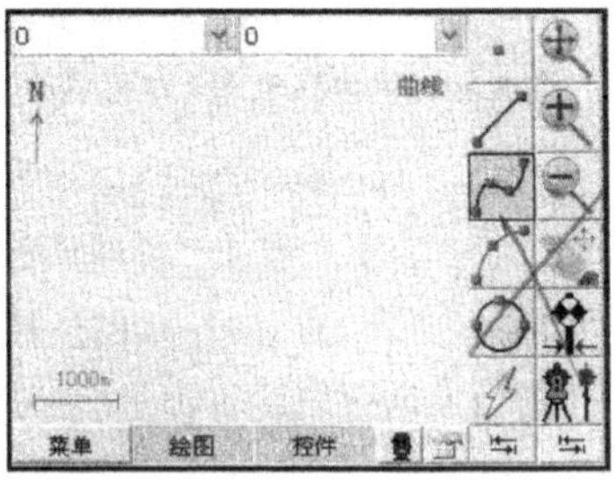

图 8.28 “图形显示”界面

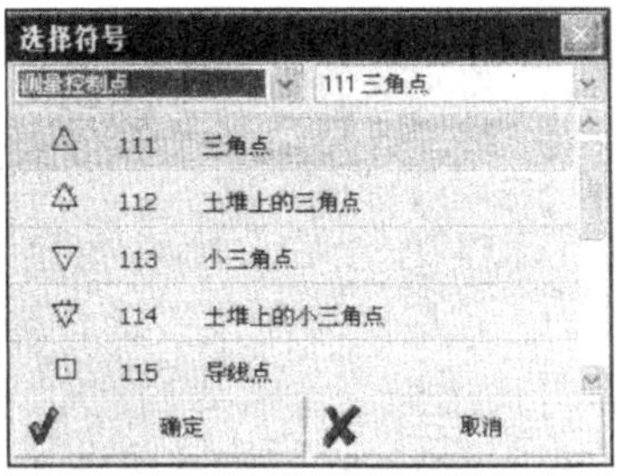

图 8.29 符号选择框

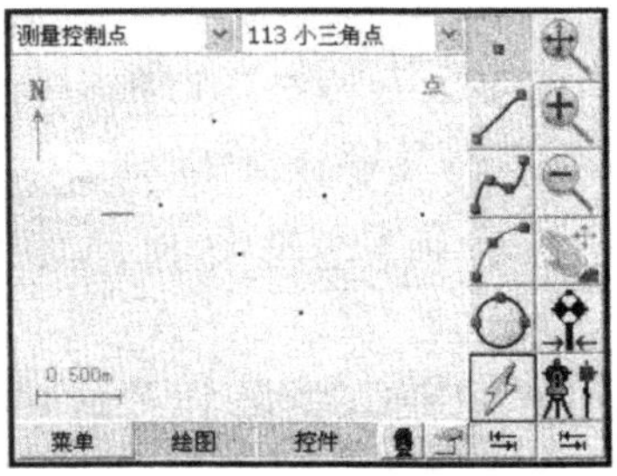

图 8.30 绘制点图形符号

(2) 折线图形符号绘制

本方法适用于绘制折线形的线状地物图形符号，其定位信息为一系列的点。系统通过这些点，用指定线型(地物符号)将这些点用直线连接起来。

在“图形显示”界面(图 8.28)，点击“”按钮，仪器进入折线图形符号绘制状态，点击“”按钮，即可弹出线型符号选择框(图 8.31)，用触摸笔直接点击所需要的符号，然后点击“确定”按钮，则该符号即可设定为当前符号。在需要绘制折线的位置，依次使用触摸笔直接点击触摸屏，或照准目标点进行距离测量，则系统使用当前符号将相应的位置依次连接起来，并在触摸屏上显示出来。若要中断当前线条的绘制，重新点击“”按钮即可，同时所在点也是下一条折线的开始(图 8.32)。

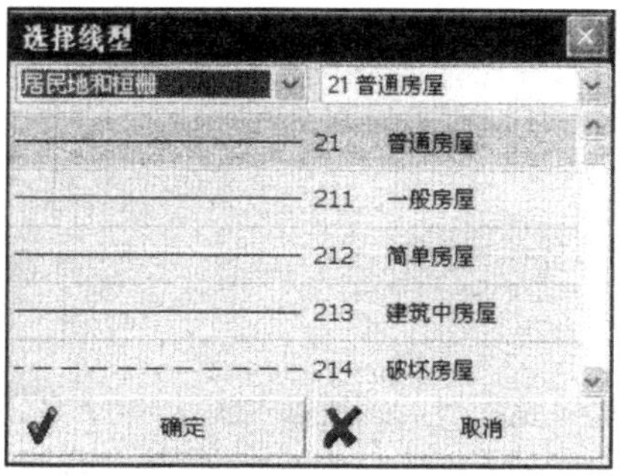

图 8.31　线型符号选择框

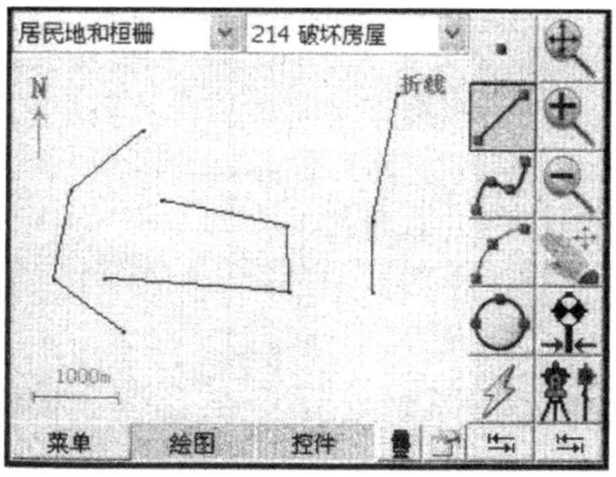

图 8.32　绘制折线图形符号

(3) 曲线图形符号绘制

本方法适用于绘制曲线线型的线状地物图形符号,其定位信息为一系列的点。系统通过这些点,用指定线型(地物符号)将这些点用光滑的曲线依次连接起来。

在"图形显示"界面(图 8.28),点击""按钮,仪器进入曲线图形符号绘制状态,点击""按钮,即可弹出线型符号选择框(图 8.31),用触摸笔直接点击所需要的符号,然后点击"确定"按钮,则该符号即可设定为当前符号。在需要绘制曲线的位置,依次使用触摸笔直接点击触摸屏,或照准目标点进行距离测量,则系统使用当前符号将相应的位置依次连接起来,并在触摸屏上显示出来。若要中断当前线条的绘制,重新点击""按钮即可,同时所在点也是下一条曲线的开始(图 8.33)。

(4) 圆弧图形符号绘制

本方法适用于绘制圆弧形状的线状地物图形符号,其定位信息为圆弧边界上的三个点。系统通过这些点,用指定线型(地物符号)将这些点用圆弧曲线依次连接起来。

在"图形显示"界面(图 8.28),点击""按钮,仪器进入三点圆弧图形符号绘制状态,点击""按钮,即可弹出线型符号选择框(图 8.31),用触摸笔直接点击所需要的符号,然后点击"确定"按钮,则该符号即可设定为当前符号。在需要绘制圆弧边界的三个位置,依次使用触摸笔直接点击触摸屏,或照准目标点进行距离测量,当点击或测量出第三个点后,则系统使用当前符号将相应的点依次用圆弧连接起来,并在触摸屏上显示出来。若要中断当前线条的绘制,重新点击"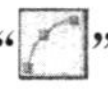"按钮即可,同时所在点也是下一条圆弧的开始(图 8.34)。

(5) 圆形图形符号绘制

本方法适用于绘制圆形地物图形符号,其定位信息为三个点。系统通过这些点,用指定线型(地物符号)将这些点用光滑曲线连接成圆形。

在"图形显示"界面(图 8.28),点击""按钮,仪器进入三点圆形图形符号绘制状态,点击""按钮,即可弹出线型符号选择框(图 8.31),用触摸笔直接点击所需要的符号,然后点击"确定"按钮,则该符号即可设定为当前符号。在需要绘制圆形边界的三个位置,依次用触摸笔直接点击触摸屏,或照准目标点进行距离测量,当点击或测量出第三个点后,则系统使用当前符号根据点击或测量的三个点形成一个圆,并在触摸屏上显示出来。若要中断当前圆形的

绘制，重新点击“ ”按钮即可(图 8.35)。

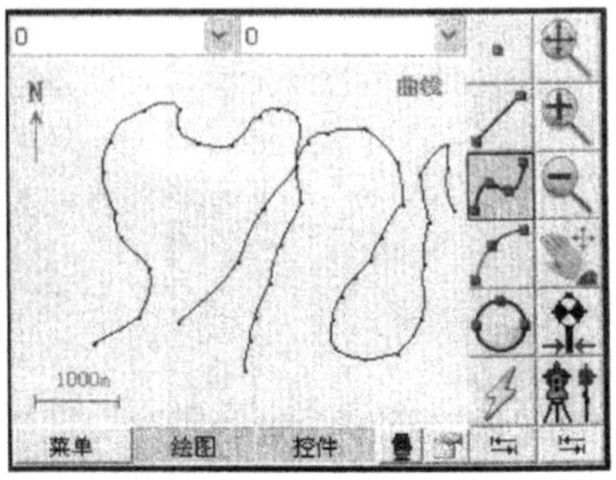

图 8.33 绘制曲线图形符号

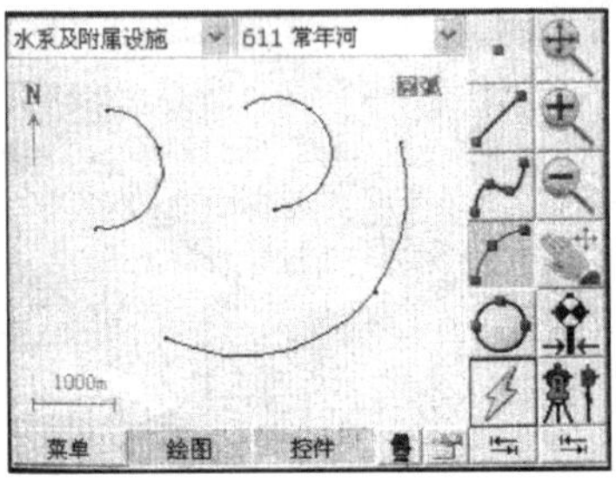

图 8.34 绘制圆弧图形符号

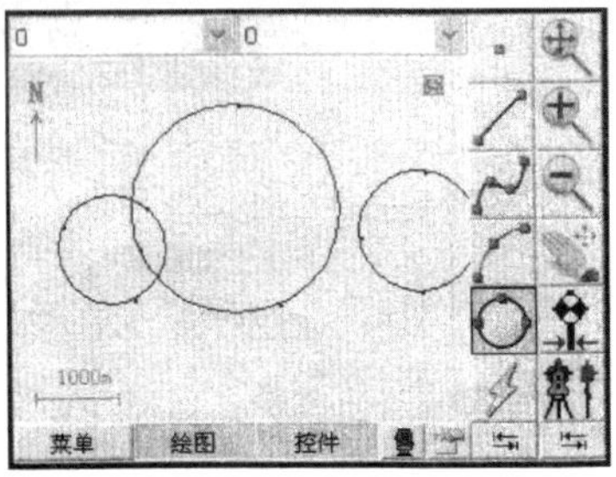

图 8.35 绘制圆形图形符号

(6) 丈量绘图

本方法适用于地形测量时直角房屋的丈量绘图。对于直角房屋，在使用仪器测出邻近的两个点后，就可以使用皮尺按顺序量出房屋的各边，可使用本功能绘制出房屋图形，真正实现测与量相结合，提高工作效率。

在“图形显示”界面(图 8.28)，点击“ ”按钮，仪器进入直线图形符号绘制状态，在屏幕上使用触摸笔在测绘区域依次选择量测起始边的两个端点 1、2(图 8.36)。切换绘图工具后，点击“ ”进入丈量绘图状态(图 8.37)，点击“基线”按钮后依次点击点 1 和点 2，自点 2 开始，依次量取房屋的边长，并将其输入丈量绘图对话框的编辑框中。根据所量边与起始参考边之间的关系，点击不同的按钮，第一条量边输入后，选择“往左”状态后点击“接受”，程序即自动绘出第一条边的图形，并且将当前边设为参考边。重复以上步骤，直到房屋丈量结束，点击“确定”按钮，房屋绘制完成(图 8.38)。

【在线测试】

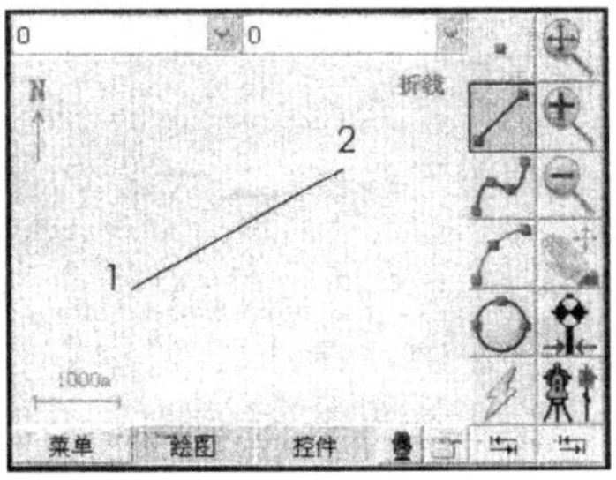

图 8.36 绘制直线图形符号

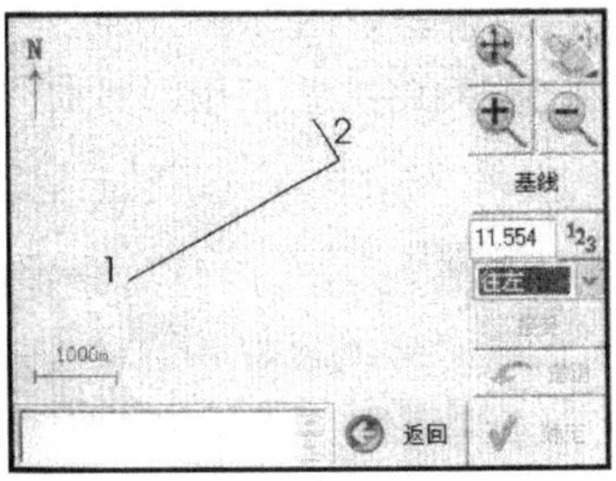

图 8.37 丈量绘图状态

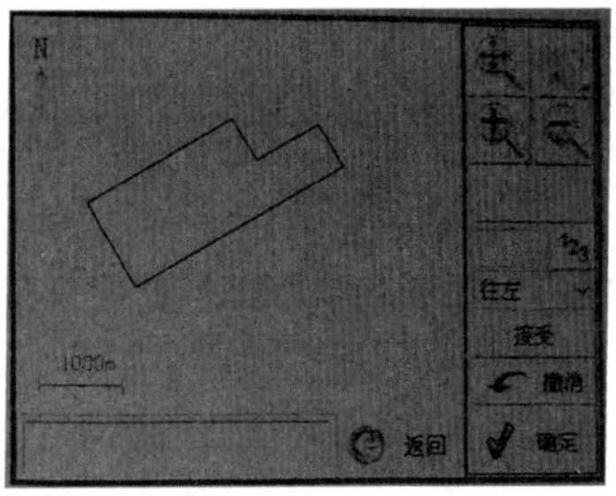

图 8.38 丈量绘图完成

任务 3 地形图的绘制

8.3.1 地物和等高线的勾绘

【在线资源】

在地形测量的过程中，应做到随测、随记、随展、随绘。在展点的同时，参照实地情况随即用铅笔将地物、地貌勾绘出来。地物的勾绘是将各转折点按其顺序连接起来。如房屋，将屋角用直线连起来即可；道路、河流按其转折点顺序连成光滑的曲线；水井、独立树等地物可在图上标明其中心位置，画个记号，待整图时再用规定的符号描绘。

对于地貌，绘图者可根据测出的碎部点，把有关的地貌特征点连起来，在图上用铅笔轻轻地勾出地性线（山脊线——实线，山谷线——虚线），如图 8.39 所示；然后在两相邻点之间，按其高程内插等高线，并要使内插的等高线高程为等高距的整数倍。

等高线内插法的原理：由于碎部点一般选在坡度变化处，这样相邻碎部点之间的坡度可视为均匀的。因此，内插等高线时，可按平距与高差成正比的方法处理。如图 8.40 中，A、B 两点的高程分别为 38.5 m 和 31.6 m，取等高距为 1 m 时，就有 32 m、33 m、34 m、35 m、36 m、37 m、38 m 等七条等高线通过，依平距与高差成正比的原理，便可定出它们在图上的位置 m、n、o、p、q、r、s。根据上述原理可采用目估法或图解法在相邻两地形点间按其高程之差来确定等高线通过的点。

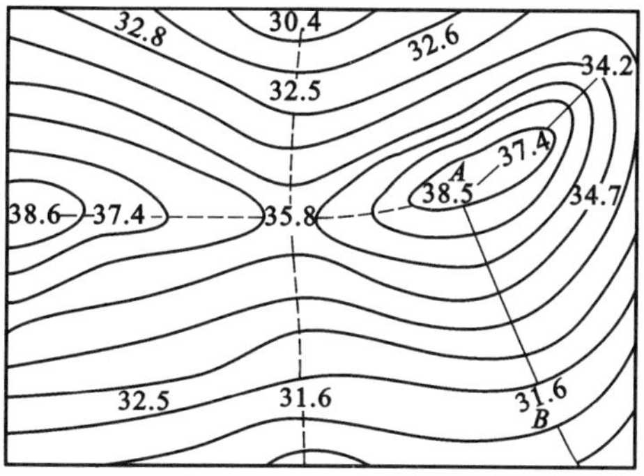

图 8.39　等高线图

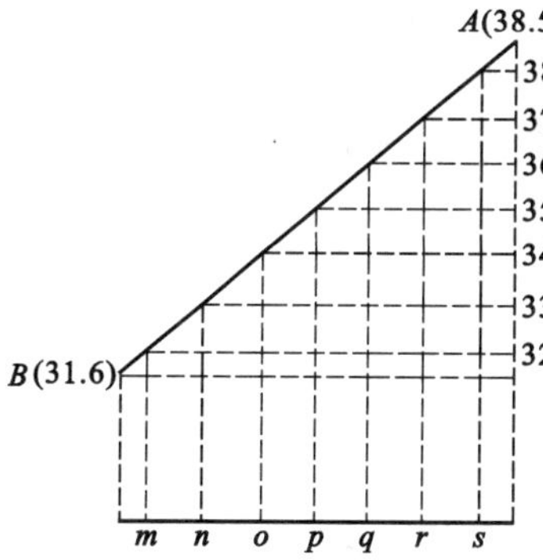

图 8.40　等高线勾绘原理

在实际工作中常用目估法勾绘等高线。如图 8.40 所示，先按比例关系估计 32 m 和 38 m 两等高线的位置，然后 6 等分定出 33 m、34 m、35 m、36 m、37 m 的等高线位置。依同法可求得其他相邻地形点间等高线通过的点位，然后将高程相同的相邻点连接起来，就得到等高线图，如图 8.39 所示。

8.3.2　地形图的拼接、检查与整饰

地形图是进行工程规划、设计的依据，图上某个字、某条线如果有错误，均会对工程设计产生影响，甚至会造成严重的工程事故。因此，在地形图测量完毕后，要根据测量规范的要求对地形图进行检查与整理，以保证成图质量。

8.3.2.1　地形图的拼接

当测区面积较大时，必须采用分幅测图。在各相邻图幅的衔接处，由于测量和绘图误差，使得地物轮廓线和等高线都不可能完全吻合，如图 8.41 所示。如果误差在允许范围以内，则必须对这些地物及等高线进行必要的改正，以保证测区地形图的质量和完整。

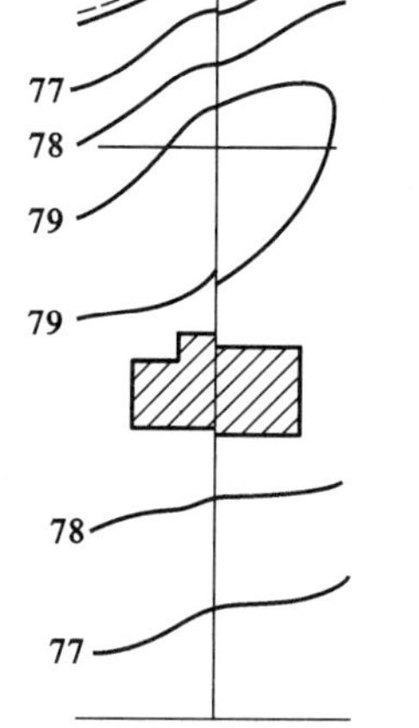

图 8.41　地形图的拼接

为了便于图幅的拼接，测图时规定每幅图的东、南边应测出

图廓线以外 5～10 mm。拼接时必须用透明纸条将每幅图的东、南边图廓线以外 5～10 mm 及图廓线以内 1～1.5 cm 的所有地物、等高线、图廓线、坐标方格网线绘制出来，然后将透明纸条按坐标方格网绘制到相邻图幅上，以观察相应地物和等高线的衔接情况。对于使用聚酯薄膜所测绘的图纸，由于其本身具有半透明性，故只需把两张图纸的图幅格网上下重叠，便可检查接边处地物和等高线的衔接情况。若图廓线两侧相应地物和等高线的偏差不超过规定的碎部点点位中误差或高程中误差的 $2\sqrt{2}$倍时，在保证地物、地貌相互位置和走向正确性的条件下，可将其平均位置绘在透明纸上，并据此修改这两幅图接边处的地物和地貌位置。

8.3.2.2 地形图的检查

地形图除了在测绘过程中要进行随时检查外，测完后必须对成图质量做全面检查，其内容包括室内检查和室外检查两部分。

(1) 室内检查

室内检查主要是检查图面内容表示是否合理，地物线条和等高线勾绘是否清楚，连线有无矛盾，各种注记是否清晰或有无遗漏，图边是否接好，各种手簿和资料是否齐全无误等。若发现错误或疑点，则作出记号，经实地检查后修改。

(2) 室外检查

室外检查是根据室内检查所发现的问题，到野外直接检查、校正。常用的方法有巡视检查和设站检查两种。

① 巡视检查

巡视检查就是拿着图板沿着选定的路线进行实地对照查看，检查地物、地貌有无遗漏，图上等高线所表示的地貌是否与实际相符，注记是否与实际一致等。对于室内有怀疑的地方应重点检查，将发现的问题及修改意见均记在透明纸上，以便室内修正或用仪器补测。

② 设站检查

根据室内检查和巡视检查发现的问题，到野外架设仪器进行检查，以便修正或补测。除此之外，对每幅图都要进行一部分仪器设站检查，看测的图是否符合精度要求，仪器设站检查量一般为 10%左右，若发现问题，应当场修正。

【在线测试】

8.3.2.3 地形图的整饰

经拼接、检查和修正后，便可按图式规定的符号和线型对铅笔原图进行整饰。然后绘制图框和接图表，写上图名、图号、比例尺、坐标系、高程系、测绘单位及测图日期等。

思 考 题

8.1 何谓碎部测量？地形图和平面图有何区别？

8.2 何谓比例尺精度？比例尺精度的作用是什么？

8.3 在地形图中，表示地物的符号有哪几类？

8.4 何谓等高线、等高距和等高线平距？

8.5 等高线分为哪几类？等高线的勾绘原理是什么？

8.6 什么叫山脊线、山谷线？两者等高线的表现特征有何不同？

8.7 全站仪测图的主要优点是什么？

项目九　地 籍 测 量

【主要内容】

地籍测量的任务和特点；地籍调查；地籍测量；地籍图的绘制和面积测算等。

重点：界址点测量；地籍调查表的填写；地籍图测绘。

难点：地籍调查的基本过程；土地划分与编号的方法；面积测算和精度评定。

【学习目标】

知识目标	能力目标
1. 理解地籍测量的任务和特点； 2. 掌握土地划分和编号的方法； 3. 掌握地籍调查填写的基本内容； 4. 掌握地籍控制测量的基本方法	1. 能进行界址点测量； 2. 会进行宗地编号； 3. 能熟练填写地籍调查表； 4. 会绘制宗地草图； 5. 能进行地籍控制测量； 6. 能进行地籍图的编绘； 7. 会宗地、地块面积和建筑占地面积的测算和精度评定

【思政目标】

通过学习地籍测量的基本知识，使学生清晰地掌握我国土地资源分布和权属情况，了解到地籍测量工作在我国广泛开展城镇地籍调查工作中发挥的重要作用，了解我国地籍测量工作的新成果和新方法，激发学生的爱国情怀和民族自豪感，调动学生学习地籍测量的积极性；通过地籍调查规程和确权等法律法规知识的学习，提高学生的法律意识。

地籍是由国家建立和管理的土地基本信息的集合。简单地说，地籍就是土地的户籍，是登记土地信息的账册和簿籍，这些簿册用数据、图形、图表等形式记录了土地及其附着物的权属、位置、数量、质量和利用状况。

我国人口众多，人均可利用土地很少。随着我国社会经济的发展，对土地的需求量猛增，土地管理的形势日益严峻，急需建立一个适合我国国情的现代地籍管理体系。因此，从 20 世纪 90 年代开始，我国就开始了地籍信息的调查工作，目前，全国城镇地区已基本建立起了城镇地籍或城镇数据库。

任务1 地籍测量的任务和特点

【在线资源】

地籍测量的任务是测定和调查土地及其附着物的权属、位置、界址、现状、数量、用途等基本情况，为土地登记、城乡规划、市政管理等提供基础资料，具体任务有：

(1) 地籍控制测量；

(2) 对土地进行分类和编号；

(3) 土地权属调查、土地利用状况调查和界址调查；

(4) 地籍要素的测量、地籍图的编绘和面积测算；

(5) 变更地籍测量。

地籍测量是测绘技术与土地管理相结合的一项工作，它采用的测绘手段与城镇地形测量有相同之处，但由于服务对象、内容和要求不同，因此，在空间性、精确性、连续性、法律性上有它自己的特点。

(1) 地形测量测绘的对象是地物和地貌，地形图是以等高线表示地貌的。地籍测量测绘的对象是土地及其附着物，是通过测量与调查工作来确定土地及其附着物的权属、位置、数量、质量和用途等状况，测绘的内容比较广泛。地籍图一般不表示高程。

(2) 地籍图中地物点的精度要求与地形图的精度要求基本相同，但是，界址点的精度要求相对较高，如一级界址点相对于邻近图根控制点的点位中误差不超过±0.05 m。若用图解的方法，根本达不到精度要求，需采用解析法测定界址点。此外，面积测算的精度要求也较高。

(3) 地籍测量的成果产品有地籍图、宗地图、界址点坐标册、面积测算表、各种地籍调查资料等，无论从数量上看还是从产品的规格上看，都比地形测量多。

【在线测试】

(4) 地形图的修测是定期的，周期较长。而地籍图变更较快，任何一宗地当其权属、用途等发生变更时，都应及时修测，以保持地籍资料的连续性和现势性。

(5) 地籍测量成果经土地管理部门确认后，便具有法律效力，而地形测量成果无此作用。

任务2 地籍调查

地籍调查是政府为了取得土地的权属、利用状况等信息而组织的一项调查工作。其目的是查清每宗土地的位置、权属、界线、数量、用途和等级及其地上附着物、建筑物等基本情况，以满足土地登记、核发土地证的需要。

9.2.1 地籍调查应遵循的原则

由于地籍调查是土地管理中政策性和技术性很强的一项工作，所以地籍调查应遵循如下原则：

(1) 依法调查原则；

(2) 现状与历史相结合的原则；

(3) 资料的系统、精确与完整性原则。

9.2.2　地籍调查的工作程序

地籍调查的工作程序一般为：

(1) 收集调查资料，准备调查底图；

(2) 标绘调查范围，划分街道、街坊；

(3) 分区、分片发放调查指界通知书；

(4) 实地进行调查、指界、签界；

(5) 绘制宗地草图；

(6) 填写地籍调查审批表；

(7) 调查资料整理归档。

9.2.3　土地权属

9.2.3.1　土地权属的基本概念

土地产权是土地制度的核心。土地权属是指土地产权的归属，是土地权利人对土地的占有、使用和支配的权利。它包括土地所有权、土地使用权和他项权。土地的他项权包括土地租赁权、土地抵押权、土地继承权、地役权等。

(1) 土地所有权

土地所有权是土地所有制在法律上的表现，具体是指土地所有者在法律规定的范围内对土地的占有、使用、收益和处分的权利，包括与土地相连的生产物、建筑物的占有、支配、使用的权利。土地所有者除上述权利外，同时还有对土地的合理利用、改良、保护，防止土地污染，防止土地闲置和荒芜的义务。

我国土地制度中存在两种土地所有权，即国有和集体所有。按我国现行的法律规定，城市市区的土地属于国家所有，即国有；农村和城市郊区的土地，除由法律规定属于国家所有的（如国营农产、林场、工矿企业等）以外，农村耕地、林地、宅基地和自留地、自留山、水域，属于农村村民集体所有，即集体所有。土地所有权受国家法律的保护。

(2) 土地使用权

土地使用权是指依照法律对土地加以利用并从土地上获得合法收益的权利。按照有关规定，我国的政府、企业、团体、学校、农村集体经济组织，以及其他企事业单位和公民，根据法律的规定并经有关单位批准，可以有偿或无偿使用国有土地或集体土地。

(3) 土地权属主

所谓土地权属主（以下简称权属主或权利人），是指具有土地所有权的单位和土地使用权的单位或个人。在我国，根据土地法律的规定，国家机关、企事业单位、社会团体、“三资”企业、农村集体经济组织和个人，经有关部门批准，可以有偿或无偿使用国有土地，土地使用者依法享有一定的权利和承担一定的义务。

依照法律规定，农村集体经济组织可构成土地所有权单位。乡、镇企事业单位，农民个人等可以使用集体所有的土地。集体所有的土地，由县级人民政府登记造册，核发土地权利证书，确认所有权和使用权。单位和个人依法使用的国有土地，由县级或县级以上人民政府登记造册，核发土地使用权证书，确认使用权。

9.2.3.2 土地权属的确认

所谓土地权属的确认（简称确权），是指依照法律对土地权属状况的法律认定，包括土地所有权和土地使用权的性质与类别、权属主及其身份、土地位置等的认定。确权涉及用地的历史、现状、权源、取得时间、界址及相邻土地权属主（或授权指界人）等状况，进行确权调查时，地籍调查员和其他必要人员都必须到现场。具体的确认方式如下：

(1) 文件确认

它是根据权属主所出示并被现行法律所认可的文件来确定土地使用权或所有权的归属，这是一种较规范的土地权属认定手段，城镇土地使用权的确认大多用此方法。

(2) 惯用确认

它主要是对若干年以来一直都没有争议的惯用土地边界进行认定的一种方法，主要适用于农村和城市郊区。为防止错误发生，要注意以下几点：一要尊重历史，实事求是；二要注意四邻认可，指界签字；三要不违背现行法规政策。

(3) 协商确认

当确权所需文件不详或认识不一致时，本着团结、互谅的精神，由各方协商，对土地权属进行认定。

(4) 仲裁确认

在有争议而达不成协议的情况下，双方都能出示有关文件而又互不相让的情况下，应充分听取土地权属各方的申述，实事求是、合理地进行裁决，不服从裁决者，可以向法院申诉，通过法律程序解决。

9.2.4 土地的划分与编号

9.2.4.1 土地划分

(1) 城镇地区土地划分

我国按各级行政区划的范围划分土地。城镇内的最末级行政区划一般为街道，在街道内再根据权属界线区分地块（宗地）。当街道范围太大时，应在街道的区域内，以线状地物，如街道、马路、沟渠或河道等为界，将一个行政街道划分成若干街坊，在街坊内区分地块（宗地），并分别对各地块（宗地）进行编号；若城镇比较小，无街道建制时，也可在区或镇的管辖范围内，划分若干街坊，在街坊内区分地块（宗地），并分别对各地块（宗地）进行编号。对于城镇，完整的土地划分就是××省××市××区××街道××街坊××地块（宗地）。

(2) 农村地区土地划分

按我国目前农村行政管辖系统，末级行政区划是乡（镇），按城镇模式，完整的土地划分应是××省××县（县级市）××乡（镇）××行政村××（宗地）地块××图斑。

9.2.4.2 地块、宗地与界址

(1) 地块与宗地

同类属性的、有边界的土地单元称为地块。地籍中以土地的权属界线来区分宗地、地块，土地权属单一、边界明确的地块被称为“一宗地”或“一丘”。宗地一般是指由一个独立的权属主使用的、相连成片的地块。宗地是地籍调查的最小土地单元。宗地具有固定的位置和明确的权利边界，并可辨认出确定的权利、利用状况、质量和时态等土地基本要素。

(2) 土地权属界址

土地权属界址(简称界址)包括界址线、界址点和界标。所谓土地权属界址线(简称界址线)，是指相邻宗地之间的分界线，或称宗地的边界线。有的界址线与明显地物重合，如围墙、墙壁、道路、沟渠等，但要注意实际界址线可能是它们的中线、内边线或外边线。界址点是指界址线或边界线的转折点。界标是指在界址点上设置的标志。界标能确定土地权属界址或地块边界在实地的地理位置，是测定界址点坐标值的位置依据。

9.2.4.3 土地编号

现代地籍中，对土地进行编号管理是必需的。土地的编号也称为宗地号、地号、地籍号，是每个宗地必须有且唯一的一个标识号，相当于土地的“身份证号码”。

通常以行政区划的街道和宗地两级进行编号，如果街道下划分有街坊(地籍子区)，就采用街道、街坊和宗地三级编号。一般情况下，地籍编号统一自西向东、从北到南从“001”开始按顺序编号。如 03-05-012，表示××省××市××区第 3 街道、第 5 街坊、第 12 宗地。地籍图上采用不同的字体和不同字号加以区分；而宗地号在图上宗地内以分数形式表示，分子为宗地编号，分母为地类号。通常省、市、区、街道、街坊的编号在调查前已经编好，调查时只编宗地号，并及时填写在相应的表册中。

根据宗地的划分情况，每个宗地编号共有 13 位，编号方法见表 9.1。编号第 1～10 位为该宗地所属行政区划的代码。同一个街坊范围内的宗地，按“弓”形顺序进行宗地序号编号，即同一个街坊中，按“从东到西，从北向南”的规律进行宗地顺序标号。

表 9.1 宗地编号

代码位置	第 1、2 位	第 3、4 位	第 5、6 位	第 7、8 位	第 9、10 位	第 11、12、13 位
宗地编号	××	××	××	××	××	×××
代码范围	00～99	00～99	00～99	00～99	00～99	001～999
代码意义	省级代码	城市级代码	县、县级市、区代码	街道、镇、乡代码	街坊、行政村代码	宗地序号

注：省级、市级、市辖区(县)级代码统一采用《中华人民共和国行政区划代码》(GB/T 2260—2007)规定的代码，各级均以两位自然数字从 00～99 依序编列。

9.2.5 土地权属调查

土地权属调查是指以宗地为单位，对土地的权利、位置等属性的调查和确认(土地登记前具有法律意义的初步确认)。

9.2.5.1 土地权属调查的内容

(1) 土地的权属状况,包括宗地权属性质、权属来源、取得土地的时间、土地使用者或所有者名称、土地使用期限等。

(2) 土地的位置,包括土地的坐落、界址、四至关系等。

(3) 土地的行政区划界线,包括行政村界线(相应级界线)、村民小组界线(相应级界线)、乡(镇)界线、区界线及相关的地理名称等。

(4) 对城镇国有土地,调查土地的利用状况和土地等级级别。

9.2.5.2 土地权属调查的程序

(1) 拟订调查计划。首先明确调查任务、范围、方法、时间、步骤,人员组织及经费预算,然后组织专业队伍,进行技术培训与试点。

(2) 物质方面的准备。印刷统一制订的调查表格(表 9.2)和簿册,配备各种仪器与绘图工具。

(3) 调查底图的选择。根据需要和已有的图件,选择调查底图。一般要求使用近期测绘的地形图、航片、正射像片等。城镇地籍调查底图的比例尺以 1∶500～1∶5000 为宜。

(4) 街道和街坊的划分。在确定了调查范围之后,还要在调查底图上,依据行政区划或自然界线划分成若干街道和街坊,以街坊作为地籍调查的基本工作区。

(5) 发放通知书。实地调查前,要向土地所有者或使用者发出通知书,同时对其四邻发出指界通知。按照工作计划,分区、分片通知,并要求土地所有者或使用者(法人或法人委托的指界人)及其四邻的合法指界人,按时到达现场。

(6) 土地权属资料的收集、分析和处理。在进行实地调查以前,调查员应到各土地权属单位,收集土地权属资料,并对这些资料进行分析处理,确定实地调查的技术方案,并按街道或街坊将宗地资料进行分类,预编宗地号,在工作图上大致圈定其位置,以备实地调查。

(7) 实地调查。根据资料收集、分析和处理的情况,逐宗地进行实地调查,现场确定界址位置,填写地籍调查表,绘制宗地草图。

(8) 资料整理。在资料收集、分析、处理和实地调查的基础上,编制宗地号,建立宗地档案,准备地籍测量所需的资料。

9.2.5.3 土地权属状况调查

(1) 土地权属来源调查。土地权属来源(简称权源)是指土地权属主依照国家法律获取土地权利的方式。

(2) 权属主名称。权属主名称是指土地使用者或土地所有者的全称。有明确权属主的为权属主全称;组合宗地要调查清楚全部权属主全称和份额;无明确权属主的,则为该宗地的地理名称或建筑物的名称,如××公园等。

(3) 取得土地的时间和土地年期。取得土地的时间是指获得土地权利的起始时间。土地年期是指获得国有土地使用权的最高年限。在我国,城镇国有土地使用权出让的最高年限规定为:住宅用地 70 年;工业用地 50 年;教育、科技、文化、卫生、体育用地 50 年;商业、旅游、娱乐用地 40 年;综合或者其他用地 50 年。

表 9.2　地籍调查表样式

编号：

地 籍 调 查 表

________区(县)__________ 乡、镇、街道__________ 号

年　　月　　日

续表 9.2

<table>
<tr><td rowspan="2">土地使用者</td><td>名称</td><td colspan="3">××中学</td></tr>
<tr><td>性质</td><td colspan="3">全民</td></tr>
<tr><td colspan="2">上级主管部门</td><td colspan="3">××区教育委员会</td></tr>
<tr><td colspan="2">土地坐落</td><td colspan="3">××区××街××号</td></tr>
<tr><td colspan="2">法人代表或户主</td><td colspan="3">代理人</td></tr>
<tr><td>姓名</td><td>身份证号码</td><td>姓名</td><td>身份证号码</td><td>电话号码</td></tr>
<tr><td>郭××</td><td></td><td>李××</td><td></td><td>××××××</td></tr>
<tr><td colspan="2">土地权属性质</td><td colspan="3">国有土地使用权</td></tr>
<tr><td colspan="3">预编地籍号</td><td colspan="2">地籍号</td></tr>
<tr><td colspan="3">2—(3)—4</td><td colspan="2">2—(3)—3</td></tr>
<tr><td colspan="2">所在图幅号</td><td colspan="3">10.00-20.00</td></tr>
<tr><td colspan="2">宗地四至</td><td colspan="3">详见宗地草图</td></tr>
<tr><td colspan="2">批准用途</td><td>实际用途</td><td colspan="2">使用期限</td></tr>
<tr><td colspan="2">教育</td><td>中学校舍</td><td colspan="2"></td></tr>
<tr><td colspan="2">共有使用权情况</td><td colspan="3">××中学使用本宗地</td></tr>
<tr><td colspan="2">说明</td><td colspan="3"></td></tr>
</table>

续表 9.2

界 址 标 示																	
界址点号							界址间距/m	界址线类别						界址线位置			
	钢钉	水泥桩	石灰桩	喷油漆				围墙	墙壁					内	中	外	

界址线		邻宗地			本宗地		
起点号	终点号	地籍号	指界人姓名	签章	指界人姓名	签章	日期
界址调查员姓名							

权属调查记事及调查员意见：

调查员签名　　　　日期

地籍勘丈记事：

(4) 土地位置。对土地所有权宗地,调查核实宗地四至关系,所在乡(镇)、村的名称及宗地预编号。对土地使用权宗地,调查核实土地坐落,宗地四至关系,所在区、街道、门牌号,宗地预编号及编号。

(5) 土地利用状况、分类和土地等级调查。

土地分类见表 9.3。

表 9.3 土地分类

一级类型		二级类型		含 义
编号	名称	编号	名称	
10	商业金融业用地			指商业服务业、旅游业、金融保险业等用地
		11	商业服务业	指各种商店、公司、修理服务部、生产资料供应站、饭店、旅社、对外经营的食堂、文印撰写社、报刊门市部、蔬菜购销转运站等用地
		12	旅游业	指主要为旅游业服务的宾馆、饭店、大厦、乐园、俱乐部、旅行社、旅游商店、友谊商店等用地
		13	金融保险业	指银行、储蓄所、信用社、信托公司、证券兑换所、保险公司等用地
20	工业、仓储用地			指工业、仓储用地
		21	工业	指独立设置的工厂、车间、手工业作坊、建筑安装的生产场地、排渣(灰)场地等用地
		22	仓储	指国家、省(自治区、直辖市)及地方的储备、中转、外贸、供应等各种仓库、油库、材料堆场及其附属设备等用地
30	市政用地			指市政公用设施、绿化用地
		31	市政公用设施	指自来水厂、泵站、污水处理厂、变电所、煤气站、供热中心、环卫所、公共厕所、火葬场、消防队、邮电局(所)及各种管线工程专用地段等用地
		32	绿化	指公园、动植物园、陵园、风景名胜、防护林、水源保护林及其他公共绿地等用地
40	公共建筑用地			指文化、体育、娱乐、机关、宣传、科研、设计、教育、医卫等用地
		41	文、体、娱	指文化馆、博物馆、图书馆、展览馆、纪念馆、体育场馆、俱乐部、影剧院、游乐场、文艺体育团体等用地
		42	机关、宣传	指行政及事业机关,党、政、工、青、妇、群众组织驻地,广播电台,电视台,出版社,报社,杂志社等用地
		43	科研、设计	指科研、设计机构用地,如研究院(所)、设计院及其实验室、试验场等用地
		44	教育	指大专院校,中等专业学校,职业学校,干校,党校,中、小学校,幼儿园,托儿所,业余进修院校,工读学校等用地
		45	医卫	指医院、门诊部、保健院(站、所)、疗养院(所)、救护、血站、卫生院、防治所、检疫站、防疫站、医学化验、药品检验等用地

续表 9.3

一级类型		二级类型		含义
编号	名称	编号	名称	
50	住宅用地			指供居住的各类房屋用地
60	交通用地			指铁路、民用机场、港口码头及其他交通用地
		61	铁路	指铁路线路及场站、地铁出入口等用地
		62	民用机场	指民用机场及其附属设施用地
		63	港口码头	指专供客、货运船舶停靠的场所用地
		64	其他交通	指车站，广场，公路，街、巷、小区内的道路等用地
70	特殊用地			指军事设施、涉外、宗教、监狱等用地
		71	军事设施	指军事设施用地，包括部队机关、营房、军用工厂、仓库和其他军事设施等用地
		72	涉外	指外国使（领）馆、驻华办事处等用地
		73	宗教	指专门从事宗教活动的庙宇、教堂等宗教自用地
		74	监狱	指监狱用地，包括监狱、看守所、劳改场（所）等用地
80	水域用地			指河流、湖泊、水库、坑塘、沟渠、防洪堤防等用地
90	农用地			指水田、菜地、旱地、园地等用地
		91	水田	指筑有田埂（坎）可以经常蓄水，用于种植水稻等水生作物的耕地
		92	菜地	指以种植蔬菜为主的耕地，包括温室、塑料大棚等用地
		93	旱地	指水田、菜地以外的耕地，包括水浇地和一般旱地
		94	园地	指种植以采集果、叶、根、茎等为主的集约经营的多年生木本和草本作物，覆盖度大于50%，包括树苗圃等用地
00	其他用地			指各种未利用土地、空闲地等其他用地

9.2.5.4 土地权属界址调查

界址调查时，必须向土地权属主发放指界通知书，明确土地权属主代表到现场指界的时间、地点和需带的证明与权源材料。

(1) 界址调查的指界

界址调查的指界是指确认被调查宗地的界址范围及其界址点、线的具体位置。现场指界必须由本宗地及相邻宗地指界人亲自到场共同指界。若由单位法人代表指界，则出示法人代表证明。当法人代表不能亲自出席指界时，应由委托的代理人指界，并出示委托书和身份证明。由多个土地所有者或使用者共同使用的宗地，应共同委托代表指界，并出示委托书和身份证明。

(2) 界标的设置

调查人员根据指界认定的土地范围设置界标。对于弧形界址线，可以采取截弯取直的方法，按弧线的曲率加密设置界标。

(3) 界址的标注和调查表的填写

一个镇(街道)权属调查结束后,在镇(街道)境界内形成的土地所有权界线、国有土地使用权界线、无权属主或权属主不明确的土地权属界线、争议界线、城镇范围线将构成无缝隙、无重叠的界线关系,这些界址点、线均应标注在调查用图上。

【在线测试】

(4) 宗地草图的绘制

宗地草图是描述宗地位置、界址点、界址线和相邻宗地关系的实地预编记录。在进行权属调查时,调查员填写并核实所需要调查的各项内容,实地确定界址点位置并对其埋设了标石后,要现场编制勾绘宗地草图,一般还需丈量相邻界址点的边长,标注在宗地草图上相应位置,如图 9.1 所示。

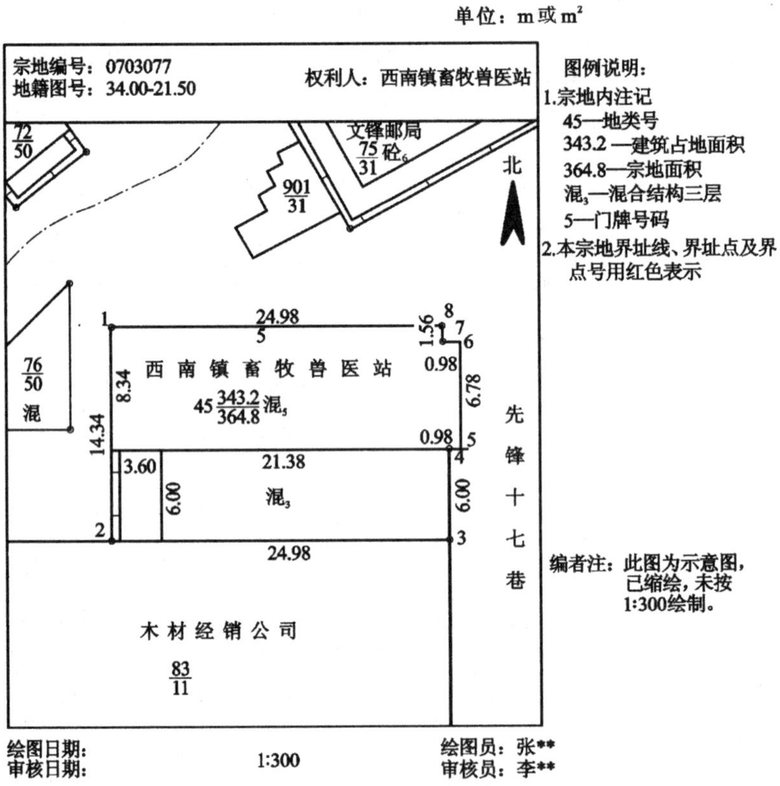

图 9.1 宗地草图

任务 3 地籍测量

9.3.1 地籍控制测量

地籍控制测量包括地籍基本控制测量与地籍图根控制测量,基本控制点和图根控制点的密度应根据测区内建筑物的疏密程度和通视条件而定,以满足地籍要素测量需要为原则,一般每隔 100～200 m 应有一点。基本控制点和图根控制点应尽量利用已有的控制点或固定地物点。

基本控制点包括国家各级大地控制点和城镇二、三、四等控制点及一、二级控制点,除二级外均可作为地籍测量的首级控制。基本控制测量可采用三角测量、三边测量、导线测量和GPS定位测量等方法。

控制测量宜采用国家统一坐标系，亦可采用地方坐标系；采用地方坐标系时应与国家统一坐标系连测。条件不具备的地方，亦可采用任意坐标系。

图根控制点是在基本控制点下加密，供地籍要素测量使用。图根控制点的密度应满足地籍要素测量的需要，一般每幅1∶500图不少于8点，1∶1000图不少于12点，1∶2000图不少于15点。图根控制点通常采用图根导线加密，在等级网点基础上可连续加密两级。当受地形条件限制导线无法附合时，可布设不超过4条边的支导线，支导线点不得发展新点。图根导线主要技术要求见表9.4。

表9.4 图根导线主要技术要求

等级	平均边长/m	附合导线长度/km	测距中误差/mm	测角中误差/″	导线全长相对闭合差	水平角观测测回数		方位角闭合差/″
						DJ_2	DJ_6	
一级	100	1.5	±12	±12	1/6000	1	2	±24
二级	75	0.75	±12	±20	1/4000	1	1	±40

图根点一般可设临时标志，当测区内基本控制点密度较疏时，应在一级图根点上适当埋设固定标石，使每幅图内埋石点数量：1∶500图不少于4点，1∶1000图不少于7点，1∶2000图不少于9点。

图根点亦可用交会法加密。加密时交会角不应小于30°且不应大于150°，前方、侧方交会应有3个方向，后方交会应有4个方向，交会角α、β和固定角C之和应小于160°或大于200°，以免点位落在危险圆范围内。

9.3.2 地籍要素测量

地籍要素测量的主要内容有：行政界线、权属界址点、界址线、地物界线、保护区界线、建筑物和构筑物；道路和与权界线关联的线状地物；水系和植被；同时调查房屋结构与层数、门牌号码、地理名称和大的单位名称等。地籍要素测量成果应能满足地籍图的编制、面积测算和统计的要求。

界址点测量精度应满足表9.5的要求，地籍原图的精度应满足表9.6的要求。

表9.5 界址点测量精度指标

级别	界址点对邻近图根点点位误差/cm		界址点间距允许误差/cm	适用范围
	中误差	允许误差		
一	±5	±10	±10	地价高的地区、城镇街坊外围界址点及街坊内明显的界址点
二	±7.5	±15	±15	地价较高的地区、城镇街坊内部隐蔽的界址点及村庄内部界址点
三	±10	±20	±20	地价一般的地区

注：① 界址点对邻近图根点点位误差系指采用解析法测量的界址点应满足的精度要求；

② 界址点间距允许误差系指采用各种方法测量的界址点应满足的精度要求。

表 9.6 地籍原图基本精度指标

测量方法	宗地内相邻界址点间距中误差/mm(图上)	相邻宗地界址点间距中误差/mm(图上)	地物点点位中误差/mm(图上)	邻近地物点间距中误差/mm(图上)
解析法	±0.3	±0.3	±0.5	±0.4
部分解析法	±0.3	±0.4	±0.5	±0.4
图解法	±0.3	±0.5	±0.5	±0.4

地籍要素测量主要采用地面测量手段。在建筑密度低、测区面积大的地区,也可采用航空摄影测量技术与地面调查相结合的方法。

根据各地不同情况,地籍要素测量可采用解析法、部分解析法、图解法进行。采用部分解析法和图解法建立初始地籍的,应逐步用解析法进行更新。

(1) 解析法

解析法是利用实地观测数据(角度、距离等)或采用数字摄影测量技术,按公式计算被测点的坐标。利用所测点的坐标可展绘不同比例尺的地籍图,实现计算机自动绘制地籍图,并为建立地籍数据库和土地信息系统服务。

解析法应预先布测密度较大的控制网,施测时采用全站仪或半站仪(测距仪加光学经纬仪)对街坊外围的界址点直接进行测定;对宗地内部无法直接观测的界址点和建筑物主要特征点,可按解析几何方法求得解析坐标。

(2) 部分解析法

部分解析法是先采用解析法测量街坊外围界址点和街坊内部部分界址点的坐标,并将这些点展绘在图上,然后对其余点位进行勘丈,再根据勘丈数据将这些点位补充绘制在图上。大宗地内的地物可以用平板仪测绘,测绘时可直接在已展绘好解析界址点的薄膜图上进行,也可在另一薄膜上按假定的坐标系自由定位和定向后测绘,然后与展点薄膜图套合后透绘成图。

(3) 图解法

图解法是用平板仪测图、经纬仪配合量角器测图、航测法测图或利用测区已有现势性较好的大比例尺地形图勘丈编绘地籍图的方法,适用于土地价值较低且技术力量与物质条件达不到采用解析法、部分解析法要求的地区。

9.3.3 地籍图的编绘

地籍图是表达地籍要素的图件,是地籍管理的基础资料。地籍图按其用途可分为基本地籍图、宗地图、专题地籍图和简易地籍图和四种。基本地籍图是按国家地籍测量的规定和规范测绘的,是地籍调查测量的主要成果,也是城镇地籍管理的基础图件。宗地图是以宗地为单位编制的地籍图,主要表示本宗地的地籍要素及与相邻宗地的关系。宗地图是土地登记发证资料的组成部分,是土地证书的附图。专题地籍图是为了满足某种管理需要,突出表达地籍要素中某一个专题而测制的地籍图件。简易地籍图是在尚未完成规范地籍测量的地区,为满足地籍管理等急需,用简易方法编绘而成的反映土地编号及宗地相关位置关系等基本地籍要素的地籍图。简易地籍图是地籍管理中的过渡性图件,不能代替基本地籍图。基本地籍图常简称为地籍图。

(1) 地籍图比例尺

城镇地区和复杂地区一般采用 1∶500 的比例尺;规划区、独立工矿和村庄可采用

1∶1000,也可采用 1∶2000 的比例尺。

(2) 地籍图的分幅与编号

地籍图宜采用 50 cm×50 cm 的正方形分幅。地籍图的图幅按高斯-克吕格坐标格网线划分。1∶2000 图幅以整千米格网线为图廓线;1∶1000 和 1∶500 图幅在 1∶2000 图幅中划分。

地籍图的图号以该图幅西南图廓点坐标的千米数编码,x 坐标在前,y 坐标在后,中间以短横线相连。其中 1∶2000 的取至整千米数,1∶1000 的取至小数点后一位,1∶500 的取至小数点后两位。

地籍图上应加注图幅名称。图名应以本图幅主要单位名称或地理名称命名。一个测区内的图幅名称不得重复。

(3) 地籍图的基本内容

基本内容有:界址点、界址线及宗地号;街道界、街坊界及其编号;行政区域界及其名称注记;土地利用类别代码、控制点(含等级、点名等)、建筑物、构筑物、道路水域;地理名称、门牌号码及较大宗地的单位名称;比例尺及图幅整饰的基本内容;其他与地籍有关的内容。

(4) 地籍图的编绘方法

① 收集有关资料。如:地籍调查资料,地籍测量铅笔原图或数字化数据资料,土地登记发证资料,可利用的地形图及数字化数据资料、正射影像图,土地编号、地名资料等。

② 选取工作底图。如:地籍测量铅笔原图,数字化地籍测量的地籍初稿图,符合地籍测量精度要求、现势性良好的 1∶500~1∶2000 的地形图原图的二底图、复制图或数字化地形图,现势性良好的 1∶500~1∶2000 的正射影像图。利用地形图或正射影像图作为工作底图的,应首先进行地籍要素的补测补调工作,并逐宗编注宗地号和地类号。

③ 复核权属界址。复核工作由当地国土管理部门负责,测绘专业队配合完成。通过室内外复核,确保工作底图上的宗地权属界址测绘准确无误。还要在工作底图上对土地编号进行整理,处理错漏,规范宗地地号和土地利用类别的注记方式,将已复核、整理、综合取舍后的工作底图逐幅接边。

④ 最后依据已调绘整理好的底图,透绘或清绘成线划地籍图。利用正射影像图作为工作底图的,也可按用户需要直接绘制正射影像地籍图。采用数字化制图的,应根据工作底图在计算机内进行修正、编辑后成图。

地籍图样例参见图 9.2。

(1) 宗地图的编绘方法

已建立地籍测量数据库或地形数据库的地区,按宗地图要求编辑、打印各宗地图,宗地图图幅规格一般为 16 开或 32 开,较大、较小宗地可适当缩放;已有地籍图的地区,可采用复印、缩放、蒙绘等方法逐宗编绘宗地图;在未开展地籍测量的地区,可依据收集的 1∶500~1∶2000 的地形图、竣工图等,经实地调查丈量,编绘宗地图;已有正射影像图的地区,可依据本宗地影像和实地调查丈量的数据绘制正射影像图或一般的线划宗地图;无任何图件、像片可利用时,可依据宗地草图实地调查丈量的数据编制宗地图。宗地图样例参见图 9.1。

(2) 二图并出或三图并出

为了节约资金,缩短成图时间,减少重复劳动,许多地区开始二图并出或三图并出。二图并出是指地籍图和地形图同时测绘,然后按各自要求分版成图。这两种图都有各自的测绘规范,因此,在制定技术规定时,应充分顾及这两种规范,使测量工作所依据的技术规定能同时满足这两种图件的要求。

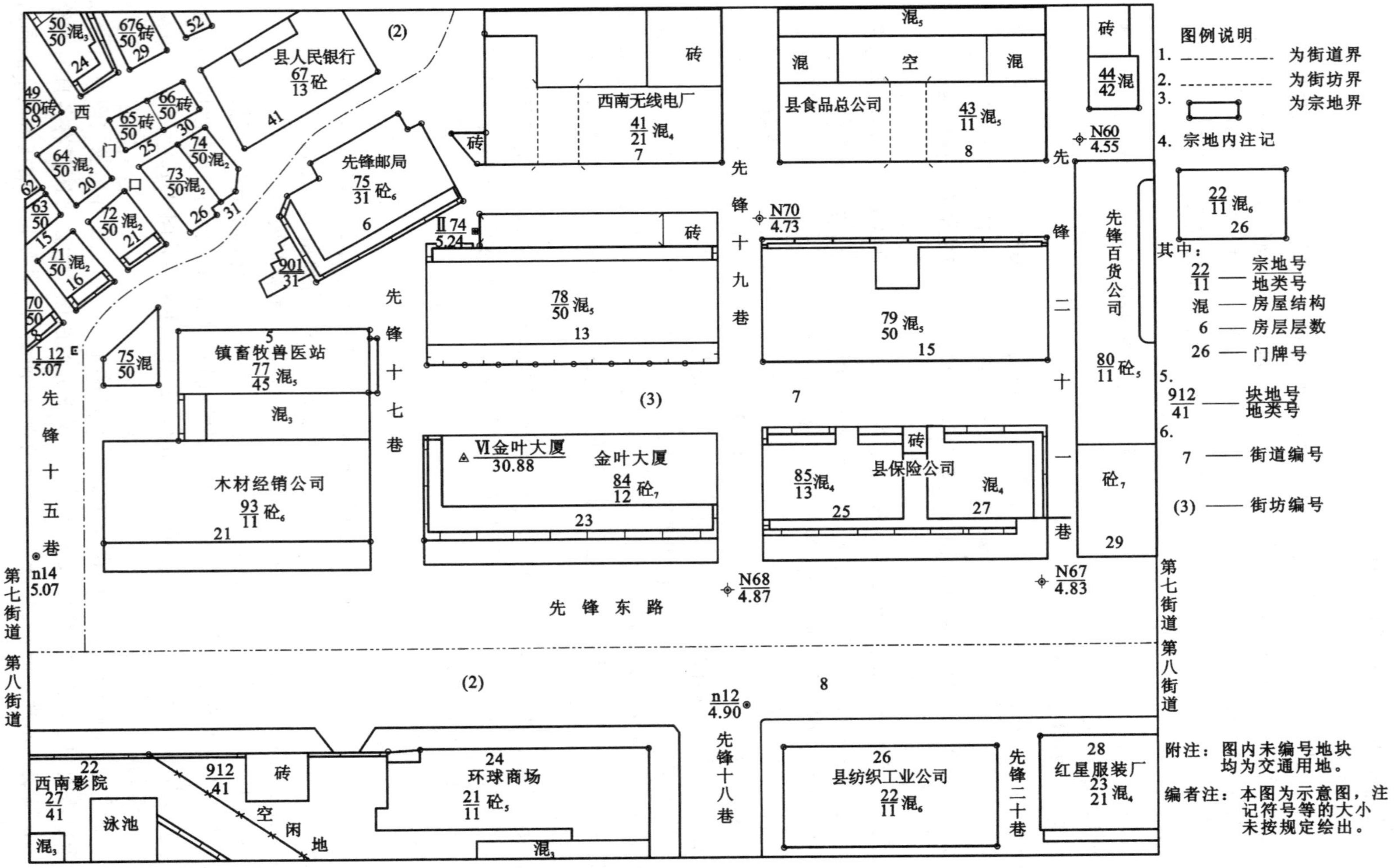
县人民银行
$\frac{67}{13}$砼
41
先锋邮局
$\frac{75}{31}$砼₆
6
西南无线电厂
$\frac{41}{21}$混₄
7
县食品总公司
$\frac{43}{11}$混₅
8
$\frac{44}{42}$混
N60 4.55
N70 4.73
$\frac{78}{50}$混₅
13
$\frac{79}{50}$混₅
15
先锋百货公司
$\frac{80}{11}$砼₅
镇畜牧兽医站
$\frac{77}{45}$混₅
木材经销公司
$\frac{93}{11}$砼₆
21
Ⅵ金叶大厦 30.88
金叶大厦
$\frac{84}{12}$砼₇
23
县保险公司
$\frac{85}{13}$混₄
25
27
29
先锋东路
先锋十五巷
先锋十七巷
先锋十九巷
先锋二十一巷
先锋十八巷
先锋二十巷
西门口
N68 4.87
N67 4.83
n14 5.07
n12 4.90
Ⅰ 12 5.07
Ⅱ 74 5.24
第七街道
第八街道
(2)
(3)
7
8
西南影院
$\frac{27}{41}$
泳池
$\frac{912}{41}$
空闲地
环球商场
$\frac{21}{11}$砼₅
24
县纺织工业公司
$\frac{22}{11}$混₆
26
红星服装厂
$\frac{23}{21}$混₄
28
图例说明
1. 为街道界
2. 为街坊界
3. 为宗地界
4. 宗地内注记
$\frac{22}{11}$混₆ 26
其中：
$\frac{22}{11}$ —— 宗地号/地类号
混 —— 房屋结构
6 —— 房层层数
26 —— 门牌号
5. $\frac{912}{41}$ —— 块地号/地类号
6.
7 —— 街道编号
(3) —— 街坊编号
附注：图内未编号地块均为交通用地。
编者注：本图为示意图，注记符号等的大小未按规定绘出。

图 9.2　地籍图样例

三图并出是指地形图、地籍图和房产图同时测绘，即先测绘出各方面信息俱全的基础图，同时进行地籍、房产调查，然后经过内业取舍、加工，再派生出地形图、地籍图和房产图。

9.3.4　变更地籍测量

变更地籍测量是指当土地登记的内容(权属、用途等)发生变更时，根据申请变更登记内容进行实地调查、测量，并对宗地档案及地籍图、表进行变更与更新。其目的是为了保证地籍资料的现势性与可靠性。

变更地籍测量的程序是:①资料、器材准备;②发送变更地籍测量通知书;③实地进行变更地籍调查、测量;④地籍档案整理和更新。

界址变更必须由变更宗地申请者及相邻宗地使用者按指定的日期同时到场，共同确认变更界址位置，地籍调查应对界址变更后的宗地重新进行编号。新增宗地若属初始地籍调查且未建立宗地档案的，则在其所在街坊内已编的最大宗地号之后续编;若新增宗地属新增街道、街坊的，新增街道、街坊编号须在本调查区最大街道、街坊号之后续编。对于宗地分割或合并，原宗地号取消，分割或合并后的新宗地号，在本街坊内的最大宗地号后按顺序编列。

变更地籍测量一般应采用解析法。暂不具备条件的，可采用部分解析法或图解法。变更地籍测量精度不得低于原测量精度。对涉及划拨国有土地使用权补办出让手续的，必须采用解析法进行变更地籍测量。

【在线测试】

变更地籍调查、测量后，应及时对宗地有关图、表、册进行更新。

任务4　面积的测算和精度

面积测算的内容有宗地面积、地块面积和建筑占地面积等。

9.4.1　面积测算的方法

土地面积测算应根据地籍要素测量情况、宗地的图形和技术设备条件等因素综合选择面积测算方法。面积测算结果取至0.01 m^2。

(1) 解析法

解析法包括坐标解析法和几何图形解析法(实地量距法)。宗地的界址点、街坊外围界址点均为实测坐标时，应采用坐标解析法计算宗地面积及街坊面积。宗地呈规则几何图形(若不规则，则应将其分割成规则几何图形)且已有实测边长等数据的，应用几何图形解析法计算宗地面积。

(2) 图解法

图解法包括几何图形法、坐标计算法、光电面积量测法、求积仪法等。

9.4.2　面积测算的精度与要求

(1) 采用解析法计算面积必须进行两次独立计算。

(2) 图解法测算面积应在地籍原图上进行，如图纸伸缩较大时，应考虑图纸伸缩系数的改正。

(3) 宗地面积在图上小于5 cm^2时，应实地丈量求算面积，不得用图解法。

(4) 采用图解法测算面积时应独立进行两次，两次测算的较差应满足：

$$\Delta p \leqslant 0.003M\sqrt{p} \tag{9.1}$$

式中 Δp——面积两次测算较差，m^2；

p——测算面积，m^2；

M——地籍图比例尺分母。

面积两次测算较差在限差内的，取中位数作为最后测算结果。

(5) 采用图解法测算街坊面积时，应进行平差计算。步骤是先以图幅为单位量测面积，若图幅内各街坊面积之和与图幅理论面积之差不超过 $0.0025p_0$（p_0 为图幅理论面积）时，则将闭合差按街坊面积比例分配给各街坊，得出平差后各街坊的面积，将平差后跨图幅的同一街坊面积汇总即得到整个街坊面积。

【在线测试】

(6) 街坊内街巷道路等交通用地可作为一个块地求算面积，其面积为街坊面积减去街坊内宗地总面积和其他非交通用地的块地总面积。共有宗地内，各共有人独自使用的土地有明显范围界线的，应先测算独自使用面积，剩余共有面积按建筑面积比例分摊。

思 考 题

9.1 地籍测量的任务是什么？地籍图与地形图有何区别？

9.2 什么是地籍调查？地籍调查的目的是什么？

9.3 试阐述土地权属调查的基本程序。

9.4 地籍要素测量的主要内容是什么？

9.5 试阐述地籍测量面积测算的内容和精度要求。

项目十　地形图的应用

【主要内容】

在地形图上确定点的坐标与高程；量测地形图上直线的长度、方向和坡度；地形图上量算面积；绘制断面图；按限制坡度选择最短路线；确定汇水面积边界；场地平整测量。

重点：纵断面图绘制；按限制坡度选择最短路线。

难点：场地平整测量土方量的估算。

【学习目标】

知识目标	能力目标
1. 掌握在地形图上确定点的坐标和高程的方法； 2. 掌握在地形图上确定直线水平距离、方位角和坡度的方法； 3. 掌握在地形图上量算图形面积的方法； 4. 理解按限制坡度选择最短路线的基本原理； 5. 掌握按限制坡度选择最短路线的方法； 6. 掌握场地平整测量的基本方法	1. 能应用地形图绘制已知方向的断面图； 2. 能在地形图上按限制坡度选择最短的线路； 3. 能绘制汇水面积线； 4. 能应用地形图进行土地平整土方量的估算

【思政目标】

通过学习地形图应用的基本知识，培养学生识图、用图的能力和兴趣；通过学习地形图在工程建设中的应用，培养学生认识地形图在社会生产中的应用价值，培养学生分析问题、解决问题的能力及积极探索真知的职业精神。

大比例尺地形图是工程规划、设计不可缺少的基本资料。一方面可以从图上详细了解该地区的地面起伏情况、建筑物的相互位置关系、居民点、水系、交通、通信和管线等多方面的信息；另一方面可以从图上直接进行面积、土方、坡度和距离等的量测和计算，取得可靠的数据，作为设计方案比较和施工的依据。因此，要求工程设计、管理人员既能顺畅地阅读地形图，又能合理地选用地形图，并能借助于地形图解决工程中的一些基本问题。

任务1 地形图应用的基本内容

【在线资源】

10.1.1 图上确定点的平面坐标

确定图上任意一点的平面坐标，可根据图上方格网及其坐标值，用图解法直接量取。

如图10.1所示，欲求A点的坐标，过A点作坐标格网的垂线ef和gh，用比例尺分别量出ab、ad、ag、ae的长度，按下式计算A点的坐标：

$$\left.\begin{aligned} x_A &= x_a + \frac{l}{ab} \cdot ag \\ y_A &= y_a + \frac{l}{ad} \cdot ae \end{aligned}\right\} \tag{10.1}$$

式中 l——坐标方格网原有边长（一般为10 cm）；

ab,ad——图纸受伸缩影响后的坐标方格网边长。

按式(10.1)计算A点的坐标，可避免图纸伸缩的影响。在地形图上量取点的坐标，其精度受图解精度的限制，一般认为图解精度为图纸上的0.1 mm，因此，图解坐标精度不会高于0.1 mm乘比例尺分母。

10.1.2 图上确定点的高程

在地形图上可利用等高线确定点的高程。若某点恰好位于某一等高线上，则该点的高程就等于其所在的等高线高程，如图10.2中的A点，其高程为35 m。

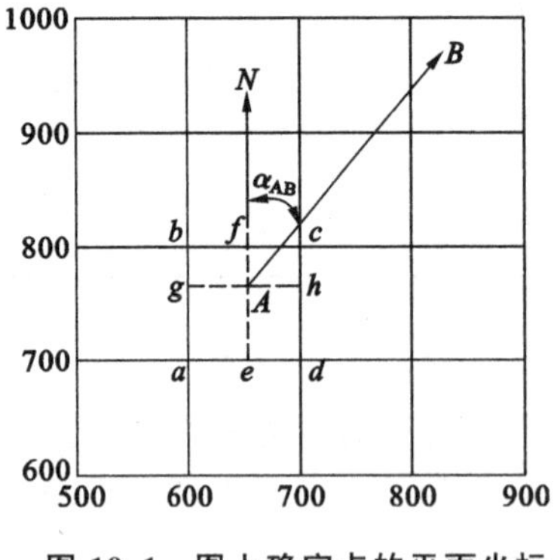

图10.1 图上确定点的平面坐标

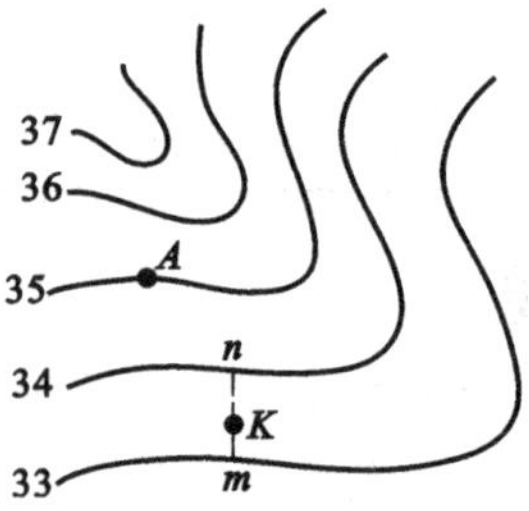

图10.2 图上确定一点的高程

若某点位于两等高线之间，则应用内插法按平距与高差成正比的关系可求得该点的高程。如图10.2中的K点，位于33 m和34 m的等高线之间，欲求其高程，则通过K点作相邻两等高线的垂线mn，量得mn、mK的长度，即可按下式求得K点的高程：

$$H_K = H_m + \frac{mK}{mn} \cdot h \tag{10.2}$$

式中 H_m——m点的高程；

h——等高距。

10.1.3　图上量测直线的长度和方向

在同一幅图中，欲求两点间的水平距离和某一直线的方向，一般采用直接量取法，即用比例尺量测距离，用量角器量测直线的坐标方位角。

当所求直线的两点不在同一幅图内或精度要求较高时，可在图上分别量出两个点的坐标值，然后计算其长度和坐标方位角。如图10.1所示，先量出 A、B 点的坐标，再按下式计算其直线的长度 D_{AB} 和坐标方位角 α_{AB}：

$$D_{AB} = \sqrt{(x_B - x_A)^2 + (y_B - y_A)^2} \tag{10.3}$$

$$\alpha_{AB} = \arctan \frac{y_B - y_A}{x_B - x_A} \tag{10.4}$$

10.1.4　确定直线坡度

地面的倾斜程度可用坡度或倾斜角 θ 表示。如图10.3所示，设斜坡上任意两点 A、B 间的水平距离为 D，相应的图上长度为 d，高差为 h，地形图比例尺的分母为 M，则两点间的坡度 i 或倾斜角 θ 可按下式计算：

$$i = \tan\theta = \frac{h}{D} = \frac{h}{d \cdot M} \tag{10.5}$$

i 一般用百分率（%）或千分率（‰）表示。

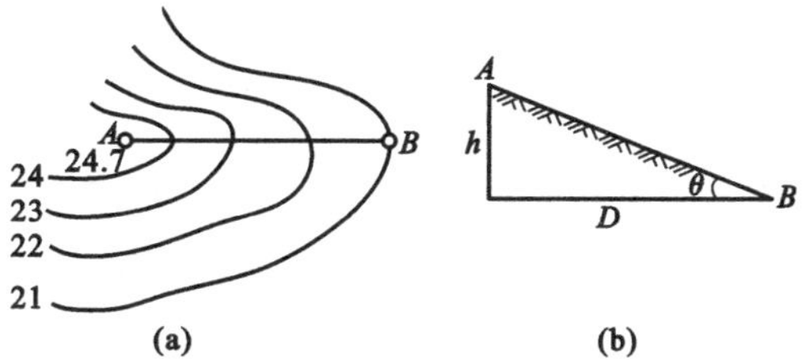

图10.3　确定一直线的坡度

【在线测试】

任务2　地形图在规划设计中的应用

10.2.1　按限制坡度选择最短线路

【在线资源】

在进行线路的规划设计中，要考虑其线路的位置、走向和坡度。一般先在地形图上根据规定的坡度进行初步选线，计算其工程量，然后进行方案比较，最后再实地选定。

如图10.4所示，A 点处为一采石场，欲从 A 点修一条公路到河岸码头 B，以便把石块运下山来。已知公路的限制坡度为5%，地形图比例尺为1∶2000，等高距 h=1 m，则路线通过相邻两等高线的最小平距为：

$$d = \frac{h}{i \cdot M} = \frac{1}{0.05 \times 2000} = 0.01 \text{ m} \tag{10.6}$$

于是，以 A 为圆心，0.01 m 为半径画弧，交36 m等高线于1点，再以1点为圆心，依同法交出2点，直至路线到达 B 为止，然后把相邻各交点连起来，即为所选路线。当相邻两等高线

的平距大于 d 时，说明该地面坡度已小于设计的已知坡度。此时，取两等高线间的最短路线即可，图 10.4 中的 5—6 即为此种情况。

10.2.2 绘制断面图

在进行路线、管道、隧洞、桥梁等工程的规划设计中，往往要了解沿某一特定方向的地面起伏情况及通视情况。此时，常利用大比例尺地形图绘制所需方向的断面图。

欲绘制图 10.5 中 AB 直线方向的断面图，其方法如下：

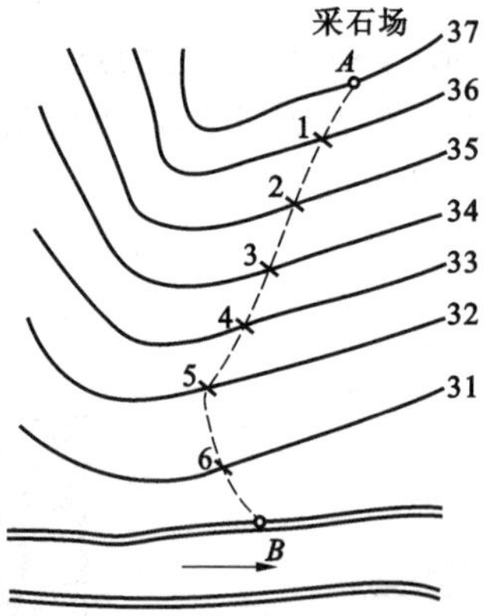

图 10.4 按限制坡度选择最短路线

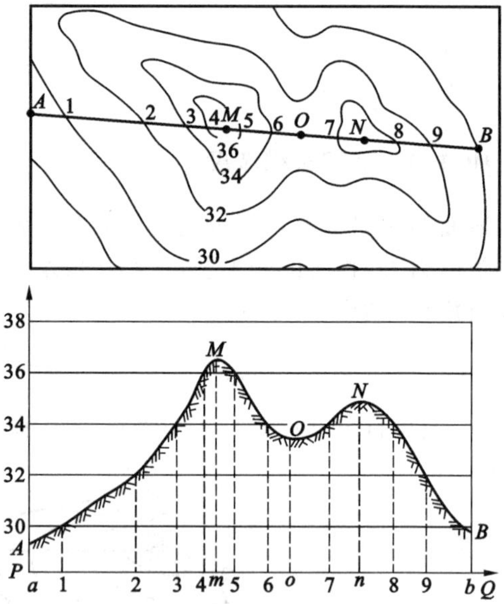

图 10.5 绘制断面图

(1) 绘制距离尺和高程尺

在图纸上先画一横线 PQ 表示水平距离方向，再过 P 点作垂线表示高程方向。一般水平距离比例尺与地形图比例尺相同，高程比例尺是水平距离比例尺的 10～20 倍。

(2) 断面点的确定

在地形图上沿 AB 方向量取各交点(1、2、3、…、9、B)至 A 点的距离，然后在距离尺上以 a 为起点依次截取 1、2、3、…、9、b 各点，再通过距离尺上的各点作垂线，与相应高程线的交点即为断面点。

(3) 描绘地面线

将各断面点用光滑曲线连接起来，即得直线 AB 的断面图。

断面图不仅可以表示地形变化的特征，而且可以了解地面上两点间的通视情况，以便考虑工程的施工方法。假设图 10.5 中的 A、B 两点为某一隧洞的进出口，从断面图可知，A、B 两点并不通视。在隧洞施工中，为了控制其开挖方向或扩大工作面，就必须在施工前进行洞外定线，使 M、O、N 各点位于 AB 直线上。

10.2.3 汇水面积边界的勾绘

城镇中给、排水工程的规划与设计，应以汇水面积为设计依据。所谓汇水面积，是指河道或沟谷某断面以上分水线所包围的面积。计算汇水面积时，首先要勾绘出汇水面积的边界，其勾绘要点如下：

(1) 汇水面积的边界线由河道或沟谷的指定点出发，最后又回到原来的一点，形成一闭合曲线。

(2) 边界线常通过山脊、山顶和鞍部等部位的最高点。

(3) 边界线要处处与等高线垂直，与山脊线一致。

(4) 边界线只有在山顶处才能改变方向。

图 10.6 所示为一条跨越山谷的公路，拟在 P 处架一座桥梁，为此必须了解此处的汇水量。欲确定汇水量，必须先勾绘出其汇水面积的边界，然后计算其汇水面积和来水量。图中虚线则表示由公路上的指定断面 AB 开始勾绘的汇水面积边界线。

10.2.4　建筑场地的平整

在工业与民用建筑中，通常要对拟建地区的自然地貌加以改造，整理成水平或倾斜的场地，使之适合于布置和修建各类建筑物，有利于排除地面水，满足交通运输和敷设地下管线的需要。这种改造地貌的工作，通常称为平整场地。在平整场地工作中，为了使填、挖方量基本平衡，常常要借助于地形图进行土石方量的概算。下面分两种情况介绍土石方计算的方法。

10.2.4.1　平整成同一高程的水平场地

图 10.7 所示为 1：1000 比例尺地形图，要求在其范围内将场地平整为同一高程的水平场地，并满足填、挖方基本平衡的条件，试进行土石方量的概算。其作业步骤如下：

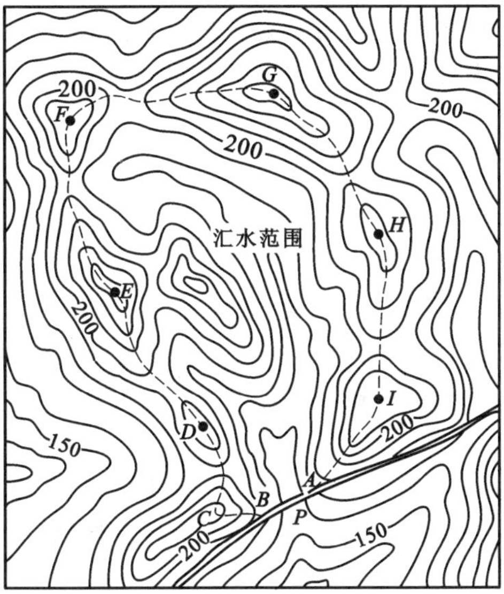

图 10.6　汇水面积边界的勾绘

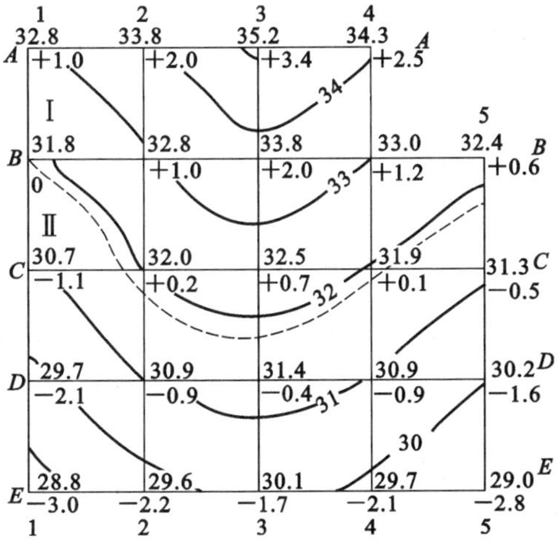

图 10.7　平整成同一高程的水平场地

(1) 绘制方格网

在拟平整场地的范围内绘制方格网。方格网的大小取决于地形复杂的程度和土石方概算的精度，一般取 10 m、20 m、50 m 等。图中方格网的边长为 10 mm(相当于实地 10 m)。

(2) 计算设计高程

首先根据地形图上的等高线采用内插法求出各方格角点的地面高程，注于相应角点右上方；再将每一方格四个角点的高程加起来除以 4，得到每一方格的平均高程；然后把所有方格的平均高程加起来除以方格总数，即得设计高程。由图 10.7 中可以看出，角点 A_1、A_4、B_5、E_1、E_5 的高程各用到一次，边点 B_1、C_1、D_1、E_2、E_3、E_4、D_5、C_5、A_2、A_3 的高程各用到两次，拐点 B_4 的高程用到三次，中间各方格角点 B_2、B_3、C_2、C_3、…的高程各用到四次，因此，设计高程的计算公式可写成：

$$H_{设} = \frac{\sum H_{角} + 2\sum H_{边} + 3\sum H_{拐} + 4\sum H_{中}}{4n} \tag{10.7}$$

式中 $\sum H_{角}$，$\sum H_{边}$，$\sum H_{拐}$，$\sum H_{中}$——角点、边点、拐点和中点的地面高程之和；

n——方格总数。

将图中各方格角点的高程及方格总数代入式(10.7)，求得设计高程为 31.8 m。

(3) 绘出填、挖边界线

在地形图上根据内插法定出高程为 31.8 m 的设计高程点，连接各点，即为填、挖边界线(图中虚线所示)，通常称为零线。在零线以北为挖方区，以南为填方区，零线处表示不挖不填的位置。

(4) 计算填、挖高度

各方格角点的填、挖高度为该点的地面高程与设计高程之差，即：

$$h = H_{地} - H_{设} \tag{10.8}$$

正数表示挖深，负数为填高，将计算的各填、挖高度注于相应方格角点下方。

(5) 计算填、挖土石方量

土石方量的计算不外乎有两种情况：一是整个方格都是填方(或挖方)；二是在一个方格之中既有填方又有挖方。现以图 10.7 中的方格Ⅰ和方格Ⅱ为例，说明这两种情况的计算方法。

$$V_{\text{Ⅰ挖}} = \frac{1}{4} \times (1.0 + 2.0 + 1.0 + 0) \times A_{\text{Ⅰ挖}} = 1.0A_{\text{Ⅰ挖}}$$

$$V_{\text{Ⅱ挖}} = \frac{1}{4} \times (0 + 1.0 + 0.2 + 0) \times A_{\text{Ⅱ挖}} = 0.3A_{\text{Ⅱ挖}}$$

$$V_{\text{Ⅱ填}} = \frac{1}{3} \times (0 + 0 - 1.1) \times A_{\text{Ⅱ填}} = -0.37A_{\text{Ⅱ填}}$$

同法计算其他方格的填、挖方量，然后按填、挖方量分别求和，即为总的填、挖方量。

10.2.4.2 平整成具有一定坡度的倾斜场地

图 10.8 所示为 1∶1000 比例尺地形图，拟在图上将 40 m×40 m(图上方格边长为 10 mm，相当于实地 10 m)的地面平整为从南到北、坡度为+10%的倾斜场地，并且使填、挖方量基本平衡，其作业步骤如下：

(1) 绘制方格网，计算场地重心的设计高程

在上述拟建场地内绘制 10 m×10 m 的方格。根据填、挖方平衡的原则，按水平场地的计算方法，求出该场地重心的设计高程为 31.8 m。

(2) 计算倾斜面最高点和最低点的设计高程

在图 10.8 中，场地从南至北以 10%为最大坡度，则 A_1A_5 为场地的最高边线，E_1E_5 为最低边线。已知 A_1E_1 长 40 m，则 A_1、E_1 的设计高差为：

$$h_{A_1E_1} = D_{AE} \times i = 40 \times 10\% = 4.0\ \text{m}$$

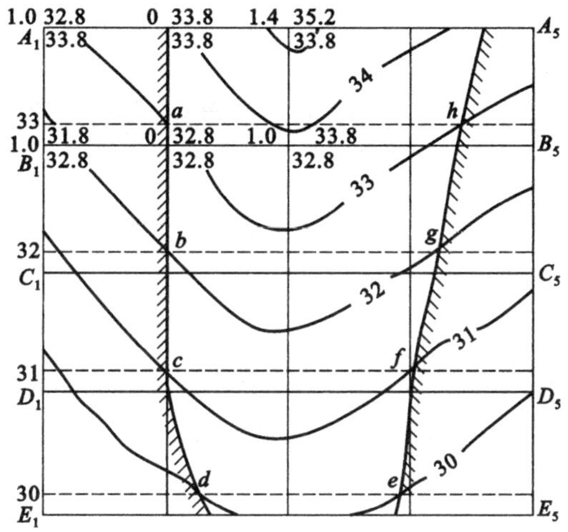

图 10.8　平整成具有一定坡度的倾斜场地

由于场地重心的设计高程为 31.8 m，且 A_1E_1、A_5E_5 均为最大坡度方向，所以 31.8 m 也是 A_1E_1 及 A_5E_5 边线中心点的设计高程，则有：

$$H_{A_1设} = H_{A_5设} = 31.8 + 2.0 = 33.8 \text{ m}$$

$$H_{E_1设} = H_{E_5设} = 31.8 - 2.0 = 29.8 \text{ m}$$

(3) 绘出填、挖边界线

在 A_1E_1 边线上，根据 A_1、E_1 的设计高程内插 30 m、31 m、32 m、33 m 的设计等高线，且过这些点分别作 A_1A_5 的平行线，即得坡度为 10% 的设计等高线(图 10.8 中虚线所示)。设计等高线与原图上同高程等高线交点(a、b、c、d 和 e、f、g、h)的连线即为填、挖边界线(图中有短线的曲线)。两条边界线之间为挖方，两侧为填方。

(4) 计算方格角点的填、挖高度

根据原图的等高线按内插法求出各方格角点的地面高程，注在角点的右上方；再根据设计等高线按内插法求出各方格角点的设计高程，注在角点的右下方。然后按式(10.8)计算出各角点的填、挖高度，注在角点的左上方。

(5) 填、挖方量的计算

参照前述水平场地方法计算。

以上仅介绍了按给定坡度将原地形改造成倾斜面的作业方法，有时还会碰到要求平整后的倾斜面必须包含某些不能任意改动的地面点，这时应将这些地面点列为设计倾斜面的控制高程点，然后根据控制高程点的高程来确定设计等高线的平距和方向。

【在线测试】

思　考　题

10.1　如何在地形图上确定一直线的坡度和方向？

10.2　试简述绘制断面图的方法。

10.3　汇水曲线的勾绘要点有哪些？

10.4　试简述将建筑场地平整为一水平场地的作业步骤。

项目十一　施工测量的基本工作

【主要内容】

施工测量的基本知识；施工控制网的概念、布设与特点；测设的概念；测设的三项基本工作；平面点位的测设方法与步骤；已知坡度的测设方法与步骤等。

重点：施工控制网的建立、平面点位的测设方法、已知坡度的测设方法。

难点：平面点位的测设方法。

【学习目标】

知识目标	能力目标
1. 掌握施工控制网的概念与布设方法； 2. 掌握测设的基本工作内容； 3. 掌握平面点位的测设方法与步骤； 4. 掌握已知坡度测设的方法与步骤	1. 能根据地形条件选择合理的施工控制网布设形式； 2. 能进行已知高程测设； 3. 能进行平面点位测设； 4. 能测设已知坡度

【思政目标】

通过学习平面点位和已知高程的测设方法，使学生体会到测量工作在工程建设中的重要性，培养学生严谨细致的工作作风，熟练的操作能力及团队协作精神，增强学生的主人翁意识，提高学生的职业素养。

任务1　施工测量概述

【在线资源】

任何工程建设都要经过勘测设计和施工两个阶段。勘测设计阶段的测量工作主要是测绘各种比例尺的地形图，为设计人员提供必要的地形资料；而施工阶段的测量工作则是按照设计人员的意图，将建筑物的平面位置和高程测设到地面上，作为施工的依据，并在施工过程中指导各工序间的衔接，监测施工质量。

由于施工现场各种建筑物分布较广，为了使建筑场地各工段能同时施工，且具有相同测设精度，施工测量与地形测图一样，亦应遵循“从整体到局部”的原则和“先控制后碎部”的工作程序，即先在施工现场建立统一的施工控制网（平面控制网和高程控制网），然后根据控制网点测设建筑物的主要轴线，进而测设碎部。

施工放样的精度较地形测图要高，且与建筑物的等级、大小、结构形式、建筑材料和施工方法等因素有关。通常高层建筑物的放样精度高于低层建筑物；钢结构建筑物的放样精度高于钢筋混凝土结构建筑物；工业建筑的放样精度高于民用建筑；连续自动化生产车间的放样精度高于普通车间；吊装施工方法对放样的精度要求高于现场浇筑施工方法。总之，要根据不同的精度要求来选择适当的仪器和确定测设的方法，并且要使施工放样的误差小于建筑物设计容许的绝对误差，否则，将会影响施工质量。

施工测量贯穿于施工的全过程。因此，测量人员应根据施工进度事先制订切实可行的施测计划，排除施工现场的种种干扰，确保工程的顺利进行。

【在线测试】

任务 2　施工放样的基本工作

施工放样的基本测量工作包括已知直线长度的放样、已知水平角的放样和已知高程的放样。现将其放样的方法分别叙述如下：

11.2.1　已知直线长度的放样

从直线的一个已知端点出发，沿某一确定方向量取设计长度，以确定该直线另一端点位置的方法称为直线长度的放样。

在地面上放样已知直线的长度与丈量两点间的水平距离不同。丈量距离时，通常先用钢尺沿地面量出两点间的距离 L'，然后加上尺长改正 ΔL、温度改正 ΔL_t 和倾斜改正 ΔL_h，以算出两点间的水平距离 L，即：

$$L = L' + \Delta L + \Delta L_t + \Delta L_h \tag{11.1}$$

放样一段已知长度的直线时，其作业程序恰恰与此相反。首先，应根据设计给定的直线长度 L(水平距离)，减去上述各项改正数，求得现场放样时的长度 L'，即：

$$L' = L - \Delta L - \Delta L_t - \Delta L_h \tag{11.2}$$

然后，用计算出的长度 L' 在实地放样。

【例 11.1】 如图 11.1 所示，某厂房主轴线 AB 的设计长度为 48 m，欲从地面上相应的 A 点出发，沿 AC 方向放样出 B 点的位置。设所用的 30 m 钢尺，在检定温度为 20 ℃时的实长为 30.005 m，放样时的温度 $t=12$ ℃，概略量距后测定两端点的高差 $h=+0.8$ m，求放样时的地面实量长度 L'。

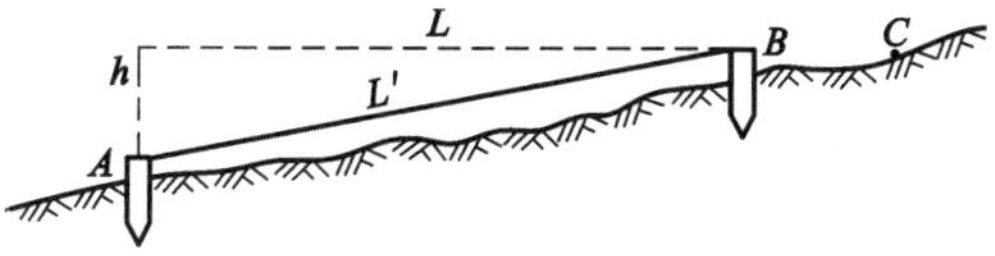

图 11.1　已知直线的放样

【解】 (1) 各项改正数的计算

$$\Delta L = L \times \frac{l - l_0}{l_0} = 48 \times \frac{30.005 - 30}{30} = +0.008 \text{ m}$$

$$\Delta L_t = L \times a \times (t - t_0) = 48 \times 0.000012 \times (12 - 20) = -0.005 \text{ m}$$

$$\Delta L_h = -\frac{h^2}{2L} = -\frac{0.8^2}{2 \times 48} = -0.007 \text{ m}$$

(2) 放样长度的计算

$$L' = L - \Delta L - \Delta L_t - \Delta L_h = 48 - 0.008 + 0.005 + 0.007 = 48.004\ \text{m}$$

放样时,从 A 点开始沿 AC 方向实量 48.004 m 得 B 点,则 AB 即为所求直线的长度。

11.2.2 已知水平角的放样

根据已知水平角的角值和一个已知方向,将该角的第二个方向测设到地面上的工作,称为角度放样。由于对测设精度的要求不同,其放样方法也有所不同。

11.2.2.1 一般方法

如图 11.2 所示,设 OA 为地面上已有方向线,欲从 OA 方向向右测设一个角度 α,以定出 OB 方向。为此,将经纬仪安置于 O 点,盘左使度盘读数为零并瞄准 A 点。松开照准部制动螺旋,使度盘读数为 α 时,沿视线方向在地面上定出 B'点。然后倒转望远镜,以同样方法用盘右测设一角值 α,沿视线方向在地面上定出另一点 B''。由于测设误差的影响,点 B'和 B''常不重合,取 B'和 B''的中点 B,则$\angle AOB$ 即为要测设的 α 角。

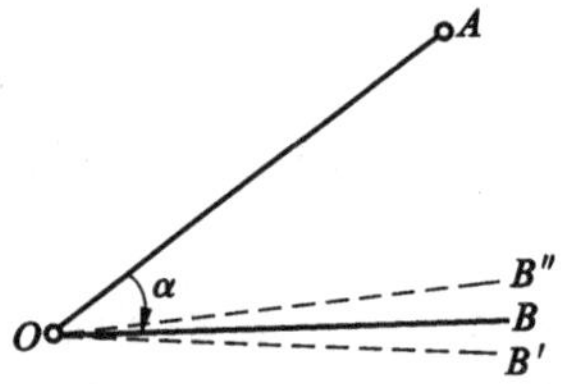

图 11.2 角度放样的一般方法

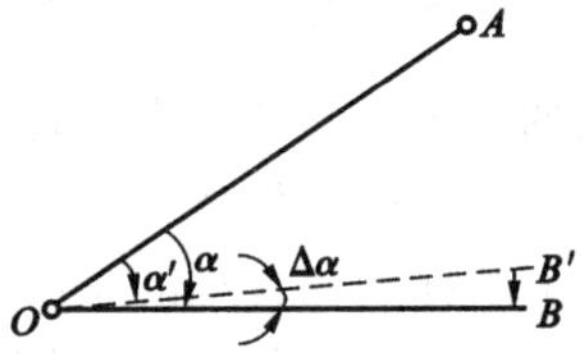

图 11.3 角度放样的精确方法

11.2.2.2 精确方法

为了提高 α 角的测设精度,可采用作垂线改正的方法。如图 11.3 所示,将经纬仪安置于 O 点,先用盘左放样 α 角,沿视线方向在地面上标定出 B'点,然后用测回法观测$\angle AOB'$若干测回。设其平均角值为 α',它与设计角之差为 $\Delta\alpha$。为了得到正确的方向 OB,必须将小角 $\Delta\alpha$ 加以改正。为此,可根据丈量的 OB'长度和 $\Delta\alpha$ 值计算垂直距离 $B'B$,即:

$$B'B = OB' \cdot \tan\Delta\alpha \approx OB' \cdot \frac{\Delta\alpha''}{\rho''} \tag{11.3}$$

式中,$\Delta\alpha = \alpha' - \alpha$,$\rho''$为一个弧度的角值,以秒计,$\rho'' = 206265''$。

过 B'点作 OB'的垂线,再从 B'点沿垂线方向,向外($\Delta\alpha$ 为负时)或向内($\Delta\alpha$ 为正时)量取 $B'B$ 定出 B 点,则$\angle AOB$ 即为欲测设的 α 角。

11.2.3 已知高程的放样

在施工过程中,标定建筑物各个不同部位设计高程的工作称为高程放样。高程放样的方法随着施工情况的不同大致可分为如下两种:

11.2.3.1 地面点的高程放样

将设计高程测设于地面上,一般是采用几何水准的方法,根据附近水准点引测获得。如图 11.4所示,A 为已知水准点,其高程为 H_A,B 为欲标定高程的点,其设计高程为 H_B。欲将 B 点的设计高程 H_B 测设于地面,可在 A、B 两点间安置水准仪,先在水准点 A 上立尺,读取后视读数 a,则 B 点水准尺应有的读数 b 为:

$$b = H_A + a - H_B \tag{11.4}$$

然后在 B 点上立尺,使尺紧贴木桩上下移动,直至尺上读数为 b 时,紧贴尺底在木桩上画一红线,此线就是欲放样的设计高程 H_B。

在建筑施工中，为了计算方便，一般把室内第一层楼的地坪设计高程作为±0.000 标高。为此，首先应按上述方法放样出±0.000 标高点，然后以±0.000 为依据进行其他各部位的高程放样。±0.000 标高系假定高程，由于设计中各建(构)筑物所处位置不同，±0.000 标高的绝对高程不一定相等。

11.2.3.2　高程的传递

当开挖较深的基槽、安装吊车轨道或建造高楼时，就得向低处或高处引测高程，这种引测高程的方法称为高程的传递。现以从高处向低处传递高程为例，说明其作业方法。如图 11.5 所示，A 为地面水准点，已知其高程为 H_A，现欲测定基槽内水准点 B 的高程。为此，在基槽边埋一吊杆，从杆端悬挂一钢尺(零端在下)，尺端吊一重锤。在地面上和基槽下各安置一架水准仪，分别在 A、B 两点竖立水准尺，由两架水准仪同时读取水准尺和钢尺上的读数分别为 a_1、b_1、a_2、b_2，则 B 点的高程为：

$$H_B = H_A + a_1 - b_1 + a_2 - b_2 \tag{11.5}$$

【在线测试】

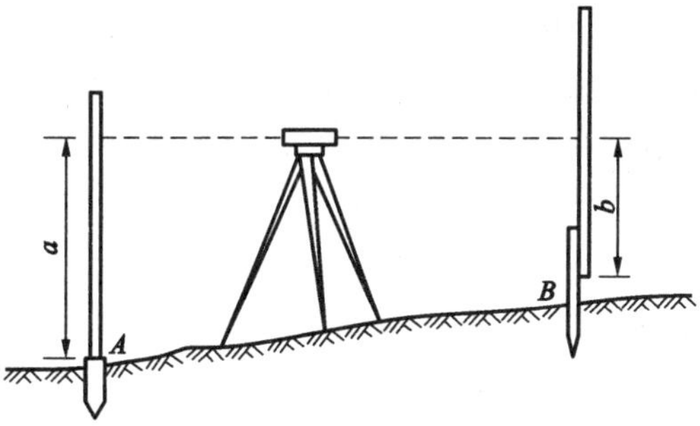

图 11.4　地面点的高程放样

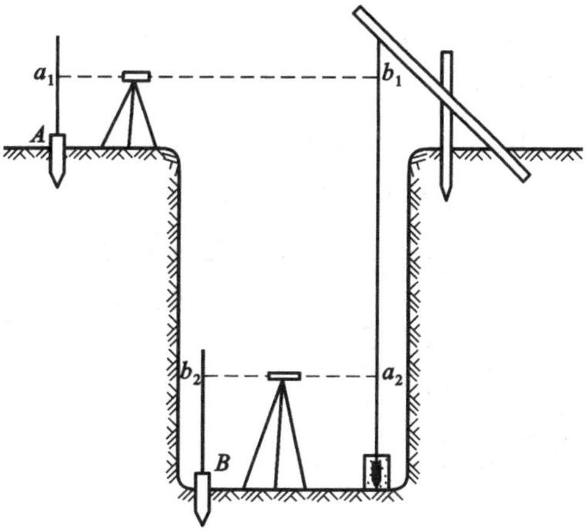

图 11.5　高程传递

为了保证引测 B 点高程的正确性，应改变悬挂钢尺的位置，按上述方法重测一次，两次测得的高程较差不得超过±3 mm。

任务 3　点的平面位置放样

点的平面位置放样的方法有极坐标法、直角坐标法、角度交会法、距离交会法及方向线交会法等。放样时，可根据控制点与待定点的相互关系、地形条件等因素适当选用。

【在线资源】

11.3.1　极坐标法

极坐标法是根据极坐标原理，由一个角度和一段距离测设点的平面位置的一种方法。当测设点离控制点距离较近，且量距方便时可采用此法。

如图 11.6 所示，A、B 为控制点，其坐标已知，P 为欲放样点，其坐标由设计图上求得。欲将 P 点测设于地面，首先应由坐标反算公式求得放样数据 β 和 D_{AP}。

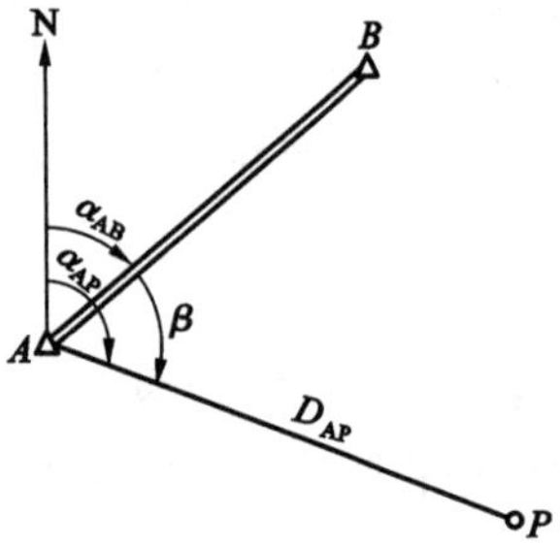

图 11.6 极坐标法放样

$$\left.\begin{aligned}\alpha_{AB} &= \text{atctan}\frac{y_B - y_A}{x_B - x_A} = \arctan\frac{\Delta y_{AB}}{\Delta x_{AB}} \\ \alpha_{AP} &= \arctan\frac{y_P - y_A}{x_P - x_A} = \text{atctan}\frac{\Delta y_{AP}}{\Delta x_{AP}}\end{aligned}\right\} \tag{11.6}$$

则：

$$\beta = \alpha_{AP} - \alpha_{AB} \tag{11.7}$$

$$D_{AP} = \sqrt{\Delta x_{AP}^2 + \Delta y_{AP}^2} \tag{11.8}$$

放样时，将经纬仪安置于 A 点，按前一节所述方法测设 β 角，定出 AP 方向；再沿此方向从 A 点量取距离 D_{AP}，即得 P 点在地面上的平面位置。

11.3.2 直角坐标法

若在建筑场地预先布设了建筑基线、建筑方格网或矩形控制网，则可采用直角坐标法进行点位的放样。

如图 11.7 所示，$QRST$ 是建筑场地上已布设的矩形控制网，$ABCD$ 是需放样的建筑物，它们的坐标分别注于图中。放样之前，应根据各点坐标，计算出建筑物的长度、宽度，以及测设点相对于邻近控制点的坐标增量等测设数据。例如，在图 11.7 中，建筑物的边长为：

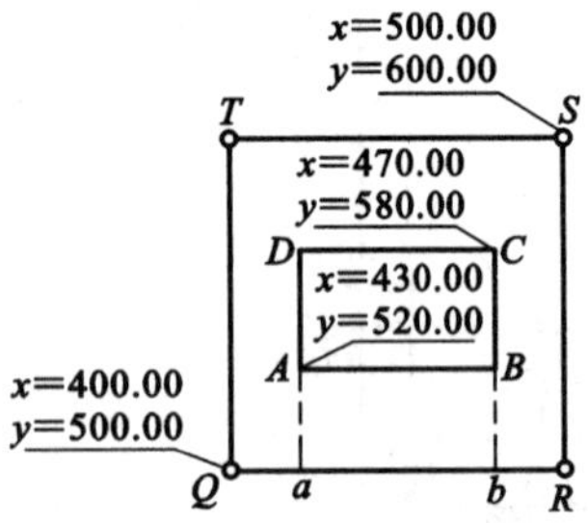

图 11.7 直角坐标法

$$AB = CD = 580.00 - 520.00 = 60.00 \text{ m}$$

$$AD = BC = 470.00 - 430.00 = 40.00 \text{ m}$$

A 点相对于邻近控制点 Q 的坐标增量为：

$$\Delta x = 430.00 - 400.00 = 30.00 \text{ m}$$

$$\Delta y = 520.00 - 500.00 = 20.00 \text{ m}$$

放样时，将经纬仪安置于控制点 Q 上，瞄准 R 点，沿此方向线从 Q 点量 20 m 定出 a 点，再由 a 点向前接量 60 m 定出 b 点。将仪器搬至 a 点，瞄准 R 点使度盘读数为零，望远镜向左转 90°，沿视线方向从 a 点量 30 m 得 A 点，再从 A 点向前量 40 m 得 D 点。再把仪器搬至 b 点，瞄准 Q 点使度盘读数为零，将望远镜向右转 90°，在此视线方向上从 b 点量 30 m 得 B 点，再从 B 点向前量 40 m 得 C 点。这样就将建筑物的四个角点在地面上标定出来了。最后，检查建筑物的角点 D 和 C 是否为 90°，边长 AB 和 CD 是否为 60 m，误差应在允许范围之内。

11.3.3 角度交会法

角度交会法是根据测设角度所定的方向交会出点的平面位置的一种方法。当测设点离控制点较远或地形起伏较大、不便于量距时，采用此法较为方便。

如图 11.8 所示，A、B、C 为三个控制点，其坐标及方位角 α_{AB}、α_{BC} 已知，P 为待放样点，其坐标为设计所给。欲采用角度交会法定出 P 点的实地位置，首先要计算放样数据 β_1、β_2、β_3，即：

$$\left.\begin{aligned}\beta_1 &= \alpha_{AB} - \alpha_{AP} \\ \beta_2 &= \alpha_{BC} - \alpha_{BP} \\ \beta_3 &= \alpha_{CP} - \alpha_{CB}\end{aligned}\right\} \tag{11.9}$$

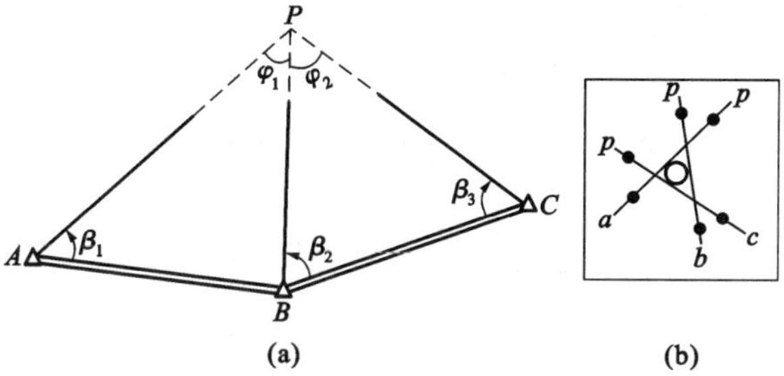

图 11.8　角度交会法

其中：

$$\left.\begin{aligned}\alpha_{AP} &= \arctan\frac{y_P - y_A}{x_P - x_A}\\ \alpha_{BP} &= \arctan\frac{y_P - y_B}{x_P - x_B}\\ \alpha_{CP} &= \arctan\frac{y_P - y_C}{x_P - x_C}\end{aligned}\right\}\tag{11.10}$$

放样时，将经纬仪分别安置于 A、B、C 三个控制点上，先用盘左测设角 β_1、β_2、β_3，交会出 P 点的大致位置，在此位置上打一个大木桩，然后在桩顶平面上按角度放样的一般方法画出 AP、BP、CP 的方向线 ap、bp、cp，如图 11.8(b)所示。三条方向线在理论上应交于一点，但实际上由于放样的误差，往往不交于一点，而构成一个三角形，该三角形称之为示误三角形。示误三角形的最长边一般不得超过 3～4 cm，如果在允许范围内，则取三角形重心作为 P 点的点位。

为了提高测设点位的精度，在作交会设计时，应使交会角 φ_1、φ_2 为 30°～150°。

11.3.4　距离交会法

距离交会法是由两个已知点向同一待放样点测设两段距离，交会出点的平面位置的一种方法。当地面平坦又无障碍物，且待放样点离控制点间的距离不超过钢尺一个尺段长度时，采用此方法较方便。如图 11.9 所示，P_1、P_2 是待放样点，A、B、C、D 为控制点。根据 P_1、P_2 点的设计坐标和各控制点的已知坐标，反算求得点 P_1、P_2 距附近控制点 A、B、C、D 间的距离分别为 S_1、S_2、S_3、S_4。用钢尺分别以 A、B 为圆心，以 S_1、S_2 为半径在地面上画弧，其交点即为 P_1 点的位置；同样分别以 C、D 为圆心，以 S_3、S_4 为半径交出 P_2 点的位置。最后，量取 P_1P_2 的实地长度，并与设计长度相比较，其误差应在允许范围以内，以检核放样精度。

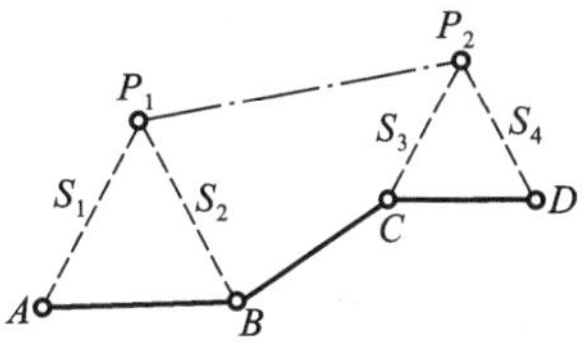

图 11.9　距离交会法

11.3.5　方向线交会法

方向线交会法主要是利用两条视线交会定点。

如图 11.10 所示，某厂房内设计有两排柱子，每排 6 根，共计 12 根。为了将这 12 根柱子的中心测设于地面上，事先可按照其间距在施工范围以外埋设距离控制桩 1—1′、2—2′、…、6—6′和 a—a'、b—b'，然后利用方向线即可交会出柱子的中心位置。如图 11.10 中的 m 点，可由视线 1—1′和 a—a'交会而得。

【在线测试】

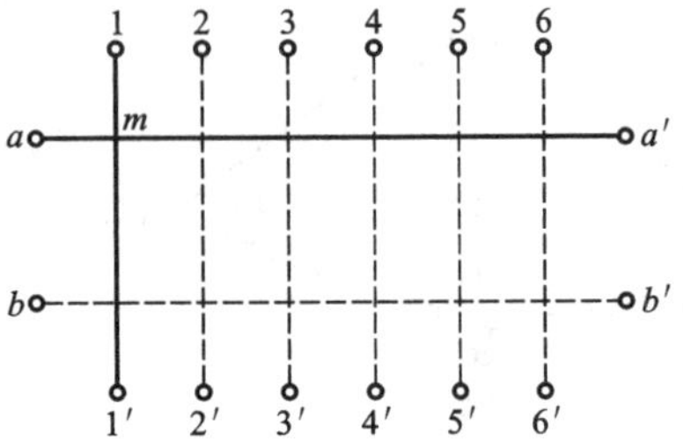

图 11.10　方向线交会法

由于方向线交会法无须计算测设数据，放样方法简单，标定点位迅速，因而在工业厂房柱列轴线的测设及柱基础施工测量等细部放样中得到广泛应用。

任务 4　直线坡度的放样

【在线资源】

在修筑道路、敷设给排水管道、平整建筑场地等工程的施工中，常常需要将设计的坡度线测设于地面，据以指导施工。

如图 11.11 所示，A 为已知点，其高程为 H_A，要求沿 AB 方向测设一条坡度为$-10‰$的直线，其施测步骤如下：

(1) 根据 A、B 两点间的水平距离 D 及设计坡度，计算 B 点的设计桩顶高程：

$$H_B = H_A - D \times 10‰$$

(2) 按照高程放样的方法，放样出 B 点的设计高程。

(3) 将水准仪(或经纬仪)安置于 A 点，使一个脚螺旋位于 AB 方向上，另外两个脚螺旋的连线垂直于 AB 方向，量取仪器高 i。

(4) 用水准仪望远镜照准 B 点处的水准尺，转动微倾螺旋或在 AB 方向上的一个脚螺旋，使视线在水准尺上的读数为仪器高 i，然后分别在中间点 1、2、3 上打入木桩，使这些桩上的水准尺读数都等于仪器高 i，则各桩顶的连线即表示坡度为$-10‰$的直线。

【在线测试】

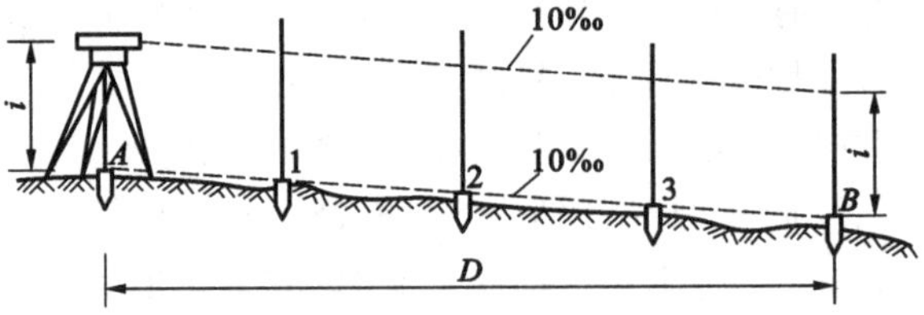

图 11.11　直线坡度的放样

任务 5　全站仪放样

【在线资源】

全站仪放样测量是指在放样过程中，通过对照准点角度、距离或坐标的测量，仪器显示出预先输入的放样值与实测值的差值所指导的放样。使用苏一光 OTS812 型全站仪可进行边角放样、坐标放样、直线点放样、直线线放样及悬高放样等。

11.5.1　边角放样

边角放样是相对于某参考方向转过的角度及待定点至测站点的距离来放样所需的点位，通常采用极坐标法和直角偏差法。

11.5.1.1　极坐标法

如图 11.6 所示，A、B 为控制点，P 为欲放样点，已知 AB 与 AP 的水平夹角为β，A 点与 P 点的水平距离为 D_{AP}，实地放样 P 点。其放样步骤如下：

(1) 将仪器置于 A 点，照准另一控制点 B，使水平度盘置零；开机、进入常规测量界面第二页，如图 11.12 所示。

(2) 点击“边角放样”，进入“边角放样测量”界面(图 11.13)。

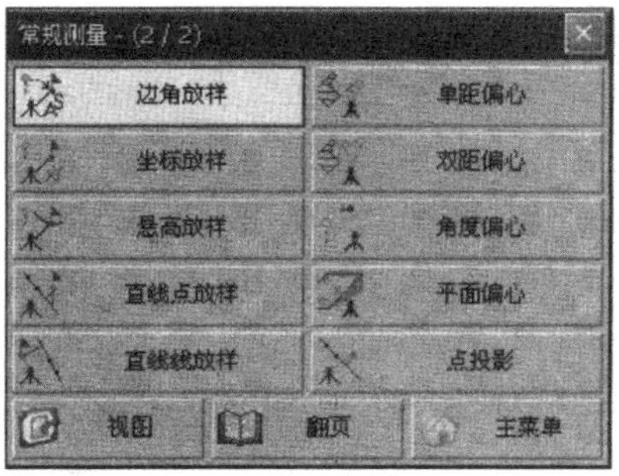

图 11.12　常规测量界面第二页

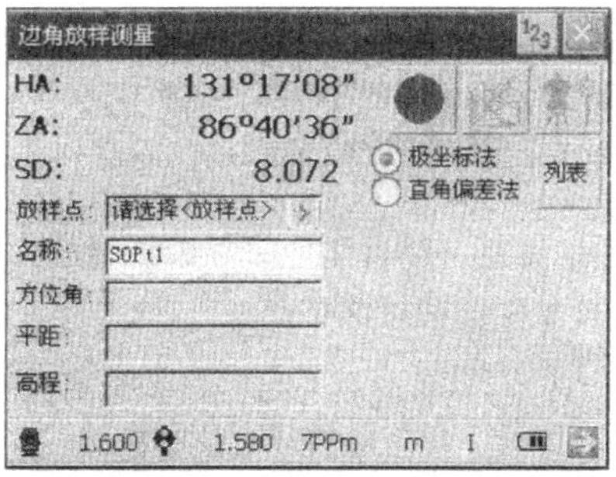

图 11.13　“边角放样测量”界面

(3) 点击“请选择〈放样点〉”，输入放样点名称及放样数据(图 11.14)。

(4) 点击“极坐标法”，按照角度的旋转方向转动照准部使“水平角差”值为 0(图 11.15)。

(5) 在照准方向线上移动棱镜，使距离放样差值为 0(图 11.16)，则棱镜所在的点位即为放样点所在的位置。

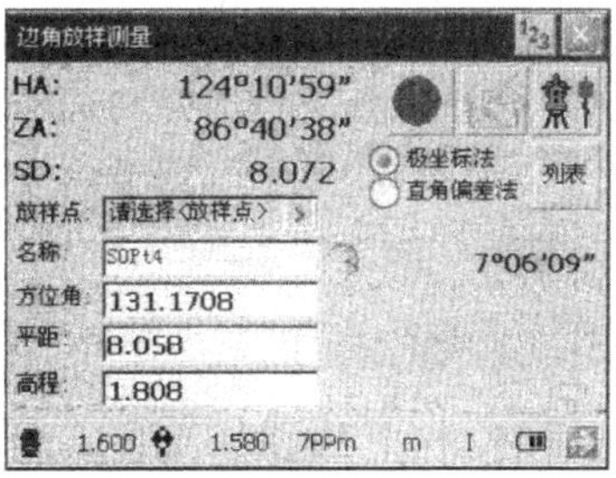

图 11.14　输入放样点名称及放样数据

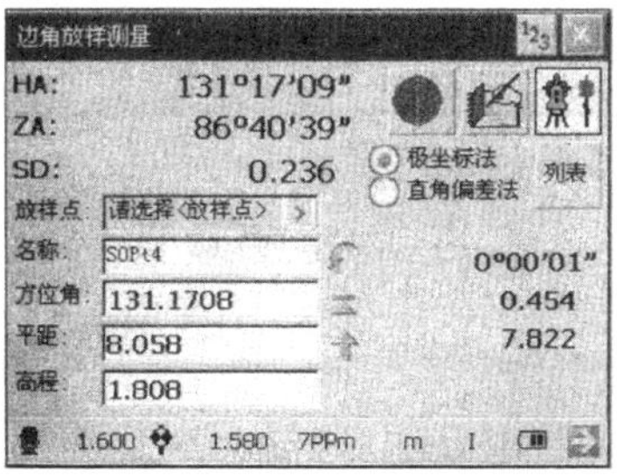

图 11.15　使“水平角差”值为 0

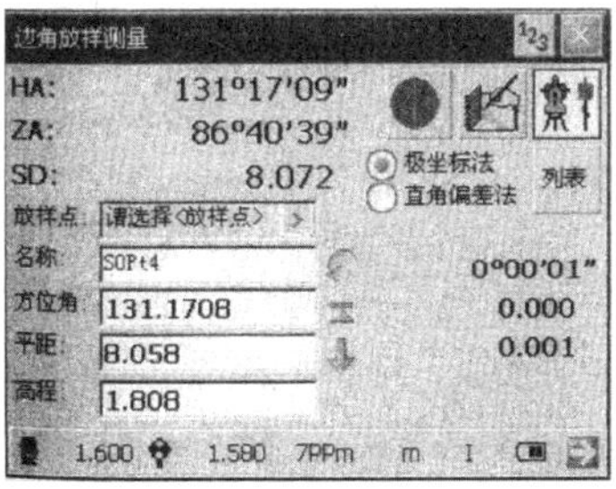

图 11.16　使距离放样差值为 0

11.5.1.2　直角偏差法

图 11.17 所示为直角偏差法示意图，其放样方法同极坐标法前 3 步。第 4 步是仪器进入“边角放样测量”界面后点击“直角偏差法”选项(图 11.18)，照准棱镜进行测距，屏幕上显示测量点与放样点的位置关系(前后、左右)，移动棱镜位置，使仪器测量结果显示测量点与放样点之间前后、左右的偏差值都为 0(图 11.19)即可。

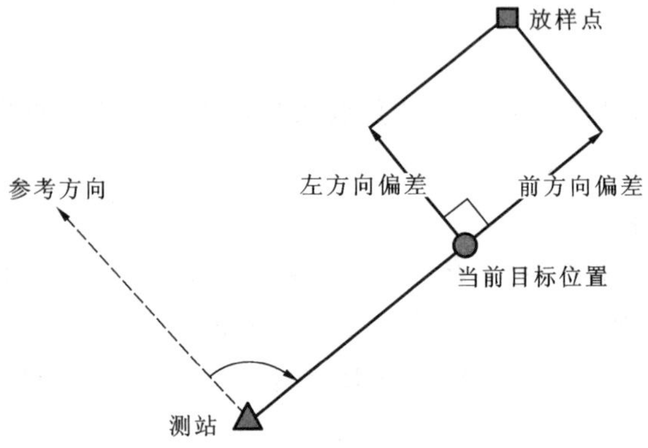

图 11.17 直角偏差法

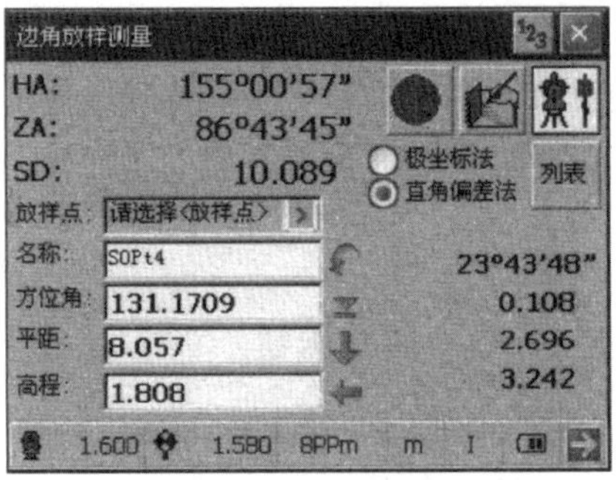

图 11.18 选择“直角偏差法”选项

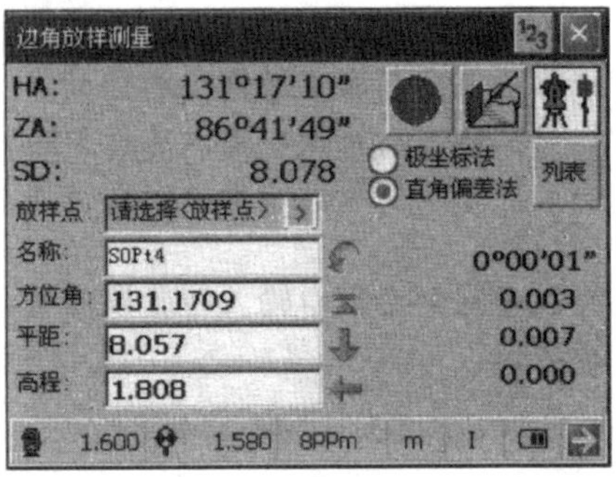

图 11.19 使偏差值为 0

11.5.2 坐标放样

如图 11.20 所示，A、B 为控制点，其坐标已知，P 为欲放样点，其坐标由设计给出，现根据其坐标将 P 点放样到地面上。其放样步骤如下：

(1) 将全站仪安置于测站点 A 上，开机后，输入测站点坐标；照准后视方向 B，输入后视点坐标。

(2) 进入常规测量界面第二页，点击“坐标放样”，进入“坐标放样测量”界面(图 11.21)，输入待定点名称及坐标。仪器可根据输入的坐标值自动计算出相应的放样数据。

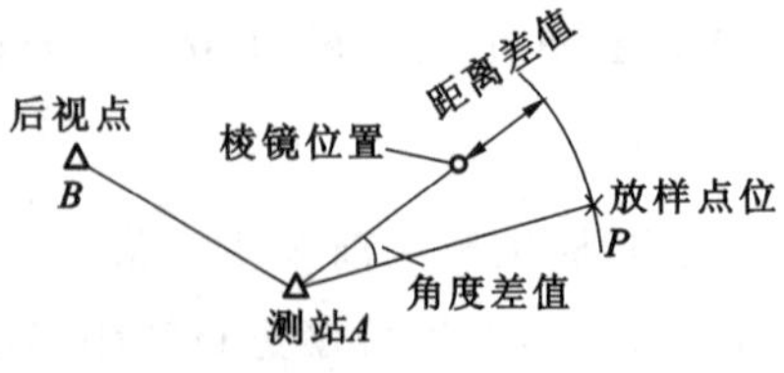

图 11.20 坐标放样

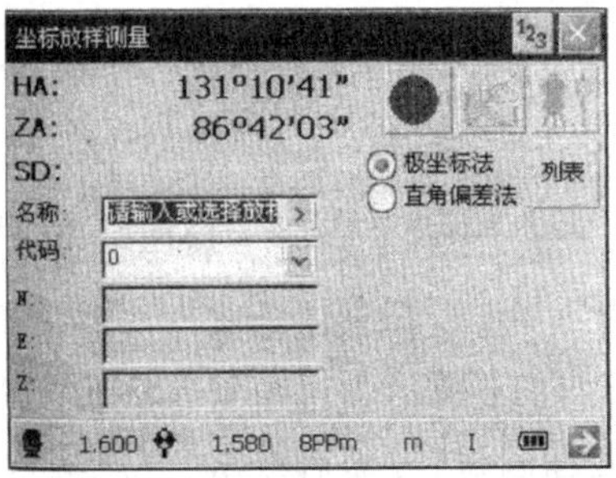

图 11.21 “坐标放样测量”界面

【在线测试】

(3) 点击“极坐标法”或“直角偏差法”，按其放样的方法放样即可。

思　考　题

11.1　施工放样与地形测量有何区别？施工放样的精度与哪些因素有关？

11.2　施工放样的基本工作有哪些？

11.3　何谓±0.000 标高？各建筑物±0.000 标高的绝对高程是否相等？

11.4　点的平面位置放样的方法有哪些？各适用于什么情况？

11.5　利用高程为 37.531 m 的水准点，放样高程为 37.831 m 的室内±0.000 标高。设尺子立在水准点上时，根据水准仪的水平视线在尺上画一条线，问：在同一根尺上的什么地方再画一条线，才能使视线对准此线时，尺子底部就在±0.000 高程的位置？

11.6　欲使用名义长为 30 m 的钢卷尺，放样一段 48 m 的水平距离 AB。经检定，该尺的实际长度为 30.005 m，检定时的温度为 20 ℃，若放样时的温度为 12 ℃，所施于钢卷尺的拉力与检定时相同，A、B 两点间的高差为－0.4 m。试计算在地面上应量出的长度是多少？

11.7　试简述用全站仪进行极坐标法放样的步骤。

11.8　试简述用全站仪进行坐标放样的步骤。

项目十二　工业与民用建筑施工测量

【主要内容】

建筑场地上的施工控制测量;民用建筑施工测量;工业厂房施工测量;房屋建筑的变形监测;竣工总平面图的绘制等。

重点:建筑物的定位测量;建筑物细部轴线的测设;基础施工测量;厂房柱列轴线测设;建筑物变形观测。

难点:建筑方格网测设;主体施工测量;构建安装测量。

【学习目标】

知识目标	能力目标
1. 掌握建筑场地上的施工控制测量方法; 2. 掌握民用建筑的施工测量方法; 3. 了解工业建筑的施工测量方法和房屋建筑变形监测方法; 4. 掌握竣工总平面图的绘制方法	1. 能进行建筑基线和建筑方格网的布设; 2. 能采用正确的方法进行建筑物定位和放样; 3. 能进行建筑物细部轴线的测设; 4. 能进行基础和主体施工测量; 5. 能进行基槽水平桩测设; 6. 会进行沉降和水平位移观测

【思政目标】

通过学习建筑场地施工控制测量方法和建筑物定位放样方法,让学生切实体会到施工测量在工程建设中的重要地位,从而获得专业的认同感和职业的成就感,引导学生个人发展与国家发展共命运,激发学生为祖国建设而勤奋学习的热情。

任务1　建筑场地的施工控制测量

【在线资源】

为建筑物勘测设计阶段施测地形图而布设的测图控制网,主要是从测量地形图的要求来考虑的,这些控制点的分布、密度及精度,都难以满足建筑物施工放样的要求。因此,在施工前,必须重新建立专门的施工控制网,作为建筑物施工放样的依据。施工控制网分为平面控制网和高程控制网两种。

12.1.1　施工平面控制网的建立

施工控制网的布设形式,应根据总平面设计和地形条件来确定。当场区地形起伏较大,通视条件良好时可布设三角网；对于地势平坦而建筑物布置不很规则的场地，可布设导线网；对于地势平坦，建筑物布置比较规则，多为矩形且密集的场地，可布置成正方形或矩形格网，称之为建筑方格网；在建筑面积不大又不复杂的场地上，常布置一条或几条基线，作为建筑场地的平面控制，称之为建筑基线。

关于三角网和导线网已在前面进行了阐述，下面仅介绍建筑基线和建筑方格网。

12.1.1.1　建筑基线的布设形式

建筑基线应靠近主要建筑物，并与其基本轴线平行，以便用直角坐标法进行施工放样。建筑基线通常布置成图 12.1 所示的几种形式：三点直线形，三点直角形，四点丁字形，五点十字形。无论采用哪种形式，建筑基线主点数不应少于 3 个，主点间要互相通视，便于点位保存。

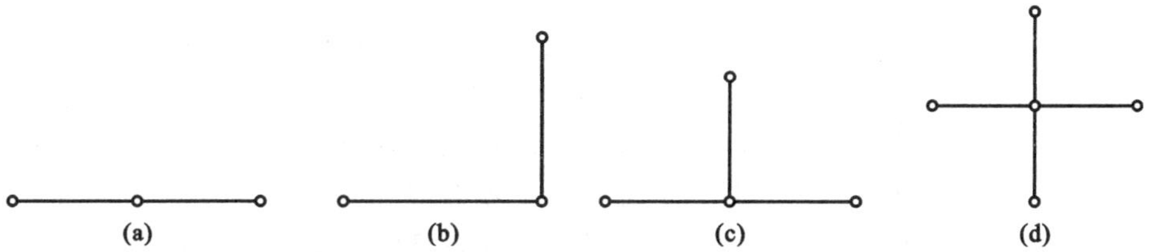

图 12.1　建筑基线布置形式

(a) 三点直线形；(b) 三点直角形；(c) 四点丁字形；(d) 五点十字形

12.1.1.2　建筑方格网的布设和主轴线的选择

建筑方格网的布置，应根据建筑设计总平面图上各建筑物、构筑物和各种管线的布设，结合施工现场的地形情况综合考虑，先选定其轴线，然后布置方格网。当场区面积较大时，可分为两级，即首级网和基本网。首级可采用十字形、口字形或田字形，然后再加密方格网。当场区面积不大时，应尽可能布置成全面方格网，如图 12.2 所示。

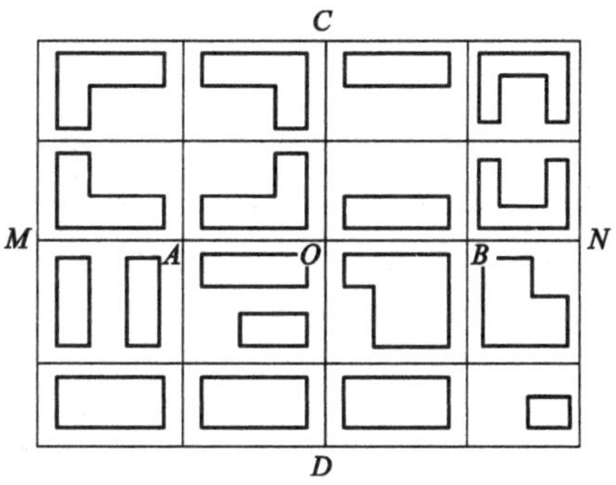

图 12.2　全面方格网

方格网的主轴线应选择在整个场区的中部，并与主要建筑物的基本轴线平行。方格网的折角应严格呈 90°，边长一般为 100～200 m；相邻方格网点间应通视，便于量距，埋设的标石应能长期保存。

12.1.2　测量坐标与施工坐标的换算

为了便于计算和放样，在设计总平面图上，建筑物的平面位置是采用施工坐标系统的坐标来表示的，施工坐标系的坐标轴通常与建筑物的主轴线平行，坐标原点设在总平面图的西南角，以使所有建筑物的设计坐标都为正值，纵轴用 A 表示，横轴用 B 表示，又称为 AB 坐标。施工控制网中各点的施工坐标，也可在总平面图上用图解法求得。

测图时，在场区内建立平面控制网时所布设的控制点坐标称为测量坐标，它与施工坐标系统往往是不一致的。为了计算放样数据和实地放样，必须使用统一的坐标系统，这就需要进行坐标换算。

在图 12.3 中，设 $AO'B$ 为施工坐标系，xOy 为测量坐标系，施工坐标纵轴与测量坐标纵轴

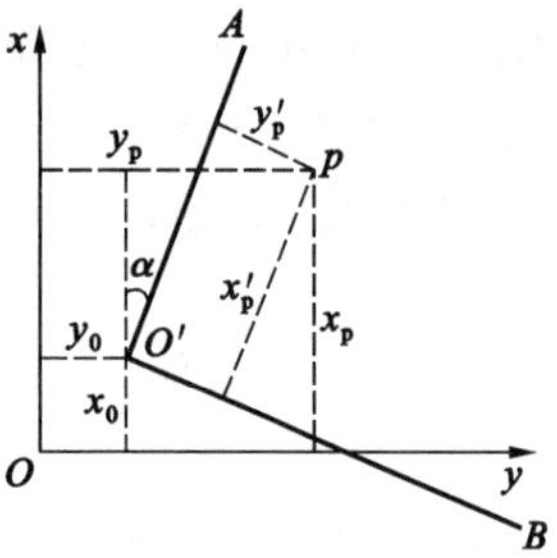

图 12.3 坐标换算图

之间的夹角为 α。由图 12.3 可知，p 点在施工坐标系中的坐标为 x_p'、y_p'，在测量坐标系中的坐标为 x_p、y_p。欲将施工坐标转换成测量坐标，可按下式进行计算：

$$\left.\begin{aligned} x_p &= x_0 + x_p'\cos\alpha - y_p'\sin\alpha \\ y_p &= y_0 + x_p'\sin\alpha + y_p'\cos\alpha \end{aligned}\right\} \tag{12.1}$$

若将测量坐标换算成施工坐标，则计算公式为：

$$\left.\begin{aligned} x_p' &= (x_p - x_0)\cos\alpha + (y_p - y_0)\sin\alpha \\ y_p' &= -(x_p - x_0)\sin\alpha + (y_p - y_0)\cos\alpha \end{aligned}\right\} \tag{12.2}$$

12.1.3 建筑基线的放样

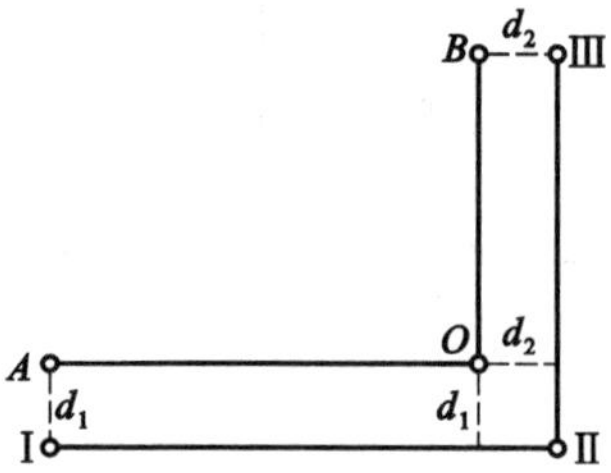

图 12.4 根据建筑红线放样建筑基线

12.1.3.1 根据建筑红线放样建筑基线

在城建区，新建一幢建筑或一群建筑，建筑用地的边界由城市规划部门直接在现场标定。如图 12.4 中的Ⅰ、Ⅱ、Ⅲ三点为城市规划部门在地面上标定的边界点，其连线即为“建筑红线”。建筑基线 AO、OB 便可根据建筑红线标定出来，即用经纬仪测设直角，并量取距离 d_1、d_2，用平行线推移法可确定基线上的 A、O、B 三点的位置。然后，安置经纬仪于 O 点，测量 $\angle AOB$，所测角值与 $90°$ 之差不得超过 $\pm 20''$；否则，要进行调整。

12.1.3.2 根据原有控制点放样建筑基线

如图 12.5 所示，1、2、3 为原有控制点，AOB 为待放样的建筑基线。欲用极坐标法放样，首先要将 A、O、B 点的施工坐标转换成测量坐标，再根据各坐标反算放样数据 β_1、D_1、β_2、D_2、β_3、D_3，然后按极坐标法由控制点 1、2、3 分别放样 A、O、B 三个基线点的概略位置，以 A'、O'、B' 表示，如图 12.6 所示。

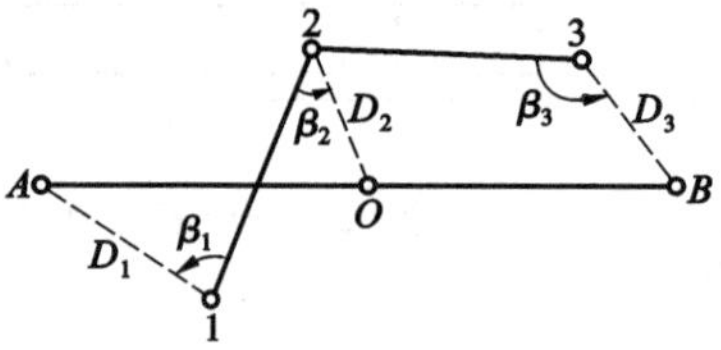

图 12.5 根据原有控制点放样建筑基线

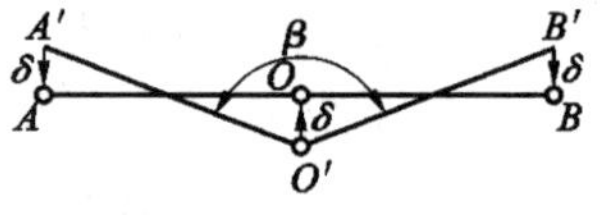

图 12.6 基线点的调整

由于放样的误差，A'、O'、B' 不一定在同一直线上，因此需要检查和调整。其方法是，将经纬仪安置于 O' 点，精确测量 $\angle A'O'B'$ 的角值 β，检查放样到地面上的三点 A'、O'、B' 是否在同一直线上。若 β 与 $180°$ 之差超限，则应进行点位的调整。调整时，将 A'、O'、B' 点按图 12.6 中箭头所指的方向移动同一个改正值 δ，使 A、O、B 三点位于同一直线上。改正值 δ 的计算公式为：

$$\delta = \frac{ab}{2(a+b)} \cdot \frac{(180° - \beta)}{\rho''} \tag{12.3}$$

式中 a，b——OA 和 OB 的长度。

除了角度调整之外，还应用钢尺精密量取 OA 和 OB 的距离，若实测值与设计值之差的相对误差超限，则应以 O 为准，分别按设计值调整 A 点和 B 点位置，直至达到要求为止。

12.1.4 建筑方格网的放样

12.1.4.1 主轴线的放样

在图 12.7 中，MN、CD 为建筑方格网的纵横主轴线，是建筑方格网扩展的基础。当场区较大、主轴线较长时，可以只测设其中的 AOB 段。A、O、B 是主轴线的定位点，称为主点。主点的施工坐标由设计单位给出，也可在总平面图上用图解法求得。在放样前，应将各主点的施工坐标转换成测量坐标，以便求得放样数据。

首先，放样主轴线 AOB，其放样方法与建筑基线的放样方法相同。然后，将经纬仪安置于 O 点，瞄准 A 点，分别向左、向右转 90°，放样另一主轴线 COD，如图 12.8 所示。同样，先标定其概略位置 C' 和 D'，再精确测出 $\angle AOC'$ 和 $\angle AOD'$，分别算出它们与 90°之差 ε_1 和 ε_2。若超限，则按下式计算改正值 l_1 和 l_2：

$$l = D\frac{\varepsilon''}{\rho''} \tag{12.4}$$

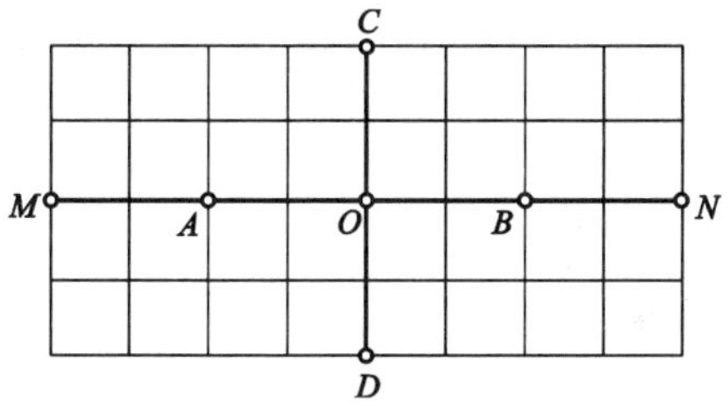

图 12.7 建筑方格网

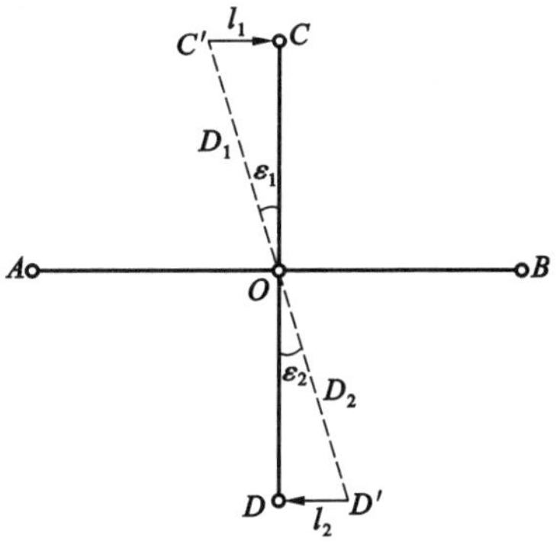

图 12.8 主横轴点位调整

将 C' 沿平行于 AB 的方向移动距离 l_1 得 C 点，将 D' 沿平行于 AB 的方向移动距离 l_2 得 D 点。与此同时，还应检查 OC 与 OD 的长度是否在限差范围内。建筑方格网的主要技术要求参见表 12.1。

表 12.1 建筑方格网的主要技术要求

等级	边长/m	测角中误差	边长相对中误差	测角检测限差	边长检测限差
Ⅰ级	100～300	5″	1/30000	10″	1/15000
Ⅱ级	100～300	8″	1/20000	16″	1/10000

12.1.4.2 方格网点的放样

主轴线放样好后，分别在主轴线端点安置经纬仪，以 O 点为起始方向，分别向左、向右转 90°，这样就可交会出田字形方格网点。随后再做检核，测量相邻两点间的距离，看是否与设计值相等，测量其角度是否为 90°，其误差均应在允许范围内。此后，再以田字形方格网为基础，加密其余的方格网点。

12.1.5 施工高程控制网的建立

高程控制网可分为首级网和加密网，相应的水准点称为基本水准点和作业水准点。

基本水准点按四等水准测量的方法施测；对于为连续生产车间或地下管道放样所设置的基本水准点，应按三等水准测量的方法施测。基本水准点应布设在不受施工干扰、无振动和便于长期保存的地方，组成闭合或附合水准路线。

【在线测试】

作业水准点应满足安置一次仪器即可进行高程放样的要求，在一般情况下，场区平面控制点可兼作高程控制点，在平面控制点中心旁设置一个凸出的半球状标志。同时，为了放样方便，还需布设±0.000 水准点。

任务 2 民用建筑施工测量

民用建筑有低层(1～3 层)、多层(4～6 层)、中高层(7～9 层)和高层(10 层以上)建筑。由于建筑物的楼层不同、结构不同，其施工方法和精度要求也不相同。但总的放样过程基本相同，包括建筑物的定位和放线、基础和墙体施工测量等。下面分别予以介绍。

【在线资源】

12.2.1 建筑物的定位和放线

(1) 建筑物的定位

建筑物的定位就是将建筑物外廓各轴线的交点(图 12.9 中的 A、B、C、D 四个点)放样到地面上，作为基础和细部放样的依据。放样的方法很多，除根据原有控制点、建筑基线、建筑方格网用极坐标法或直角坐标法放样外，还可根据附近的原有建筑物放样。

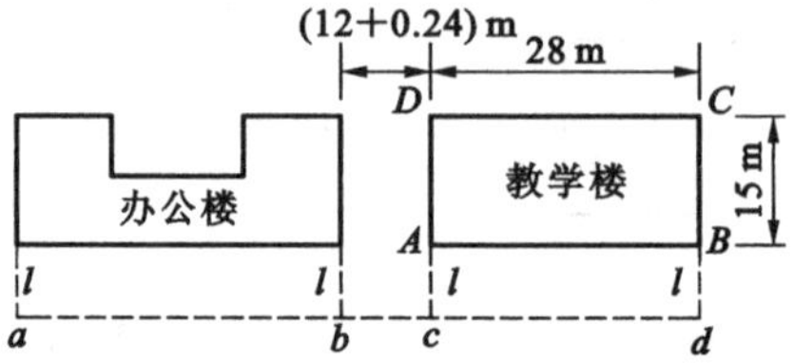

图 12.9 根据已有建筑物定位

如图 12.9 所示，办公楼为已有的建筑物，欲在其东侧新建一幢教学楼，从总平面图得知，两建筑物外缘间距为 12 m，教学楼的长、宽分别为28 m、15 m。其定位方法是：

① 沿办公楼的东、西墙，分别延长一小段距离 l 得 a、b 两点，打入木桩，桩顶钉上铁钉以示点位。

② 将经纬仪安置于 a 点，瞄准 b 点，并从 b 点沿 ab 方向量出 12.24 m 得 c 点(因教学楼外墙厚 37 cm，轴线偏里，离外墙壁 24 cm)，再继续量 28 m 得 d 点。

③ 将仪器分别安置于 c、d 点上，后视 a 点并转 90°，在其视线方向量出距离 $l+0.24$ m 得 A、B 两点，再继续量出 15 m 得 C、D 两点。A、B、C、D 四点即为教学楼外廓定位轴线的交点。

④ 交点间的距离，与设计值相比较，其相对误差不超过 1/2000；用经纬仪检测四个拐角是否为 90°，其误差不应超过±1′。

(2) 建筑物的放线

建筑物的放线就是根据已定位的外墙轴线交点桩(即角桩)放样建筑物其他轴线交点桩，简称为中心桩。放样的方法与角桩相似，即以角桩为基础，用经纬仪控制方向，用钢尺量距。

由于角桩和中心桩在开挖基槽时会被毁掉，为了在施工中能及时而方便地恢复各轴线的位置，需将各轴线延长到基槽开挖线以外，并固定标志。常用的方法有龙门板法和轴线控制桩法（又称引桩法），如图 12.10 所示。

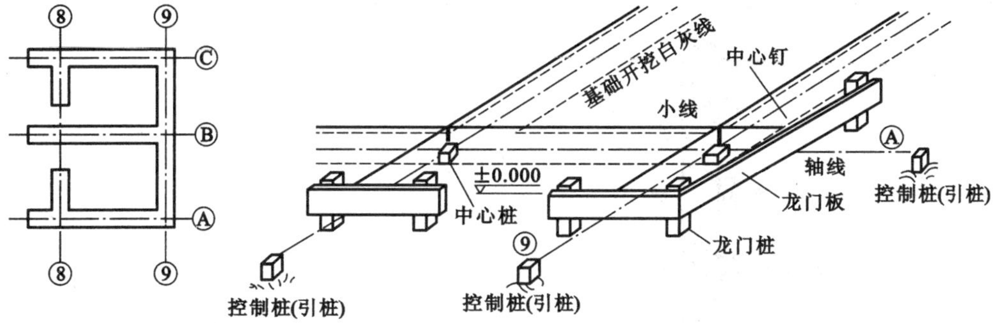

图 12.10　建筑物的放线

龙门板法是在基槽开挖线以外约 2 m 处，先设置龙门桩，桩的外侧与基槽轴线平行，用水准仪将±0.000 标高线放样到每个龙门桩上；然后把龙门板钉在龙门桩上，并使龙门板的上边缘高程正好为±0.000，将建筑物各定位轴线延长到龙门板上，钉一小钉作为标志。龙门板法对施工干扰很大，影响交通，用木材较多，现在用得较少。

引桩法是将轴线控制桩（引桩）设置在基槽外各轴线的延长线上，既要便于引测，又要避免施工干扰和破坏。有时，也可将轴线投测到周围的建筑物上，做好标志，代替引桩。此种方法比较简便，尤其适用于多层建筑物及采用机械开挖基槽的施工场地。

（3）放样开挖边界线

根据基础宽和放坡宽，用石灰撒出基础开挖边界线，以便施工时按此线进行开挖。

12.2.2　基础施工测量

按基础开挖边界线进行基础开挖。为了控制基槽的开挖深度，当基槽开挖到接近设计高程时，可用水准仪根据地面上的±0.000 标高在槽壁每隔 3～5 m 投测水平桩，水平桩桩面的设计高程一般离槽底 0.5 m，用以控制槽底的开挖高程。

水平桩测设方法如图 12.11 所示，设基槽底部的设计高程为−1.500 m（相对于±0.000 标高），欲设置的水平桩相对于槽底的高差为−0.5 m，则水平桩桩面的高程为−1.5−（−0.5）＝−1.0 m。测设时，将水准仪安置于地面，水准尺立于±0.000 标高上，如读得该尺后视读数为0.950 m，则前视读数应为：

$$b = 0.950 - (-1.000) = 1.950 \text{ m}$$

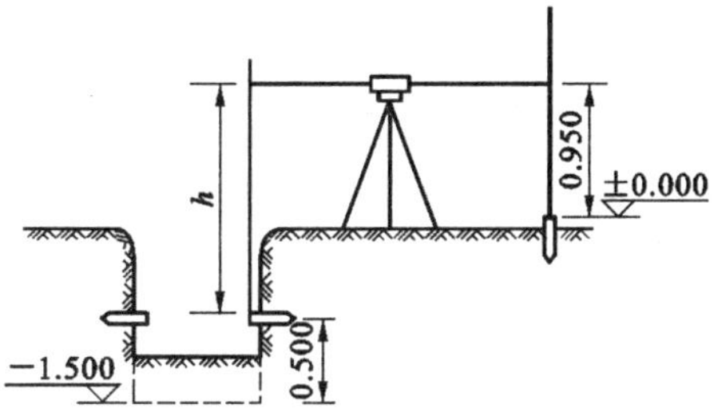

图 12.11　水平桩测设方法

沿槽壁上下移动前尺，直至其读数为1.950 m，则此时尺底的高程即为欲放样的高程，即可打入水平桩。

槽底修平并做好垫层后，将基础轴线投影到垫层上，按基础设计宽度定出基础边线，弹以墨线标明。

12.2.3 墙体施工测量

在垫层以上，±0.000 标高以下的砖墙称为基础墙；在±0.000 标高以上的墙体称为主体墙。墙体各部位的标高，通常用皮数杆(图 12.12)来控制和传递。

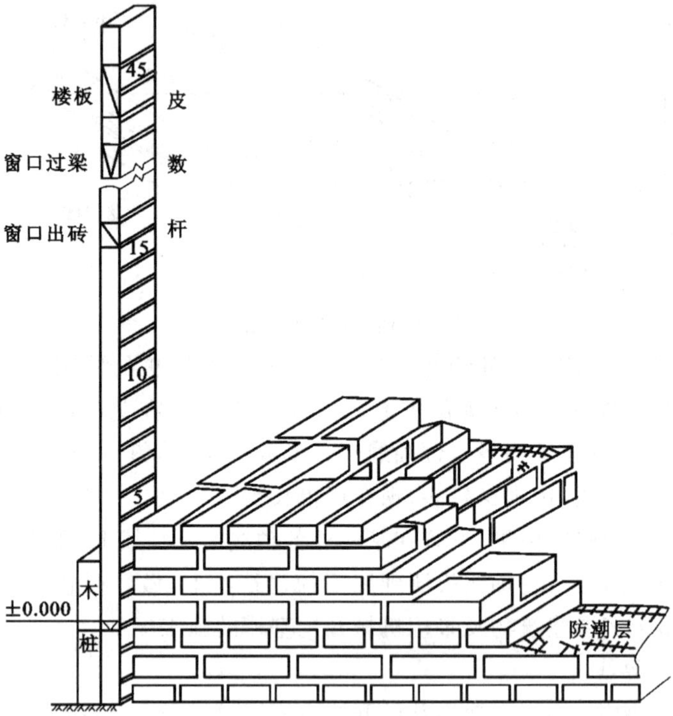

图 12.12 皮数杆

用以控制基础高度的皮数杆为基础皮数杆，它是一种木制的杆子，在杆上预先标明每皮砖和灰缝的厚度，以及±0.000 标高线和防潮层等的位置。立杆时，将皮数杆上±0.000 标高线的位置与地面上的±0.000 桩上标定的位置对齐，以此作为基础墙的施工依据。

主体墙的标高利用墙身皮数杆来控制。墙身皮数杆除标明每皮砖和灰缝厚度、±0.000 标高线的位置以外，还要注明墙体上窗台、门窗洞口、过梁、圈梁、楼板等构件的位置。砌墙时，将皮数杆立于墙角处，使±0.000 刻线与基础皮数杆±0.000 刻线对齐，并用水准仪检测其高程。

12.2.4 高层建筑物的施工测量

高层建筑一般为框架结构，层数多、跨度大、高度高。在施工过程中，对建筑物的标高、水平度、垂直度要求都十分严格。因此，高层建筑施工测量的主要任务是轴线投测和高程传递。

12.2.4.1 轴线投测

轴线投测的目的在于控制建筑物的竖向偏差。国家建筑施工规范规定，竖向偏差在本层内不得超过±5 mm，全楼的累积偏差不得超过±20 mm 或 $H/1000$(最大为 50 mm)。高层建筑的轴线投测，一般采用经纬仪引桩投测法或激光铅垂仪投测法。

(1) 经纬仪引桩投测法

如图 12.13(a)所示，放样前，要将原有的轴线控制桩引测到离建筑物较远处(建筑物高度的

1.5 倍以上)，如图 12.13(a)中的 A_1、A_1' 和 B_1、B_1'。首先将经纬仪分别安置于各轴线控制桩 A_1、A_1' 和 B_1、B_1' 上，严格对中、整平，瞄准墙角轴线点 a_1、a_1' 和 b_1、b_1'，用盘左、盘右取中点的方法将各点投测到上一层楼面，即得 a_2、a_2' 和 b_2、b_2'。两端点投测完后，再弹墨线标明轴线位置。

随着楼层的逐渐增高，望远镜的仰角愈来愈大，不但操作不方便，而且又影响投测精度。此时，可将轴线控制桩引测到附近大楼的顶面上或离建筑物更远的安全地点[图 12.13(b)]，再继续向上投测。

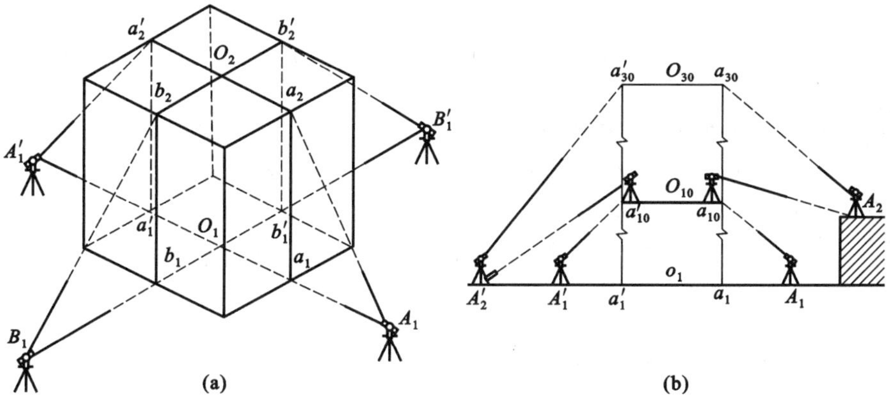

图 12.13　经纬仪引桩投测法

(2) 激光铅垂仪投测法

激光铅垂仪是一种专用铅直定位仪，适用于高层建筑、烟囱、高塔等的铅直定位测量和变形观测等。它具有投测精度高、速度快、不受建筑物周围环境和地形等影响的特点，因此被广泛采用。

图 12.14 所示为我国生产的 DZJ_3 型激光铅垂仪。它是利用一条与视准轴重合的可见激光，产生一条向上的铅垂线进行竖向照准，从而进行铅垂线的定位传递。其使用方法是：待高层建筑的基础施工完毕后，于底层上的适当位置(距轴线 500～800 mm)设置与轴线平行的辅助线，并埋设投影点标志。在每层楼板与底层投影点相对应处预留孔洞，洞口大小一般为300 mm×300 mm左右，在预留洞口处安置接收靶。将激光铅垂仪安置于底层埋设的投影点标志上，严格对中、整平，接通激光电源，打开激光器，即可产生激光基准线。在楼板预留孔处接收靶显示的激光光斑中心，即为底层埋设点的铅垂投影位置。

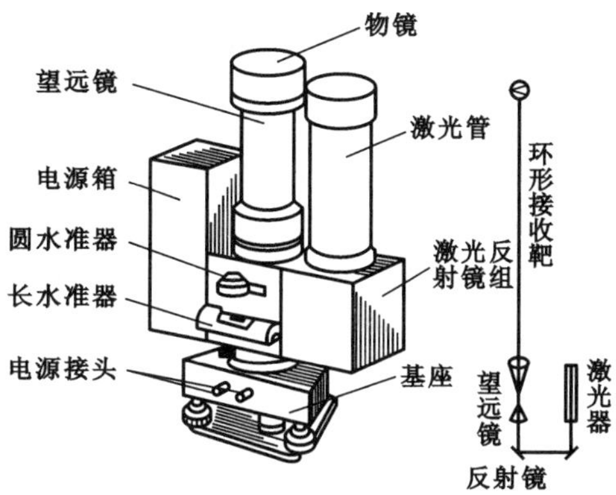

图 12.14　激光铅垂仪构造图

12.2.4.2 高程传递

【在线测试】

高程传递就是从底层±0.000标高点开始,用钢尺沿建筑物外墙、边柱或电梯间向上垂取,即可将高程传递到各楼层上,并以此作为各层其他构件的施工依据。用此方法传递高程时,每幢高层建筑物至少要由三个底层标高点向上传递。由下层传递上来的同一层的几个标高点,必须用水准仪进行检核,看是否在同一水平面上,其误差不得超过±3 mm。除此方法外,还可用悬吊钢尺法等。

任务3 工业建筑施工测量

【在线资源】

工业建筑以厂房为主体,多为排柱式结构,跨距大、隔墙少、柱子多,施工精度要求高。因此,在场区建筑方格网的基础上,还应建立能满足各厂房特殊要求的矩形控制网,作为厂房的基本控制网。由此可知,工业建筑施工测量的主要工作是厂房矩形控制网的放样、厂房柱列轴线的放样、基坑施工放样、厂房预制构件的安装测量。

12.3.1 厂房矩形控制网的放样

图12.15所示为建筑方格网、厂房矩形控制网和厂房的相互位置关系图。从图中可以看出,厂房矩形控制网的放样,可利用建筑方格网采用直角坐标法进行。其边长相对误差不得大于1/1000,角度误差不得超过±10″。

矩形控制网放样完毕后,在其各边每隔一定距离埋设一个距离指标桩。距离指标桩的间距,通常为设计柱子间距的整数倍。

12.3.2 厂房柱列轴线的放样

厂房柱列轴线的放样,可根据厂房矩形控制网上所标定的距离指标桩,按设计的柱子间距或跨距,用钢尺量距的方法标定,称为轴线控制桩,如图12.16所示。值得注意的是,因为厂房柱基类型较多,尺寸大小不一,所以柱列轴线不一定是基础中心线。

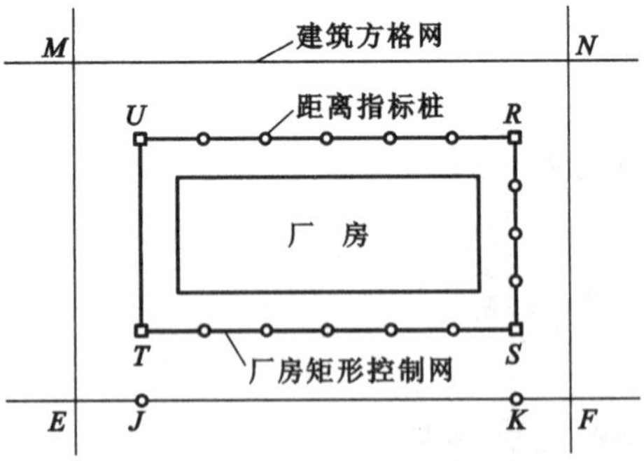

图12.15 厂房矩形控制网

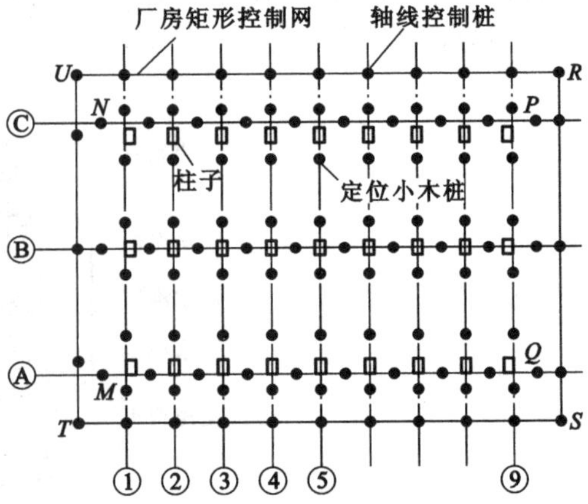

图12.16 柱列轴线图

12.3.3　基坑施工放样

柱子基坑开挖之前，应根据柱基平面图和大样图，把基坑开挖边线放样于地面。如图 12.17所示，Ⓐ—Ⓐ与⑤—⑤表示柱列轴线的方向。柱基放样时，将经纬仪分别安置在相应的轴线控制桩上，依柱列轴线在地面上交会出各柱基的位置，然后按照基础大样图的尺寸，用特制角尺，根据定位轴线放样基坑开挖线，并用白灰标明开挖范围。为了在基坑开挖过程中较方便地交会出柱基的位置，可在基坑的四周钉四个定位小木桩，桩顶钉一小钉。

基坑开挖到一定深度后，在坑壁四周离坑底 0.3～0.5 m 处设置水平桩，在基坑底设置垫层标高桩，使桩顶恰好为垫层的设计高程，如图 12.18 所示。

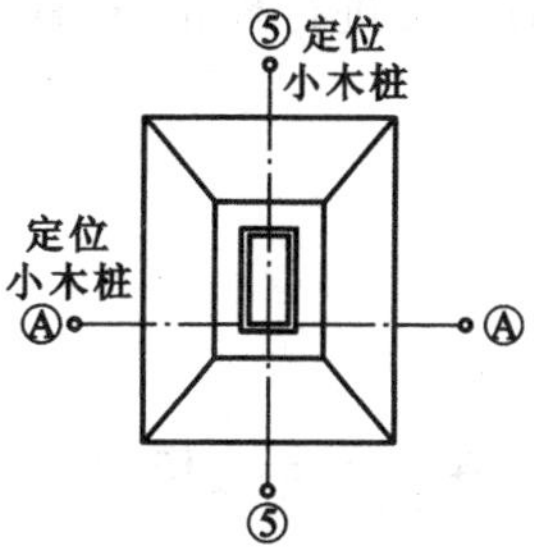

图 12.17　基坑的放样

图 12.18　基坑高程的放样

12.3.4　厂房预制构件的安装测量

厂房预制构件主要有柱子、吊车梁、吊车轨道和屋架等。在安装时，要进行一系列的测量工作。

12.3.4.1　柱子安装测量

(1) 柱子安装测量的精度要求

柱子中心线应对准柱列轴线，允许偏差为±5 mm；

牛腿面和柱高必须等于其设计高程，其误差不得超过±5 mm(柱高不大于 5 m 时)或±8 mm(柱高大于 5 m 时)；

柱身垂直允许误差为柱高的 1‰，但不得大于 20 mm。

(2) 投测柱列轴线和柱身弹线

在杯形基础上，根据轴线控制桩用经纬仪把柱列轴线投测到杯口顶面上，弹出墨线，作为定位轴线的标志，并在杯口内壁测设一条设计高程线，如图 12.19 所示。在每根柱身的三个面弹出柱中心线，供安装时定位用。

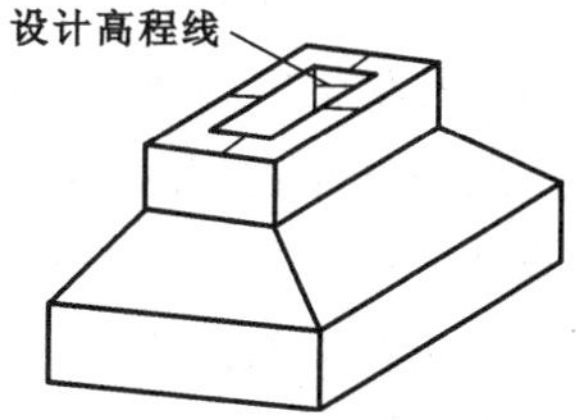

图 12.19　投测柱列轴线于杯口

(3) 柱身长度检查和杯底抄平

柱身长度是指柱底到牛腿面的距离。用钢尺量出柱身四条棱的长度，以其中最长的一条为准，它应等于牛腿面设计高程与杯底标高之差。如果不相等，由于柱身长度预制后是不可能进行修整的，所以解决的办法是：在浇筑基础时，将其底面高程降低 3～5 cm，根据柱身的实际长度，在杯底回垫水泥砂浆(称为杯底抄平)，以使牛腿面高程达到设计要求。

(4) 安装柱子时的垂直校正

如图 12.20 所示，将柱子吊装插入杯口后，在四周用木楔或铁楔临时将其固定，以使柱身基本垂直。若柱中心线与杯口柱列轴线有偏差，则用锤敲打楔块，使中心线对齐，然后进行柱子垂直校正。垂直校正时，将两架经纬仪分别安置在互相垂直的两条柱列轴线上，如图 12.20 所示，离柱子的距离约为柱高的 1.5 倍。望远镜先瞄准柱脚中心线，固定照准部制动螺旋，仰视柱顶部，若柱顶部中心线与十字丝竖丝重合，则说明柱子是垂直的；否则应用牵绳或千斤顶进行调整，直至柱中心线与十字丝竖丝重合为止。柱子两侧面垂直后，应立即灌浆，使其位置固定。

在实际工作中，由于纵横轴方向上柱距很小，为了提高作业速度，通常将成排的柱子都竖起来，然后把经纬仪安置在纵横轴的一侧，按图 12.21 所示的方法进行校正，这样安置一次仪器就可同时校正几根柱子。

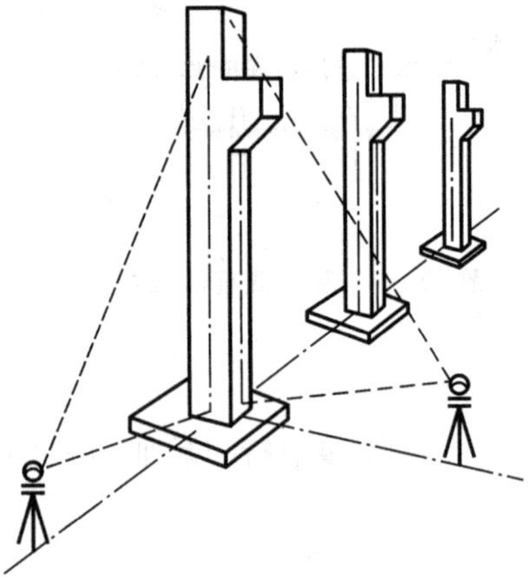

图 12.20　柱子的安装与垂直校正

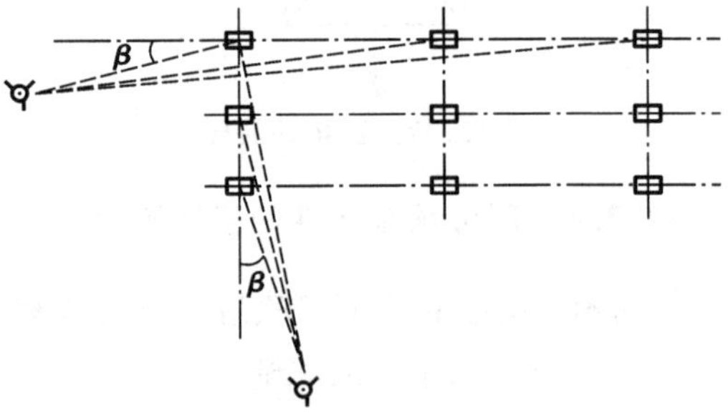

图 12.21　成排柱子垂直校正

12.3.4.2　吊车梁的安装测量

在工业厂房中，各种设备进行安装与检修是利用架设在吊车梁与轨道上的行车起吊的，为了保证行车的正常运行，应使吊车梁的中心线和梁面高程满足设计要求。

(1) 吊车梁中心线与轨距的控制

安装吊车梁前，先在梁的顶面和两端弹出梁本身的中心线，然后按下述方法将吊车轨道中心线投测到牛腿面上：如图 12.22 所示，OO' 为厂房中心线，根据设计轨距，由厂房中心线在地面上测设出吊车轨道中心线 AA' 和 BB'。将经纬仪安置在吊车轨道中心线一端 A、B 点，瞄准另一端点 A'、B'，上仰望远镜，即可将吊车轨道中心线投测到每根柱子的牛腿面上，弹以墨线。吊车梁起吊安装时，应使梁端中心线与牛腿面上的中心线对齐。

(2) 梁面高程的检测

吊车梁安装后，要检测梁面高程。检测的方法是：在厂房内安置水准仪，利用附近水准点，在每根柱子侧面测设＋50 cm 的标高线，然后用钢尺从该标高线起向上量距，定出每根牛腿面上梁面的设计标高线。若与实际的高程有差异，则应在吊车梁下面用垫铁板的方法，使梁面高程符合设计要求。

12.3.4.3　吊车轨道的安装测量

吊车轨道安装测量的目的是：保证轨道中心线与轨顶高程符合设计要求。吊车轨道是放置在吊车梁上的，为了严格控制轨道间的间距，在安装轨道前，必须对梁的中心线进行检测。检测采用的是平行线法。

如图 12.23 所示，首先在地面上从轨道中心线向厂房中心线方向丈量某一长度 a（通常为 1 m），利用经纬仪设置轨道中心线的平行线 EE'、FF'。然后将经纬仪安置在平行线的一端 E、F，瞄准另一端 E'、F'，固定照准部制动螺旋，上仰望远镜投测。此时，另一人在吊车梁上移动横放的木尺，当视线对准尺上 1 m 的刻线时，尺的另一端应恰好与梁面上的中心线重合。如果不重合，应予以改正，可用撬杆移动吊车梁，使吊车梁中心线到 EE' 或 FF' 的距离等于1 m 为止。

吊车轨道按中心线安装就位后，用钢尺检查两条轨道间的跨距，与设计跨距相比，其误差不得超过±5 mm；用水准仪在轨道面上检测轨面高程，每隔 3 m 测一点，与设计高程相比较，误差应在±3 mm 以内。

【在线测试】

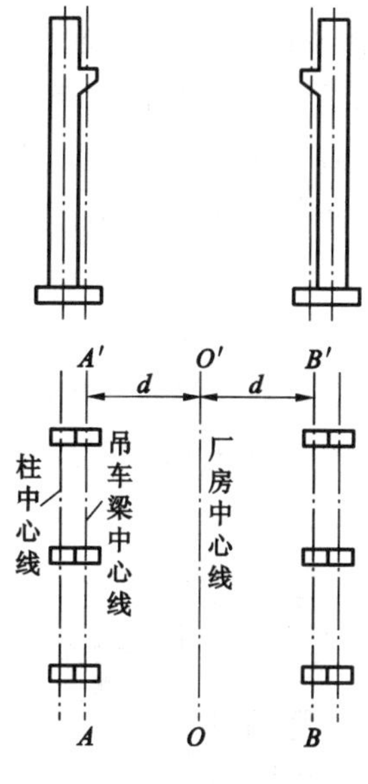

图 12.22　吊车梁中心线放样

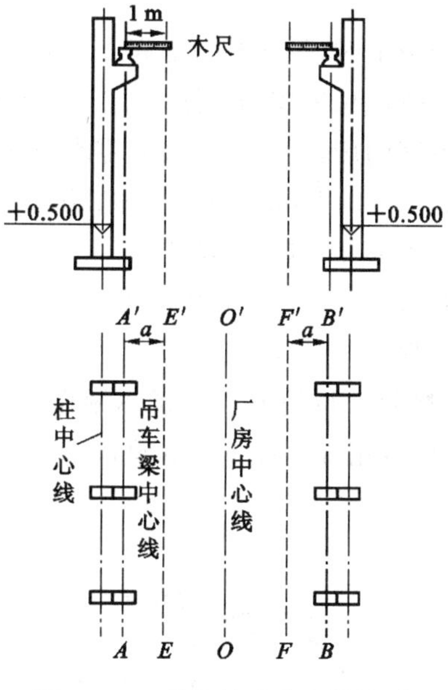

图 12.23　吊车轨道中心线检测

任务 4　烟囱、水塔施工测量

烟囱和水塔都具有基础小、主体高的特点，虽其形式不同，但施工测量方法相似。现以烟囱为例，说明其施工放样方法。

烟囱施工测量的主要任务是：严格控制中心位置，确保主体竖直。

【在线资源】

12.4.1　基础定位放线

首先，按设计要求实地放样，并标定烟囱中心位置 O，如图 12.24 所示。然后，安置经纬仪

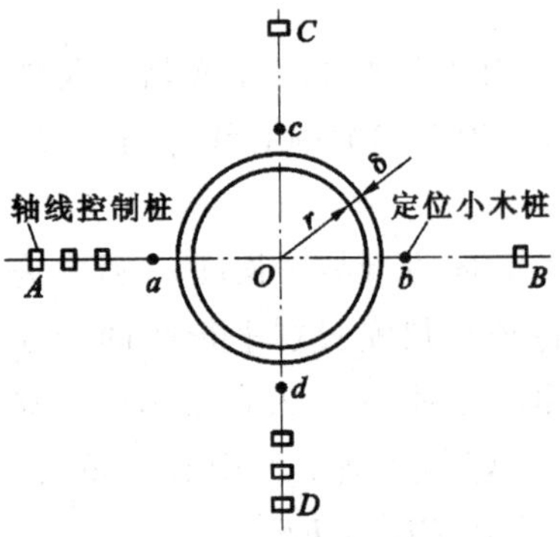

图 12.24 基础定位放线

于O点，定出两条相互垂直的直线，即定位轴线AB和CD，使A、B、C、D四点离O点的距离大于烟囱高度的1.5倍，并在AB和CD直线上、基础开挖线外2 m左右分别标定a、b、c、d四个定位桩，以利于修坑和恢复其中心位置。再以中心O点为圆心，以基础设计半径r和基坑放坡宽度δ之和为半径($R=r+\delta$)，在地面画圆，撒上石灰线，作为基础开挖的边界线。

12.4.2 基础施工测量

当基坑开挖到一定深度时，在坑壁测设水平控制桩，作为控制基础深度和浇筑垫层的依据。浇筑混凝土基础时，在中心面上埋设钢筋作为标志，并把中心点精确地引测到钢筋标志上，刻上"十"字线，作为控制烟囱垂直度和半径的依据。

12.4.3 筒身施工测量

筒身施工时，每上升一定高度，都要将其中心引测到施工作业面上，为方便起见，一般使用吊线尺和收坡尺来控制。图12.25所示为吊线尺，是由长度约等于烟囱筒脚直径的方木和一根带有刻度的旋转尺组成，尺的零端设在方木中心。将吊线尺横在施工作业面上，在其中心悬挂质量为8～10 kg的垂球。平移吊线尺，将垂球尖对准基础面上的中心点O，即可检查施工作业面有无偏差，以指导施工。

筒身每上升10 m，要用经纬仪或激光铅垂仪向作业面投测其中心，以检核其垂直度。

为了保证筒身收坡符合设计要求，还应随时用收坡尺来检查收坡情况。收坡尺如图12.26所示，两侧斜边按筒壁收坡系数制作，使用时，把斜边靠在筒身外侧，若筒身收坡符合设计要求，则垂球线正好通过下端的缺口。

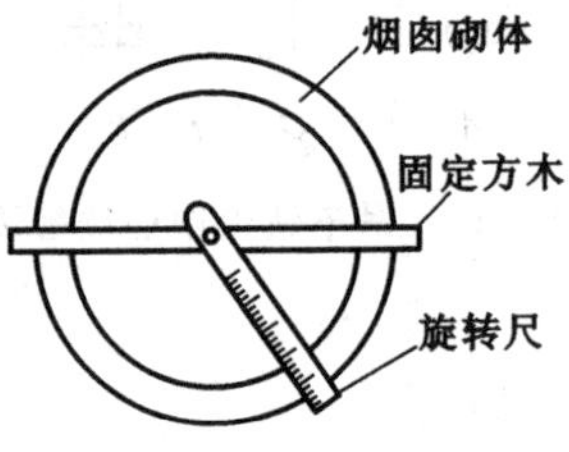

图 12.25 吊线尺

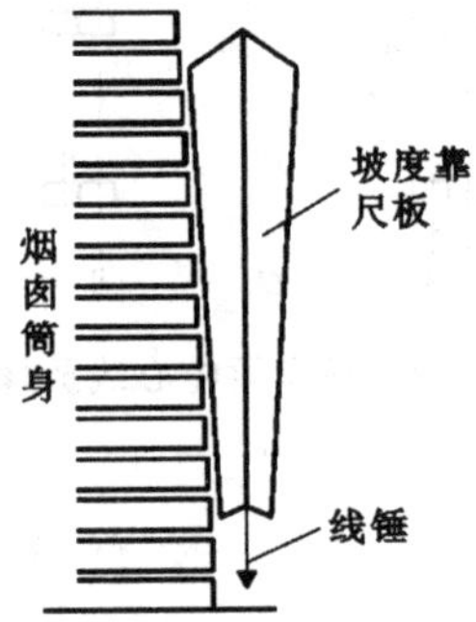

图 12.26 收坡尺

【在线测试】

12.4.4 筒体标高控制

筒体标高控制是用水准仪在筒壁上测出整分米数(如0.5 m)标高线，再以此线为基准，用钢尺向上量取筒体高度。

任务 5　房屋建筑的变形观测

在房屋建筑中，由于地基承受的荷载不断增加，地基土受力变形；工业厂房投入运营后，受机械运转的振动影响；地基长期受地下水侵蚀的影响，以及建筑物内部应力的变化，都可能使建筑物发生变形。其表现形式为建筑物的沉降、倾斜和裂缝。为掌握建筑物的变形情况，及时发现建筑物有无异常的变形现象，以便采取相应措施，确保建筑物的安全，同时也为检查设计理论和经验数据的准确性提供可靠的科研资料，应对建筑物进行变形观测。

【在线资源】

12.5.1　沉降观测

沉降观测是用水准测量的方法，根据水准基点定期观测建筑物上设置的沉降观测点的高程变化，从而获得其沉降量。

(1) 水准基点的布设

水准基点是沉降观测的依据，本身必须安全、稳定、可靠。因此，布设水准基点时应注意以下几点：

① 水准基点应埋设在沉降区以外通视条件良好、不受干扰的安全的地方；

② 水准基点与沉降观测点间的距离一般不超过 100 m，以保证观测的精度；

③ 水准基点应埋设在冰冻线以下 0.5 m 处，以保证自身的稳定；

④ 水准基点的个数应不少于 3 个，以便相互校核。

(2) 建筑物上沉降观测点的布设

沉降观测点是设在建筑物及其基础上，用来反映建筑物沉降关系的标志。观测点的数目和位置应能全面反映建筑物的沉降情况，它与建筑物的大小、基础的形式、荷载及地质条件等有关。一般来说，民用建筑应沿房屋的四周每隔 20 m 左右设置一点，特别是墙角、纵横墙连接处更应设置观测点。工业厂房的观测点应设置在柱子基础、承重墙及厂房转角处。大型设备基础及较大动荷载的周围、基础形式改变处及地质条件变化处最容易产生沉陷，宜布设适量的观测点。烟囱、水塔、高炉等圆形构筑物，应在基础的对称轴线上布设观测点。沉降观测点的标志形式如图 12.27 所示。

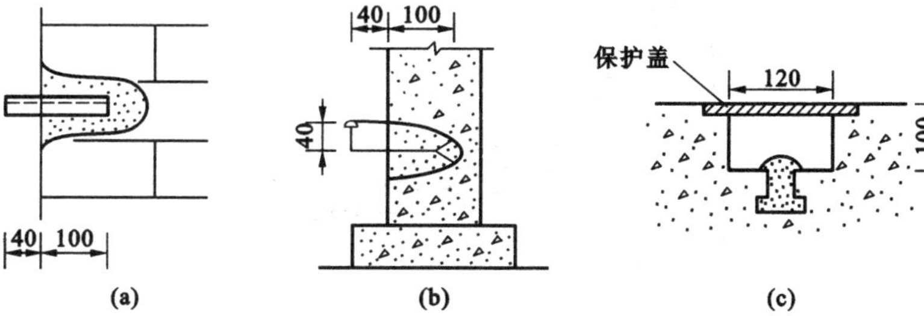

图 12.27　沉降观测点的标志形式(单位：mm)

(a) 设置在墙上的观测点；(b) 钢筋混凝土柱上的观测点；(c) 设置在基础上的观测点

(3) 观测周期的确定

沉降观测的周期和次数，应根据工程进度、建筑物的大小、地基的地质情况及荷载增加情况而定。

标志埋设稳固后,即可开始第一次观测。施工期间,每增加一次较大荷载就观测一次。工程竣工交付使用后,还应连续进行观测,观测周期可视沉降量大小及速度而定。起初可以一个月观测一次,以后随着沉降速度的减慢,可三个月、半年、一年观测一次,直到沉降稳定为止。一般当半年内沉降量不超过 1 mm 时,便可认为沉降已趋于稳定。

(4) 观测方法和精度要求

沉降观测一般用 S_1 型精密水准仪,按国家二等水准测量的方法进行观测。对于精度要求较低的建筑物,可用 S_3 型水准仪按三等水准测量的方法进行观测。各观测点与水准基点要联测到一起,形成闭合或附合水准路线。

观测应在成像清晰、稳定的时间内进行,为了提高观测精度,前、后视应用同一根水准尺,水准尺离仪器的距离不得大于 50 m,前、后视距离要相等。最好是固定观测人员、仪器、测量路线和方法。

对于连续生产的动力设备基础、高层钢筋混凝土框架结构及地基土质不均匀的重要建筑物,同一后视点两次后视读数之差不得超过±1 mm,水准路线闭合差不得超过 $\pm 1\sqrt{n}$ mm(n 为测站数)。对于一般建筑物,同一后视点两次后视读数之差不得超过±2 mm,水准路线闭合差不得超过 $\pm 2\sqrt{n}$ mm。

(5) 观测成果的整理

沉降观测的目的是提交可靠的观测成果,供有关部门分析、研究和处理。观测数据应记入专用的外业手簿中。每次观测结束后,应检查记录、计算是否有误,精度是否合格,文字说明是否齐全,然后调整闭合差,计算各沉降观测点的高程,进而计算相邻两次观测之间的沉降量和累积沉降量,并将计算数据列入沉降观测成果表中,同时注明观测日期和荷载情况。据此绘出各观测点的沉降量、荷载和时间的关系曲线,如图 12.28 所示。

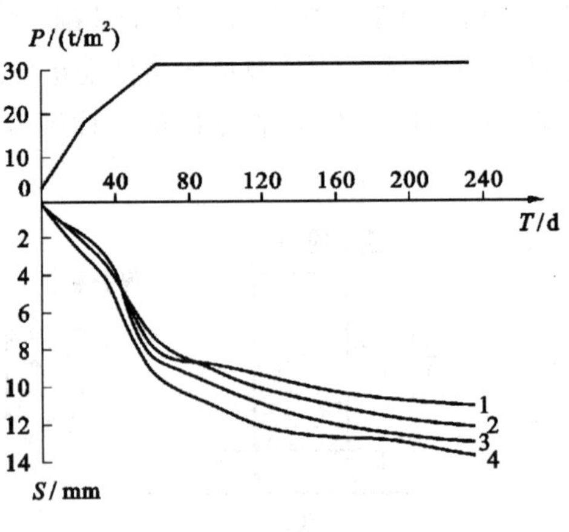

图 12.28 沉降量曲线

12.5.2 倾斜观测

基础的不均匀沉降,将导致建筑物产生倾斜或裂缝。测定建筑物倾斜度随时间变化的工作，称之为倾斜观测。

如图 12.29 所示，在墙面顶部设置固定标志 A，在离墙的距离为墙高的 1.5 倍处设置测站点 O，将经纬仪安置于 O 点，瞄准墙顶部 A 点，固定照准部制动螺旋，俯下望远镜至水平位置，作标志 B。间隔一段时间后，再用经纬仪瞄准 A 点，如果建筑物发生倾斜，则向下投影得 B'。量得偏离值 $BB'=l$，若设墙的高度为 H，则建筑物的倾斜度为：

$$i=\frac{l}{H} \tag{12.5}$$

测定圆形建筑物的倾斜度，主要是求顶部中心对底部中心的偏离值。如图 12.30 所示，设 A_1、A_2 为烟囱顶部边缘的两点，B_1、B_2 为烟囱底部边缘的两点。观测时，先在烟囱底部放一根木尺，在木尺的中垂线方向上安置经纬仪，经纬仪距烟囱的距离应大于烟囱高度的 1.5 倍，分别瞄准顶部边缘 A_1、A_2，将它们投影到木尺上，取其中点得顶部中心位置 A；依同法把底部边缘两点 B_1、B_2 投影到木尺上，取其中点得底部中心位置 B。AB 间的距离 δ_a 就是 A_1A_2 方向上顶部中心偏离底部中心的距离。同理，可在另一垂直方向上测定顶部中心的偏心距 δ_b，则顶部中心相对于底部中心的偏离度 $\delta=\sqrt{\delta_a^2+\delta_b^2}$。设烟囱高度为 H，则烟囱的倾斜度为：

$$i=\frac{\delta}{H} \tag{12.6}$$

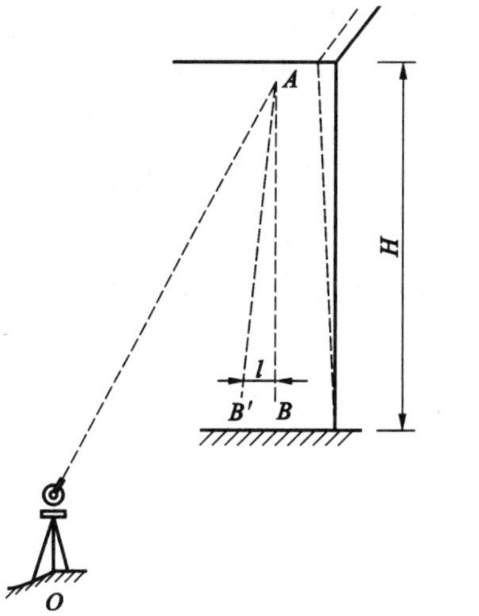

图 12.29　倾斜观测

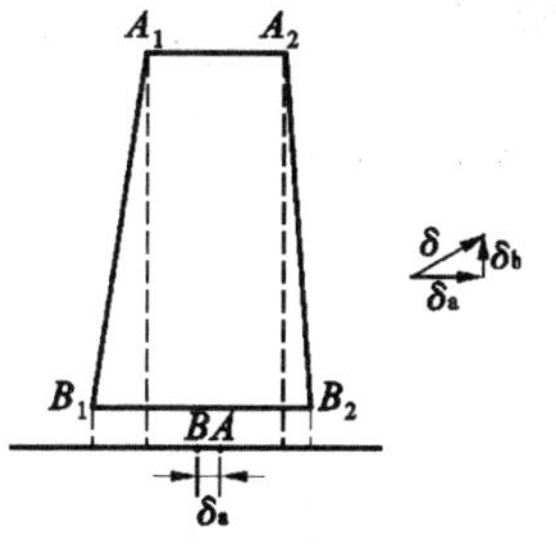

图 12.30　烟囱倾斜观测

12.5.3　裂缝观测

当建筑物产生不均匀沉陷时，易出现剪切破坏而产生裂缝。此时，除增加沉降观测次数外，应立即进行裂缝观测，以便根据多方面的观测资料综合分析建筑物的变形情况，及时采取相应的处理措施。

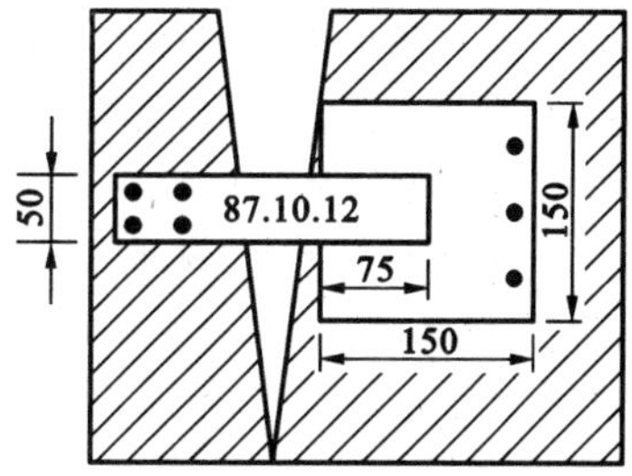

图 12.31　裂缝观测

如图 12.31 所示，在裂缝两侧各设置一固定标志。如取两块白铁皮，一块为 15 cm×15 cm 的正方形，固定在裂缝的一侧，另一块为 20 cm×5 cm 的长方形，固定在裂缝的另一侧，使其中一部分与相邻的正方形重合，然后在其表面涂上红油漆。随着裂缝的发展，两块白铁皮将被慢慢拉开，露出正方形白铁皮上原被覆盖没有油漆的部分，量出其宽度，即为裂缝增加的宽度。

【在线测试】

另外，也可用石膏板标志进行裂缝观测。

任务6 竣工总平面图的编绘

编绘竣工总平面图的目的是为了全面反映施工后工程的实际状况，为工程交付使用后的管理、维修、改建或扩建提供可靠资料。

竣工总平面图主要包括下列内容：

【在线资源】

(1) 测量控制点坐标及高程；

(2) 地面建筑物和地下构筑物、厂房辅助设施、生活福利设施的平面位置及高程；

(3) 架空或地下管线的平面位置及高程；

(4) 道路起止点、转折点的坐标、曲线元素和高程；

(5) 预留空地的地形。

竣工总平面图是根据竣工测量资料，在设计总平面图的基础上进行绘制的，一般采用 1∶1000 或 1∶500 的比例尺。施工单位应在整个施工过程中，随时积累变更设计的资料，特别是隐蔽工程，绝不能在工程结束后才进行竣工测量，而应及时补测和验收。地面建筑物在竣工后，应根据建筑场地的控制点进行全面竣工测量。

如果在同一张竣工总平面图上，由于所涉及的地面和地下建筑物很多而使编绘的线条过于密集，则可进行分类编绘，如综合竣工总平面图、管线竣工总平面图、交通运输总平面图等。

【在线测试】

思考题

12.1 在建筑场地施工中，平面控制网的布设形式有哪几种？其适用范围是什么？

12.2 什么是施工坐标和测量坐标？如何将施工坐标转换成测量坐标？

12.3 试简述建筑方格网主轴线的放样方法。

12.4 什么是建筑物的定位和放线？

12.5 何谓基础墙和主体墙？其标高控制的方法是什么？

12.6 高层建筑物轴线投测的方法有哪几种？

12.7 试简述柱子安装测量的工作步骤。

12.8 在烟囱筒身施工测量中，其中心和收坡各用什么来控制？如何操作？

12.9 为什么要进行房屋建筑的变形观测？监测内容有哪些？

12.10 试简述建筑物沉降观测方法和精度要求。

项目十三　道桥施工测量

【主要内容】

道桥施工测量的基本知识；道路中线测量；圆曲线测设；道路纵横断面测量及土方量计算；道路工程施工控制桩和路基边坡测设；桥梁墩台测量等。

重点：中桩测设；道路纵横断面测量；

难点：道路纵横断面图的绘制；土方量计算；圆曲线测设；桥梁墩台测设等。

【学习目标】

知识目标	能力目标
1. 掌握中线测量中的交点、转点和转向角的测定方法及中桩的设置方法； 2. 掌握圆曲线要素的计算和圆曲线主点里程的计算； 3. 掌握圆曲线主点及细部点的测设方法； 4. 掌握道路纵、横断面的测量方法； 5. 掌握横断面测量土方量计算的方法； 6. 掌握道路施工控制桩和路基边桩的测设方法； 7. 掌握桥墩台定位测量的方法	1. 能进行交点、转点、转向角的测设和中桩的设置； 2. 能进行圆曲线要素计算、圆曲线主点及细部点的测设； 3. 能进行道路纵、横断面的测量； 4. 能绘制道路纵横断面图； 5. 能进行土方量计算； 6. 能进行桥墩、台定位

【思政目标】

通过学习道路与桥梁施工测量的基本知识，使学生了解新中国道桥建设发展史及取得的辉煌成绩，培养学生严谨求实、爱岗敬业、建设祖国的爱国主义精神，明确其作为新时代中国特色社会主义建设者和接班人的责任感、荣誉感，自觉肩负起建设祖国和奉献祖国的责任使命。

任务1　概　　述

道路和桥梁是不可分割的一个整体，修路必不可少地要架桥，有桥必有路。因此，本项目将道路与桥梁一并介绍。

【在线资源】

13.1.1 道路工程测量

道路工程测量的主要任务有两方面：一是为道路工程设计提供地形信息，以保证道路工程设计的可行性；二是按设计要求将线路测设于地面，指导施工，以满足其设计要求。

道路测量的基本过程可分为规划设计阶段、勘测阶段、施工放样阶段和竣工监测阶段。在各个不同阶段，其测量的内容有所不同。

规划设计阶段是道路工程开始的决策阶段，其内容包括资料收集、图上选线、实地勘察和方案论证。

勘测阶段又分为初测和定测两个阶段。初测阶段是在已确定的规划线路上进行勘测设计工作，实地布设、测量平面控制点和高程控制点，测绘道路大比例尺带状地形图，并在图上进行定线设计，在带状地形图上确定道路中线直线段及交点位置，标明直线段连接曲线的有关参数。定测阶段是将道路中线测设于地面，并进行道路的纵、横断面测量。

施工放样阶段是根据施工设计图纸要求及有关资料，在实地放样道路工程的施工控制桩和边桩等，作为施工的依据，以保证道路工程的顺利进行。

竣工监测阶段要进行工程竣工后的验收，测绘竣工平面图和断面图，以便交付使用。工程使用阶段，仍要监测其使用状况，为工程的改建、扩建提供依据。

13.1.2 桥梁工程测量

桥梁工程测量的任务是桥位勘测和桥梁施工测量。桥位勘测的目的就是为选择桥址和进行设计提供地形、水文及地质资料。对于中小型桥及技术条件简单、造价比较低廉的桥梁，其桥址位置往往服从于路线的走向，不需单独进行设计，而是包括在路线勘测之内。但对于特大型桥梁或技术条件复杂的桥梁，因为其工程量大、造价高、施工期长，则桥位选择合理与否对造价及使用条件都有极大的影响，所以路线的位置要服从桥梁的位置。为了能选出最优的桥位，通常需要单独进行勘测。

桥位勘测的主要工作包括桥位控制测量（平面控制测量和高程控制测量），桥位地形图测绘，桥轴线纵、横断面测量，水文地质调查等。

【在线测试】

桥梁施工阶段的测量任务是：检查核对桥梁中心线位置桩、平面及高程控制桩，若发现桩点不足、不稳妥或测量精度不符合要求时，则应按规范要求进行补测、加固、移设或重新设校；测定桥墩、桥台的中心位置和纵、横轴线；测定并检查各施工部位的平面位置、高程及几何尺寸；测定锥坡、翼墙及导流构造物的位置等。

任务2 道路中线测量

中线测量就是将道路的中心线测设于地面。其内容包括：测设中心线的起点、终点、中间各交点、转点和转向角，测设中心桩和圆曲线等。道路中线形式如图13.1所示。

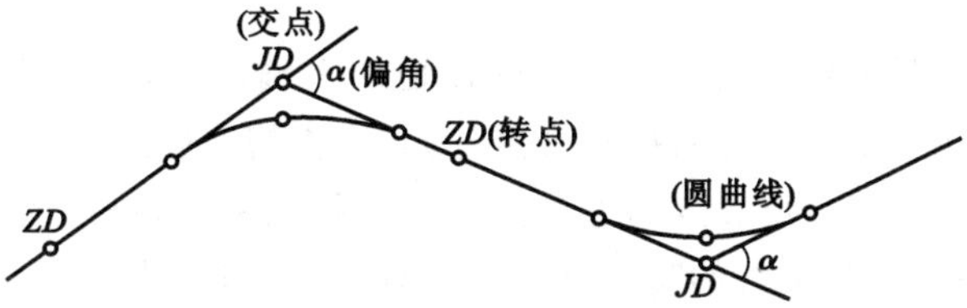

图 13.1　道路中线

13.2.1　交点和转点的测设

道路的起点、终点和中间交点是详细测设中线的控制点，要将这些控制点按带状地形图上选定好的位置放样到地面上。

当相邻两交点互不通视或直线段较长时，需要在其连线上测定一个或几个转点，作为在交点测量转向角或直线量距时照准和定线的目标。直线上一般每隔 200～300 m 设一转点；在待测路线与其他路线交叉处或需设置桥涵等构筑物处也要设置转点。

13.2.1.1　交点的测设

交点测设的方法一般有三种：一是根据原有固定地物，采用距离交会法等测设交点；二是根据原有控制点坐标和交点设计坐标反算出测设数据，按极坐标法、角度交会法等测设交点；三是采用穿线交会法测设交点。在实际测设时，应根据现场情况和定位条件适当选用。由于前两种方法在前面章节中已叙述，这里只介绍第三种测设方法。

穿线交会法是利用图上就近的控制点或地物点，把中线的直线段独立地测设到地面上，然后将相邻直线延长与之相交，定出地面交点桩的位置。其作业步骤是放点、穿线、交点。

(1) 放点

放点常用的方法有极坐标法和支距法。在图 13.2 中，7、8 点为控制点，P_5、P_6、P_7、P_8 点为图纸中线上某直线段待放样的临时点，欲采用极坐标法放样，则其放样数据 l_5、β_5、l_6、β_6、l_7、β_7、l_8、β_8 由图解法获得。实地放样时，用经纬仪和皮尺分别在 7、8 点按极坐标法定出各临时点的相应位置。

图 13.3 所示为用支距法放出的各临时点 P_5、P_6、P_7、P_8。具体作法是：在图上自控制点 15、16、17、18 作垂线与线路中线相交得各临时点，用比例尺量取相应的支距 l_5、l_6、l_7、l_8。实地放样时，以各控制点为垂足，用方向架定垂线方向，用皮尺量支距，即得各临时点的相应位置。

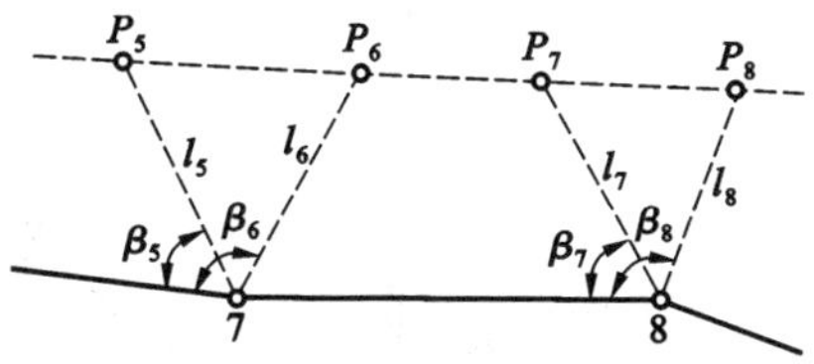

图 13.2　极坐标法放点

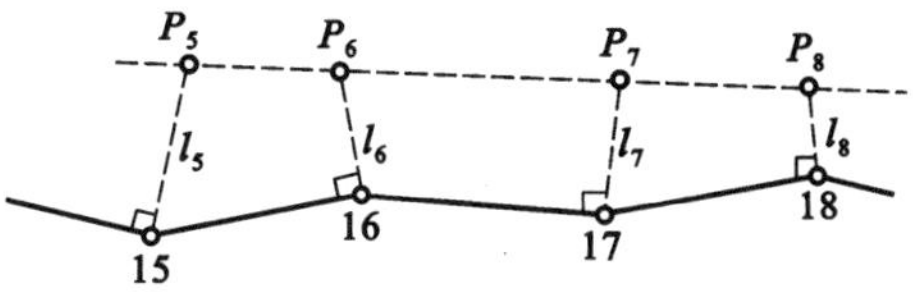

图 13.3　支距法放点

(2) 穿线

放出的各临时点理论上应在一条直线上，但由于图解放样数据的误差和实地放样的误差，这些点往往不能严格地在一条直线上，如图 13.4 所示。这时，可采用经纬仪视准法或目估法穿线，即定出一条尽可能多地穿过或靠近这些临时点的直线 AB。最后，在直线 AB 上打下两个以上的转点桩。

(3) 交点

如图 13.5 所示，当两条相交直线 AB、CD 在地面上确定后，便可进行交点。将经纬仪置于 B 点，瞄准 A 点，倒镜，在视线方向接近交点(JD)位置的前后打下两桩(称为骑马桩)，采用正倒镜分中法在两桩上分别定出 a、b 两点，钉以小钉，挂上细线；再将经纬仪搬至 C 点，按同法定出 c、d 两点，挂上细线。两细线的交点即为要放样的点，打下木桩，钉上小钉，以示其点位。

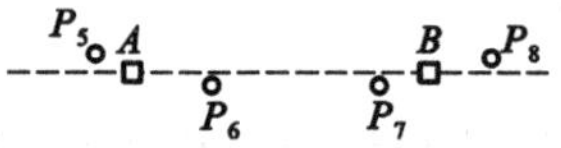

图 13.4 穿线

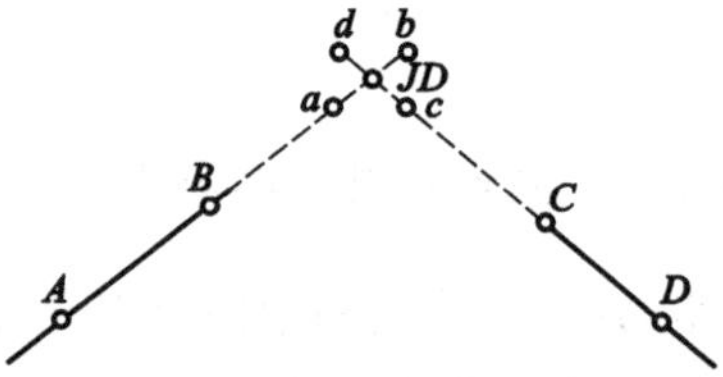

图 13.5 交点

13.2.1.2 转点的测设

当相邻两交点互不通视时，要在其连线或延长线上设置转点(ZD)，以提供交点、测转折角、量距或延长直线时瞄准方向。

(1) 两交点间设转点

如图 13.6 所示，JD_7、JD_8 为相邻而互不通视的两交点，在其连线上大致选择一点 ZD' 作为初定转点。欲检查 ZD' 是否在两交点的连线上，可将经纬仪置于 ZD'，瞄准 JD_7，倒镜，将直线 $JD_7—ZD'$ 延长至 JD_8'，量出 JD_8 与 JD_8' 的偏差 f，用视距法分别测定直线 $JD_7—ZD'$ 和 $ZD'—JD_8'$ 的长度 a、b，便可计算 ZD' 应横向移动的距离 e，即：

$$e = \frac{a}{a+b} \cdot f \tag{13.1}$$

将 ZD' 横向移动 e 至 ZD，再将经纬仪搬至 ZD，按上述方法逐渐趋近，直至符合要求为止。

(2) 两交点的延长线上设转点

如图 13.7 所示，JD_{12}、JD_{13} 为相邻而互不通视的两交点，在其延长线上大致选择一点 ZD' 作为初定转点。欲检查 ZD' 是否在其延长线上，可将经纬仪置于 ZD' 点，瞄准 JD_{12}，固定照准部，望远镜向下俯视 JD_{13} 点处得 JD'_{13}。若两点重合，说明 ZD' 位于其延长线上，否则应重设转点。量出 $JD_{13}—JD'_{13}$ 的距离 f，用视距法分别测出 $ZD'—JD_{12}$ 的距离 a 和 $ZD'—JD'_{13}$ 的距离 b，便可计算 ZD' 应横向移动的距离 e，即：

$$e = \frac{a}{a-b} \cdot f \tag{13.2}$$

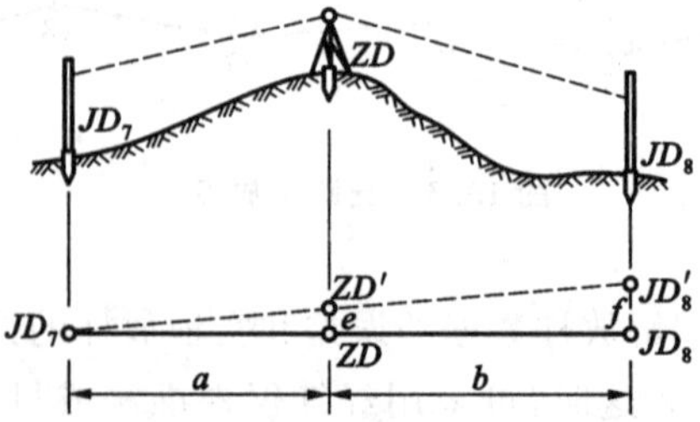

图 13.6 两交点间设转点

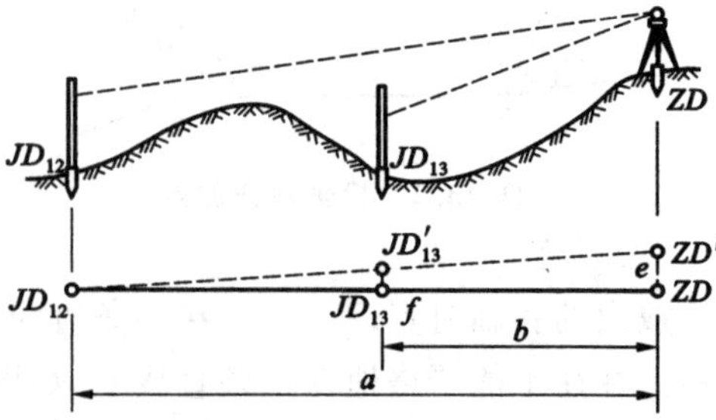

图 13.7 两交点延长线上设转点

将 ZD' 横向移动 e 至 ZD，再将经纬仪搬至 ZD，按上述方法逐渐趋近，直至符合要求为止。

13.2.2　转向角的测定

转向角是指中线由一个方向转到另一个方向时，转变后的方向与原方向延长线的夹角，一般用 α 表示，如图 13.8 所示。转向角有右转角和左转角之分：在交点处向右偏转的称为右转角，用 $\alpha_{右}$ 表示；在交点处向左偏转的称为左转角，用 $\alpha_{左}$ 表示。观测时，用经纬仪测定线路前进方向的右角 $\beta_{右}$，测一个测回，然后根据 $\beta_{右}$ 计算转角 α，即：

$$\left.\begin{aligned}\alpha_{右} &= 180^\circ - \beta_{右} \\ \alpha_{左} &= \beta_{右} - 180^\circ\end{aligned}\right\} \tag{13.3}$$

右角测定后，定出其分角线方向 C，如图 13.8(b)所示。

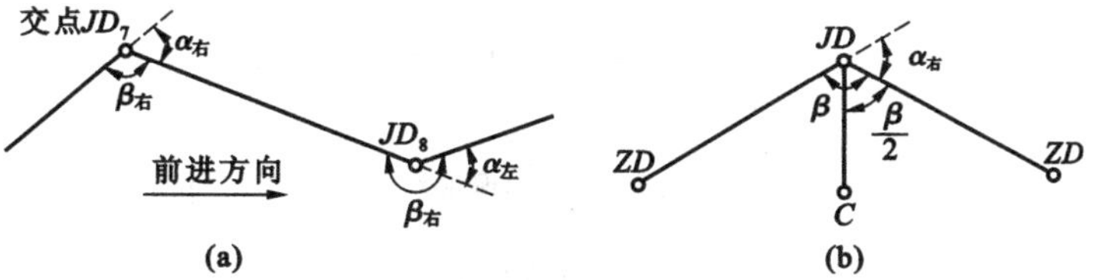

图 13.8　线路的转向角

13.2.3　中桩的设置

中桩是指沿道路中线方向在地面设置的整桩和加桩。从起点开始，按规定每隔某一整数距离(20 m、30 m、50 m 等)设一桩，称为整桩；在相邻整桩之间地面坡度变化较大处或穿越重要地物处所增设的桩，称为加桩，加桩又分为地形加桩、地物加桩、曲线加桩、关系加桩等。整桩和加桩又称为里程桩。

中桩均按起点到该桩的里程进行编号，并用红油漆写在木桩侧面。如整桩号为 0＋050，表示该桩距起点 50 m，“＋”号前表示千米数，“＋”号后表示米数。丈量里程桩的工具视工程需要而定，一般用钢尺丈量两次，其精度为 1/1000。

钉桩时，对于交点桩、转点桩、距线路起点每隔 500 m 处设置的整桩、重要地物(如桥、涵)处的加桩及曲线主点桩，打长为 40 cm、顶面 6 cm×6 cm 的方桩，桩顶钉中心钉，桩顶露出地面约2 cm；在其旁打一指示桩，指示桩为长 40 cm、顶面 2.5 cm×6 cm 的板桩。交点桩的指示桩钉在曲线圆心和交点连线外，离交点约 20 cm 处，字面朝交点。曲线主点桩的指示桩字面朝圆心。其余的里程桩均使用板桩，一半露出地面，字面朝线路的起点方向。

【在线测试】

任务 3　圆曲线的放样

在道路的转弯处常设置曲线，曲线的形式很多，如圆曲线、缓和曲线、回头曲线等。本节主要介绍圆曲线的放样方法。圆曲线的放样工作一般分两步进行，先放样圆曲线的主点，即起点 ZY、中点 QZ 和终点 YZ，再进行细部放样。

【在线资源】

13.3.1 圆曲线主点的放样

13.3.1.1 曲线元素的计算

从图 13.9 可以看出，要放样圆曲线的主点，必须知道切线长 T、曲线长 L、外矢距 E，这些元素称为曲线元素。若已知圆曲线的半径 R 和偏角 α，则曲线元素的计算公式为：

$$\left.\begin{aligned}&\text{切线长}\quad T=R\cdot\tan\frac{\alpha}{2}\\&\text{曲线长}\quad L=R\alpha\cdot\frac{\pi}{180^\circ}\\&\text{外矢距}\quad E=R\left(\sec\frac{\alpha}{2}-1\right)\\&\text{切曲差}\quad D=2T-L\end{aligned}\right\}\tag{13.4}$$

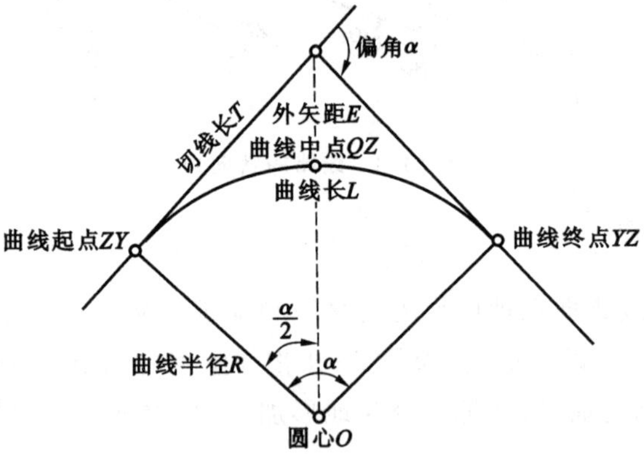

图 13.9 圆曲线

13.3.1.2 主点里程桩桩号的计算

为了计算线路的长度，还应求出主点里程桩桩号，其计算方法如下：

$$\left.\begin{aligned}&\text{起点 }ZY\text{ 的桩号}=\text{交点 }JD\text{ 的桩号}-T\\&\text{中点 }QZ\text{ 的桩号}=\text{起点 }ZY\text{ 的桩号}+\frac{L}{2}\\&\text{终点 }YZ\text{ 的桩号}=\text{起点 }ZY\text{ 的桩号}+L\end{aligned}\right\}\tag{13.5}$$

为避免计算错误，用下式进行校核：

$$YZ=JD+T-D\tag{13.6}$$

【例 13.1】 已知某线路的转向角 $\alpha=16^\circ30'$，曲线半径 $R=300$ m，交点 JD 的桩号为 K2+126.78，求圆曲线各主点的放样数据。

【解】 曲线元素按式(13.4)计算：

$$T=R\cdot\tan\frac{\alpha}{2}=300\times\tan\frac{16^\circ30'}{2}=43.50\text{ m}$$

$$L=R\alpha\cdot\frac{\pi}{180^\circ}=300\times\frac{16^\circ30'\times\pi}{180^\circ}=86.39\text{ m}$$

$$E=R(\sec\frac{\alpha}{2}-1)=300\times\left(\frac{1}{\cos\frac{16^\circ30'}{2}}-1\right)=3.14\text{ m}$$

$$D = 2T - L = 2 \times 43.50 - 86.39 = 0.61\ \text{m}$$

曲线主点的里程按式(13.5)计算：

交点 JD 的里程	K2＋126.78
$-T$	43.50
起点 ZY 的里程	K2＋83.28
$+L/2$	43.20
中点 QZ 的里程	K2＋126.48
$+L/2$	43.19
终点 YZ 的里程	K2＋169.67

按式(13.6)验算：

交点 JD 的里程	K2＋126.78
$+T$	43.50
$-D$	0.61
终点 YZ 的里程	K2＋169.67

通过以上校核计算，说明主点里程计算无误。

13.3.1.3　主点的放样

将经纬仪置于 JD 点，照准后、前视相邻交点或转点，分别沿其方向量取切线长 T，得曲线起点 ZY 和终点 YZ；然后沿分角线方向量取外矢距 E，得曲线中点 QZ；分别打下木桩，钉以小钉，以示点位。

13.3.2　圆曲线的细部放样

一般情况下，当曲线长度小于 40 m 时，只需放样曲线的三个主点。当曲线较长时，除了放样三个主点以外，还必须在曲线上每隔一定距离放样出一些细部点。曲线细部放样的方法很多，本节只介绍偏角法和切线支距法(直角坐标法)。

13.3.2.1　偏角法

偏角法是利用偏角(弦切角)和弦长来放样圆曲线细部点的。通常按照里程桩的整数距离每隔 5～20 m 放样一个细部点。若相隔 20 m 放样一点，则细部点的桩号就应是 20 的倍数。如图 13.10所示，如起点 ZY 的桩号是 K2＋83.28，则细部点 1 的桩号应为 K2＋100，细部点 2、3、4 的桩号应分别为 K2＋120、K2＋140、K2＋160，而终点 YZ 的桩号为 K2＋169.67。由此可以看出，曲线中间各段的弧长 S 均为 20 m，而两端的弧长 S_1、S_2 分别为 16.72 m 和 9.67 m 的零数。

若设弧长 S_1、S、S_2 所对的圆心角分别为 φ_1、φ、φ_2，则有：

$$\left.\begin{aligned} \varphi_1 &= \frac{S_1}{R} \cdot \frac{180^\circ}{\pi} \\ \varphi &= \frac{S}{R} \cdot \frac{180^\circ}{\pi} \\ \varphi_2 &= \frac{S_2}{R} \cdot \frac{180^\circ}{\pi} \end{aligned}\right\} \tag{13.7}$$

相应于弧长 S_1、S、S_2 的弦长 d_1、d、d_2 分别为：

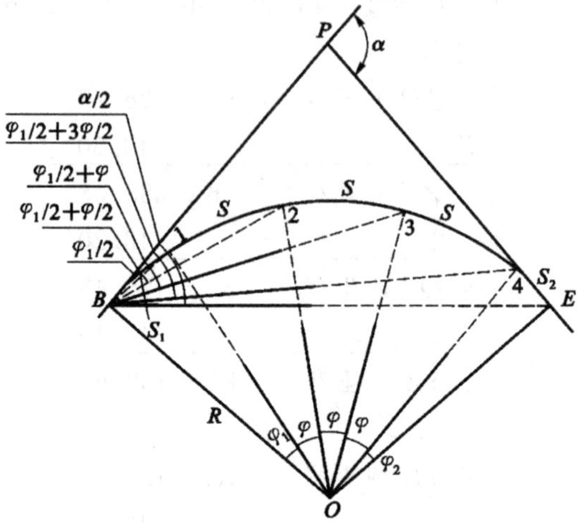

图 13.10　偏角法放样

$$\left.\begin{aligned} d_1 &= 2R \cdot \sin\frac{\varphi_1}{2} \\ d &= 2R \cdot \sin\frac{\varphi}{2} \\ d_2 &= 2R \cdot \sin\frac{\varphi_2}{2} \end{aligned}\right\} \tag{13.8}$$

根据几何原理可知，曲线上各偏角等于相应弧线所对应圆心角的一半，即：

$$\left.\begin{aligned} \delta_1 &= \frac{\varphi_1}{2} \\ \delta_2 &= \frac{\varphi_1}{2} + \frac{\varphi}{2} \\ \delta_3 &= \frac{\varphi_1}{2} + \frac{\varphi}{2} + \frac{\varphi}{2} = \frac{\varphi_1}{2} + \varphi \\ &\vdots \\ \delta_n &= \frac{\varphi_1}{2} + \frac{\varphi}{2} + \cdots + \frac{\varphi_2}{2} = \frac{\alpha}{2} \end{aligned}\right\} \tag{13.9}$$

放样时，将经纬仪置于起点 B，瞄准交点 P，水平度盘读数为 $0°00'00''$，松开照准部，右转，用钢尺沿此方向由起点 B 起量取距离 d_1，即得 1 点；再转动照准部，使水平度盘读数为 δ_2，将钢尺零点对准 1 点，以距离 d 为半径，移动钢尺到视线方向，即得 2 点；依同法可定出其余各点。当度盘读数为 $\alpha/2$ 时，视线应通过曲线终点 E，并且曲线最后一个细部点到 E 的距离应为 d_2，以此检查其放样质量。

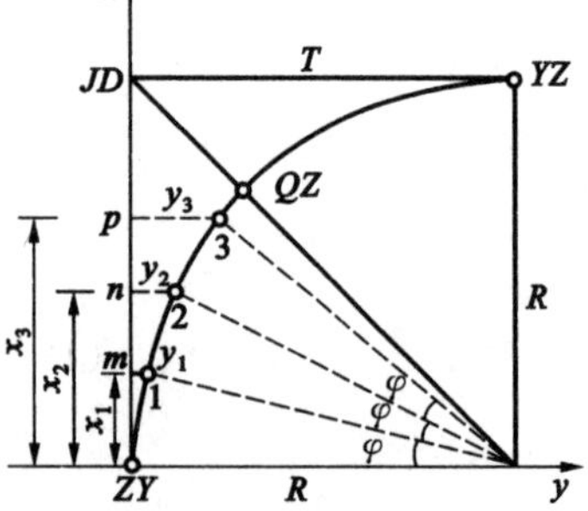

图 13.11　切线支距法放样

13.3.2.2　切线支距法

切线支距法又称直角坐标法，如图 13.11 所示。它是以曲线起点 ZY 为坐标原点，以切线方向为 x 轴，以过原点的半径方向为 y 轴，根据曲线上各点的坐标 x_i、y_i 进行放样，其中 y_i 又称为支距。若设曲线上相邻两细部点间的弧长为 S，所对圆心角为 φ，则有：

$$\left.\begin{aligned} x_i &= R\cdot\sin(i\varphi) \\ y_i &= R[1-\cos(i\varphi)] \\ \varphi &= \frac{S}{R}\cdot\frac{180^\circ}{\pi} \end{aligned}\right\} \tag{13.10}$$

式中，$i=1,2,3,\cdots,n$。

放样时，首先检核三个主点 ZY、QZ、YZ 的点位有无错误，然后从圆曲线起点 ZY 开始，沿切线方向量出 x_i，在地面上标定出垂足点 m、n、p 等，并在其垂足点处作垂线，分别在其垂线方向上量出 y_i，即得曲线上各细部点。放样完毕后，应丈量相邻各细部点间的距离，看是否相等，以此校核。

在实际工作中，为了避免支距过长，往往是分别以曲线的起点 ZY 和终点 YZ 为坐标原点，从两端向曲线中点 QZ 进行放样，以曲线中点 QZ 作校核。

【在线测试】

任务 4　道路纵横断面测量

13.4.1　道路纵断面测量

【在线资源】

道路纵断面测量又称道路水准测量。它的目的是：测定中线上各中桩的地面高程，绘制中线纵断面图，用以反映道路纵向地面起伏的情况，并作为设计道路坡度和计算中桩填挖高度的依据。

道路水准测量分两步进行：首先沿路线方向布设水准点，作为高程控制点，测定这些高程控制点的方法，称为基平测量；然后根据各高程控制点，分段进行中桩水准测量，称为中平测量。

13.4.1.1　基平测量

基平测量也称为高程控制测量，其高程控制点分为永久性和临时性两种。永久性水准点一般每隔 25～30 km 布设一个，在路线的起点、终点、大桥两岸、隧道两端及需长期观测高程的地方均应布设。临时性水准点的布设密度视具体情况而定：在较短路线上，一般每隔 300～500 m 布设一个；在山区，每隔 0.5～1 km 布设一个；在平原地区，每隔 1～2 km 布设一个。

高程控制点应与附近的国家水准点相连，形成一条附合的水准路线。水准点高程的测定，应采用四等水准测量或光电测距三角高程测量的方法进行观测和计算。

13.4.1.2　中平测量

中平测量即纵断面水准测量，一般是以相邻两水准点为一测段，从一水准点开始，逐点施测中桩的地面高程，附合于下一个水准点上。相邻两水准点间构成一条附合水准路线。测量时，采用视线高法。如图 13.12 所示，从水准点 BM_1 引测已知高程，依次逐点测出线路各中桩 0+000、0+050、0+100、…的高程，然后附合到一个相邻水准点 BM_2 上，以校核该段观测成果是否符合要求。中桩水准测量应符合等外水准测量的精度要求，其闭合差不得超过 $\pm 10\sqrt{n}$ mm（n 为测站数）或 $\pm 40\sqrt{L}$ mm（L 为千米数）；若闭合差超过容许误差，则该段必须重测。

道路纵断面水准测量的观测结果依次记入表 13.1 中。表中“前视读数”一栏内分为“中间点”和“转点”两小栏。由于转点起着传递高程的作用，因此，转点要放尺垫，读至 mm；中间点直接将水准尺立在紧靠桩边的地面上，读至 cm。每一站的计算按下列公式进行：

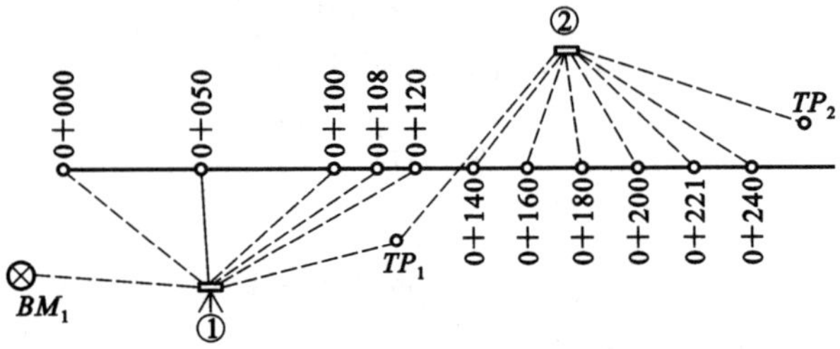

图 13.12 视线高法

视线高程=后视点高程+后视读数

即：

$$H_i = H_{后} + a \tag{13.11}$$

测点高程=视线高程－前视读数

即：

$$H_{点} = H_i - b \tag{13.12}$$

计算校核：

$$\sum 后视读数 - \sum 转点的前视读数 = 终点的计算高程 - 起点的高程$$

即：

$$\sum a - \sum b_{转点} = H_{终计} - H_{始} \tag{13.13}$$

表 13.1 道路纵断面水准测量记录

测点	后视读数/m	视线高程/m	前视读数/m		测点高程/m	备注
			中间点	转点		
BM_1	2.191	14.505			12.314	已知高程
0+000			1.62		12.89	
0+050			1.90		12.61	
0+100			0.62		13.89	
0+108			1.03		13.48	ZY_1
0+120			0.91		13.60	
TP_1	2.162	15.661		1.006	13.499	
0+140			0.50		15.16	
0+160			0.52		15.14	
0+180			0.82		14.84	
0+200			1.20		14.46	
0+221			1.01		14.65	QZ_1
0+240			1.06		14.60	
TP_2	1.421	15.561		1.521	14.140	
0+260			1.48		14.08	

续表 13.1

测点	后视读数/m	视线高程/m	前视读数/m		测点高程/m	备注
			中间点	转点		
0+280			1.55		14.01	
0+300			1.56		14.00	
0+320			1.57		13.99	
0+335			1.77		13.79	
0+350			1.97		13.59	YZ_1
TP_3	1.724	15.897		1.388	14.173	
0+384			1.58		14.32	
0+391			1.53		14.37	JD_2
0+400			1.57		14.33	
BM_2				1.281	14.616	(14.618)
$\sum$	7.498			5.196		
校核计算	7.498 −5.196 +2.302				14.616 −12.314 +2.302	$\Delta h=14.616-14.618=-2\ \text{mm}$ $\Delta h_{容}=\pm10\sqrt{4}=\pm20\ \text{mm}$

13.4.1.3 纵断面图的绘制

道路纵断面图是反映中线方向地面起伏情况、设计纵坡大小、填挖高度等重要资料的线状图。

纵断面图一般绘在印有厘米和毫米的方格纸上，以道路中桩的里程为横坐标，以高程为纵坐标。为了在图中能明显地表示出地面起伏的变化，一般高程比例尺(纵向比例尺)是距离比例尺(横向比例尺)的10～20倍。为了节省纸张和便于阅读，高程一般不从零开始，而是选择一个能使绘出的地面线处在图上适当位置的高程作为起点。图13.13中的高程是以10 m为起点。

在图13.13的上半部，细线表示道路中线的实际地面线，是根据桩距和中桩高程按比例绘制的；粗线是设计纵坡线，是按设计要求绘制的。此外，还要注明水准点编号、位置及高程，涵洞类型、孔径、里程桩号，桥梁类型、长度、孔径跨数、设计水位和里程桩号，竖曲线示意图及曲线元素，与其他线路的交叉点位置、里程桩号及有关说明。图的下部共有六栏，分别说明如下：

(1) 桩号和地面高程从纵断面水准测量记录表中获得。在"桩号"一栏中，从左至右按距离比例尺注写各中桩的桩号；在"地面高程"一栏中，注写对应于各桩号的地面高程，并在纵断面图上按各中桩的地面高程依次点出其相应的位置，用细直线连接相邻各点，即得地面线。

(2) "坡度与距离"一栏中，用符号"/""\""—"分别表示上坡、下坡和平坡，坡度线上方注明坡度值，以百分率表示，下方注明坡长，不同的坡段以竖线隔开。坡度设计要考虑施工时土石方量最小、填挖方量平衡、小于道路的限制坡度等因素。其计算公式为：

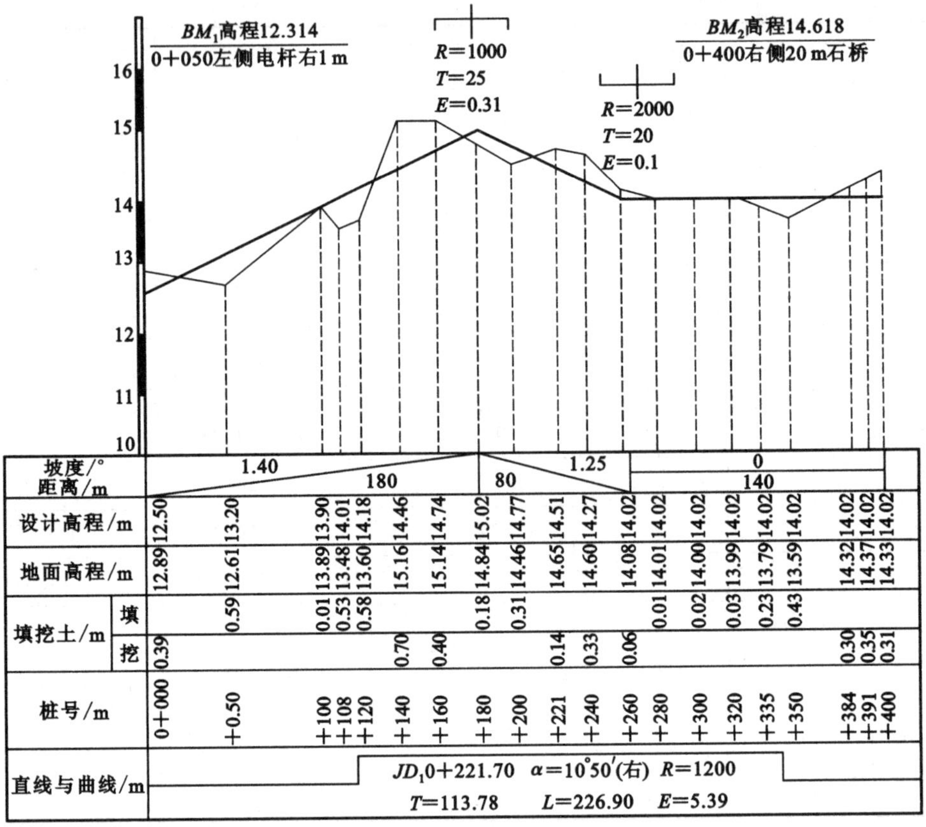

图 13.13 纵断面图

$$i_{设计} = \frac{H_{终设} - H_{始设}}{D_{终始}} \times 100\% \tag{13.14}$$

(3) 设计高程=起点高程+设计坡度×起点至该点的距离，即：

$$H_{设} = H_{始} + i_{设计} D_{始设} \tag{13.15}$$

(4) 在“填挖土”一栏中，填挖高度=地面高程-设计高程，即：

$$h = H_{地} - H_{设} \tag{13.16}$$

式中，h 为“+”时表示挖深，为“-”时表示填高。

(5) 在“直线与曲线”一栏中，按里程桩号标明路线的直线和曲线部分。曲线部分用直角折线表示，上凸表示路线右偏，下凹表示路线左偏，并注明交点编号、桩号、偏角、半径及曲线元素。

13.4.2 道路横断面测量

道路横断面测量的目的是在各中桩处，测出垂直于道路中线方向的地面起伏情况。横断面图，是道路设计时计算土石方量和施工时确定断面填挖边界的依据。横断面测量的宽度，应根据工程具体要求而定，一般在中线左、右两侧各测 10～50 m。左、右侧是以道路的前进方向为准，左手为左侧，右手为右侧。横断面的方向一般用十字形方向架或经纬仪确定，直线段横断面的方向与道路中线相垂直，曲线段横断面的方向与曲线的切线相垂直。横断面测量的精度要求较低，一般高程测至 cm，距离测至 dm。

13.4.2.1 横断面测量的方法

(1) 水准仪皮尺法

适用范围：地面平坦且横断面较宽的地段。

施测方法：如图 13.14 所示，水准仪安置后，以中桩地面高程点为后视，以中桩两侧横断面方向的地形特征点为前视，分别读出水准尺读数，读至 cm；再用皮尺分别量出各特征点至中桩的平距，读至 dm，并将观测数据记入表 13.2 中。表中每一个分式代表横断面上一个测点，第 1 栏与第 3 栏分式的分子系各测点的前视读数，分母表示各测点相对于中桩的水平距离。

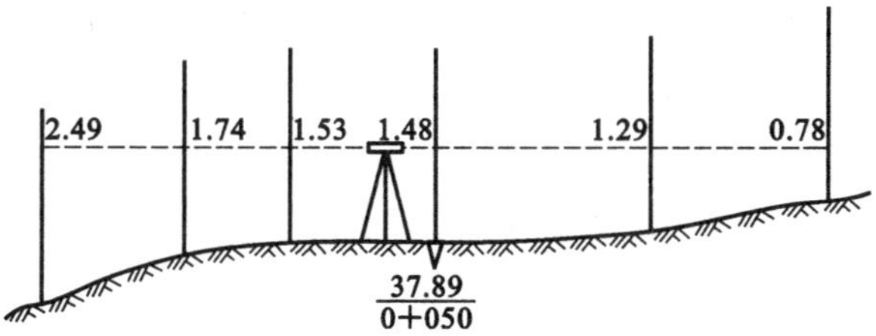

图 13.14 水准仪皮尺法

表 13.2 横断面测量记录表(水准仪皮尺法)

前视读数(左侧)/距离	后视读数/桩号	前视读数(右侧)/距离
2.49/20　1.74/12.7　1.53/7.4	1.48/0+050	1.29/11.2　0.78/20

(2) 经纬仪视距法

适用范围：任何地段，尤其是地形复杂、横坡较陡的地段，采用此法非常方便。

施测方法：将经纬仪安置于中桩上，照准横断面方向，量取仪器横轴至中桩地面的高度作为仪器高，用视距法测出横断面上各特征点至中桩的水平距离和高差。

(3) 花杆皮尺法

适用范围：精度较低、地形起伏多变的低等级线路工程。

施测方法：如图 13.15 所示，将一根花杆立于中桩地面上，另一根花杆立于横断面方向的某特征点上，拉平皮尺量出中桩至该点的距离；读出皮尺截于花杆的高度，即为两点间的高差，上坡为"+"，下坡为"－"。依同法连续测出相邻两点间的平距和高差，直至达到所需测量宽度为止。测量数据记入表 13.3 中。表中所记数据为相邻两点间的水平距离和高差，其中水平距离记在横线以下，高差记在横线以上。

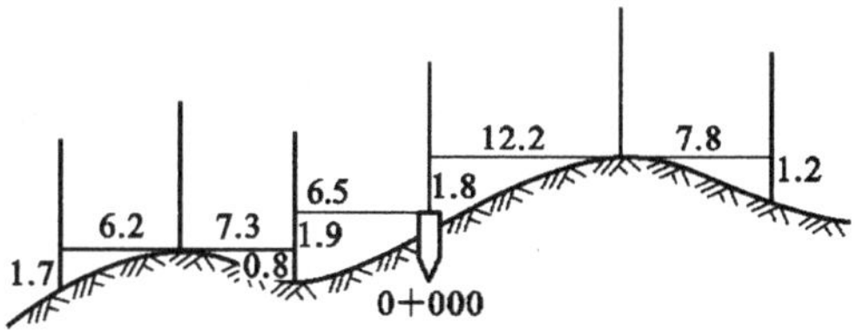

图 13.15 花杆皮尺法

表 13.3　横断面测量记录表(花杆皮尺法)

←左侧	中桩号	右侧→
$\frac{-1.7}{6.2}$　$\frac{+0.8}{7.3}$　$\frac{-1.9}{6.5}$	0+000	$\frac{+1.8}{12.2}$　$\frac{-1.2}{7.8}$

13.4.2.2　横断面图的绘制

根据横断面测量数据，在毫米方格纸上绘出各桩号的横断面图。为了便于计算各横断面的面积和确定线路各桩号的边坡线，横断面的水平距离和高差的比例尺应一致，一般为 1∶100 或1∶200。绘图时，先在图纸上标定好中桩位置，再由中桩开始，分左右两侧逐一按各特征点间的平距和高差将点绘于图纸上，并用直线连接相邻各点，即得地面线，如图 13.16 所示。然后，套绘设计的标准断面于图中。

【在线测试】

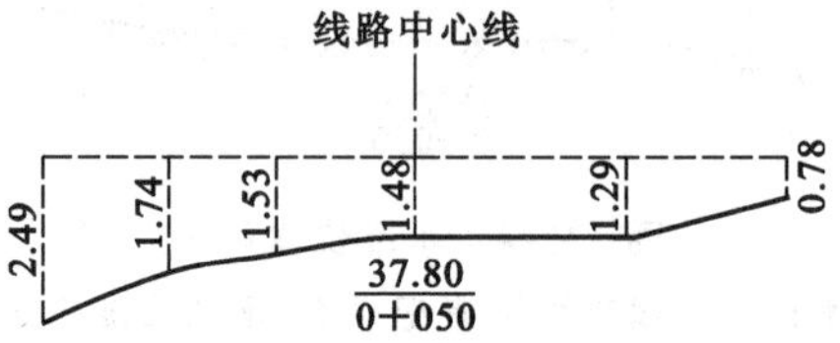

图 13.16　横断面图

任务 5　道路施工测量

道路施工测量的主要任务是：恢复中线位置，测设施工控制桩、边桩和竖曲线放样。为了保证道路中线位置的准确可靠，施工前应检查各交点桩、里程桩有无丢失或碰动，并按中线测量的方法加以恢复。

【在线资源】

13.5.1　施工控制桩的测设

由于中桩在施工的过程中要被挖掉或填埋，就需要在道路中线两侧不受施工干扰、易于保存桩位的地方测设施工控制桩，以便于在施工中及时、准确地控制或恢复中线位置。施工控制桩的测设方法有如下两种：

13.5.1.1　平行线法

如图 13.17 所示，平行线法是在路基以外，测设两排平行于中线的施工控制桩。控制桩的间距一般为 10～20 m。

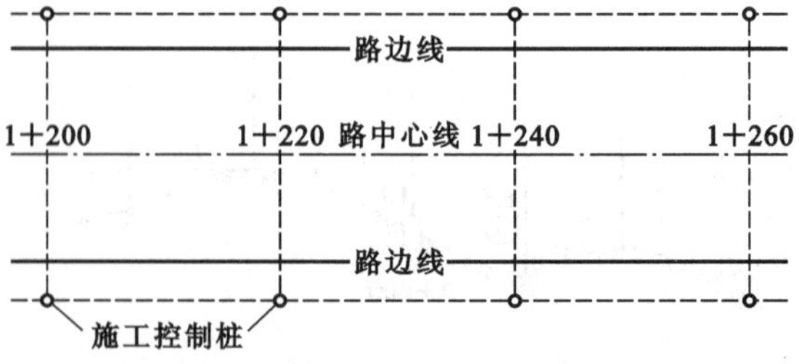

图 13.17　平行线法

13.5.1.2　延长线法

如图 13.18 所示，延长线法是在道路转折处的中线延长线上及曲线中点(QZ)至交点(JD)的延长线上标定施工控制桩。延长线法主要用来控制交点的位置，故应量出控制桩到交点的距离。

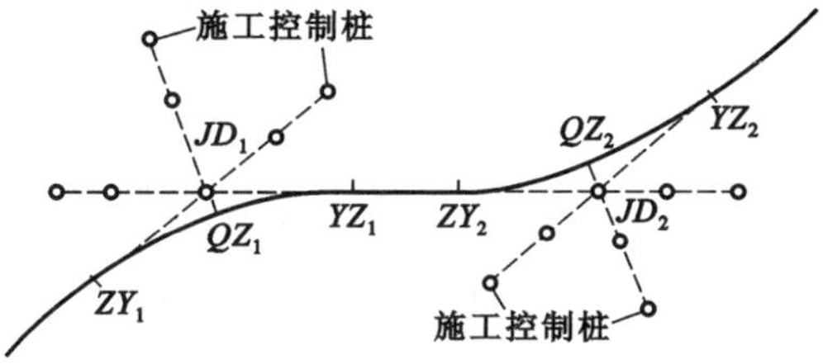

图 13.18　延长线法

13.5.2　路基边桩的测设

路基施工前，应把路基边坡与原地面线的交点在地面上标定出来，称为边桩的测设。其方法有图解法、解析法两种。

13.5.2.1　图解法

在横断面图上量取中桩至边坡角点的距离，然后在实地用皮尺在横断面方向上量出其距离，并打木桩标定。

13.5.2.2　解析法

根据路基设计参数，计算出中桩至边桩的距离。然后，在实地沿横断面方向，按计算出的距离将边桩标定出来。其距离的计算方法在平坦地段和倾斜地段各不相同。

【在线测试】

(1) 平坦地段

图 13.19(a)所示为填方路堤，边桩至中桩的距离为：

$$l_{左} = l_{右} = \frac{B}{2} + mh \tag{13.17}$$

图 13.19(b)所示为挖方路堑，边桩至中桩的距离为：

$$l_{左} = l_{右} = \frac{B}{2} + S + mh \tag{13.18}$$

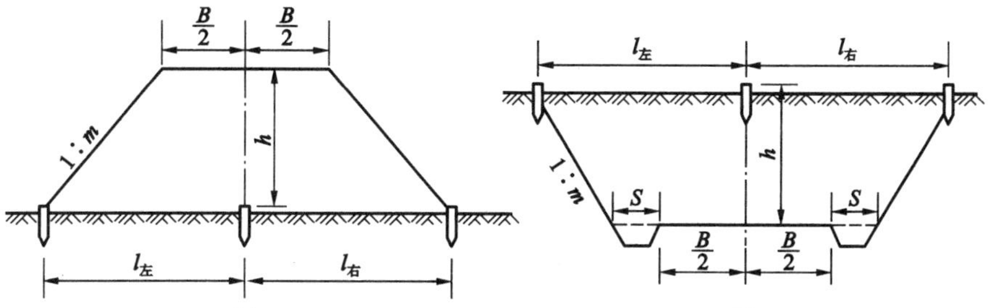

图 13.19　平坦地段的填方路堤和挖方路堑

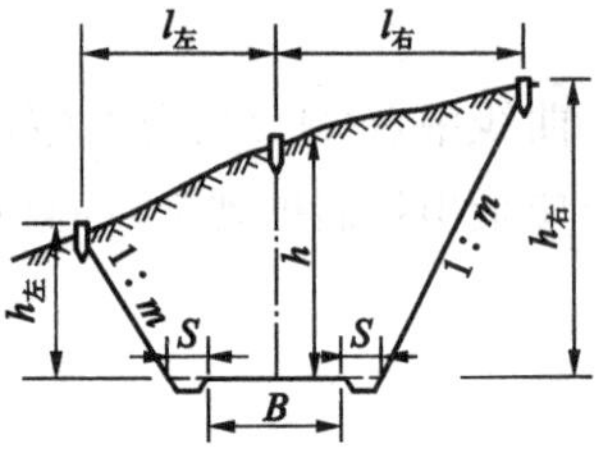

图 13.20 倾斜地段的挖方路堑

(2) 倾斜地段

图 13.20 所示为倾斜地段的挖方路堑，边桩至中桩的距离为：

$$\left.\begin{aligned} l_{左} &= \frac{B}{2}+S+mh_{左} \\ l_{右} &= \frac{B}{2}+S+mh_{右} \end{aligned}\right\} \tag{13.19}$$

任务 6 桥梁施工测量

【在线资源】

桥梁有铁路桥、公路桥、铁路公路两用桥，按其轴线长度一般分为特大型(>500 m)、大型(100～500 m)、中型(30～100 m)和小型(<30 m)四类。桥梁施工测量的方法和精度要求，应根据桥梁轴线的长度、桥梁结构和地形条件而定，其内容主要包括桥梁施工控制测量、墩台中心定位、墩台基础及顶部放样等。

13.6.1 施工控制网的建立

建立桥梁施工控制网的目的是：按精度要求获得桥梁轴线长度，并据此进行桥墩、桥台的定位。因此，布网的原则是：既要充分考虑保证桥轴线长度测定和墩台中心放样的精度，又要考虑施工测量时的要求。

13.6.1.1 平面控制网

平面控制网一般按小三角测量的方法进行，其布设形式如图 13.21 所示，包括双三角形[图 13.21(a)]、大地四边形[图 13.21(b)]、双四边形[图 13.21(c)]。其中，双四边形布设形式适用于特大桥梁的施工放样。平面控制网的布设除满足小三角测量本身的技术要求外，还应注意如下几点：

(1) 控制点要选在不被水淹、不受施工干扰的地方；

(2) 基线应选在岸上平坦开阔处，尽可能与桥轴线正交；

(3) 基线长度不小于桥轴线长度的 70%，困难地段不小于桥轴线长度的 50%。

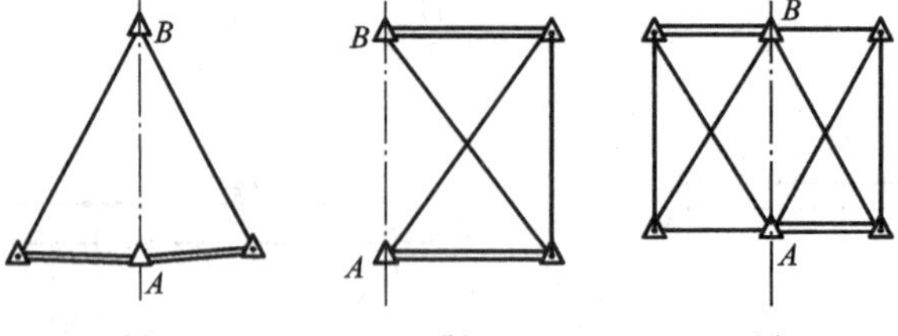

图 13.21 桥梁施工控制网

(a) 双三角形；(b) 大地四边形；(c) 双四边形

13.6.1.2 高程控制网

高程控制网采用水准测量的方法建立。水准点应埋设在桥址附近安全、稳固、便于观测的地方。一般在桥址两岸各设置两个水准基点，并与国家水准点连测。为了在施工时便于将高程传递到桥台和桥墩上去，还需在每一桥台附近设立一个施工水准点。一般采用四等水准测量的方法施测，如桥长大于 500 m 时，则应采用三等水准测量的方法施测，并定期检测。

13.6.2　墩、台中心定位测量

对于小型桥梁，由于河窄水浅，桥台、桥墩间的距离可用直接丈量的方法进行放样，或利用桥址勘测的控制点采用角度交会的方法来进行放样；对于中、大型桥梁，应建立桥梁施工控制网，施工时可利用桥梁施工控制点来进行放样。

13.6.2.1　直接测量法

如图 13.22 所示，首先在设计图上求出各墩、台中心的里程，然后计算出控制桩与各墩、台之间的水平距离。用钢尺或测距仪在平面控制桩上直接测设各段水平距离，定出各墩、台中心位置。各墩、台位置用大木桩标定，并在桩顶钉一铁钉。然后在这些点上安置经纬仪，以桥轴线为基准，放出与桥轴线相重合的墩、台纵向轴线，以及与桥轴线相垂直的墩、台横向轴线，并在纵、横轴线的两端方向线上至少定出两个方向桩。方向桩应设在基坑开挖线 5 m 以外，并应妥善保存，如图 13.23 所示。

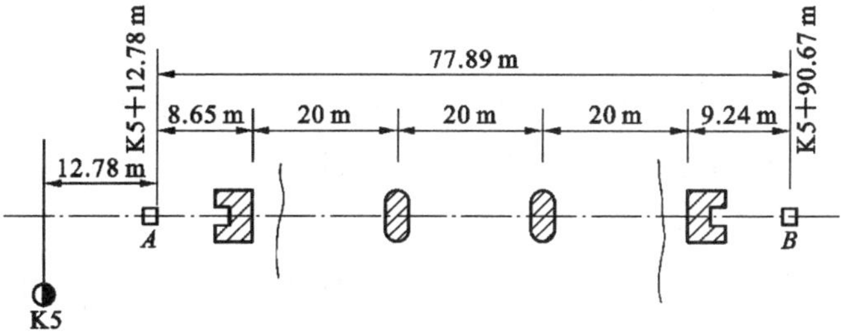

图 13.22　直接测量法测设桥墩、台

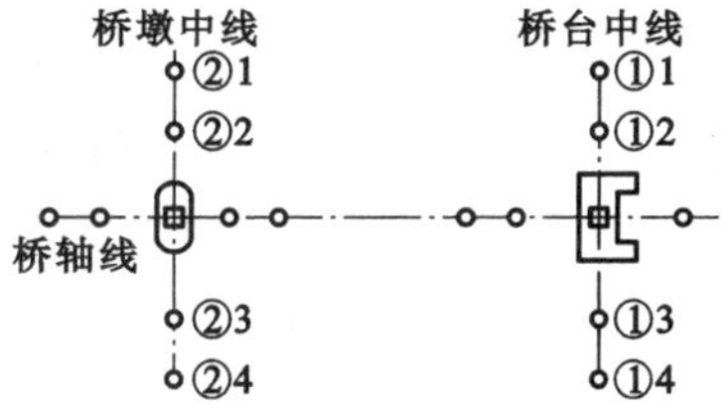

图 13.23　轴线控制桩的设置

13.6.2.2　角度交会法

对于大、中型桥的水中桥墩及其基础的中心位置，可根据已建立的桥梁三角网，在三个控制点（其中一个控制点必须是桥轴线的控制点）上安置经纬仪，交会求得。

如图 13.24 所示，欲测设桥墩中心位置 P 点，首先在设计图上求得 P 点的坐标，根据 A、C、D 三个控制点和 P 点的坐标便可求得交会角 α_1 和 β_1。施测时，在 A、C、D 三点各安置一台经纬仪，A 点经纬仪照准 B 点，标出桥轴线方向，C 点和 D 点的经纬仪均以 A 点为后视，分别测设 α_1 和 β_1 角可得 CP 方向和 DP 方向，三个方向的交点即为桥墩中心位置 P 点。

由于存在测量误差，三个方向线一般不会交于一点，而构成一个误差三角形。若误差三角形在桥轴线上的边长不大于规定数值（墩底不大于 2.5 cm，墩顶不大于 1.5 cm），则取 C、D 两站方向线的交点 P' 在桥轴线上的投影 P 作为墩、台中心位置，如图 13.25 所示。

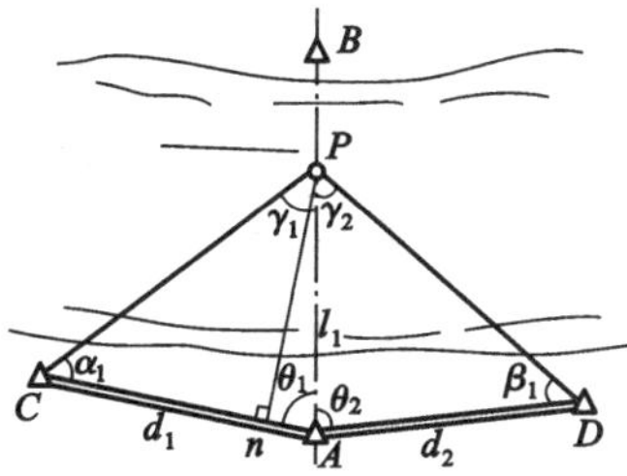

图 13.24　角度交会法测设桥墩及基础

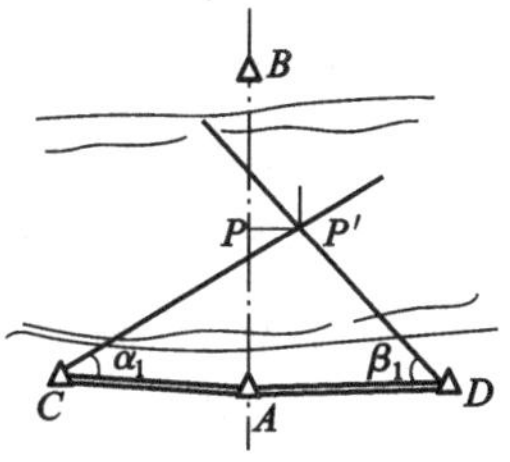

图 13.25　墩、台中心位置

13.6.3 桥梁各部施工测量

桥梁控制网布设和桥轴线控制桩测设完后，就可进行桥梁施工。在施工过程中，随着工程的进展，施工方法的不同，施工放样的测量方法亦不同，但所有的放样工作都遵循一个共同的原则，即先放样轴线，再根据轴线放样细部。下面以小型桥梁为例对桥梁的施工测量做简要介绍。

13.6.3.1 基础施工测量

(1) 基坑的放样

根据桥墩和桥台纵轴线的控制桩，按挖深、坡度、土质情况等条件计算基坑上口尺寸，放样基坑开挖边界线。

(2) 测设水平桩

当基坑开挖到一定深度后，应根据水准点高程在坑壁上测设距基底设计面一定高度(如1 m)的水平桩，作为控制挖深及基础施工中掌握高程的依据。

(3) 投测桥墩、台中心线

基础完工后，应根据桥台控制桩(墩、台横轴线)及墩、台纵轴线控制桩，用经纬仪在基础面上测设出桥墩、台中心线和道路中心线，并弹墨线作为砌筑桥墩、台的依据。

13.6.3.2 桥墩、台身施工测量

在墩、台砌筑出基础面后，为了保证墩、台身的垂直度及轴线的正确传递，可将基础面上的纵、横轴线用吊锤法或经纬仪投测到墩、台身上。

在砌筑高度不大或测量时无风的情况下，用吊锤法完全可满足投测精度要求；否则，应用经纬仪来投测。

(1) 吊锤法

将一重锤球悬吊在砌筑到一定高度的墩、台身各侧，当锤球尖对准基础面上轴线标志时，锤球线在墩、台身上的位置即为轴线位置，做好标志。经检查各部位尺寸合格后，方可继续施工。

(2) 经纬仪投测法

将经纬仪安置在纵、横轴线控制桩上，严格整平后，瞄准基础面上做好的轴线标志，用盘左、盘右分中法，将轴线投测到墩、台身上，并做好标志。

13.6.3.3 桥墩、台顶部施工测设

(1) 墩帽、台帽位置的测设

桥墩、台砌筑至一定高度时，应根据水准点在墩、台身的每侧测设一条距顶部一定高度(如1 m)的水平线，以控制砌筑高度。墩帽、台帽施工时，应根据水准点用水准仪控制其高程(偏差不超过±10 mm)，根据中线桩用经纬仪控制两个方向的平面位置(偏差不超过±10 mm)。墩、台间距或跨度用钢尺或测距仪检查，精度应小于1∶5000。

(2) T形梁钢垫板中心位置的测设

根据测出并经校核后的墩、台中心线，在墩、台上定出T形梁支座钢垫板的位置，如图13.26所示。测设时，先根据桥墩中线②$_1$②$_4$ 定出两排钢垫板中心线 $B'B''$、$C'C''$，再根据道路中心线

F_2F_3 和 $B'B''$、$C'C''$定出道路中心线上的两块钢垫板的中心位置 B_1 和 C_1。然后根据设计图上的相应尺寸用钢尺分别自 B_1 和 C_1 沿 $B'B''$和 $C'C''$方向量出 T 形梁间距，即可得到 B_2、B_3、B_4、B_5 和 C_2、C_3、C_4、C_5 等垫板的中心位置。最后用钢尺校对钢垫板的间距，其偏差应在±2 mm以内。

钢垫板的高程用水准仪校测，其偏差应在±5 mm以内。

上述校测完成后，即可浇筑墩、台顶面的混凝土。

13.6.3.4　上部结构安装测量

上部结构安装前应对墩、台上支座钢垫板的位置重新检测一次，同时在 T 形梁两端弹出中心线，对梁的全长和支座间距也应进行检查，并记录数据，作为竣工测量资料。

对于中、大型桥梁，由于基础及墩、台身的大部分都处于水中，其施工测量一般采用前方交会的方法进行。

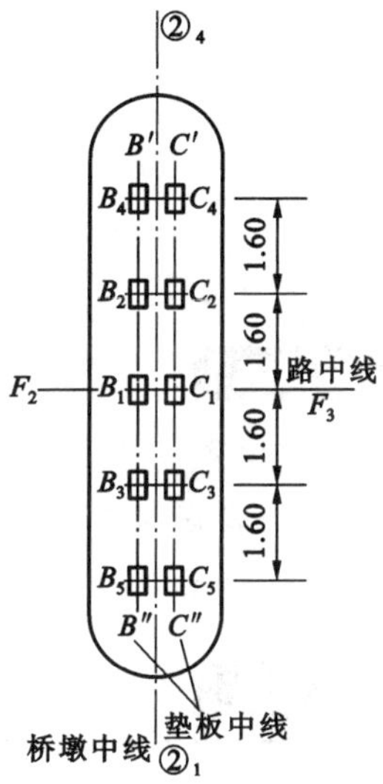

图 13.26　T 形梁支座钢垫板中心位置测设(单位:m)

思　考　题

【在线测试】

13.1　道路测量分哪几个阶段？各阶段的测量内容是什么？

13.2　中线测量的目的是什么？有哪些测量工作？

13.3　什么叫转向角？如何根据观测的右角计算转向角？

13.4　什么叫整桩、加桩、里程桩？采用什么方法标定？

13.5　什么是圆曲线的主点？曲线元素有哪些？如何计算？

13.6　圆曲线细部放样的方法有哪几种？各有何优缺点？

13.7　道路纵断面测量的目的是什么？纵断面水准测量的方法是什么？如何计算填挖高度？

13.8　道路横断面测量的目的是什么？横断面测量的方法有哪几种？

13.9　桥梁施工测量的主要工作有哪些？

13.10　如何进行桥梁墩、台中心的定位测量？

项目十四　管道工程测量

【主要内容】

管道中线测量；管道纵横断面测量；管道施工测量；管道竣工测量。

重点：里程桩标定；横断面测量及横断面图的绘制；地下开挖管道施工测量。

难点：纵断面测量及纵断面图的绘制；坡度钉高程的计算；综合管线图的绘制。

【学习目标】

知识目标	能力目标
1. 了解管道中线测量的基本内容； 2. 掌握管道中线测设的基本方法； 3. 掌握管道纵横断面图测量的基本方法； 4. 掌握管道断面图绘制的基本方法； 5. 掌握管道施工测量的基本工作； 6. 掌握管道竣工测量的基本内容	1. 能进行管道纵横断面测量； 2. 会绘制管道纵横断面图； 3. 能进行地下开挖管道施工控制桩的测设； 4. 会槽口放线； 5. 会绘制综合管线图

【思政目标】

学习管道工程测量的基本知识，学生通过分组查询了解我国管道发展历程和现状，了解到从中华人民共和国成立到现在我国管道里程的巨大变迁，展示了我国集中力量办大事的制度优越性，使学生切实体会到行业的巨变，感受国家强大，增强认同感和归属感，激发学生学好本领报效国家的家国情怀。

管道工程多属地下工程。在城镇和工矿企业中，管道大多修建在建筑物密集的城建区或矿区，上下穿插、纵横交错，一般连接成管道网。管道的种类繁多，主要有给水管道、排水管道、暖气管道、电信管道、天然气管道、输油管道等。为各种管道设计和施工所进行的测量工作统称为管道工程测量，它的主要工作包括踏勘选线、中线的测量、纵（横）断面测量、带状图测量、施工测量和竣工测量等。

管道工程测量在测量原理和测量方法上与道路工程测量有许多共同和相似的地方，这里不再一一赘述。本项目重点介绍管道施工过程中的测量工作。

任务1　管道中线测量

管道中线测量的任务是将设计的管道中心线位置在地面上测设并标定出来，其主要内容有：

①钉管道交点桩、里程桩和加桩；

②测定管道转折角等。

【在线资源】

14.1.1　主点的测设

管道的起点、交点（转折点）、终点称为管道的主点。主点的位置及管道方向是设计时给定的，管道方向一般与道路中心线或大型建筑物轴线平行或垂直。若给定的是主点的坐标值，其测设方法与线路主点测设方法相同；若给定的仅是主点或管道方向与周围地物间的关系，则可由规划设计图找出测设条件或数据，如图14.1所示，测设时可利用与地物（道路、建筑物等）之间的关系直接测设。如井$_1$、井$_2$，从图右上角放大图可看出它们与办公楼的关系，井$_6$由平行于办公楼的井$_2$—井$_6$线与平行于展览路中线的井$_{13}$—井$_6$线交出。在主点测设的同时，根据需要，可将检查井或其他附属构筑物位置一并标定。

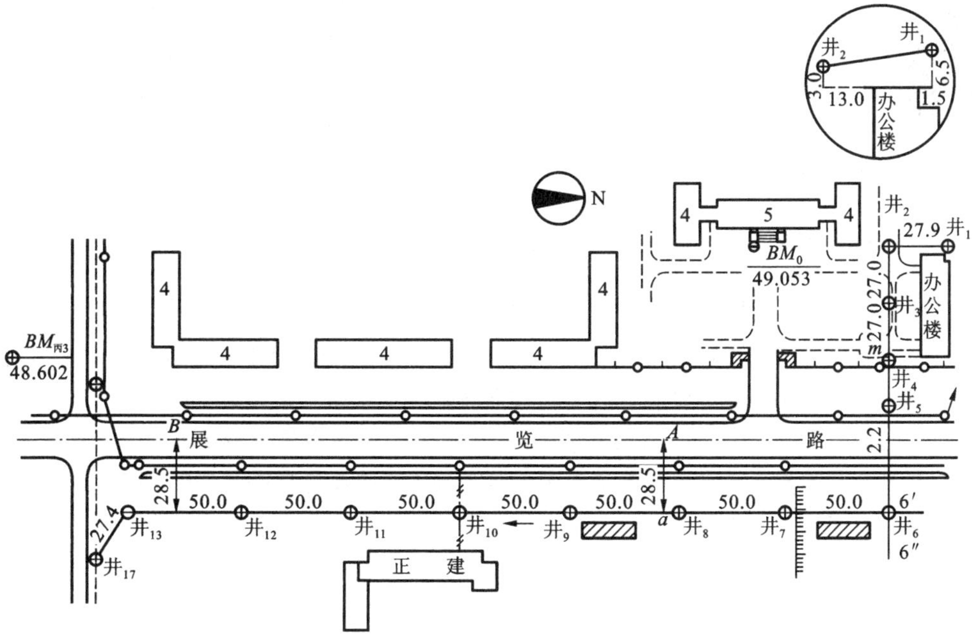

图14.1　管道主点的测设（单位：m）

主点测设完后，应检查其位置的正确性，做好点的标记，并测定管道转折角。管道的转折角有时需要满足定型管道弯头的转角要求，如给水铸铁管弯头转折角有90°、45°、22.5°等几种。

14.1.2 里程桩和加桩的标定

里程桩的分类、钉设方法和精度要求基本上与道路工程测量相同，不同之处如下：

(1) 管道起点的规定

管道的起点根据其种类不同有不同的规定。给水管道以水源为起点；煤气、热力管道以来气分支点为起点；电子、通信管道以电源为起点；输油管道以供油站为起点；排水管道以下游出水口为起点。

【在线测试】

(2) 管线上可能没有整桩

有的管道里程桩是以检查井的中心线桩来代替的，这样管线上可能没有整桩。

中线测量成果一般均应在线状地形图上展绘出，并注明各交点的位置和桩号，各交点的点标记，管线与主要地物、地下管线交叉点的位置和桩号，各交点的坐标、转折角等内容。

任务2 管道纵、横断面测量

【在线资源】

管道纵、横断面测量的目的是：了解和掌握沿管线方向狭长地带内的地面起伏情况。纵断面测量是测定中心线上各里程桩和加桩的高程，横断面测量是测定里程桩和加桩处垂直于中心线方向两侧狭长地带内的地面起伏情况。

管道纵、横断面的测量方法与道路测量基本相同，现只将测量时需要注意的几点叙述如下：

14.2.1 纵断面测量

(1) 有些管线(如污水管道)精度要求较高，高差容许闭合差为$\pm 5\sqrt{n}$ mm。

(2) 在实测中，应特别注意做好与其他地下管线交叉的调查工作，要求准确测出管线交叉处的桩号、原有管线的高程和管径，如图14.2所示。

(3) 要把本管线与旧管线交叉处的高程和管径按比例绘在管道纵断面图上部。

(4) 由于管线起点方向不同，有时为了与线路地形图的注记方向一致，往往要倒展。

(5) 纵断面图横向比例尺尽量与线路带状图比例一致。

14.2.2 横断面测量

【在线测试】

若管道工程对横断面图精度要求较高，可利用测绘大比例尺地形图的方法，绘制横断面图。

若管径较小，地面起伏变化不大或埋管较浅，则在开挖边界较窄时，可不测量横断面，计算土方量时用中桩高程即可。

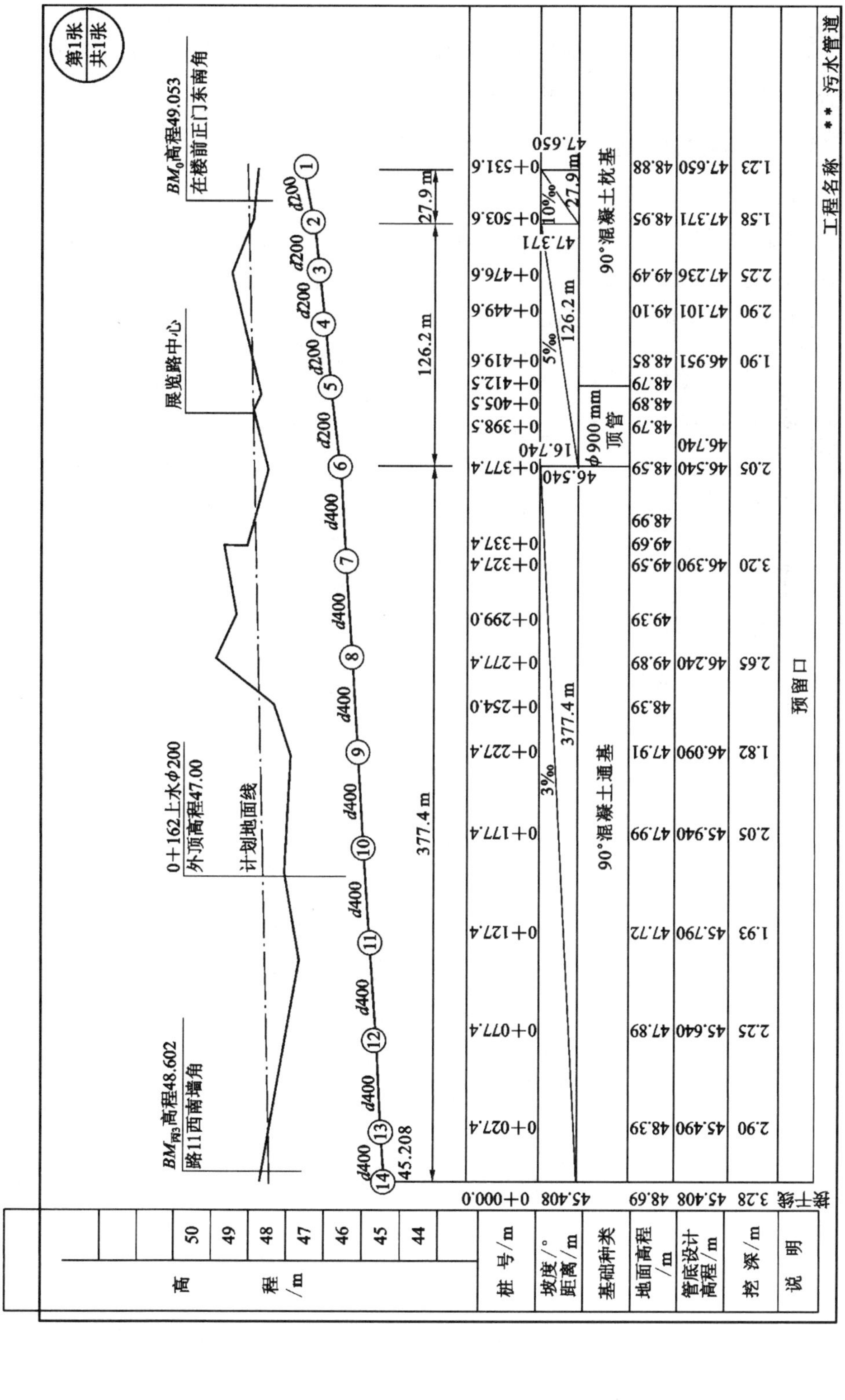
第1张
共1张
BM0高程49.053
在楼前正门东南角
展览路中心
0+162上水φ200
外顶高程47.00
计划地面线
BM丙3高程48.602
路11西南墙角
90°混凝土枕基
90°混凝土通基
φ900 mm
顶管
预留口
工程名称　**　污水管道
高程/m
桩号/m
坡度/°
距离/m
基础种类
地面高程/m
管底设计高程/m
挖深/m
说明

图 14.2　管道纵断面图

任务3 管道施工测量

【在线资源】

管道施工测量的目的是根据设计图样的要求，为管道施工测设各种标志，以便掌握管道中线方向和高程。

14.3.1 地下开挖管道施工测量

(1) 中线校核

若经设计确定的管道中线位置与中线测量所定的中线位置一致，而且地面上定出的管道主点及各里程桩的位置无损，则只需校核。否则，要重新定出各主点的位置，并根据设计资料，用钢尺在管道中线上定出检查井的位置，并用木桩标定。

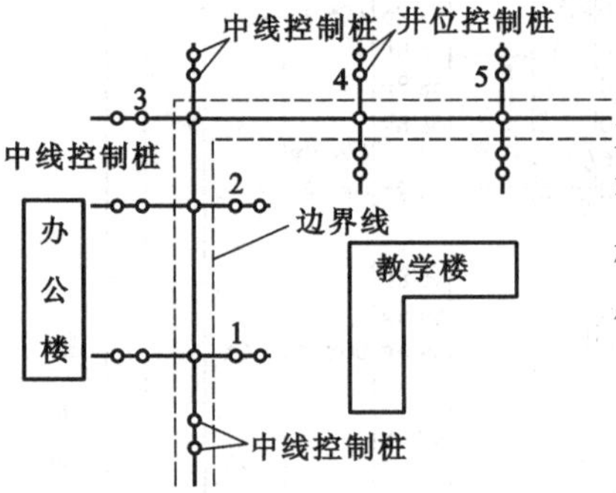

图 14.3 管道施工控制桩

(2) 施工控制桩的测设

由于管道施工过程中，原中线上的各桩都将被挖掉，为了便于恢复中桩和检查井的位置，应在不受施工干扰、引测方便、容易保存的地方设置中线控制桩和井位控制桩，如图 14.3 所示。中线控制桩离主点的距离，以及井位控制桩离中线的距离最好为一整数。

(3) 槽口放线

根据管道埋置深度、管径大小、土质情况决定开槽宽度，撒出石灰线，作为开槽的依据，如图 14.3 所示的虚线。槽口边线的计算方法与路堑边桩计算方法相同。

(4) 中线和高程控制标志的测设

施工时，通常采用龙门板法来控制中线方向和高程。如图 14.4 所示，龙门板由坡度横板和坡度立板组成，沿中线每隔 10～20 m 及检查井处设置龙门板。

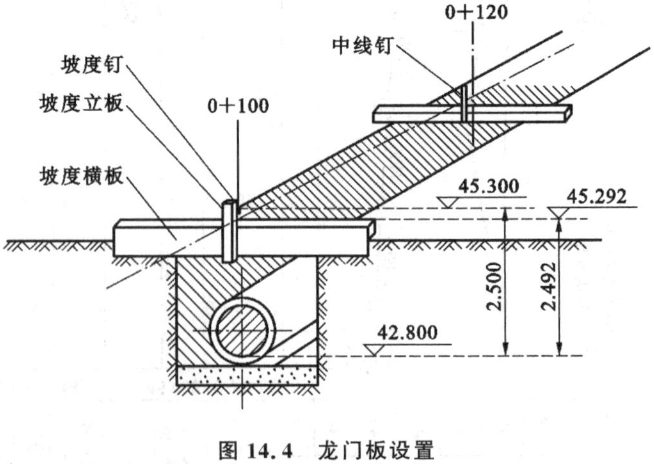

图 14.4 龙门板设置

① 中线测设

将经纬仪安置于管道一端中线控制桩上，瞄准另一端中线控制桩，即得管道中线方向。俯下望远镜，把管道中线投影到各坡度板上，并用小钉标明其位置，该小钉称为中线钉，各坡度板上中线钉的连线就是管道中线方向。管道施工时，在各中线钉上吊垂球线，即可将中线投影到管槽内，以控制管道中线与管道的埋设。

② 高程测设

为了控制管槽的开挖深度与管道的埋设，必须在龙门板上设置高程标志。高程测设包括坡度板板顶高程的测定和坡度钉的测设。

坡度板板顶高程的测定方法为视线高法。将水准仪安置于管道中线的一侧，后视附近一水准点，读取后视读数 a，然后将水准尺立于各坡度板板顶上，依次读得各前视读数 b_i，即可求得各坡度板板顶高程。

坡度钉的测设：在坡度横板上钉一坡度立板，使立板的一边正好对齐中线钉。坡度板板顶高程与其相应的管底设计高程之差，就是从板顶向下开挖到管底的深度，通常称为下反数。由于下反数往往不是整数，且各坡度板的下反数都不一致，施工时以此数来检查各坡度板处的挖深很不方便。为使下反数为一整分米数 C，应算出各坡度横板板顶向上或向下的调整数 δ，即：

$$\delta = C - (H_{板顶} - H_{管底}) \tag{14.1}$$

根据式(14.1)算出调整数，便可在坡度立板上用小钉标定出下反数的位置，这个钉称为坡度钉，如图 14.4 所示。各坡度钉的连线与管道设计坡度线平行，且高差为选定的下反数 C。这样，只需用一木杆，并在木杆上标出下反数的位置，便可随时检查管槽是否挖到管底的设计高程。但必须指出的是，管道各段的下反数并非一常数，选用何值为好，应根据实际情况而定。例如，表 14.1 所示为管道 0＋000～0＋050 段坡度钉高程计算实例，表中设计坡度为－8‰，下反数 C 取 1.500 m，管底高程和坡度钉高程按下式计算：

$$\left.\begin{aligned} H_{管底} &= iD \\ H_{坡度钉} &= H_{管底} + C \end{aligned}\right\} \tag{14.2}$$

表 14.1 坡度钉高程计算表

板号	坡度 i	管底高程 $H_{管底}$ /m	板顶高程 $H_{板顶}$ /m	$H_{板顶}-H_{管底}$ /m	下反数 C /m	调整数 δ	坡度钉高程 /m
1	2	3	4	5	6	7	8
0＋000	－8‰	36.820	38.564	1.744	1.500	－0.244	38.320
0＋010		36.740	38.456	1.716		－0.216	38.240
0＋020		36.660	38.365	1.705		－0.205	38.160
0＋030		36.580	38.313	1.733		－0.233	38.080
0＋040		36.500	38.197	1.697		－0.197	38.000
0＋050		36.420	38.104	1.684		－0.184	37.920
⋮		⋮	⋮	⋮		⋮	⋮

14.3.2 顶管施工测量

当管道穿越铁路、公路或其他重要建筑物时，为了保证正常的交通运输，避免大量的拆迁工作，往往不允许开槽施工，而采用顶管施工法。顶管施工测量的主要任务是：控制管道中线方向、管底高程和坡度。

14.3.2.1 中线测量

先挖好顶管工作坑，然后根据地面上标定的中线控制桩，用经纬仪将中线引测到坑壁，打入木桩或铁桩，此桩称为顶管中线桩，如图14.5所示。在管内前端水平横放一根木尺，零点位于尺中央，分别向两端刻划。可用经纬仪直接测出管道中线的偏离值，作为顶进过程中校正中线方向的依据。

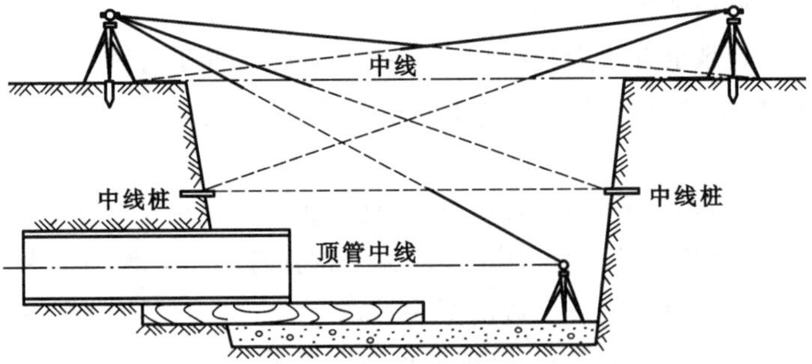

图14.5 顶管中线测设

14.3.2.2 高程测量

首先利用地面上的高程控制点，将已知高程传递到工作坑内的临时水准点上，再将水准仪置于工作坑内，以临时水准点为后视，以顶管内待测点为前视，可算得管底高程和坡度的校正值，作为控制顶管高程和坡度的依据。

【在线测试】

对于较大的顶管工程，可使用激光准直仪，使该仪器的视准轴倾斜坡度与管道设计中线重合，则可同时控制顶管施工中的中线方向和高程。

任务4 管道工程竣工测量

管道工程竣工测量的主要内容有竣工图的测绘和相应资料的编制。竣工图的资料能真实地反映施工成果，是评价施工质量好坏的主要依据。

管道竣工图的测绘主要是测绘反映管道主点、检查井及附属构筑物施工后的实际平面位置和高程。有时为了突出管道施工后的断面情况，还应测出管道竣工断面图，以反映检查井口和管顶（或管底）高程及井间的距离和管径等内容。表14.2所示为主要地下管线图式。

表14.2 地下管线图式

名称	符号		备注
	管线	检修井	
热力（热）	橘黄	2.0	
电力（力）	30.0 10.0 2.0 朱红	2.0	电力、无轨、照明
电信（话、长 广、铁）	30.0 10.0 2.0 草绿	2.0人孔 2.0手孔	市话、长途、专用通信
工业管道（工）	工 30.0 10.0 2.0 黑	2.0	工业气、液体、液体排渣

续表 14.2

名　称	符　　号		备　注
	管　线	检修井	
规划道路中线	50.0　10.0		
给水(水)	30.0　5.0　2.0　湖蓝	2.0　2.0	盖堵　2.0 水表　1.5 闸链
污水(污)	赭石	2.0	2.0 暗井
雨水(雨)	浅熟褐	2.0	
煤气(煤)	50.0　5.0　低压　中压　粉红　高压	2.0	0.5　抽水缸　闸门

常用的管道竣工带状图的测量方法有解析法测图和图解法测图。

14.4.1　解析法测图

根据国家已有控制网及加密的控制点，直接测定管线点(如管线的起点、终点、交点、交坡点及检查井等)的坐标和高程并绘制成图作为竣工图的工作称为解析法测图。

14.4.1.1　技术要求

(1) 竣工图的比例尺一般采用 1∶500、1∶1000 和 1∶2000。

(2) 竣工图的宽度一般根据需要而定，对于有道路的地方，其宽度取至道路两侧第一排建筑物外 20 m。

(3) 竣工带状图的测绘精度要求较高，施测坐标的点位中误差不应超过图上±5 cm。根据工程要求，精度可适当调整。

14.4.1.2　外业测量

(1) 编号及绘制草图

从管线起点开始，沿线将各管线点按顺序编临时号(成图时改为统一编号)并绘制草图，如污水管线可编为$污_1$、$污_2$、…、$污_n$。

(2) 栓点

对于直埋管线，如果当时不能测定坐标，可先做栓点，即在选取的管线点上，在实地标注三个栓距，待还土后，再用栓距还原点位，补测坐标。

(3) 测管线点高程

对已编号的管线点，用附合水准路线逐点联测高程，每一管线点均应按转点施测，以防止粗差。

(4) 测管线点坐标

一般是将已编号的管线点组成导线逐点联测坐标，或用极坐标法测设。

(5) 检修井的调查

除测量井中心坐标及井面高程外，还要测量井间距、管径、偏距等。

14.4.1.3　计算和成果整理

计算管线点的坐标时，方位角可凑整到 5″或 10″，坐标和高程的计算均取至“cm”。管径除通信管道以"cm"为单位外，其他一律以"mm"为单位，并注明内径或外径。对于计算完的管线成果，应列表汇总并配以施测略图。

14.4.1.4 内业成图

带状图的测绘与一般地形图的测绘基本相同，但也有其特性，主要有以下几点：

(1) 图上内容应以反映管线为主，对次要地物可适当取舍。

(2) 为了明显突出管线的种类及管线的主要附属设施，对管线的表示应用不同的符号和不同的颜色，见表 14.2。

(3) 对于已展绘上色的管线，不但要在图上注记统一的编号，还要在相应的图面上注记管线点的高程。

14.4.1.5 质量检查

图 14.6 所示为综合管线图，直观反映出了管线的位置、标高及地物之间的相互关系，是管线竣工测量的综合成果。为了保证综合管线图的质量，验收时除对外业成果进行检查外，还应检查图上各种线条，管线的点位、标高、点号注记是否正确，地物管线有无错漏，各种注记是否合乎要求等。

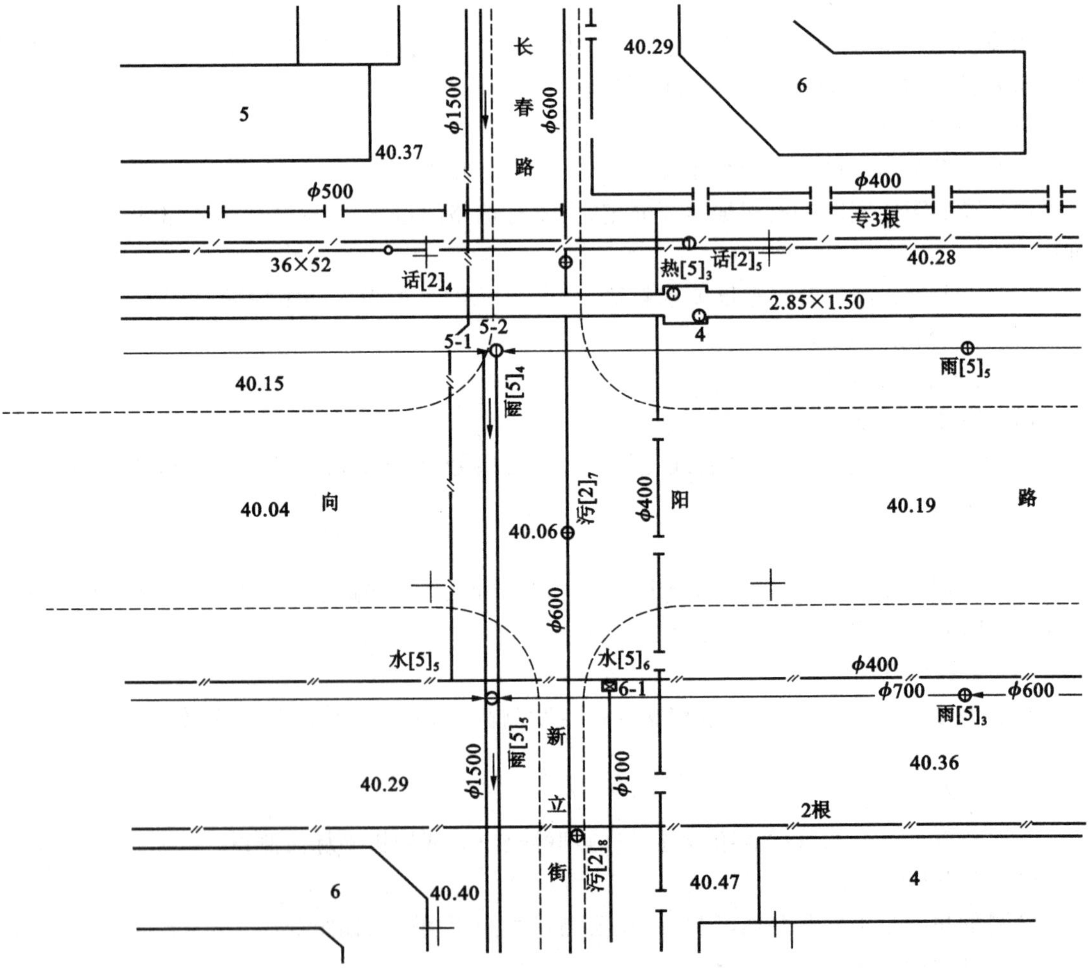

图 14.6 综合管线图

14.4.2　图解法测图

在城镇大比例尺地形图上，直接用图解的方法测绘地下管道竣工位置图的工作称为图解法测图。

图解法测图，是利用城镇大比例尺基本地形图作为综合管道的工作底图，在该图上实测或按资料进行编绘，从而形成管线竣工图。

在以上两种测绘方法中，解析法测绘精度较高，表示管线位置准确，管线资料可单独保存，不受底图精度好坏的影响，但其内、外业工作量较大，不直观，若个别点资料有错时不易发现；而图解法具有方法简便、工作量少、直观性强、易于发现错误等优点，但其精度直接受底图精度的影响，图的精度低，其管线位置精度也就低。

【在线测试】

思　考　题

14.1　管道工程测量的主要工作是什么？

14.2　管道纵、横断面测量的目的是什么？纵断面图绘制的特点有哪些？

14.3　管道施工测量的任务是什么？

14.4　地下开挖管道的施工测量的主要内容有哪些？

14.5　什么是管道的下反数和调整数？调整数如何计算？

14.6　顶管施工测量的主要任务是什么？如何控制顶管的中线？

14.7　管道竣工测量的方法有哪几种？试述其优缺点。

项目十五 水工建筑物施工测量

【主要内容】

土坝施工测量的内容和方法；混凝土坝施工测量的内容和方法；水闸施工测量的内容和方法。

重点：土坝坝轴线测设，土坝清基开挖线放样，土坝坡脚线放样；混凝土坝放样线测设，混凝土坝坝轴线测设；水闸主轴线测设，闸墩放样，水闸下游溢流面测设。

难点：混凝土拱坝坝轴线测设。

【学习目标】

知识目标	能力目标
1. 掌握土坝施工测量的基本方法； 2. 掌握混凝土坝施工测量的基本方法； 3. 掌握水闸施工测量的基本方法	1. 能进行土坝的清基开挖线和坝体边坡放样； 2. 能测设土坝的坝轴线和坡脚线放样； 3. 能进行直线形混凝土坝体坝轴线测设； 4. 能进行混凝土拱坝坝轴线的测设； 5. 能进行水闸闸墩和闸底板的放样； 6. 能进行水闸下游溢流面的测设

【思政目标】

通过学习土坝、混凝土坝及水闸等常见水工建筑物的施工测量方法，让学生深刻认识到测量工作在国家基础设施建设中起着举足轻重的作用，培养学生热爱专业、立志学好专业、服务社会、报效国家的专业精神，激发学生的专业自豪感和荣誉感。

水利枢纽工程一般由若干建筑物组成，组成水利枢纽的建筑物称为水工建筑物，包括大坝、水闸、水电站厂房、船闸、泄水建筑物及导流隧洞和引水隧洞等。按照这些建筑物在该综合体中的任务和作用不同，一般将其分为挡水建筑物、泄水建筑物、通航建筑物、为发电而建的建筑物。其中挡水建筑物即拦河大坝，是主要的水工建筑物，按照其建筑材料和结构分为土石坝、混凝土重力坝、拱坝等。本项目主要介绍土坝、混凝土坝和水闸的施工测量工作。

任务1　土坝施工测量

【在线资源】

土坝是一种较常见的坝型，土坝具有就地取材、施工简便的特点，一般中、小型水坝常修筑成土坝，根据筑坝材料和坝体内部分布及结构不同，其类型分为多种。

如图15.1所示为一种黏土心墙土坝的示意图。土坝施工放样的内容主要包括：坝轴线的测设、坝身控制测量、清基开挖线的放样、坡脚线和坝体边坡线的放样等。

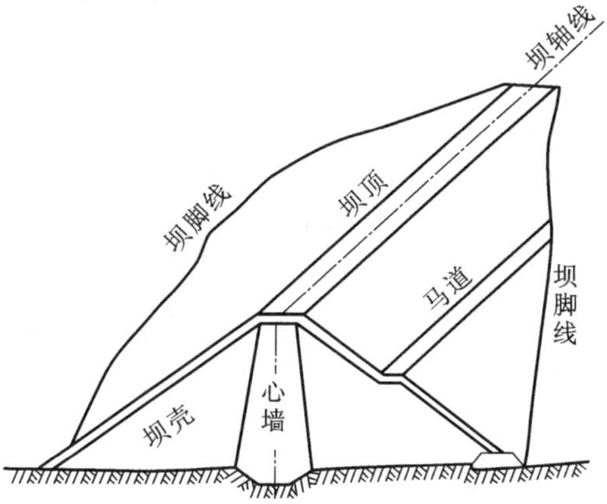

图15.1　土坝结构图

15.1.1　坝身控制测量

按照土坝建设的顺序，应首先进行施工控制测量，建立施工控制网，根据基本网确定坝轴线，然后以坝轴线为依据布设坝身控制网以控制坝体细部的放样。

15.1.1.1　坝轴线的确定

土坝的坝轴线就是坝顶中心线，如图15.2所示。对于中小型土坝的坝轴线，一般是由工程设计人员和勘测人员组成选线小组，深入现场进行实地踏勘，根据当地的地形、地质和建筑材料等条件，经过方案比较后直接在现场选定，并用木桩或混凝土桩标定坝轴线的端点。

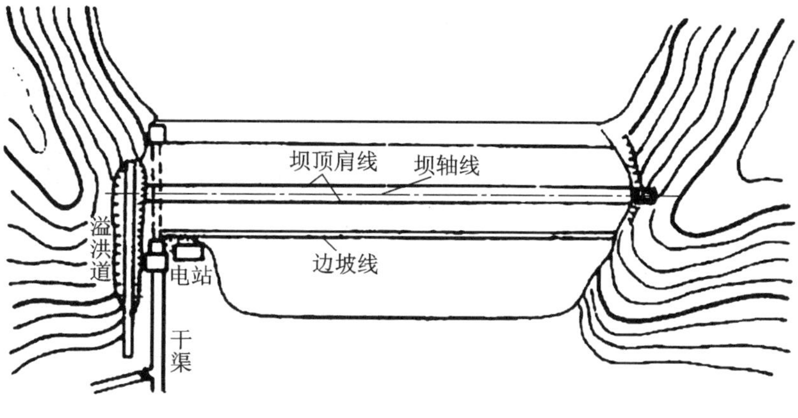

图15.2　坝轴线示意图

对于大型土坝及与混凝土坝衔接的土质副坝，一般经过现场踏勘、图上规划等多次调查研究和方案比较，确定建坝位置，并在坝址地形图上结合枢纽的整体布置，将坝轴线标于地形图上，如图15.3中的M_1、M_2。为了将图上设计好的坝轴线标定在实地上，一般可根据预先建立的施工控制网，采用极坐标法将M_1和M_2放样到地面上。轴线的两端点在现场标定后，应用永久性标志标明。为了防止施工时端点被破坏，应将坝轴线的端点延长到两面山坡上，如图15.3中的M_1'、M_2'，并用混凝土浇筑固定，以便长期保存。

15.1.1.2 坝身控制测量

坝轴线是土坝施工放样的主要依据，但是在进行整个坝体细部点施工放样时，只有一条坝轴线是不能满足施工需要的，还必须建立坝身控制测量，为细部点的测设提供依据。

(1) 平行于坝轴线的控制线的测设

如图15.4所示，M、N是坝轴线的两个端点，首先将全站仪安置在M点，照准N点，固定照准部，用望远镜向河床两岸投设A、B两点。然后分别在A和B点安置仪器，照准坝轴线端点M(或N)点后，仪器旋转90°，定出坝轴线的两条垂线PQ和RS，在垂线上按所需间距(一般每隔5 m、10 m或20 m)测设距离，定出a、b、c和d、e、f等点，那么ad、be、cf等直线就是与坝轴线平行的控制线。为了施工放样，还应将仪器分别安置在a、b、c、d、e、f等点，将各条平行线投测到施工范围外的河床两岸，并打桩标定。在测设平行线的同时，还可放出坝顶肩线和边坡线，它们也是坝轴平行线。

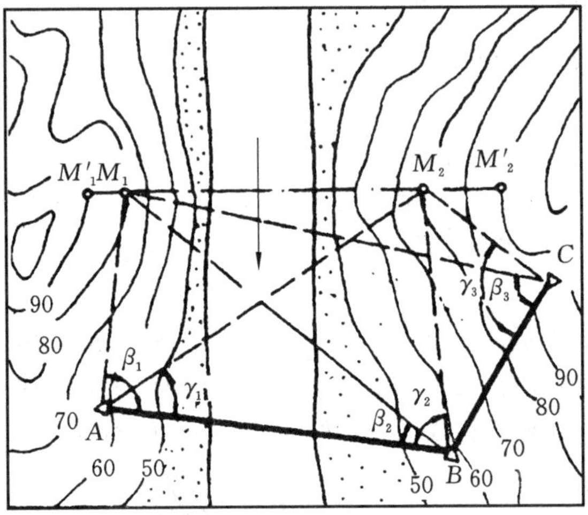

图15.3 确定坝轴线

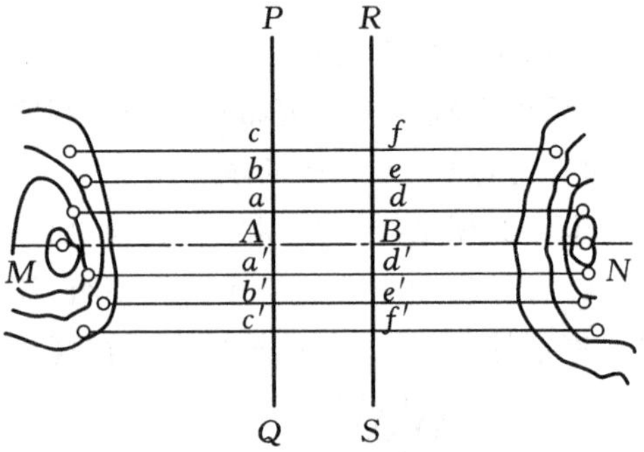

图15.4 平行于坝轴线的控制线测设

(2) 垂直于坝轴线的控制线的测设

垂直于坝轴线的控制线一般按照50 m、30 m、20 m的间距以里程桩来测设。具体测设步骤如下：

① 沿坝轴线测设里程桩。如图15.5所示，首先由坝轴线一端的M点在轴线上定出坝顶与地面的交点作为零号桩，其桩号为0+000。测设零号桩的方法是在坝轴线的M点附近安置水准仪，后视已知水准点上的水准尺，得读数为a，求出零号桩上的应有读数b：

$$b=(H_0+a)-H_{顶} \tag{15.1}$$

式中 H_0——已知水准点高程；

$H_{顶}$——坝顶的设计高程。

然后从零号桩起，由全站仪定线，沿着坝轴线方向按照选定的间距钉下 0＋000、0＋020、0＋040 等里程桩，直到另一端坝顶与地面的交点为止。

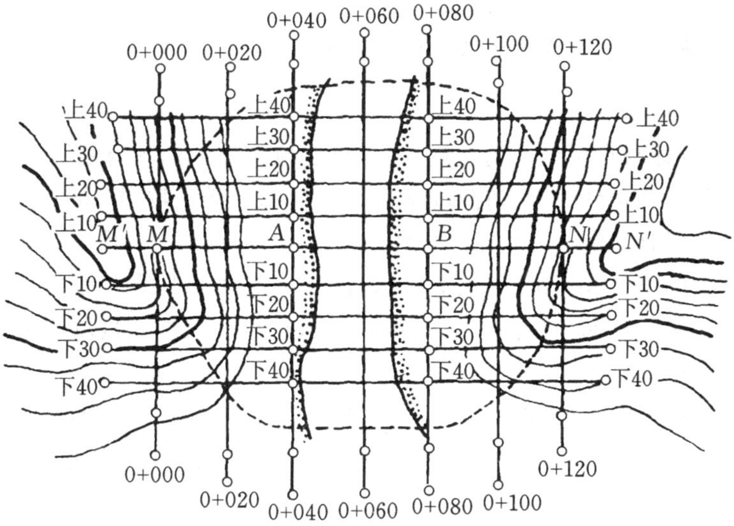

图 15.5　坝身控制线示意图

② 测设垂直于坝轴线的控制线。将全站仪安置在各个里程桩上，瞄准 M 或 N 点，旋转 90°即定出垂直于坝轴线的一系列平行线。垂线测设后，应向上、下游延长至施工影响范围之外打桩编号，作为放样和测设横断面的依据。

15.1.1.3　高程控制网的建立

用于土坝施工放样的高程控制网，可由若干永久性水准点组成的基本网和临时作业水准点两级布设。

① 基本网一般在施工影响范围之外布设水准点，用三等水准测量按环形路线（如图 15.6 中由 $Ⅲ_A$ 经 BM_1～BM_6 再至 $Ⅲ_A$）测定它们的高程。

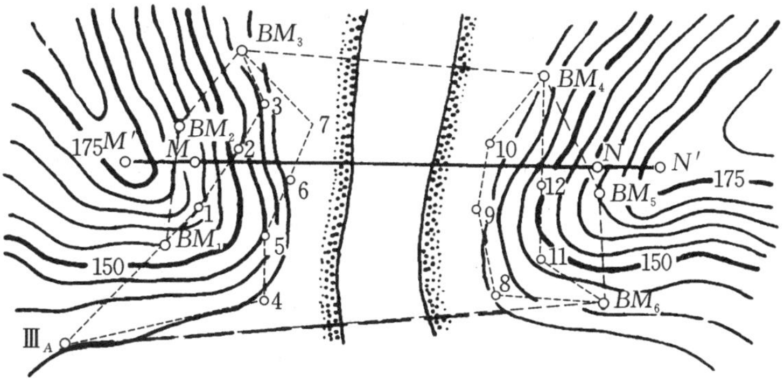

图 15.6　高程控制网

② 临时水准点直接用于坝体的高程放样，布置在施工范围内不同高度处，并尽可能做到安置一两次仪器就能放样高程。临时水准点应根据施工进程临时设置，附合到永久水准点上(如图 15.6 中由 BM_1 经 1～3 再至 BM_3)，从水准基点引测它们的高程，并应经常检查，以防由于施工影响发生变动。

15.1.2 土坝清基开挖与坝体填筑的施工测量

(1) 清基开挖线放样

清基开挖线是坝体与自然地面的交线，亦即自然地表面上的坝脚线。为了使坝体与地面紧密结合，增强大坝的稳定性，必须清除坝基自然表面的松散土壤、树根等杂物。在清理基础时，测量人员应根据设计图纸放出清基开挖线，以确定施工范围。具体方法如下：

① 图解法量取放样数据。如图 15.7 所示，P 点在坝轴线上的里程为 0＋100，A、B 两点为 0＋100 桩坝体的设计断面与地面上、下游的交点，在设计图纸上量取图上 PA、PB 的水平距离为 d_1、d_2，即为放样数据。

② 如图 15.8 所示，在 P 点安置全站仪，照准坝轴线的一个端点，旋转 90°定出横断面方向，从 P 点分别向上、下游方向测设 d_1、d_2，标出清基开挖点 A、B；同法定出各断面的清基开挖点，各开挖点的连线，即为清基开挖线，一般在现场用白灰洒出清基开挖线。

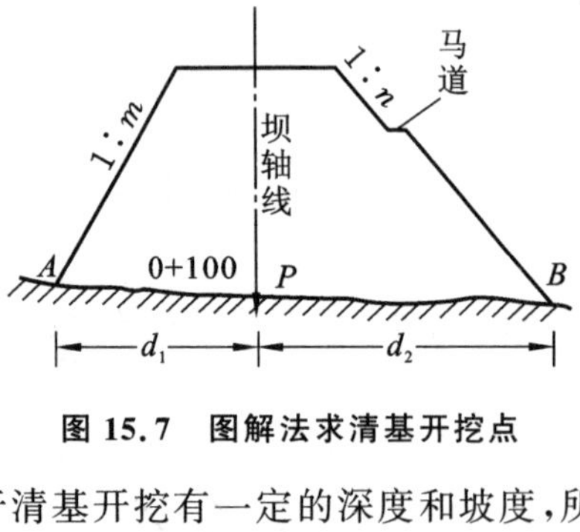

图 15.7 图解法求清基开挖点

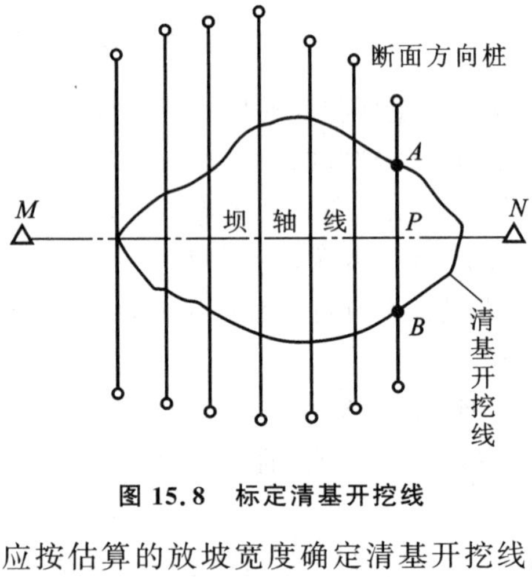

图 15.8 标定清基开挖线

由于清基开挖有一定的深度和坡度，所以应按估算的放坡宽度确定清基开挖线。当从断面图上量取 d_i 时，应根据施工现场的具体情况按深度和坡度加上一定的放坡长度。

(2) 坡脚线的放样

基础清理完工后，坝体与地面的交线称为坡脚线(亦称起坡线)。坡脚线是填筑土石和浇筑混凝土的边界线。起坡线的放样一般采用套绘断面法或平行线法。

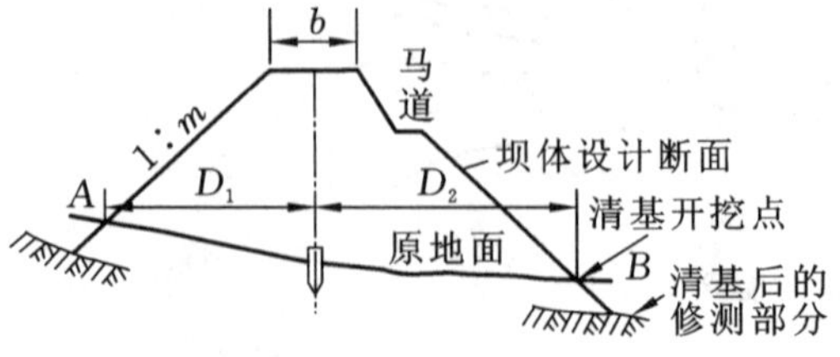

图 15.9 套绘断面法

① 套绘断面法：恢复被破坏的里程桩，进行纵横断面测量，绘出清基后的横断面图；套绘土坝设计断面，如图 15.9 所示，A、B 点为坝体和清基后地面的交点，D_1 和 D_2 分别为该断面上、下游坡脚点的放样数据；在实地将交点标定出来，分别连接上、下游坡脚点即得到上、下游

坡脚线。

② 平行线法是以不同高程坝坡面与地面的交点获得坡脚线，前面通过坝身控制测量设置了一些平行于坝轴线的直线，这些直线与坝坡面相交处的高程为：

$$H_i = H_{顶} - \frac{1}{m}\left(d_i - \frac{b}{2}\right) \tag{15.2}$$

式中　H_i——第 i 条平行线与坝坡面相交处的高程；

$H_{顶}$——为坝顶的设计高程；

d_i——第 i 条平行线与坝轴线之间的距离，即轴距；

b——坝顶的设计宽度；

m——坡面设计坡度的比例尺分母。

计算出 H_i 后，即可在各平行线上用高程放样的方法测设 H_i 的坡脚点。各个坡脚点的连线，即为坝体的坡脚线。一般坡脚处填土的位置应比现场标定的坡脚线范围要大一些，以便坡面碾压结实，确保施工质量。

(3)坝体边坡放样

坝体坡脚线标定后，即可在标定范围内填土(称为上料)，填土要分层进行，每层厚约 0.5 m，每填一层都要进行碾压，测量人员在碾压后要及时确定填土的边界，即边坡，用上料桩将边坡的位置标定出来，标定上料桩的工作称为边坡放样。一般用轴距杆法放样坝体边坡，具体方法如下：

根据土石坝的设计坡度，计算出不同层高坡面点的轴距 d，编制成表(此表按高程每隔1 m计算一值)。由于坝轴里程桩会被掩埋，必须以填土范围之外的坝轴平行线为依据进行量距。为此，在这条平行线上设置一排竹杆(称轴距杆)，如图 15.10 所示，设平行线的轴距为 D，则上料桩(坡面点)离轴距杆距离为 $D-d$，据此即可定出上料桩的位置。随着坝体增高，轴距杆可逐渐向坝轴线移动。

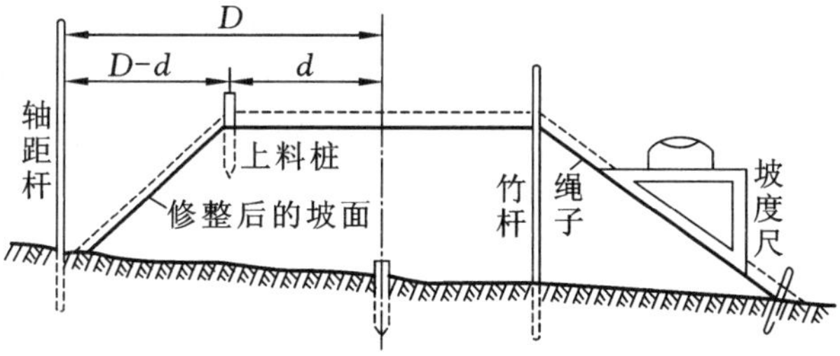

图 15.10　坝体边坡的放样

上料桩的轴距是按设计坝面坡度计算的，实际填土时应超出上料位置，即应留出夯实和修整的余地，如图 15.10 中虚线所示。超填厚度由设计人员提出。混凝土坝的中间部分是分块立模的，应先将分块线投影到基础面或已浇筑好的坝块面上，再在离分块线 0.2 m 处弹出一条平行墨线，以供检查和校正模板之用。在沿分块线立模时，在模板顶部钉一颗长 0.2 m(包括模板厚)的钉子，吊下垂球，若垂球正对平行线，则说明模板已竖直。

(4) 修坡桩测设

土坝碾压后应进行修整，使坡面与设计要求相符，修整后用草皮或石块护坡。修坡常用水准仪法和全站仪法。

① 水准仪法

在坝坡面上按一定间距布设一些与坝轴线平行的坝面平行线，根据式(15.2)计算各平行线的高程，然后测定平行线上各点的高程，所测高程与所算高程之差即为修坡厚度。

② 全站仪法

首先要根据坡面的设计坡度计算出坡面的倾角，设坡度为1∶m，则坡倾角为：

$$\alpha=\arctan\frac{1}{m} \tag{15.3}$$

在填筑的坝顶边缘上安置全站仪，量取仪器高度i，将望远镜视线向下倾斜α角，固定望远镜，此时视线平行于设计坡面，然后沿着视线方向每隔几米竖立标尺，设中丝读数为v，则该立尺点的修坡厚度为：

$$\Delta h=i-v \tag{15.4}$$

若安置全站仪的地点的高程与坝顶设计高程不符，则计算修坡量时应加改正数，如图15.11所示。实际的修坡厚度Δh应按式(15.5)计算：

$$\Delta h=(i-v)+(H_i-H_0) \tag{15.5}$$

式中 i——全站仪仪器高；

v——全站仪中丝读数；

H_i——安置仪器的坝顶实测高程；

H_0——坝顶设计高程。

(5) 护坡桩的标定

坝坡面修整后需要护坡，为此应标定护坡桩。护坡桩从坝脚线开始，沿坝坡面高差每隔5 m布设一排，每排都与坝轴线平行。在一排中每10 m钉一木桩，使木桩在坝面上构成方格网形状，按设计高程测设于木桩上。然后在设计高程处钉一小钉，称其为高程钉。在大坝横断面方向的高程钉上拴一根绳子，以控制坡面的横向坡度；在平行于坝轴线方向系一活动线，当活动线沿横断面线的绳子上、下移动时，其轨迹就是设计的坝坡面，如图15.12所示。因此，可以用活动线作为砌筑护坡的依据。如果是草皮护坡，高程钉一般高出坝坡面5 cm；如果是块石护坡，应根据设计要求预留铺盖厚度。

【在线测试】

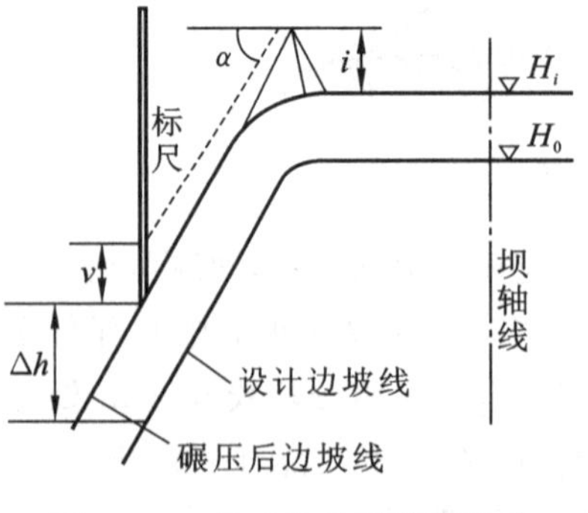

图15.11 用全站仪测定修坡桩

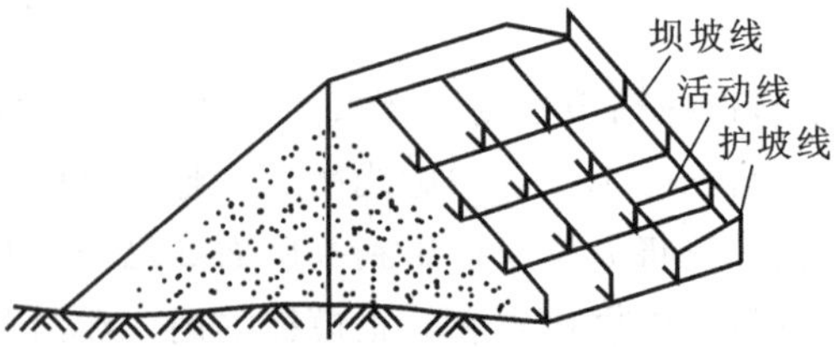

图15.12 护坡桩的标定

任务2 混凝土坝施工测量

【在线资源】

混凝土坝主要有重力坝和拱坝两种形式，由坝体、闸墩、闸门、廊道、电站厂房和船闸等多种构筑物组成。因此混凝土坝施工较复杂，要求也较高，不论是施工程序还是施工方法，都与土坝有所不同。混凝土坝的施工测量，是先布设施工控制网，测设坝轴线，根据坝轴线放样各坝段的分段线，然后由分段线标定每层每块的放样线，再由放样线确定立模线。

坝体浇筑前，要清除坝基表面的覆盖层，直至裸露出新鲜基岩。混凝土坝基础开挖线的放样精度要求较高，可以用全站仪坐标法放样基础开挖线。

坝基开挖到设计高程后，要对新鲜基岩进行冲刷清理后，才开始浇筑混凝土坝体。由于混凝土的物理和化学特性，以及施工程序和施工机械的性能，坝体必须分层浇筑，每一层又要分段分块(或称分跨分仓)进行浇筑，如图 15.13 所示。每块的 4 个角点都有施工坐标，连接这些角点的直线称为立模线。但是，为了安装模板方便及浇筑混凝土前检查立模的正确性，通常不是直接放样立模线，而是放出与立模线平行的放样线，作为立模的依据。混凝土重力坝的放样线与立模线的间距一般为 0.5～1.0 m。

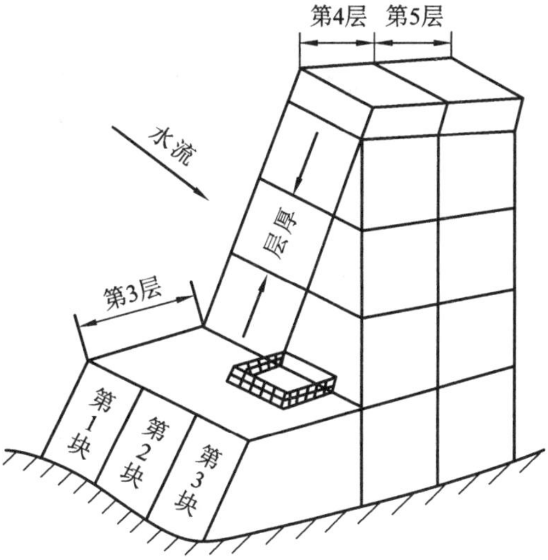

图 15.13 直线形混凝土坝体分段分块示意图

15.2.1 直线形坝体放样线测设

在上、下游围堰工程完成后，直线形坝底部分的放样线，一般采用坐标放样法或方向线交会法测设。采用全站仪坐标放样法，根据坝块放样线的坐标(大坝坐标系统下的坐标)，在某一控制点上安置全站仪，选择另一控制点为后视点(测站点和后视点的坐标均为大坝坐标系统下的坐标)，将仪器选择在“放样”功能上，并将欲放样的点坐标(这些点的坐标同是大坝坐标系统下的坐标)输入仪器中，然后根据仪器所指方向立棱镜，当仪器上显示差值为零或某一允许的差值时，该点即为欲放样点的位置。采用方向线交会法，如图 15.14 所示，在围堰和河床两岸适当地点布设一系列平行和垂直于坝轴线的方向线，这些方向线的端点叫作定向点，在定向点 A_1 和 B_1 分别安置全站仪，找准对应的 A_1' 和 B_1'，两条方向线的交点即为 f 点的位置。同法得出 g、d、e 点。

15.2.2 直线形坝体坝轴线测设

围堰与坝轴线不平行即相交，只要根据分段分块图测设定向点，就可用方向线交会法标定方向线，现根据围堰与坝轴线关系，分别阐述设置定向点的方法。

15.2.2.1 围堰与坝轴线平行

(1) 根据坝体分段分块图，在上游或下游围堰的适当位置选择一点 D。由施工控制网点 A、B、C 测定 D 点坐标，如图 15.15 所示。

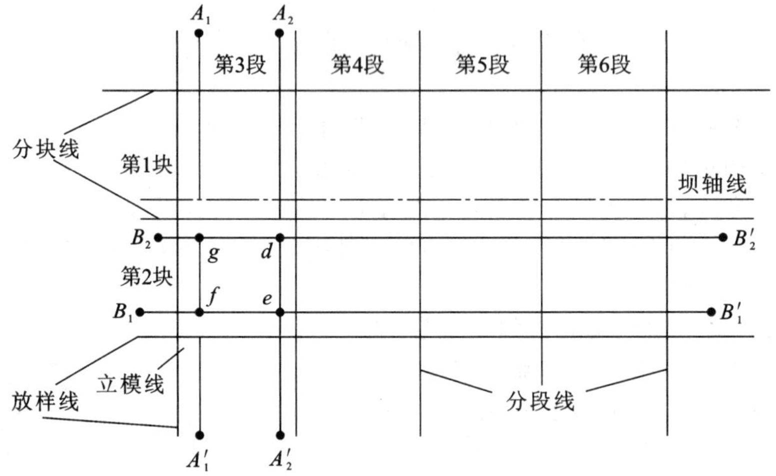

图 15.14　方向线交会法测设放样线

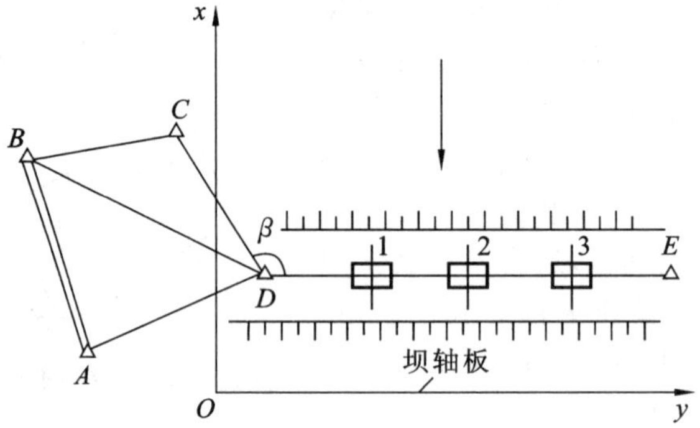

图 15.15　围堰与坝轴线平行时设置定向点

(2) 由坝轴线的坐标方位角及 DC 边的坐标方位角，求出水平角 β，即 $\beta=a_{DE}-a_{DC}$。

(3) 在 D 点安置全站仪，后视 C 点，测设 β 角，在围堰上定出平行于坝轴线的 DE 线。

(4) 根据 D 点与各定向点的坐标差，求得相邻定向点的间距，从 D 点起，沿 DE 直线进行概量，定出各定向点的概略位置，如图 15.15 中的 1、2、3 点，并在各点埋设顶部有一块 10 cm×10 cm 钢板的混凝土标石。

(5) 用上述方法精确地在各块钢板上刻画出 DE 方向线，再沿 DE 方向精密测量定向点的间距，即可定出各定向点的正确位置。定向点的间距是根据坝体分段及分块的长度与宽度确定的。

15.2.2.2　围堰与坝轴线相交

如图 15.16 所示，围堰与坝轴线相交。设过围堰上 M 点作一条与坝轴线平行的直线 MN'（实际上地面不标定此线），根据已知控制点 M、A，反算出坐标方位角 α_{MA}，求出 β_1 角，并观测 β_2 角，故 MN 与 MN' 直线的夹角为：

$$\theta=\beta_1-\beta_2 \tag{15.6}$$

其中：

$$\beta_1=90°-\alpha_{MA} \tag{15.7}$$

取 $M1'$、$M2'$、$M3'$、MN' 为任意整数，解算直角三角形，即可求出相应直角三角形的斜边

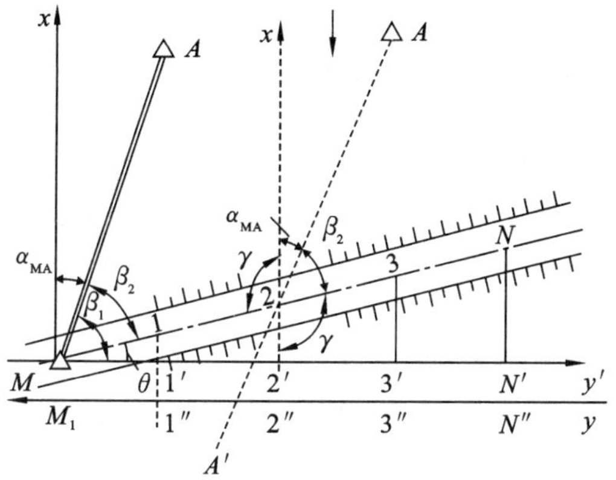

图 15.16　围堰与坝轴线相交时设置定向点

$M1$、$M2$、$M3$、MN，即：

$$M1=\frac{M1'}{\cos\theta} \tag{15.8}$$

然后沿 MN 方向测量距离 $M1$、$M2$、$M3$、MN，并确定标定 1、2、3、N 点。放样时，如果将经纬仪安置在定向点 1，照准端点 M 或 N，顺时针旋转照准部，使读数 $\gamma=180^\circ-(\beta_2+\alpha_{MA})$，即可标出垂直于坝轴线的方向线。

15.2.3　测设坝体控制网

坝轴线测设完成后，以坝轴线为基准，按施工分段分块尺寸建立矩形控制网。矩形控制网由若干条平行和垂直于坝轴线的控制线组成，格网尺寸按施工分段分块的大小而定。

15.2.4　拱坝坝轴线的测设

拱坝按照曲率可分为单曲拱坝和双曲拱坝两种类型，由于它们采用的数学模型不同，测设数据的计算方法也不同，这里主要阐述单曲拱坝的放样方法。

15.2.4.1　放样点施工坐标的计算

现以图 15.17 为例，说明重力式拱坝测设放样线时，求放样点设计坐标的方法。

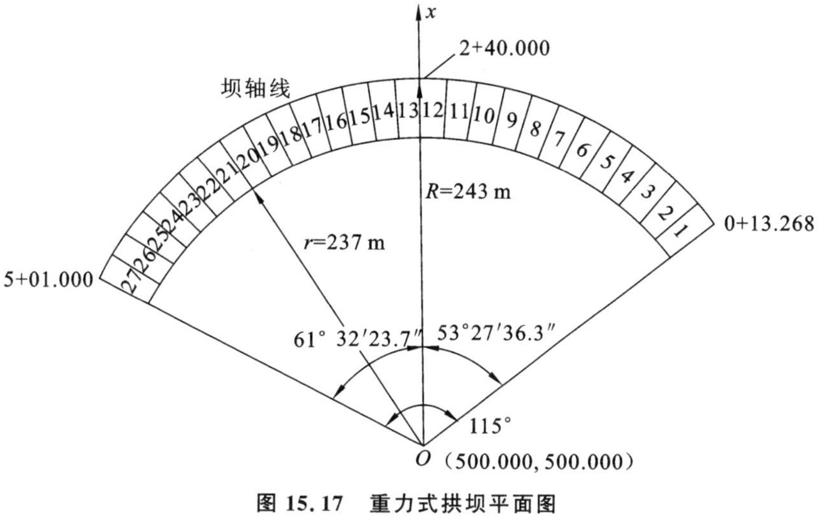

图 15.17　重力式拱坝平面图

图 15.17 所示为水利枢纽工程某拦河坝的平面图，该大坝系重力式空腹溢流坝，圆弧对应的夹角为 115°，坝轴线半径为 243 m，坝顶弧长为 487.732 m，里程桩号沿坝轴线计算。圆心 O 的施工坐标 $x=500.000$ m，$y=500.000$ m，以圆心 O 与 12～13 坝段分段线的连线为 x 轴，其里程桩号为(2+40.000)，该坝共分 27 段，施工时分段分块浇筑。

图 15.18 所示为大坝第 20 段第 1 块(上游面)，高程为 170 m 时的平面图。为了使放样线保持圆弧形状，放样点的间距以 4～5 m 为宜。根据以上有关数据，可以计算放样点的设计坐标。现以放样点 1 为例，说明其计算过程与方法。

如图 15.19 所示，放样点 1 的里程桩号为(3+71)，当高程为 170 m 时，该点所在圆弧的半径 $r=236.5$ m。根据放样点的桩号，可求出坝轴线上的弧长 L 和相应的圆心角 α。

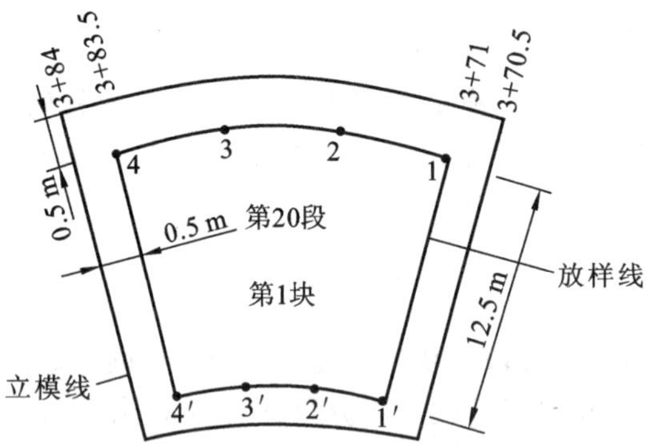

图 15.18　拱坝分段分块平面图

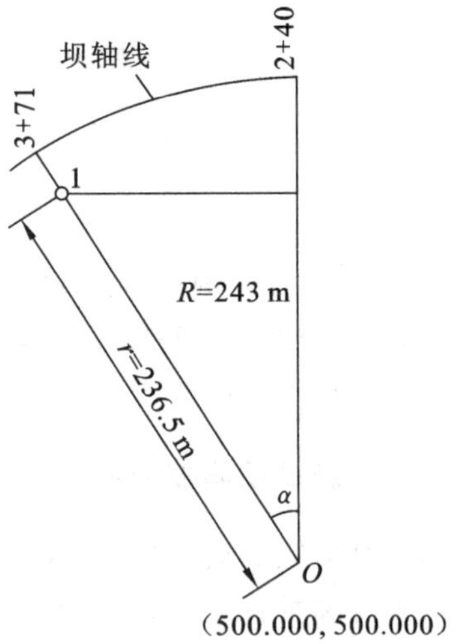

图 15.19　放样点 1 的有关数据

$$L=371-240=131\text{ m} \tag{15.9}$$

$$\alpha=\frac{180^\circ}{\pi R}\times L=\frac{180^\circ}{\pi\times 243}\times 131=30^\circ 53' 16.2'' \tag{15.10}$$

根据放样点的半径 R 和圆心角 α，求出放样点 1 对于圆心 O 点的坐标增量及 1 点的设计坐标(x_1, y_1)，即：

$$\left.\begin{aligned}\Delta x&=r\cdot\cos\alpha=236.5\times\cos 30^\circ 53' 16.2''=202.958\text{ m}\\ \Delta y&=-r\cdot\sin\alpha=-236.5\times\sin 30^\circ 53' 16.2''=-121.409\text{ m}\end{aligned}\right\} \tag{15.11}$$

$$\left.\begin{aligned}x_1&=x_0+\Delta x=500.00+202.958=702.958\text{ m}\\ y_1&=y_0+\Delta y=500.00-121.409=378.591\text{ m}\end{aligned}\right\} \tag{15.12}$$

15.2.4.2　放样点测设

计算出各个方向点的坐标后，可以根据实际情况采用全站仪坐标放样法、方向线交会法或极坐标法对各点进行放样。放样完毕后，应丈量放样点间的距离是否与计算距离相等，以资检核。

15.2.5　高程放样

15.2.5.1　直线形混凝土坝高程测设

为了控制新浇混凝土坝块的高程，可先将高程引测到已浇筑坝块面上，从坝体分块图上查取新浇筑坝块的设计高程，待立模后，再从坝块上设置的临时水准点上用水准仪在模板内侧每隔一定距离放出新浇筑坝块的高程。模板安装后，应该用放样点检查模板及预埋件安装的质量，符合规范要求时，才能浇筑混凝土。待混凝土凝固后，再进行上层模板的放样。

15.2.5.2 拱坝浇筑高度的测设

模板立好后，还要在模板上标出浇筑高度。首先在立模前先由最近的作业水准点或邻近已浇筑好坝块上所设的临时水准点，在仓内测设两个临时水准点，然后待模板立好后由临时水准点按设计高度在模板上标出系列点，并以规定的符号标明，以控制浇筑高度。

【在线测试】

任务3 水闸施工测量

【在线资源】

水闸一般由闸室段和上、下游连接段三部分组成，图15.20所示为水闸结构示意图，图15.21所示为水闸平面布置示意图。闸室是水闸的主体，这一部分包括底板、闸墩、闸门、工作桥和交通桥等。上、下游连接段有防冲槽、消能池、翼墙、护坦（海漫）、护坡等防冲设施。由于水闸一般建筑在土质地基甚至软土质地基上，因此通常以较厚的钢筋混凝土底板作为整体基础，闸墩和翼墙就浇筑在底板上，与底板结成一个整体。放样时，应先放出整体基础开挖线。在基础浇筑时，为了在底板上预留闸墩和翼墙的连接钢筋，应放出闸墩和翼墙的位置。水闸的施工测量主要包括水闸控制测量、闸底板测设、闸墩测设、下游溢流面测设等。

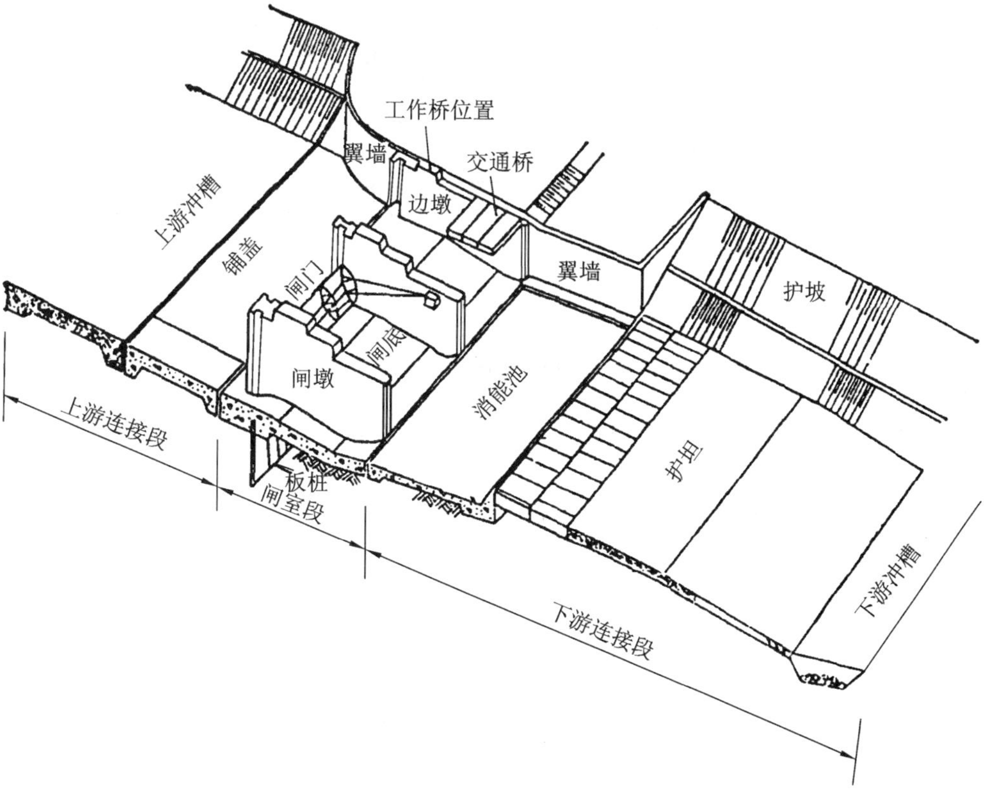

图15.20 水闸结构示意图

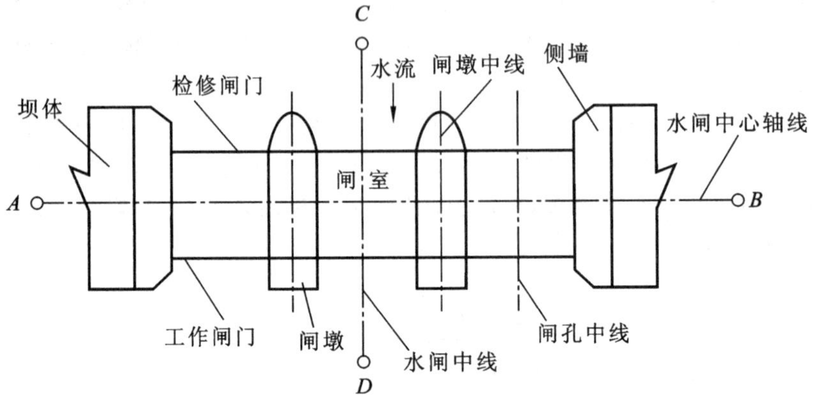

图 15.21 水闸平面布置示意图

15.3.1 水闸主轴线的测设

水闸主轴线的测设，就是在施工现场标定水闸轴线端点的位置，如图 15.22 所示。具体测试方法如下：

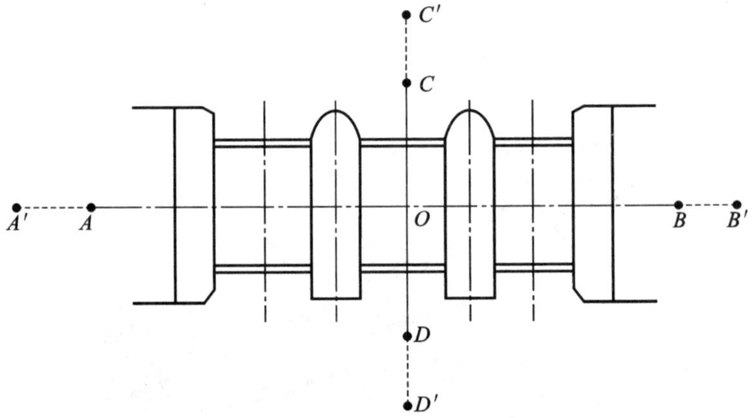

图 15.22 水闸主轴线测设

(1) 根据水闸设计图计算出水闸轴线的端点 A、B 的坐标，并将施工坐标换算为测图坐标。

(2) 精密测测定 AB 的长度，并标定中点 O 的位置。

(3) 在 O 点安置全站仪，测设 AB 的垂线 CD。

(4) 将 A、B 的两端点延长至施工范围外 A'、B'，并埋设固定标志，作为检查端点位置及恢复端点的依据。在可能的情况下，轴线 C、D 也可延长至施工范围以外 C'、D'。并埋设固定标志。

主轴线定出后，应在交点 O 点检测它们是否垂直，若误差超过 $10''$，则应以闸室中心线为基准，重新测设一条与它垂直的直线作为纵向主轴线，其测设误差应小于 $10''$。主轴线测定后，应向两端延长到施工范围之外，每端各埋设两个固定标志以表示方向，主轴线点位中误差要符合规范规定，一般相对邻近控制点中误差不超过 17 mm。

15.3.2　闸底板的放样

闸底板是闸室和上、下游翼墙的基础。

如图 15.23 所示，在主轴线的交点 O 安置全站仪，根据闸底板设计尺寸，在轴线 CD 上分别向上、下游各测设底板长度的一半，得 G、H 两点。在 G、H 点分别安置仪器，以轴线 CD 定向，测设与 CD 轴线相垂直的两条方向线，两方向线分别与边墩中线交于 E、F、I、K 点，这四个点即为闸底板的四个角点。

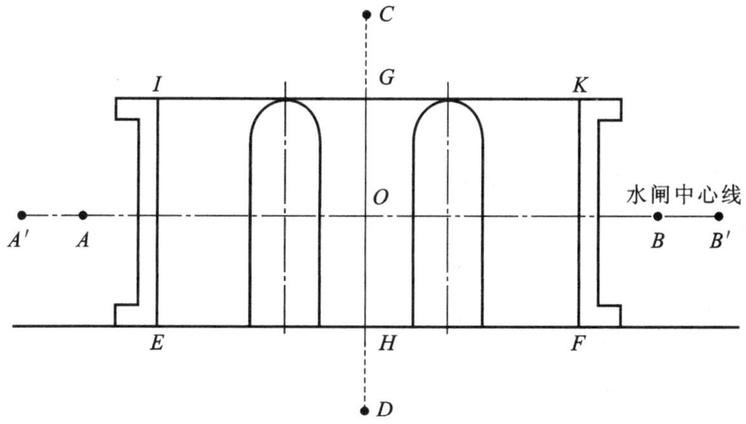

图 15.23　闸底板测设

闸底板的高程放样可根据底板的设计高程用水准测量的方法放样，也可在放样平面位置时用全站仪三角高程测量的方法放样。

15.3.3　闸墩的放样

闸墩的放样，是先放出闸墩中线，再以中线为依据放样闸墩的轮廓线。

放样前，根据水闸的基础平面图计算有关的放样数据。放样时，以水闸主要轴线 AB 和 MN 为依据，在现场定出闸孔中线、闸墩中线、闸墩基础开挖线及闸底板的边线等。待水闸基础打好混凝土垫层后，在垫层上再精确地放出主要轴线和闸墩中线等。根据闸墩中线放出闸墩平面位置的轮廓线。

闸墩平面位置的轮廓线，分为直线段和曲线段。

(1) 直线段放样：直线部分可根据平面图上设计的有关尺寸，用直角坐标法放样。

(2) 曲线段放样：闸墩上游一般设计成椭圆曲线，如图 15.24 所示。放样前，应按设计的椭圆方程式，计算曲线上相隔一定距离点的坐标，由各点坐标可求出椭圆的对称中心点 P 至各点的放样数据 β 和 L。

根据已标定的水闸轴线 AB、闸墩中线 MN 定出两轴线的交点 T，沿闸墩中线测设距离定出 P 点。在 P 点安置全站仪，以 PM 方向为后视，用极坐标法放样 1、2、3 点等。由于 PM 两侧曲线是对称的，左侧的曲线点 1′、2′、3′点等，也按上述方法放出。施工人员根据测设的曲线放样线立模。闸墩椭圆部分的模板，若为预制块并需进行预安装，只要放出曲线上几个点即可满足立模的要求。

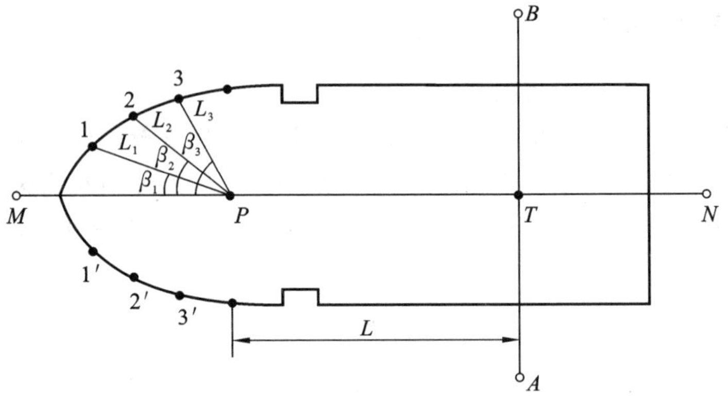

图 15.24　用极坐标法放样闸墩曲线部分

闸墩各部位的高程，根据施工场地布设的临时水准点，按高程放样方法在模板内侧标出高程点。随着墩体的增高，有些部位的高程不能用水准测量法放样，这时可用钢卷尺从已浇筑的混凝土高程点上直接丈量放出设计高程。

15.3.4　下游溢流面的放样

闸室下游的溢流面通常设计成抛物线，目的是为了减小水流通过闸室的能量，以降低水流对闸室的冲击力。如图 15.25 所示。

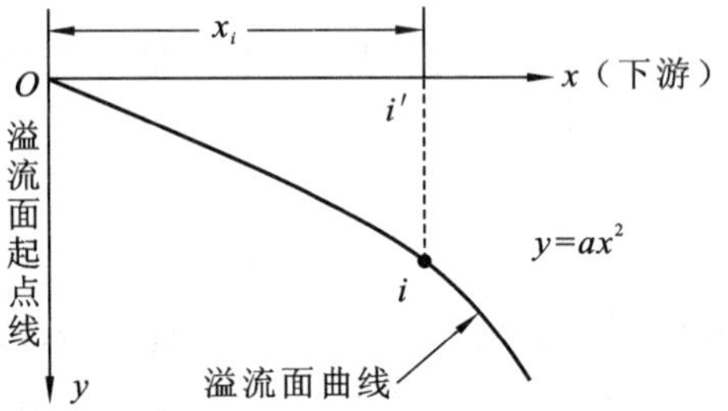

图 15.25　溢流面放样

放样步骤如下：

(1) 以闸室下游水平方向为 x 轴，闸室底板下游高程为溢流面的起点 O，该点作为原点，通过原点的铅垂方向为 y 轴建立坐标系。

(2) 由于溢流面的纵剖面是抛物线，所以溢流面上各点的设计高程是不同的。根据设计的抛物线方程式和放样点至溢流面起点的水平距离计算剖面上相应点的高程。即：

$$H_i = H_0 - y_i \tag{15.13}$$

其中：

$$y_i = ax^2 \tag{15.14}$$

式中　H_i——i 点的设计高程；

H_0——下游溢流面的起始高程，由设计部门给定；

y_i——与坐标原点 O 水平距离为 x_i 的 y 值，y 值即为高差；

a——一般等于 0.007。

（3）在闸室下游两侧设置垂直的样板架，根据选定的水平距离，在两侧样板架上作垂线。再用水准仪按放样已知高程点的方法，在各垂线上标出相应点的位置。

（4）将各高程标志点连接起来，即为设计的抛物面与样板架的交线，该交线就是设计溢流面的抛物线，施工人员根据抛物线安装模板并浇筑混凝土后即为下游溢流面。

【在线测试】

思　考　题

1. 怎样确定土坝的坝轴线？
2. 如何用套绘断面法放样土坝的坡脚线？
3. 如何用全站仪法测设土坝修坡桩？
4. 围堰与坝轴线相交时如何测设直线形混凝土坝轴线？
5. 如何测设水闸的下游溢流面？

项目十六　GNSS 测量技术

【主要内容】

GNSS 的组成和功能；GNSS 测量基本原理；GNSS 接收机的组成和原理；静态测量；动态 RTK 测量。

重点：GNSS 测量基本原理、静态测量、动态 RTK 测量。

【学习目标】

知识目标	能力目标
1. 了解 GNSS 的组成和功能； 2. 了解 GNSS 测量基本原理； 3. 掌握 GNSS 静态测量方法； 4. 掌握动态 RTK 测量方法	1. 能利用 GNSS 技术进行静态控制测量； 2. 能利用 GNSS 技术进行动态 RTK 测量

【思政目标】

通过学习北斗卫星导航系统的发展历程及在工程建设领域（如港珠澳大桥、火神山医院、珠峰测量等）中的广泛应用，弘扬新时代北斗精神和工匠精神，践行社会主义核心价值观，提高学生分析问题和解决问题的能力，激发学生科技报国的家国情怀和使命担当。

任务 1　四大卫星导航定位系统

【在线资源】

16.1.1　GNSS 概述

GNSS 是全球导航卫星系统（Global Navigation Satellite System）的简称，泛指所有的卫星导航系统，包括全球的、区域的和增强的。目前全球导航卫星系统主要有四个，分别是美国的全球定位系统（GPS）、俄罗斯的格洛纳斯卫星导航系统（GLONASS）、欧盟的伽利略卫星导航系统（GALILEO）、中国的北斗卫星导航系统（BDS）。北斗卫星导航系统（BeiDou Navigation Satellite System，BDS）是中国自主研制的全球卫星导航系统。

GNSS 以其全天候、高精度、高效益、自动化等特点，在大地测量、精密工程测量、地壳运动监测、资源勘探、城市控制网改善、运动目标测速和精密时间传递等方面得到广泛应用。

16.1.2　GNSS 定位系统

GNSS 定位系统主要由空间星座部分、地面控制部分和用户设备部分三部分组成。

16.1.2.1 空间星座部分

空间星座部分由若干在轨运行卫星构成，提供系统自主导航定位所需的无线电导航定位信号。GNSS卫星是空间部分的核心，每颗卫星装有微处理器和大容量存储器，采用高精度原子钟为系统提供高稳定度的信号频率基准和高精度的时间基准。GNSS卫星的基本功能是接收和储存由地面监控站发来的导航信息，接收并执行监控站的控制指令，通过微处理机进行部分必要的数据处理，利用高精度的原子钟提供精密的时间标准和频率基准，向用户发送导航电文和定位信息，同时通过推进器调整卫星的姿态和启用备用卫星。

16.1.2.2 地面控制部分

地面控制部分主要由主控站、注入站、监测站组成。主控站是地面控制系统的调度指挥中心，主要设备为大型电子计算机，它的任务是根据本站和各监测站的观测资料推算卫星星历、状态数据和大气层改正参数等，然后编制成导航电文传送到注入站，同时推算各监测站、GNSS卫星的原子钟与主控站原子钟的钟差，并把这些钟差信息编入导航电文，为系统提供统一的时间基准，并调度卫星(如调整失轨卫星、启用备用卫星)。注入站的主要任务是在主控站的控制下，将主控站推算和编制的导航电文和其他控制指令注入相应的GNSS卫星，并且监测注入信息的正确性。监测站利用双频GNSS接收机对卫星进行连续观测，监控卫星工作状态；利用高精度原子钟，提供时间标准；利用气象数据传感器收集当地的气象资料。监测站自动完成数据采集，并将所有数据通过计算机进行存储和初步处理，然后传送到主控站，用于编制卫星导航电文。

16.1.2.3 用户设备部分

用户设备部分即GNSS信号接收机，其主要功能是捕获按一定卫星截止角所选择的待测卫星，并跟踪这些卫星的运行。当接收机捕获到跟踪的卫星信号后，就可测量出接收天线至卫星的伪距离和距离的变化率，解调出卫星轨道参数等数据。根据这些数据，接收机中的微处理计算机就可按定位解算方法进行定位计算，计算出用户所在地理位置的经纬度、高度、速度、时间等信息。接收机硬件、机内软件及GNSS数据的后处理软件包构成完整的GNSS用户设备。GNSS接收机的结构分为天线单元和接收单元两部分。接收机一般采用机内和机外两种直流电源。设置机内电源的目的在于更换外电源时不中断连续观测。在用机外电源时机内电池自动充电，关机后机内电池为RAM存储器供电，以防止数据丢失。目前各种类型的接收机体积越来越小，重量越来越轻，便于野外观测使用。

(1) GPS

GPS(Global Positioning System)是全球定位系统的简称。它是美国从20世纪70年代开始，历时20年、耗资200亿美元研制的，具有在陆、海、空进行全方位实时三维导航与定位功能的新一代卫星导航与定位系统，于1994年全面建成。GPS的空间星座部分是由24颗卫星(21颗工作卫星，3颗备用卫星)组成，它位于距地表20200 km的上空，均匀分布在6个轨道面上，每个轨道面4颗，轨道倾角约为55°，各轨道面升交点赤经相差60°，在相邻轨道上，卫星的升交距角相差30°，GPS卫星的分布情况如图16.1所示。

GPS卫星的运行周期为11 h 58 min，这样对于同一测站而言，每天将提前4 min观测到同一颗卫星。位于地平线以上的卫星数随时间和地点的不同而异，最少4颗，最多12颗，这保证了在地球上任何地点、任何时刻均至少可以同时观测到4颗GPS卫星，且卫星信号的传播和接收不受天气的影响，因此，GPS是一种全球性、全天候、连续实时的导航定位系统。

(2) GLONASS

格洛纳斯卫星导航系统，简称 GLONASS(Global Navigation Satellite System)，是由苏联国防部独立研制和控制的第二代军用卫星导航系统。该系统是继 GPS 后的第二个全球卫星导航系统，可用于海上、空中、陆地等各类用户的定位、测速及精密定时等。GLONASS 系统于 1978 年开始研制，1982 年 10 月开始发射导航卫星，1982—1987 年共发射了 27 颗试验卫星，于 1996 年初投入运行使用。苏联解体后，GLONASS 由俄罗斯接手，但由于经济和其他多方面原因，十多年来 GLONASS 一直未走上正常工作轨道。21 世纪以来，特别是从 2007 年开始，俄罗斯加紧了星座的恢复工作，直到 2011 年才重新回归到 24 颗卫星全员工作状态。

GLONASS 系统的空间星座部分由 24 颗卫星(21 颗工作卫星，3 颗备份卫星)组成。这些卫星分布于 3 个轨道平面上，相邻轨道面升交点经度相差 120°，按地球自转方向编号为 1、2、3，每个轨道面上均匀分布 8 颗卫星，卫星的分布情况如图 16.2 所示，同一轨道面上相邻卫星纬度幅角相差 45°，相邻轨道面上相邻卫星纬度相差 15°；同一轨道面上的卫星编号按与卫星运动方向相反的方向递增，即第一轨道面上卫星编号 1～8，第二轨道面上卫星编号 9～16，第三轨道面上卫星编号 17～24。卫星轨道高度约为 19000 km，运行周期 11 h 15 min。

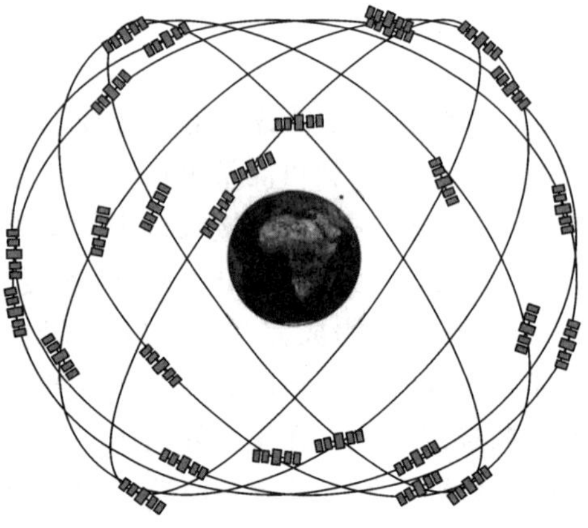

图 16.1 GPS 卫星设计星座

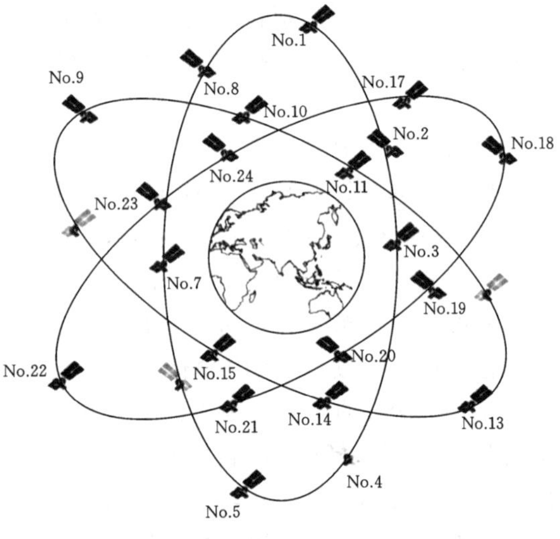

图 16.2 GLONASS 卫星设计星座

(3) GALILEO

伽利略卫星导航系统(GALILEO)是由欧盟研制和建立的全球卫星导航定位系统。由于 GPS 和 GLONASS 分别受到美国和俄罗斯两国的控制，长期以来，欧洲只能在美、俄的授权下从事接收机制造、导航服务等从属性的工作。为了能在卫星导航领域占有一席之地，欧洲意识到建立拥有自主知识产权的卫星导航系统的重要性；同时，在欧洲一体化进程中，建立欧洲自主的卫星导航系统能全面加强欧盟成员国之间的联系和合作。在此背景下，欧盟于 2002 年 3 月决定启动一个军民两用，并与现有的卫星导航系统相兼容的 GALILEO 全球卫星导航系统。

GALILEO 系统卫星星座部分由 30 颗卫星(27 颗工作卫星，3 颗备份卫星)组成。这些卫星分布在 3 个圆形的中圆地球轨道面内，每个轨道面 10 颗卫星，卫星的分布情况如图 16.3 所示，轨道高度为 23616 km，轨道倾角为 56°，这样，GALILEO 导航信号能提供纬度高达 75°的良好覆盖。卫星运行周期为 14 h 4 min,地面跟踪重复时间为 10 天。因为卫星数量较多,所以能够实现星座的最佳化设计,并可应用 3 颗活动备份卫星确保在有卫星损失的情况下不会给用户带来影响和不便。

(4) BDS

北斗卫星导航系统(BeiDou Navigation Satellite System,BDS)是中国着眼于国家安全和经济社会发展需要,自主建设运行的全球卫星导航系统,是为全球用户提供全天候、全天时、高精度的定位、导航和授时服务的国家重要时空基础设施。

【在线演示】

20 世纪后期,中国开始探索适合国情的卫星导航系统发展道路,逐步形成了三步走发展战略:

第一步,建设北斗一号卫星导航系统。1994 年启动北斗一号卫星导航系统工程建设,2000 年发射 2 颗地球静止轨道卫星,建成系统并投入使用,采用有源定位体制,为中国用户提供定位、授时、广域差分和短报文通信服务;2003 年发射第 3 颗地球静止轨道卫星,进一步增强系统性能。

第二步,建设北斗二号卫星导航系统。2004 年启动北斗二号卫星导航系统工程建设;2012 年 10 月完成 16 颗卫星(6 颗地球静止轨道卫星、5 颗倾斜地球同步轨道卫星和 5 颗中圆地球轨道卫星)发射组网。北斗二号卫星导航系统在兼容北斗一号卫星导航系统技术体制基础上,增加无源定位体制,为亚太地区用户提供定位、测速、授时和短报文通信服务。

第三步,建设北斗三号卫星导航系统。2009 年启动北斗三号卫星导航系统建设;2018 年年底完成 43 颗卫星发射组网,完成基本系统建设,向全球提供服务;2020 年 6 月 23 日完成全部 55 颗卫星发射组网,全面建成北斗三号卫星导航系统。BDS 卫星设计星座如图 16.4 所示,卫星发射日期见表 16.1。2020 年 7 月 31 日上午,北斗三号全球卫星导航系统正式开通。北斗三号卫星导航系统继承北斗有源服务和无源服务两种技术体制,能够为全球用户提供基本导航(定位、测速、授时)、全球短报文通信、国际搜救等服务,中国及周边地区用户还可享有区域短报文通信、星基增强、精密单点定位等服务。

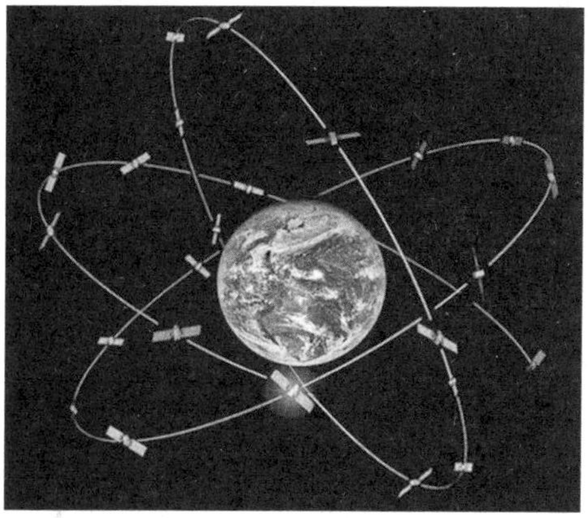

图 16.3 GALILEO **卫星设计星座**

图 16.4 BDS **卫星设计星座**

表 16.1 北斗卫星发射日期表

卫星	发射日期	运载火箭	轨道
第 1 颗北斗导航试验卫星	2000 年 10 月 31 日	CZ-3A	GEO
第 2 颗北斗导航试验卫星	2000 年 12 月 21 日	CZ-3A	GEO
第 3 颗北斗导航试验卫星	2003 年 5 月 25 日	CZ-3A	GEO
第 4 颗北斗导航试验卫星	2007 年 2 月 3 日	CZ-3A	GEO
第 1 颗北斗导航卫星	2007 年 4 月 14 日	CZ-3A	MEO
第 2 颗北斗导航卫星	2009 年 4 月 15 日	CZ-3C	GEO
第 3 颗北斗导航卫星	2010 年 1 月 17 日	CZ-3C	GEO
第 4 颗北斗导航卫星	2010 年 6 月 2 日	CZ-3C	GEO
第 5 颗北斗导航卫星	2010 年 8 月 1 日	CZ-3A	IGSO
第 6 颗北斗导航卫星	2010 年 11 月 1 日	CZ-3C	GEO
第 7 颗北斗导航卫星	2010 年 12 月 18 日	CZ-3A	IGSO
第 8 颗北斗导航卫星	2011 年 4 月 10 日	CZ-3A	IGSO
第 9 颗北斗导航卫星	2011 年 7 月 27 日	CZ-3A	IGSO
第 10 颗北斗导航卫星	2011 年 12 月 2 日	CZ-3A	IGSO
第 11 颗北斗导航卫星	2012 年 2 月 25 日	CZ-3C	GEO
第 12、13 颗北斗导航卫星	2012 年 4 月 30 日	CZ-3B	MEO
第 14、15 颗北斗导航卫星	2012 年 9 月 19 日	CZ-3B	MEO
第 16 颗北斗导航卫星	2012 年 10 月 25 日	CZ-3C	GEO
第 17 颗北斗导航卫星	2015 年 3 月 30 日	CZ-3C	IGSO
第 18、19 颗北斗导航卫星	2015 年 7 月 25 日	CZ-3B	MEO
第 20 颗北斗导航卫星	2015 年 9 月 30 日	CZ-3B	IGSO
第 21 颗北斗导航卫星	2016 年 2 月 1 日	CZ-3C	MEO
第 22 颗北斗导航卫星	2016 年 3 月 30 日	CZ-3A	IGSO
第 23 颗北斗导航卫星	2016 年 6 月 12 日	CZ-3C	GEO
第 24、25 颗北斗导航卫星	2017 年 11 月 5 日	CZ-3B	MEO
第 26、27 颗北斗导航卫星	2018 年 1 月 12 日	CZ-3B	MEO
第 28、29 颗北斗导航卫星	2018 年 2 月 12 日	CZ-3B	MEO
第 30、31 颗北斗导航卫星	2018 年 3 月 30 日	CZ-3B	MEO
第 32 颗北斗导航卫星	2018 年 7 月 10 日	CZ-3A	IGSO
第 33、34 颗北斗导航卫星	2018 年 7 月 29 日	CZ-3B	MEO
第 35、36 颗北斗导航卫星	2018 年 8 月 25 日	CZ-3B	MEO
第 37、38 颗北斗导航卫星	2018 年 9 月 19 日	CZ-3B	MEO
第 39、40 颗北斗导航卫星	2018 年 10 月 15 日	CZ-3B	MEO

续表 16.1

卫星	发射日期	运载火箭	轨道
第 41 颗北斗导航卫星	2018 年 11 月 1 日	CZ-3B	GEO
第 42、43 颗北斗导航卫星	2018 年 11 月 19 日	CZ-3B	MEO
第 44 颗北斗导航卫星	2019 年 4 月 20 日	CZ-3B	IGSO
第 45 颗北斗导航卫星	2019 年 5 月 17 日	CZ-3C	GEO
第 46 颗北斗导航卫星	2019 年 6 月 25 日	CZ-3B	IGSO
第 47、48 颗北斗导航卫星	2019 年 9 月 23 日	CZ-3B	MEO
第 49 颗北斗导航卫星	2019 年 11 月 5 日	CZ-3B	IGSO
第 50、51 颗北斗导航卫星	2019 年 11 月 23 日	CZ-3B	MEO
第 52、53 颗北斗导航卫星	2019 年 12 月 16 日	CZ-3B	MEO
第 54 颗北斗导航卫星	2020 年 3 月 9 日	CZ-3B	GEO
第 55 颗北斗导航卫星	2020 年 6 月 23 日	CZ-3B	GEO

北斗卫星导航系统具有以下特点：

一是北斗卫星导航系统空间段采用三种轨道卫星组成的混合星座，与其他卫星导航系统相比高轨卫星更多，抗遮挡能力更强，尤其低纬度地区性能优势更为明显。

二是北斗卫星导航系统提供多个频点的导航信号，能够通过多频信号组合使用等方式提高服务精度。

三是北斗卫星导航系统创新融合了导航与通信能力，具备定位导航授时、星基增强、地基增强、精密单点定位、短报文通信和国际搜救等多种服务能力。

【在线测试】

任务 2　GNSS 测量基本原理

16.2.1　GNSS 卫星信号

GNSS 卫星信号是卫星向用户设备发送的调制波，包括载波、测距码和数据码（又称 D 码或导航电文），用于多用户系统的导航和高精度定位。

【在线资源】

16.2.1.1　载波

载波是指可运载调制信号的高频振荡波。以 GPS 为例，GPS 卫星的载波、测距码和数据码所有信号，都是在同一个基本频率 $f_0=10.23$ MHz 的控制下产生的（图 16.5）。GPS 使用 L 波段的两种载波 L_1 和 L_2，其频率分别是原子钟产生基准频率 f_0 的 154 倍和 120 倍，即：L_1 频率为 1575.42 MHz，波长为 19.03 cm；L_2 频率为 1227.60 MHz，波长为 24.42 cm。选择这两个不同频率的载波，主要目的是消除电离层延迟。

在无线电通信技术中，为有效地传播信息，通常将频率较低的信号加载到频率较高的载波上，此过程称为调制，这时频率较低的信号称为调制信号。载波除了作为运载工具传送测距码和数据码这些信息外，还可以将自身的相位作为一种测距信号来测距，称为载波相位测量。为

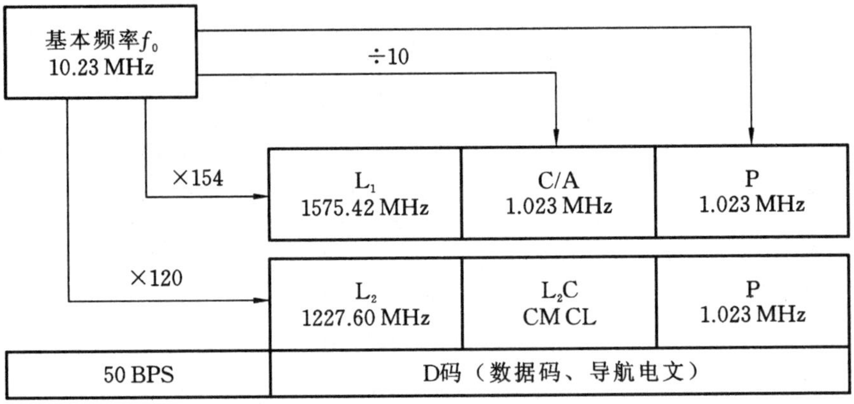

图 16.5 GPS 信号组成

了进行载波相位观测，用户接收机接收到信号后，可通过解调技术来恢复载波的相位。载波相位的观测精度远比测距码精度高，因此常用于高精度的定位测量中。

16.2.1.2 测距码

测距码是指用于测定卫星至接收机之间距离的二进制码，GPS 卫星中所用的测距码从性质上讲，属于伪随机噪声码（又称伪噪声码，简称 PRN）。根据性质和用途的不同，在 GPS 卫星发射的测距码信号中包含 C/A 码和 P 码两种伪随机噪声码信号及 L_2C 码，各卫星所用的测距码互不相同。下面分别介绍其特点及作用。

(1) C/A 码(Coarse/Acquisitio Code)

C/A 码又称为粗码，是用于进行粗略测距和捕获精码的测距码。它被调制在 L_1 载波上，是基准频率 f_0 降频 10 倍即 $f_{C/A}=f_0/10=1.023$ MHz 的伪随机噪声码。C/A 码的测距精度为±(2～3) m，是一种结构公开的明码，供全世界所有的用户免费使用。

C/A 码具有如下特性：

① 由于 C/A 码的码长较短，在 GPS 导航和定位中，为了捕获 C/A 码以测定卫星信号传播的时间延迟，通常对 C/A 码进行逐个搜索，而 C/A 码总共只有 1023 个码元，若以每秒 50 个码元的速度搜索，仅需约 20.5 s 便可完成，易于捕获。而通过捕获 C/A 码所得到的卫星提供的导航电文信息，又可以方便地捕获 P 码，所以，通常称 C/A 码为捕获码。

② C/A 码的码元宽度较大。若两个序列的码元对齐误差为码元宽度的 1/100～1/10，则此时所对应的测距误差可达 2.9～29.3 m，其精度较低。

(2) P 码(Precison Code)

P 码又称为精码，用于精确测定 GPS 卫星至接收机的距离。它被同时调制在 L_1 和 L_2 两个载波上，可较完善地消除电离层延迟，故用它来测距可获得较精确的结果。P 码是一种结构保密的军用码，不提供给一般 GPS 民用用户使用。P 码的码长为 2.35×10^{14} bit；码元宽度为 0.097752 μs，相应距离为 29.3 m；数码率为 10.23 Mbit/s；周期为 267 天。在实用上，P 码的一个整周期被分为 38 部分，每一部分周期为 7 天，码长约为 6.19×10^{12} bit，其中 5 部分由地面监控站使用，其他 32 部分分配给不同的卫星，1 个部分闲置。这样，每颗卫星所使用的 P 码便具有不同的结构，易于区分，但码长和周期相同。

P 码具有如下特性：

① 因为 P 码的码长较长，在 GPS 导航和定位中，如果采用搜索 C/A 码的办法来捕获 P 码，即逐个码元依次进行搜索，当搜索的速度仍为每秒 50 码元时，约需 14×10^5 天，那将是无法实现的，不易捕获。因此，一般都是先捕获 C/A 码，然后根据导航电文中给出的有关信息，便可捕获 P 码。

② P 码的码元宽度为 C/A 码的 1/10，若两个序列的码元对齐误差仍为码元宽度的 1/100～1/10，则此时所引起的测距误差仅有 0.29～2.93 m，仅为 C/A 码的 1/10，因此 P 码多用于较精密的导航和定位。

(3) L_2C 码

L_2C 码称为城市码，它被调制在 L_2 载波上。目前 C/A 码只调制在 L_1 载波上，故无法精确地消除电离层延迟。随着全球定位系统的现代化，在 L_2 载波上增设调制了 C/A 码的第二民用频率码 L_2C 码后，该问题将可得到解决。采用窄相关间隔技术后，测距精度可达分米级，与精码的测距精度大体相当。

16.2.1.3 数据码

数据码(又称导航电文或 D 码)是用户用来定位和导航的数据基础，它主要包括卫星星历、时钟改正、工作状态信息、大气折射改正、轨道摄动改正，以及 C/A 码转换到捕获 P 码的信息。导航电文是二进制码的形式，按照规定格式组成，按帧向外播送。完整的导航电文共占有 25 帧，共有 37500 bit，需要 750 s 才能传送完，其内容仅在卫星注入新的导航数据后才可以更新。

16.2.2 GNSS 测量原理

GNSS 定位的基本原理是以 GNSS 卫星至用户接收机天线之间的距离(或距离差)为观测量，根据已知的卫星瞬时坐标，利用空间距离后方交会，确定用户接收机天线所对应的观测站的位置。定位原理如图 16.6 所示。

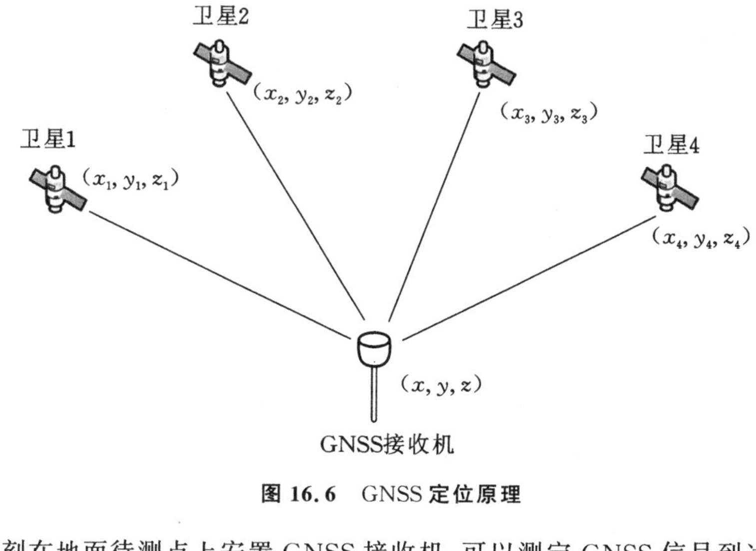

图 16.6 GNSS 定位原理

假设 t 时刻在地面待测点上安置 GNSS 接收机，可以测定 GNSS 信号到达接收机的时间 Δt，再加上接收机所接收到的卫星星历等其他数据，可以确定以下四个方程式：

$$\begin{cases}[(x_1-x)^2+(y_1-y)^2+(z_1-z)^2]^{1/2}+c(\nu_{t_1}-\nu_{t_0})=d_1\\ [(x_2-x)^2+(y_2-y)^2+(z_2-z)^2]^{1/2}+c(\nu_{t_2}-\nu_{t_0})=d_2\\ [(x_3-x)^2+(y_3-y)^2+(z_3-z)^2]^{1/2}+c(\nu_{t_3}-\nu_{t_0})=d_3\\ [(x_4-x)^2+(y_4-y)^2+(z_4-z)^2]^{1/2}+c(\nu_{t_4}-\nu_{t_0})=d_4\end{cases}$$

式中 x,y,z——GNSS 接收机的空间直角坐标；

$x_i,y_i,z_i(i=1,2,3,4)$——卫星 1、卫星 2、卫星 3、卫星 4 在 t 时刻的空间直角坐标，可由卫星导航电文得到；

$\nu_{t_i}(i=1,2,3,4)$——卫星 1、卫星 2、卫星 3、卫星 4 的卫星钟差，由卫星星历提供；

ν_{t_0}——GNSS 接收机的钟差；

$d_i(i=1,2,3,4)$——卫星 1、卫星 2、卫星 3、卫星 4 到接收机之间的距离，$d_i=c\Delta t_i(i=1,2,3,4)$，其中：

$\Delta t_i(i=1,2,3,4)$——卫星 1、卫星 2、卫星 3、卫星 4 的信号到达接收机所经历的时间；

c——GNSS 卫星信号的传播速度，即光速。

由以上四个方程即可解算出 GNSS 待测点的坐标 x、y、z 和接收机的钟差 ν_{t_0}。

事实上，GNSS 接收机往往可以锁定 4 颗以上的卫星，这时接收机可按卫星的星座分布分成若干组，每组 4 颗，然后通过算法挑选出误差最小的一组用作定位，从而提高精度。

GNSS 定位的方式有多种，依据不同的分类标准可划分为：

(1) 绝对定位和相对定位

按照参考点位置的不同，GNSS 定位可分为绝对定位和相对定位。绝对定位又称单点定位，即直接确定观测站在协议地球坐标系中相对于地球质心的位置，可认为是以地球质心为参考点；相对定位则是在协议地球坐标系中，确定观测站与某一地面参考点的相对位置。

(2) 静态定位和动态定位

按照接收机运动状态的不同，GNSS 定位可分为静态定位和动态定位。静态定位是指在定位过程中接收机处于静止状态，严格地讲，静止状态只是相对的，通常只要接收机相对于周围点位不发生位移，或在观测期内变化极其缓慢以致可以忽略，就被认为是处于静止状态；动态定位则是指在定位过程中接收机处于运动状态。

(3) 伪距测量和载波相位测量

按照定位所采用的观测量的不同，GNSS 定位可分为伪距测量和载波相位测量。伪距测量所采用的观测量为 GNSS 的测距码（C/A 码或 P 码）；载波相位测量所采用的观测量为 GNSS 的载波相位，即 L_1 和 L_2 载波或它们的某种线性组合。

(4) 实时定位和非实时定位

按照获取定位结果时间的不同，GNSS 定位可分为实时定位和非实时定位。实时定位是根据接收机观测到的数据，实时地解算出接收机天线所在的位置；非实时定位又称后处理定位，是通过对接收机接收到的数据进行后处理以进行定位的方法。

【在线测试】

在 GNSS 观测量中包含了卫星和接收机的钟差、大气传播延迟、多路径效应等误差，在定位计算时还要受到卫星广播星历误差的影响，通过相对定位法，大部分公共误差可以被抵消或削弱，因此定位精度将大大提高。双频接收机可以根据两个频率的观测量抵消大气中电离层误差的主要部分，因此在精度要求高、接收机间距离较远时（大气有明显差别），应选用双频接收机。

任务3 静态测量实施(以GPS为例)

在静态定位过程中,接收机的位置是固定的,处于静止状态,根据参考点的位置不同,静态定位包含绝对定位与相对定位两种方式。无论是静态绝对定位还是静态相对定位,所依据的观测量都是卫星至观测站的伪距。

【在线资源】

16.3.1 静态定位方式

静态绝对定位就是确定测站在WGS-84坐标系中的绝对位置,即相对于坐标原点的位置,此时参考点为地球质心。由于定位只需一台接收机,故又称为单点定位,如图16.7所示。由于卫星钟与接收机钟难以保持严格同步,因此所测站星距离均包含了卫星钟与接收机钟不同步的影响。卫星钟差可以利用导航电文中给出的钟差参数加以修正,而接收机钟差则通常难以准确确定。一般将接收机钟差作为未知参数,与观测站的坐标一并求解。因此在进行绝对定位时,在一个观测站至少需要同步观测4颗卫星才能求出观测站三维坐标分量与接收机钟差4个未知参数。

由于静态绝对定位可以连续地测定卫星至观测站的伪距,所以可获得充分的多余观测量,从而提高定位精度。但是单点定位并没有其他测站的同步观测数据可做比较,大气折光、卫星钟差等误差项就无法通过同步观测量的线性组合加以消除或削弱,只能依靠相应的模型来修正。

静态相对定位是将GPS接收机安置在不同的观测站上,保持各接收机固定不动,同步观测相同的GPS卫星,以确定各观测站在WGS-84坐标系中的相对位置或基线向量,图16.8所示即是相对定位最基本的情况。在两个观测站或多个观测站同步观测相同卫星的情况下,卫星轨道误差、卫星钟差、接收机钟差、电离层折射误差和对流层折射误差等对观测量的影响具有一定的相关性,利用这些观测量的不同组合进行相对定位,便可有效地消除或削弱上述误差的影响,从而提高相对定位的精度。静态相对定位一般采用载波相位观测量作为基本观测量,这一定位方法是目前GPS定位中精度最高的,广泛应用于大地测量、精密工程测量、地球动力学研究等领域。

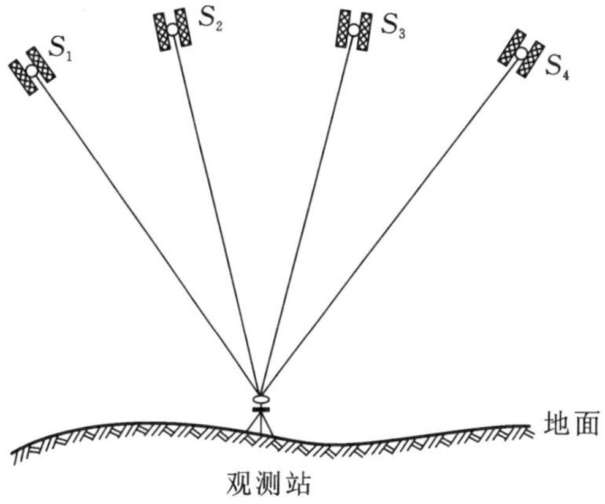

图16.7 GPS绝对定位

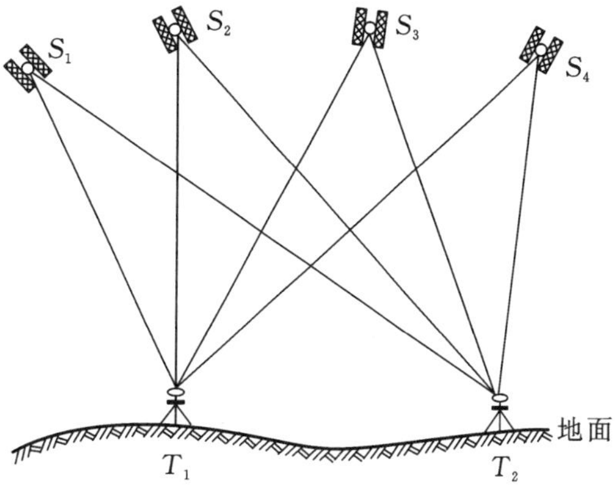

图16.8 GPS相对定位

16.3.2 静态测量实施

GPS 静态测量实施的工作程序可分为技术设计、外业观测和数据处理三个阶段。

(1) 技术设计

在布设 GPS 网时，技术设计是非常重要的，它依据 GPS 测量的用途和用户需求，按照国家及行业主管部门颁布的有关规范(规程)，对网形、精度、基准、作业纲要等做出具体规定，提供了布设和实施 GPS 网的技术准则。GPS 测量的主要技术依据有测量任务书或合同书，以及 GPS 测量规范(规程)等。对于 GPS 网的精度和密度要求，主要取决于网的用途，详见《全球定位系统(GPS)测量规范》(GB/T 18314—2009)。

GPS 网常用的布网形式有跟踪站式、会战式、多基准站式、同步图形扩展式及单基准站式。布设 GPS 网时，不仅要遵循一定的设计原则，还需要一些定量的指标，如效率指标、可靠性指标和精度指标来指导设计工作。

(2) 外业观测

CPS 测量的外业观测工作主要包括实地踏勘、资料收集、设备筹备与人员组织、拟定观测计划、编制技术设计书、选点与埋石、数据采集等。

① 实地踏勘。接到 GPS 测量任务后，可以依据施工设计图纸进行实地踏勘、调查测区。通过实地踏勘，结合工程项目的任务和目的了解测区概况，以便为编写技术设计、施工设计、成本预算提供依据。

② 资料收集。收集资料是进行控制网技术设计的一项重要工作。技术设计前，应收集测区或工程各项有关的资料。

③ 设备筹备与人员组织。设备筹备及人员组织包括：观测仪器、计算机及配套设备的准备，交通、通信设施的准备，施工器材、计划油料和其他消耗材料的准备，组织测量队伍、拟订测量人员名单及岗位培训，进行测量工作成本的详细预算。

④ 拟定观测计划。拟定观测计划主要包括拟定观测计划的主要依据、观测计划的主要内容。

⑤ 编制技术设计书。技术设计是 GPS 测量项目进行的依据，它规定了项目进行所应遵循的规范、所应采取的施测方案或方法。

⑥ 选点与埋石。由于 GPS 测站间不要求通视，网的图形结构也较灵活，因此选点工作比经典控制测量简便。在开始选点工作前，除收集测区内及周边地区的有关资料外，还需了解原有测量标志点的分布及保存情况。GPS 网点一般应埋设具有中心标志的标石，以精确标志点位，点的标石和标志必须稳定、坚固，以利于长久保存和利用。

⑦ 数据采集。根据不同等级的 GPS 网选择符合性能、精度要求的 GPS 接收机，GPS 测量作业应满足的技术要求如表 16.2 所示。

表 16.2 各级 GPS 测量作业的技术要求表

项目	级别			
	B	C	D	E
卫星截止高度角/°	10	15	15	15
同时观测有效卫星数	≥4	≥4	≥4	≥4

续表 16.2

项目	级别			
	B	C	D	E
有效观测卫星总数	≥20	≥6	≥4	≥4
观测时段数	≥3	≥2	≥1.6	≥1.6
时段长度	≥23 h	≥4 h	≥60 min	≥40 min
采样间隔/s	30	10～30	5～15	5～15

注：(1)计算有效观测卫星时，应将各时段的有效观测卫星数扣除期间的重复卫星数。

(2)观测时段长度，应为开始记录数据到结束记录的时间段。

(3)观测时段数不小于 1.6，采用网观测模式时，每站至少观测一时段，其中二次设站点数应不少于 GPS 网总点数的 60%。

(4)采用基于卫星定位连续运行基准点观测模式时，可连续观测，但观测时间应不低于表中规定的各时段观测时间的和。

外业观测中存储介质上的数据文件应及时拷贝，一式两份，分别保存在由专人保管的防水、防静电的资料箱内。存储介质的外面适当处应贴制标签，注明文件名、网区名、点名、时段名、采集日期、测量手簿编号等。接收机内存数据文件在转录到外存介质上时，不得进行任何剔除或删改，不得调用任何对数据实施重新加工组合的操作指令。

(3) 数据处理

① 数据传输。由于观测过程中，接收机采集的数据存储在接收机内部存储器上，进行数据处理时必须将其下载到计算机上，这一数据下载过程即数据传输。通常，不同厂商的 GNSS 接收机有不同的数据存储格式，若采用的数据处理软件不能读取该格式的数据，则需事先进行数据格式转换，通常转换为 RINEX 格式，以便数据处理软件读取。数据传输的同时进行数据分流，生成四个数据文件：载波相位和伪距观测值文件、星历参数文件、电离层参数和 UTC 参数文件、测站信息文件。

② 数据预处理。数据预处理的目的是对数据进行平滑滤波检验、剔除粗差；统一数据文件格式，并将各类数据文件加工成标准化文件(如 GNSS 卫星轨道方程的标准化、卫星钟钟差标准化、观测值文件标准化等)；找出整周跳变点并修复观测值；对观测值进行各种模型改正，为后面的计算工作做准备。

③ 基线解算。在基线解算过程中，通过对多台接收机的同步观测数据进行复杂的平差计算，得到基线向量及其相应的方差——协方差阵。解算中，要顾及周跳引起的数据剔除、观测数据粗差的发现和剔除、星座变化引起的整周未知数的增加等问题。基线解算的结果除了用于后续网平差外，还被用于检验和评估外业观测数据质量，它提供了点与点之间的相对位置关系，可确定网的形状和定向，而要确定网的位置基准，则需要引入外部起算数据。

④ 网平差。在网平差阶段，将基线解算所确定的基线向量作为观测值，将基线向量的验后方差——协方差阵作为确定观测值的权阵，同时引入适当的起算数据，进行整网平差，确定网中各点的坐标。

实际应用中，往往还需要将坐标系统中的平差结果按用户需要进行坐标系的转换，或者与地面网进行联合平差，确定 GNSS 网与经典地面网的转换参数，改善已有的经典地面网。

【在线测试】

任务4 动态RTK测量系统及应用

【在线资源】

16.4.1 RTK测量原理

实时动态差分法(Real-time Kinematic,RTK)是一种新的常用的GNSS测量方法,以前的静态、快速静态、动态测量都需要事后进行解算才能获得厘米级的精度,而RTK是能够在野外实时得到厘米级定位精度的测量方法,它采用了载波相位动态实时差分方法,是GNSS应用的重大里程碑,它的出现为工程放样、地形测图及各种控制测量带来了新曙光,极大地提高了外业作业效率。

高精度的GNSS测量必须采用载波相位观测值,而RTK定位技术就是基于载波相位观测值的实时动态定位技术,它能够实时提供测站点在指定坐标系中的三维定位结果,并达到厘米级精度。在RTK作业模式下,基准站通过数据链将其观测值和测站坐标信息一起传送给流动站。流动站不仅通过数据链接收来自基准站的数据,还要采集GNSS观测数据,并在系统内组成差分观测值进行实时处理(图16.9),同时给出厘米级定位结果,历时不足一秒钟。流动站可处于静止状态,也可处于运动状态,可在固定点上先进行初始化后再进入动态作业,也可在动态条件下直接开机,并在动态环境下完成整周模糊度的搜索求解。在整周未知数解固定后,即可进行每个历元的实时处理,只要能保持四颗以上卫星相位观测值的跟踪和必要的几何图形,则流动站可随时给出厘米级定位结果。

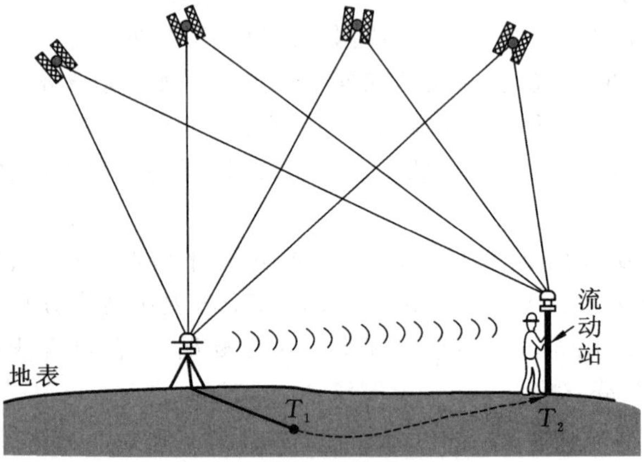

图16.9 RTK测量示意图

16.4.2 RTK技术应用

RTK测量技术在测量领域有着广泛的应用,主要应用在图根控制测量、地形测图、施工放样、工程测量、地籍测量、房产测量、地质调查、水深测量等方面,下面简要介绍几种主要应用。

16.4.2.1 图根控制测量

传统的大地测量、工程控制测量采用三角网、导线网方法来施测,不仅费工费时,要求点间通视,而且精度分布不均匀,采用常规的GNSS静态、快速静态、伪动态测量方法,在外业测设过程中不能实时知道定位精度,如果测设完成回到内业处理后发现精度不合要求,还必须返测。而采用RTK技术来进行控制测量，能够实时知道定位精度，从而大大提高作业效率。如果把RTK技术用于公路控制测量、电力线路控制测量、水利工程控制测量、大地测量，则不仅可以大大减少劳动强度、节省费用，而且可以大大提高工作效率，测一个控制点在几分钟甚至几秒钟内就可完成。

16.4.2.2 地形测图

RTK技术可实时获取待测点三维坐标，并达到厘米级精度。在测绘地形图时，设置基准站和移动站，确认移动站数据链及其他各项参数和基准站一致，待测量窗口显示“固定”，采集共同点进行参数计算后，即可进行测量作业。外业工作结束后将手簿中坐标数据导入CASS软件中进行地形图的绘制。

相比全站仪测图而言，RTK测图仅需一人操作，不要求点间通视，大大提高了工作效率。此外，配合电子手簿可以测绘各种地形图，如普通测图、铁路线路带状地形图、公路管线地形图的测绘，配合测深仪可以用于测水库地形图、航海海洋测图等。

RTK外业测量主要操作步骤为：

(1) 新建项目

选择坐标系统、设置椭球和投影参数、当地中央子午线经度及源椭球和目标椭球。

(2) 设置基准站

通过蓝牙将手簿连接上基准站，设置好电文格式、截止高度角、数据链，采集基准站坐标，同时输入目标高等。

(3) 设置移动站

用蓝牙方式连接上移动站，确认移动站数据链及其他各项参数和基准站一致。移动站的设置与基准站连接的步骤相同，待手簿显示“固定”即可。

(4) 参数计算

利用两个以上共同坐标点完成参数计算，将计算的转换参数运用到坐标点库，检核控制点坐标精度。

(5) 碎部测量

判断地物地貌特征点，开始外业碎部点数据采集。

16.4.2.3 施工放样

RTK技术可实时放样出待放样点位置，并达到厘米级精度。放样时，设置好基准站和移动站，并进行参数计算或点校验(步骤同RTK外业测量操作步骤)，将待放样点坐标输入手簿中，软件自动计算出当前位置与待确定点的距离和方位，只需按照提示将接收机挪动到相应位置上即可。相对传统方法如经纬仪交会放样、全站仪的边角放样等，RTK放样只需一人操作，不要求点间通视，工作效率高，放样精度高且很均匀。

RTK放样主要外业操作步骤为：

(1) 仪器的设置与连接

包括新建项目、设置基准站和移动站及参数计算。

(2) 选择放样点

点放样提供三种方式进行选择：第一种是手动输入，直接输入要放样的点坐标即可；第二种是从坐标库选择，可在点名处输入待查找点名，点击搜索按钮，支持从坐标点库、放样点库和控制点库、图根数据点库、横断面点库搜索，搜索结果在界面中显示供选择；第三种是高级查找，高级查找界面可以根据点名、图例描述、图例代码、图层四个查找条件进行设置，并可以对所有点库的点信息进行搜索。

(3) 确定待放样点位

【在线测试】

电子手簿会实时地显示当前位置与待确定点的距离和方位，移动设备向待定点靠近的过程中，也可根据声音提示快速确定放样点位，当放样点位误差满足要求时做好标记即可。

思考题

16.1 简述 GNSS 卫星的载波信号基本特点及用途。

16.2 简述 GNSS 测距码信号的基本特点及用途。

16.3 GNSS 导航电文的定义是什么？简述 GNSS 导航电文的基本构成和特点。

16.4 GNSS 的定位方式有哪些？

16.5 简述 GNSS 定位的基本原理。

16.6 动态相对定位有哪些方式？

16.7 什么是 RTK 技术？RTK 技术与传统测量方法相比有哪些优势？

16.8 简述 RTK 的系统构成及其定位原理。

参考文献

[1] 王国辉.土木工程测量[M].北京:中国建筑工业出版社,2011.

[2] 覃辉.土木工程测量[M].上海:同济大学出版社,2008.

[3] 王淑红,王渝龙.建筑工程测量[M].北京:北京交通大学出版社,2009.

[4] 凌支援.建筑工程测量[M].北京:高等教育出版社,2009.

[5] 刘书玲.高层建筑施工细节详解[M].北京:机械工业出版社,2009.

[6] 甄红锋,崔德芹.建筑工程测量[M].郑州:黄河水利出版社,2010.

[7] 国家测绘地理信息局测绘标准化研究所,北京市测绘设计研究,建设综合勘察研究设计院有限公司,等.国家基本比例尺地图图式 第1部分:1∶500 1∶1000 1∶2000地形图图示:GB/T 20257.1—2017[S].北京:中国标准出版社,2017.

[8] 中华人民共和国住房和城乡建设部.建筑变形测量规范:JGJ 8—2016[S].北京:中国建筑工业出版社,2016.

"十四五"职业教育国家规划教材

高职高专土建类专业技能型"互联网+"创新教材

工程测量

实训指导与记录

（第2版）

主　编　王金玲　王玉才
副主编　桂剑萍　龙立华
主　审　牛志宏

班级＿＿＿＿＿＿＿＿＿＿＿＿＿＿＿＿

学号＿＿＿＿＿＿＿＿＿＿＿＿＿＿＿＿

姓名＿＿＿＿＿＿＿＿＿＿＿＿＿＿＿＿

目　录

测量实训须知

一、实训目的

使学生熟悉测量仪器的构造和使用方法，掌握测量工作的基本技能，验证和巩固课堂上所学的知识，理论联系实际，以培养学生的实际动手能力、分析问题和解决问题的能力。在实践性环节中，使学生养成认真负责的工作态度和严谨务实的工作作风。

二、实训要求

1. 实训前应认真阅读实训指导书，明确其目的与要求、方法与步骤、记录与计算规则，以保证按时完成测量任务。

2. 严格遵守作息时间，不得迟到、早退或无故缺课，同组学生不得以任何借口代替缺课者完成本次实训任务。因故缺课者，另找时间自动补做，并由实验室老师签字方能认可。

3. 实训记录必须用 HB 的铅笔认真填写。要随测随记，字迹工整，不准先记在草稿纸上然后誊入记录表格中，更不准随意涂改或伪造数据。若发现有记录错误时，应将该数据用横线划去，然后将正确数据写在其上方。为了避免听错或记错，记录者在记录时应向观测者复诵一遍。绘图时，应用 3H 的铅笔绘制；图纸必须准确、整齐，力求美观。

4. 数据取位，应严格按其观测精度执行。若要求读至 mm，必须记录到 mm，比如1.340 m 不能记为 1.34 m。数据凑整，应严格按“四舍六入、逢五单进双不进”的原则进行。比如要求取位至 mm，则 1.5625 m 应记为 1.562 m，1.2635 m 应记为 1.264 m。

5. 每个小组应根据实训任务有计划地做好轮换，使每位同学都能亲自参加实训的各个环节。注意搞好团结配合，遇到困难或发生问题时要互谦、互让，不要互相埋怨。

6. 实训结束时，应当场提交实训成果，经指导教师审阅同意后，才能交还仪器、工具，结束本次实训。

三、爱护仪器和工具

1. 以小组为单位，严格履行仪器、工具的借还手续。

2. 提取仪器前，应检查仪器箱的搭扣是否扣好，搬动时应小心轻放，以免使仪器受震。

3. 从箱内取出仪器时，应注意仪器各部件放置的位置，以便按原样放回；然后双手握住支架或基座取出仪器，将其放在三脚架上，一手握住仪器，一手拧紧连接螺旋，使仪器与三脚架牢固连接，并关好仪器箱，但不能坐在仪器箱上。

4. 仪器安置后必须有人看护，严禁在仪器旁玩耍或打闹。

5. 在烈日下或阴雨天应撑伞，严防仪器日晒或雨淋。

6. 仪器使用时，应先制动后微动。使用制动螺旋时，不可拧得过紧，以免拧伤仪器；使用微动螺旋和脚螺旋时，不要旋到顶端，以免损伤螺纹。仪器转动时，必须放松制动螺旋，严禁在制动螺旋未松开的情况下强行转动仪器。

7. 仪器搬站时，应放松制动螺旋，一手握住三脚架放在肋下，一手托住仪器放置在胸前行走；不准将仪器斜扛在肩上，以免碰伤仪器。

8. 仪器装箱时，先将微动螺旋、脚螺旋调到适中位置，然后按原位安放，并将制动螺旋微微旋紧，盖箱扣好。

9. 水准尺、花杆不得靠墙、树等竖放，以免倒下折断。

10. 钢卷尺不得随地拖拉、扭曲，更不能让人、车踩压，用后立即用布擦净。

实训一　水准仪的认识与使用

一、目的与要求

1．了解 DS_3 型微倾式水准仪或自动安平水准仪的构造，各部件的名称及功能；

2．掌握水准仪的安置与水准尺读数的方法；

3．正确测定地面两点间的高差（一个测站）；

4．两人一组，一人操作仪器、另一人记录，轮换进行（不扶尺）。

二、仪器和工具

DS_3 型微倾式水准仪或自动安平水准仪 1 台，水准尺（可全班准备）2～3 根，实训记录本 1 本，铅笔 1 支，计算器 1 个。

三、实训方法

1．安置仪器

首先，将三脚架调整至适当长度，张开并将脚尖踩入土中，使架头大致水平；然后，打开仪器箱取出仪器，将其用中心连接螺旋固定在三脚架上。

2．认识仪器

对照课本，了解仪器各部件的名称及功能，填入表 1 中，并掌握其操作要领。

表 1　水准仪各部件的名称及功能

部件名称	功　　能
制动螺旋（自动安平水准仪无此项）	
微动螺旋	
微倾螺旋（自动安平水准仪无此项）	
目镜对光螺旋	
物镜对光螺旋	
脚螺旋	
圆水准器	
长水准管（自动安平水准仪无此项）	

3．粗平

转动脚螺旋，使圆水准器气泡居中（气泡移动的方向与左手大拇指一致）。

4．瞄准

对于 DS_3 型微倾式水准仪，用准星和照门粗略瞄准水准尺，固定制动螺旋（对于自动安平水准仪，用粗瞄准器粗略瞄准水准尺）；然后，分别转动物镜和目镜对光螺旋，使十字丝和水准尺成像清晰；再转动微动螺旋使水准尺大致位于视场中央。

5. 精平

对于 DS_3 型微倾式水准仪，转动微倾螺旋，使长水准管气泡居中。自动安平水准仪没有此项操作步骤。

6. 读数

首先应弄清水准尺的分划与注记方法，然后用中丝在水准尺上读取 4 位读数，即读至 mm。

7. 测定地面上两点间的高差

要求每人改变一次仪器高度，观测两点间高差两次，将观测数据记录于表 2 中。一人观测完后，另一人再进行观测。

表 2　高差测量记录表

测站	测点	水准尺读数/m		高差/m
		后视读数		
		前视读数		
		后视读数		
		前视读数		
		后视读数		
		前视读数		
		后视读数		
		前视读数		

四、注意事项

1. 读数前应消除视差。
2. 微动螺旋不要旋到极限，应保持在中间运行。
3. 观测者的身体各部位不得接触脚架。
4. 记录和计算应正确、清晰、工整。实训完成后，将实训记录交指导老师审阅且验收合格后方可将仪器归还实验室。

实训二　等外水准测量

一、目的与要求

1. 练习并掌握等外水准测量的观测、记录、计算和校核方法；

2. 每组四人，一人观测、一人记录、两人扶尺，轮换进行。

二、仪器和工具

DS_3 型微倾式水准仪或自动安平水准仪 1 台，水准尺 2 根，尺垫 2 个，测伞 1 把，实训记录本 1 本，铅笔 1 支，计算器 1 个。

三、实训方法与记录计算

1. 选择一条闭合水准路线，将仪器置于已知点 BM_A 与转点 TP_1 之间。对于 DS_3 型微倾式水准仪，粗平后瞄准后视尺 BM_A，精平并读取后视读数，记入表 3 中；转向前视尺 TP_1，精平并读取前视读数，记入表 3 中。对于自动安平水准仪，粗平后瞄准后视尺 BM_A 并读数，记入表 3 中；转向前视尺 TP_1，瞄准并读数，记入表 3 中。即可计算出两点间的高差，便完成了第 1 站的观测。

2. 将仪器迁至第 2 站，按上述方法连续观测，直至回到原水准点 BM_A 为止。

3. 计算校核：

$$\sum 后 - \sum 前 = \sum h = H_{终(计)} - H_{始}$$

4. 路线校核：

高差闭合差

$$f_h = \sum h_{测}$$

高差容许闭合差

$$f_{h允} = \pm 12\sqrt{n}\ \text{mm}$$

当 $|f_h| \leqslant |f_{h允}|$ 时，观测成果才符合要求，否则要返工重测。

四、注意事项

1. 已知高程点的高程由教师提供，已知高程点不能放尺垫，而转点必须放尺垫。

2. 在一测站中，粗平只能进行一次；对于 DS_3 型微倾式水准仪，每次读数前必须要精平，使长水准管气泡居中（自动安平水准仪无此项）。

3. 读数时，水准尺必须扶正。

表 3　水准测量记录表

<table>
<tr><td rowspan="2">测站</td><td rowspan="2">测点</td><td colspan="2">后视读数/m</td><td rowspan="2">高差/m</td></tr>
<tr><td colspan="2">前视读数/m</td></tr>
<tr><td rowspan="2"></td><td></td><td>后</td><td></td><td></td></tr>
<tr><td></td><td>前</td><td></td><td></td></tr>
<tr><td rowspan="2"></td><td></td><td>后</td><td></td><td></td></tr>
<tr><td></td><td>前</td><td></td><td></td></tr>
<tr><td rowspan="2"></td><td></td><td>后</td><td></td><td></td></tr>
<tr><td></td><td>前</td><td></td><td></td></tr>
<tr><td rowspan="2"></td><td></td><td>后</td><td></td><td></td></tr>
<tr><td></td><td>前</td><td></td><td></td></tr>
<tr><td rowspan="2"></td><td></td><td>后</td><td></td><td></td></tr>
<tr><td></td><td>前</td><td></td><td></td></tr>
<tr><td rowspan="2"></td><td></td><td>后</td><td></td><td></td></tr>
<tr><td></td><td>前</td><td></td><td></td></tr>
<tr><td rowspan="2"></td><td></td><td>后</td><td></td><td></td></tr>
<tr><td></td><td>前</td><td></td><td></td></tr>
<tr><td rowspan="2"></td><td></td><td>后</td><td></td><td></td></tr>
<tr><td></td><td>前</td><td></td><td></td></tr>
<tr><td rowspan="2"></td><td></td><td>后</td><td></td><td></td></tr>
<tr><td></td><td>前</td><td></td><td></td></tr>
<tr><td rowspan="2"></td><td></td><td>后</td><td></td><td></td></tr>
<tr><td></td><td>前</td><td></td><td></td></tr>
<tr><td rowspan="2"></td><td></td><td>后</td><td></td><td></td></tr>
<tr><td></td><td>前</td><td></td><td></td></tr>
<tr><td rowspan="2"></td><td></td><td>后</td><td></td><td></td></tr>
<tr><td></td><td>前</td><td></td><td></td></tr>
<tr><td colspan="2" rowspan="3">计算校核</td><td>$\sum$ 后</td><td></td><td rowspan="3">$\sum h=$</td></tr>
<tr><td>$\sum$ 前</td><td></td></tr>
<tr><td colspan="2">$\sum$ 后 $-\sum$ 前</td></tr>
<tr><td>误差计算</td><td colspan="4">$f_{\mathrm{h}}=$
$f_{\mathrm{h允}}=\pm 12\sqrt{n}\ \mathrm{mm}=$</td></tr>
</table>

实训三　四等水准测量

一、目的与要求

1. 掌握四等水准测量的测量方法与记录、计算方法。

2. 四人一组，一人观测、一人记录与计算、两人扶尺，轮换操作。

3. 精度要求：

后、前视距差不超过±3 m；

后、前视距累积差不超过±10 m；

K＋黑－红不超过±3 mm；

$h_{黑}-(h_{红}\pm 0.1)$不超过±5 mm；

$f_{h允}=\pm 20\sqrt{L}$ mm　或　$f_{h允}=\pm 6\sqrt{n}$ mm。

二、仪器和工具

DS_3 型微倾式水准仪或自动安平水准仪 1 台，水准尺 2 根（异号尺），尺垫 2 个，测伞 1 把，实训记录本 1 本，铅笔 1 支，计算器 1 个。

三、观测方法

一个测站上的观测程序（后—后—前—前）：

正像望远镜：照准后视尺黑面，读取上丝、下丝及中丝读数；照准后视尺红面，读取中丝读数。照准前视尺黑面，读取上丝、下丝及中丝读数；照准前视尺红面，读取中丝读数。

四、注意事项

1. 已知高程点不能放尺垫，而转点必须放尺垫。

2. 选定测站时，用步测法使前后视距大致相等。

3. 在一测站中，粗平只能进行一次。

4. 对于 DS_3 型微倾式水准仪，每次读数前必须要精平，使长水准管气泡居中。

5. 在一测站内，应尽量缩短后、前视读数的间隔时间。

6. 每站观测完毕，应立即进行计算，只有测站检核符合要求后，仪器才能搬站。若超过限差规定，该站应重测。

五、记录计算

见表 4。

表 4　四等水准测量记录计算表(正像望远镜)

测站编号	点号	后尺上丝	前尺上丝	方向及尺号	水准尺读数		K+黑－红	高差中数/m
		后尺下丝	前尺下丝		黑面	红面		
		后距	前距					
		后、前距差 d	累积差 $\sum d$					
				后				
				前				
				后－前				
				后				
				前				
				后－前				
				后				
				前				
				后－前				
				后				
				前				
				后－前				
				后				
				前				
				后－前				
				后				
				前				
				后－前				

续表 4

测站编号	点号	后尺上丝	前尺上丝	方向及尺号	水准尺读数		K＋黑－红	高差中数/m
		后尺下丝	前尺下丝		黑面	红面		
		后距	前距					
		后、前距差 d	累积差 $\sum d$					
				后				
				前				
				后－前				
				后				
				前				
				后－前				
				后				
				前				
				后－前				
				后				
				前				
				后－前				
				后				
				前				
				后－前				
				后				
				前				
				后－前				
误差计算	$f_h=$ $f_{h允}=\pm 20\sqrt{L}$ mm= 或 $f_{h允}=\pm 6\sqrt{n}$ mm=							

实训四　水准仪的检验与校正

一、目的与要求

1. 了解水准仪各主要轴线间应满足的几何条件；

2. 掌握水准仪的检验和校正方法；

3. 两人一组，一人操作仪器、另一人记录，轮换进行（不扶尺，将水准尺固定在地面上，可几个组共用一根水准尺）。

二、仪器和工具

DS_3 型微倾式水准仪或自动安平水准仪 1 台，水准尺（可全班准备）2～3 根，实训记录本 1 本，铅笔 1 支，计算器 1 个，三角板或直尺 1 个，校正针 1 根，螺丝刀 1 把，2 mm 内六角扳手 1 个。

三、实训方法与记录计算

1. 圆水准器轴平行于仪器竖轴的检验与校正

检验：转动脚螺旋，使圆水准器气泡居中，将望远镜旋转 180°，若气泡居中，则条件满足，否则需校正。

校正：用圆水准器校正螺丝及脚螺旋各调整气泡偏离长度的一半。

将记录填入表 5 中。

表 5　圆水准器轴平行于仪器竖轴的检验与校正记录表

观 测 类 型	气泡偏离情况
检 验 观 测	
校 核 观 测	

2. 十字丝横丝垂直于仪器竖轴的检验和校正

检验：整平仪器后，用十字丝横丝的一端瞄准一固定点 A，拧紧制动螺旋，转动微动螺旋，如果 A 点始终在十字丝横丝上移动，则条件满足；如果 A 点偏离十字丝横丝，则表示条件不满足，需要校正。

校正：用螺丝刀松开望远镜上的三颗埋头螺丝，转动十字丝分划板座，使横丝水平，然后旋紧埋头螺丝。

将记录填入表 6 中。

表 6　十字丝横丝垂直于仪器竖轴的检验和校正记录表

观 测 类 型	十字丝偏离情况
检 验 观 测	
校 核 观 测	

3. 水准管轴平行于视准轴的检验和校正

检验：

(1) 将仪器置于 A、B 两尺中间，用改变仪器高的方法，观测 A、B 两尺的高差 2 次，当

$\Delta h=h_1-h_2$ 不超过±3 mm 时，取其平均值作为正确高差，用 h_{AB}表示。

（2）将仪器移至 A 尺或 B 尺附近，两次测出高差 h_3 和 h_4，$h_3=a_3-b_3$，若 $h_3\neq h_{AB}$，则需要计算 i 角值，当 i 角值>20″时需校正。i 角的计算公式为：$i=\dfrac{b_3-b_{3正}}{D_{AB}}\rho$。

校正：

对于 DS_3 型微倾式水准仪：

（1）计算出远尺端的正确读数：若近尺为 A，远尺为 B，则 $b_{3正}=a_3-h_{AB}$；若近尺为 B，远尺为 A，则 $a_{3正}=b_3+h_{AB}$。

（2）转动微倾螺旋，使十字丝中横丝对准远尺端应对的正确读数，此时水准管气泡已不居中。

（3）用校正针略松动水准管一端左、右校正螺丝，拨动上、下校正螺丝，使气泡居中。

（4）重复以上过程，直至误差不超过±3 mm 为止。

对于自动安平水准仪：

（1）计算出远尺端的正确读数：若近尺为 A，远尺为 B，则 $b_{3正}=a_3-h_{AB}$；若近尺为 B，远尺为 A，则 $a_{3正}=b_3+h_{AB}$。

（2）用 2 mm 的内六角扳手松动或拧紧目镜端下方孔内的十字丝分划板校正螺丝，使十字丝中丝对准应对准的正确读数。

将记录计算填入表 7 中。

表 7　水准管轴平行于视准轴的检验与校正记录计算表

<table>
<tr><td colspan="3">仪器在中点求正确高差</td><td colspan="3">仪器在 A 点旁检验校正</td></tr>
<tr><td rowspan="5">第一次</td><td>A 点尺上读数 a_1</td><td></td><td rowspan="5">第一次</td><td>A 点尺子读数 a_3</td><td></td></tr>
<tr><td>B 点尺上读数 b_1</td><td></td><td>B 点尺子上应读数 b_3</td><td></td></tr>
<tr><td rowspan="3">$h_1=a_1-b_1$</td><td rowspan="3"></td><td>$h_3=a_3-b_3$</td><td></td></tr>
<tr><td>B 点尺子上应读数 $b_{3正}$
$b_{3正}=a_3-h_{AB}$</td><td></td></tr>
<tr><td colspan="2">i 角误差计算
$i=\dfrac{b_3-b_{3正}}{D_{AB}}\rho=$</td></tr>
<tr><td rowspan="4">第二次</td><td>A 点尺上读数 a_2</td><td></td><td rowspan="5">第二次</td><td>A 点尺子读数 a_4</td><td></td></tr>
<tr><td>B 点尺上读数 b_2</td><td></td><td>B 点尺子上应读数 b_4</td><td></td></tr>
<tr><td rowspan="2">$h_2=a_2-b_2$</td><td rowspan="2"></td><td>$h_4=a_4-b_4$</td><td></td></tr>
<tr><td>B 点尺子上应读数 $b_{4正}$
$b_{4正}=a_4-h_{AB}$</td><td></td></tr>
<tr><td>平均值</td><td>$h_{AB}=\dfrac{1}{2}(h_1+h_2)$</td><td></td><td>$i$ 角误差计算
$i=\dfrac{b_4-b_{4正}}{D_{AB}}\rho=$</td><td></td></tr>
</table>

实训五　经纬仪的认识与使用

一、目的与要求

1. 了解经纬仪的基本构造，各部件的名称及功能。

2. 掌握经纬仪对中、整平、瞄准和读数方法。

3. 掌握水平度盘的配盘方法。

4. 精度要求：

对中误差不超过 3 mm；

整平误差不超过半格。

5. 两人一组，一人操作仪器、另一人记录，轮换进行。

二、仪器和工具

电子经纬仪 1 台，实训记录本 1 本，铅笔 1 支。

三、实训方法与记录

1. 经纬仪的安置

(1) 对中

用垂球对中的方法是：将三脚架置于测站点上，使其高度适中，挂上垂球，然后移动脚架，使垂球尖粗略对准测站点，此时要注意保持三脚架的架头大致水平，随即将脚架踩入土中。其后，将经纬仪连接在架头上，稍松中心连接螺旋，微微平移仪器，直至垂球尖精确对准测站点，拧紧中心连接螺旋。

用光学对中器对中的方法是：用双手分别握住三脚架的两条腿，在挪动三脚架的同时，观察光学对中器，使光学对中器的中心粗略对准测站点，调节光学对中器调焦螺旋，使其分划圈和测站点标志成像清晰，利用三脚架的伸缩架使圆水准器气泡居中，再用脚螺旋使水准管气泡居中，然后略松动中心连接螺旋，移动仪器，使光学对中器分划圈中心与测站点重合。此项工作要反复进行，直至对中和整平均满足要求为止。

激光对中的方法与光学对中的方法基本相同，不同的是激光对中的经纬仪没有光学对中器，按住仪器上的照明键几秒钟，激光束会打在地面上，在地面上可见红色的激光点，通过搬动仪器使激光点与地面点的标志重合，然后再按照光学对中方法操作即可。

(2) 整平

整平的方法是：首先，松开照准部制动螺旋，使水准管与任意两个脚螺旋的连线平行，两手按相对方向转动这对脚螺旋，使水准管的气泡居中(气泡移动的方向与左手大拇指一致)；然后将照准部旋转 90°，转动第三个脚螺旋，使气泡居中。这样反复进行，直至照准部转动到任何位置时气泡均居中为止。

2. 对照课本，了解经纬仪各部件的名称及功能，填入表 8 中，熟悉并掌握其操作要领。

3. 瞄准

先利用瞄准器粗略瞄准目标，然后拧紧望远镜制动螺旋和照准部制动螺旋，调焦消除视差，再转动望远镜微动螺旋和照准部微动螺旋，精确对准目标。测水平角时，使十字丝竖丝平分或夹准目标；测竖直角时，使十字丝横丝平分或夹准目标。

表 8　经纬仪各部件的名称及功能记录表

部 件 名 称	功　　能
照准部水准管	
照准部制动螺旋	
照准部微动螺旋	
望远镜制动螺旋	
望远镜微动螺旋	

4. 读数和记录

读取显示屏的读数并记录。

5. 配水平度盘

对于电子经纬仪，按下【置 0】键并释放，蜂鸣器响，仪器显示屏上的水平角度值显示变化为 0°00′00″（水平角度任意值的设置方法是：将仪器水平旋转到所需设置的角度值附近，使水平制动螺旋制动，转动水平微动螺旋，使显示屏显示所需要的水平角度值，按住【锁定】键并释放，则该角度值被锁定并显示锁定信息"锁定"，此时转动仪器，水平角度保持不变）；然后转动仪器并用望远镜瞄准目标，则该目标的角度值即为所设定的值；再按住【锁定】键并释放，则该角度值不再被锁定，并可进行下一步的测量工作。

每人瞄准 2 个不同的目标进行观测，第一次盘左配水平度盘于 0°，第二次盘左配水平度盘于 90°，以训练配盘和读数。将记录计算填入表 9 中。

表 9　读数训练记录表

测　站	目　标	盘左读数 °　′　″	盘右读数 °　′　″

实训六 测回法水平角测量

一、目的与要求

1. 掌握用测回法进行水平角测量的方法、记录与计算。

2. 两人一组，选择 2 个固定目标，使用 DJ_6 型光学经纬仪进行观测，每人观测 2 个测回；若使用电子经纬仪，每人观测 3～4 个测回。

3. 精度要求：

半测回差不超过±36″，测回差不超过±24″。

二、仪器和工具

电子经纬仪 1 台，实训记录本 1 本，铅笔 1 支，计算器 1 个。

三、观测方法与记录计算

1. 安置经纬仪于测站点上，对中、整平，选定 A、B 两个目标。

2. 盘左瞄准左方目标 A，配水平度盘于 0°附近（如 0°03′00″），读取水平度盘读数，记入表 10 中；顺时针方向转动照准部，瞄准目标 B 并读数，记入表 10 中。计算上半测回角值。

3. 盘右分别瞄准目标 A、B，读数、记录，计算下半测回角值和一测回角值。

4. 若观测 n 个测回，则每测回起始读数应按 $180°/n$ 配盘；若测回差在容许范围内，则计算各测回的平均值。

将记录计算填入表 10 中。

表 10 测回法水平角观测记录表

<table>
<tr><th rowspan="2">测站</th><th rowspan="2">测回</th><th rowspan="2">竖盘位置</th><th rowspan="2">目标</th><th>水平度盘读数</th><th>半测回角值</th><th>一测回角值</th><th>各测回平均值</th></tr>
<tr><th>° ′ ″</th><th>° ′ ″</th><th>° ′ ″</th><th>° ′ ″</th></tr>
<tr><td rowspan="4"></td><td rowspan="4"></td><td rowspan="2"></td><td></td><td></td><td rowspan="2"></td><td rowspan="4"></td><td rowspan="16"></td></tr>
<tr><td></td><td></td></tr>
<tr><td rowspan="2"></td><td></td><td></td><td rowspan="2"></td></tr>
<tr><td></td><td></td></tr>
<tr><td rowspan="4"></td><td rowspan="4"></td><td rowspan="2"></td><td></td><td></td><td rowspan="2"></td><td rowspan="4"></td></tr>
<tr><td></td><td></td></tr>
<tr><td rowspan="2"></td><td></td><td></td><td rowspan="2"></td></tr>
<tr><td></td><td></td></tr>
<tr><td rowspan="4"></td><td rowspan="4"></td><td rowspan="2"></td><td></td><td></td><td rowspan="2"></td><td rowspan="4"></td></tr>
<tr><td></td><td></td></tr>
<tr><td rowspan="2"></td><td></td><td></td><td rowspan="2"></td></tr>
<tr><td></td><td></td></tr>
<tr><td rowspan="4"></td><td rowspan="4"></td><td rowspan="2"></td><td></td><td></td><td rowspan="2"></td><td rowspan="4"></td></tr>
<tr><td></td><td></td></tr>
<tr><td rowspan="2"></td><td></td><td></td><td rowspan="2"></td></tr>
<tr><td></td><td></td></tr>
</table>

实训七　全圆测回法水平角测量

一、目的与要求

1. 掌握用全圆测回法进行水平角测量的方法、记录与计算。

2. 两人一组，选择3个固定目标，使用DJ_6型光学经纬仪进行观测，每人观测1个测回；若使用电子经纬仪，每人观测2个测回。

3. 精度要求：

半测回归零误差不超过±24″，各测回归零方向值之差不超过±24″。

二、仪器和工具

DJ_6型光学经纬仪或电子经纬仪1台，实训记录本1本，铅笔1支，计算器1个。

三、观测方法与记录计算

1. 安置经纬仪于测站点上，对中、整平，选定A、B、C三个目标。

2. 盘左瞄准起始目标A，配盘于0°附近，顺时针方向依次瞄准B、C、A各目标，分别读取水平度盘读数，从上往下记录于表11中，并检查归零误差是否超限。

3. 盘右逆时针方向分别瞄准A、C、B、A各目标，读取水平度盘读数，从下往上记录于表11中，并检查归零误差是否超限。

4. 若观测n个测回，则每测回起始读数应按$180°/n$配盘。

5. 计算

(1) 盘左盘右平均值$=\frac{1}{2}[左+(右\pm180°)]$；

(2) 归零方向值：将各方向的平均值减第2次取平均值后的起始方向值，即得各方向一测回的“归零方向值”；

(3) 各测回归零方向平均值：将各测回同一方向的归零方向值取平均值；

(4) 水平角值：将相邻归零方向平均值相减，即得相邻方向所夹的水平角，一测站上各水平角之和应为360°，以此作为计算的校核依据。

将记录计算填入表11中。

表 11　全圆测回法水平角观测记录表

测站	测回	目标	水平度盘读数		2c ″	盘左盘右平均值 ° ′ ″	归零方向值 ° ′ ″	各测回归零方向平均值 ° ′ ″	水平角值 ° ′ ″
			盘左 ° ′ ″	盘右 ° ′ ″					

实训八　竖直角测量

一、目的与要求

1. 掌握竖直角测量的基本原理，了解竖直度盘的构造；

2. 掌握竖直角计算公式的确定方法，掌握竖直角的观测、记录和计算方法；

3. 掌握竖盘指标差的计算方法；

4. 精度要求：

各测回竖直角互差限差为±24″；各测回指标差互差限差为±25″。

二、仪器和工具

DJ_6型电子经纬仪1台套，实验记录本1本，测伞1把，记录板1个，铅笔1支。

三、观测方法和记录计算

1. 安置经纬仪

将仪器安置于测站点上，对中、整平。

2. 判断竖直度盘的构造

上下转动望远镜，观察竖盘读数的变化规律，判断竖盘是顺时针注记形式还是逆时针注记形式，明确竖直角的计算公式。

3. 竖直角观测

（1）盘左：用望远镜的横丝精确瞄准目标，读取竖盘读数L，并记入表12中；

（2）盘右：用望远镜的横丝再次精确瞄准目标，读取竖盘读数R，并记入表12中。

4. 计算竖直角及指标差

根据竖直角和指标差的计算公式，计算出竖直角和指标差，衡量观测精度是否符合要求，记录于表12中。

竖直角计算公式：

$$\alpha=\frac{1}{2}(R-L-180^\circ)\quad\text{（顺时针注记）}$$

$$\alpha=\frac{1}{2}(L-R+180^\circ)\quad\text{（逆时针注记）}$$

指标差计算公式：

$$x=\frac{1}{2}(L+R-360^\circ)$$

表 12　竖直角测量记录计算表

测站	目标	竖盘	竖盘读数 ° ′ ″	半测回竖直角 ° ′ ″	指标差 ″	一测回竖直角 ° ′ ″	各测回平均竖直角 ° ′ ″

实训九　经纬仪的检验和校正

一、目的与要求

1. 熟悉经纬仪各主要轴线及各轴线间应满足的几何条件。

2. 掌握经纬仪的检验与校正方法。

3. 两人一组，一人观测、另一人记录，轮换进行。

4. 限差要求：

视准误差 c 不超过 $\pm 15''$，指标差 i 不超过 $\pm 15''$。

二、仪器和工具

电子经纬仪 1 台，实训记录本 1 本，铅笔 1 支，计算器 1 个，校正针 1 根，螺丝刀 1 把。

三、实训方法与记录计算

1. 照准部水准管轴垂直于竖轴的检验和校正

检验：整平仪器后，将照准部旋转 180°。若水准管气泡居中，则条件满足；否则，需校正。

校正：用校正针拨动水准管一端的校正螺丝，使气泡退回偏离长度的一半，再转动脚螺旋，使气泡居中。此项校正需反复进行，直到满足要求为止。记录于表 13 中。

表 13　照准部水准管的检验和校正记录表

观 测 类 型	气泡偏离情况
检 验 观 测	
校 核 观 测	

2. 十字丝竖丝垂直于横轴的检验和校正

检验：整平仪器后，用十字丝竖丝一端瞄准一清晰小点，固定照准部制动螺旋和望远镜制动螺旋，转动望远镜微动螺旋使望远镜上下移动，如果小点始终在竖丝上移动，则条件满足；否则，应进行校正。

校正：卸下目镜处分划板护盖，用螺丝刀松开四个十字丝环的固定螺丝，转动十字丝环，使竖丝处于竖直位置，然后将四个螺丝拧紧，装上护盖。记录于表 14 中。

表 14　十字丝竖丝的检验和校正记录表

观 测 类 型	十字丝偏离情况
检 验 观 测	
校 核 观 测	

3. 视准轴垂直于横轴的检验和校正

检验：

（1）整平仪器，盘左瞄准一个大致与仪器同高的远处目标 M，读取水平度盘读数 L；盘右瞄准同一点 M，读取水平度盘读数 R。

（2）计算视准误差 $c=\frac{1}{2}[R-(L\pm 180°)]$。

电子经纬仪视准误差 c 超过 $\pm 15''$ 时，需校正。

校正：

(1) 计算出盘右位置的正确读数

$$R_{正} = R - c$$

(2) 转动照准部微动螺旋，使水平度盘读数恰为 $m_{右正}$，此时十字丝的竖丝已偏离了目标。

(3) 旋下十字丝分划板护盖，略松十字丝分划板上、下校正螺丝，用一松一紧的方法拨动左、右校正螺丝，使十字丝的竖丝对准目标 M；然后，拧紧上、下校正螺丝，旋上十字丝分划板护盖。此项工作需反复进行，直至视准误差 c 不超过 $30''$ 或 $15''$ 为止。将记录计算填入表 15中。

表 15　视准轴的检验和校正记录计算表

观测类型	竖盘位置	水平度盘读数			盘右时的正确读数			视准误差/″
		°	′	″	°	′	″	
检验观测								
校核观测								

4. 竖盘指标差的检验和校正

检验：

(1) 整平仪器，用盘左和盘右两个位置观测同一高度处目标，令竖盘水准管气泡居中，分别读取竖盘读数 L 和 R。

(2) 竖直角的计算(竖盘顺时针刻划)：

$$\alpha_{左} = 90° - L$$

$$\alpha_{右} = R - 270°$$

(3) 指标差的计算：

$$i = \frac{\alpha_{右} - \alpha_{左}}{2}$$

或：

$$i = \frac{L + R - 360°}{2}$$

使用电子经纬仪，i 超过 $\pm 15''$ 时，则需校正。

校正：

(1) 按下【①】键并马上释放，仪器开机并显示初始化信息。

(2) 按下【切换】键，蜂鸣器响，约 2 s 后释放【切换】键，仪器进入指标差设置程序。

(3) 纵转望远镜使竖盘过 0，盘左瞄准一远处目标 P，按住【①】键，蜂鸣器响，约 2 s 后释放。

(4) 盘右瞄准同一目标 P，按住【①】键，蜂鸣器响，约 2 s 后释放。仪器指标差设置完毕，回到正常测角界面。将记录计算填入表 16 中。

表 16　竖盘指标差的检验和校正记录计算表

观测类型	竖盘位置	竖盘读数			竖直角			指标差/″
		°	′	″	°	′	″	
检验观测								
校核观测								

实训十　距离丈量及磁方位角的测定

一、目的与要求

1. 掌握钢尺量距的一般方法；

2. 掌握使用罗盘仪测定直线的磁方位角的操作方法；

3. 精度要求：往返量距的相对误差 $k\leqslant 1/2000$，正反磁方位角的互差不大于 $1°$。

二、仪器和工具

钢卷尺 1 把，罗盘仪 1 个，花杆 3 根，木桩 2 个，测钎 1 束，斧头 1 把，记录本 1 本，计算器 1 个，铅笔 1 支。

三、观测方法与记录计算

1. 在地面上选择相距约 80 m 的 A、B 两点，打下木桩，在桩顶上画十字作为其点位，即为欲测量的直线。

2. 将花杆竖立于 A、B 两点的外侧，采用目估法定线。

3. 量距时，后测手拿一根测钎和钢尺零端，立于直线的起点 A 处；前测手拿若干根测钎及钢尺末端，沿定线方向前进到一整尺处；两人同时将钢尺放在直线 AB 上并拉紧，当后测手将零点对准 A，发出“好”的信号时，前测手就将一根测钎对准钢尺末端刻划插于地上，即得 1 点，这就完成了 A—1 整尺段的丈量工作。

4. 两人抬起尺子，沿定线方向继续前进，待后测手走到 1 点时停止前进，按同法丈量1—2、2—3 等整尺段，最后丈量不足一整尺的距离 q，读至 mm，则直线 AB 的长度为 $L=nl+q$。

5. 依同法由 B 向 A 进行返测，取往返丈量的平均值作为该直线的最后丈量结果；并计算往返丈量之差和相对误差 k，检查是否在容许范围内，否则要返工重测。

6. 将罗盘仪安置于 A 点，对中、整平，旋松杠杆制动螺旋，使磁针自由转动，然后用望远镜瞄准 B 点，待磁针静止后，读取磁针北端所指的刻度，即为直线 AB 的正方位角；再将罗盘仪置于 B 点，瞄准 A 点，依同法测定直线 AB 的反方位角，取其平均值作为最后结果。将记录计算填入表 17 中。

表 17　距离丈量及直线定向记录计算表

测线：________

<table>
<tr><td rowspan="2">往测</td><td>正方位角
° ′</td><td>测段</td><td></td><td></td><td></td><td></td><td>全长</td></tr>
<tr><td></td><td>距离</td><td></td><td></td><td></td><td></td><td></td></tr>
<tr><td rowspan="2">返测</td><td>反方位角
° ′</td><td>测段</td><td></td><td></td><td></td><td></td><td>全长</td></tr>
<tr><td></td><td>距离</td><td></td><td></td><td></td><td></td><td></td></tr>
<tr><td>计算</td><td colspan="4">平均长度 $L_0=(L_{往}+L_{返})/2=$
较差 $\Delta L=L_{往}-L_{返}=$
相对误差 $k=\frac{|\Delta L|}{L_0}=\frac{1}{L_0/|\Delta L|}=$
平均磁方位角 $\bar{\alpha}=\frac{\alpha_{正}+(\alpha_{返}\pm 180°)}{2}=$</td><td colspan="3">绘制磁方位角草图：</td></tr>
</table>

实训十一　全站仪的认识与使用

一、目的与要求

1. 了解全站仪主要部件的名称和功能；

2. 掌握用全站仪进行角度测量、距离测量及三维坐标测量的操作方法和要领；

3. 两人一组，每人完成 1 个角度(复测 4 次)，2 条边长及高差，2 个点的三维坐标测量。

二、仪器与工具

全站仪 1 台，棱镜 2 个(带脚架或对中杆)，实训记录本 1 本，铅笔 1 支。

三、实训步骤与记录

1. 角度测量(复测法)

(1) 将反射棱镜置于 A、B 两点(可免棱镜)，全站仪置于 O 点，对中，整平；开机，点击仪器图标，打开最近项目，进入常规测量界面第一页。

(2) 点击“重复测量”，照准目标 A，点击 V；照准目标 B，点击 V，显示第一次的和值、次数 1 和均值。

(3) 第二次照准目标 A，点击 V；照准目标 B，点击 V，显示第二次的和值、次数 2 和均值。

(4) 重复以上步骤继续测量 n 次($n \leqslant 10$)，显示第 n 次的和值、次数 n 和均值。

(5) 按【ESC】键退回到常规测量界面第一页结束。

将记录填入表 18 中。

表 18　水平角复测法记录表

测站	复测次数	目标	和值 ° ′ ″	均值 ° ′ ″

2. 距离测量

(1) 将全站仪安置于测站点,对中、整平。

(2) 在常规测量界面第一页,点击配置管理,点击测距参数,进入测距参数的设置;设置测距模式(单次粗测、单次精测、重复精测),设置目标类型(棱镜、反射片、免棱镜),按【ESC】键退回到常规测量界面第一页。

(3) 照准目标,点击基本测量,点击仪器棱镜图标,即可测出斜距"*SD*"、平距"*HD*"和高差"*VD*"。按【ESC】键退回到常规测量界面第一页。

将记录填入表 19 中。

表 19　距离测量记录表

测站	目标	单次粗测		单次精测		重复精测	
		斜距 S/m		斜距 S/m		斜距 S/m	
		平距 H/m		平距 H/m		平距 H/m	
		高差 V/m		高差 V/m		高差 V/m	
		斜距 S/m		斜距 S/m		斜距 S/m	
		平距 H/m		平距 H/m		平距 H/m	
		高差 V/m		高差 V/m		高差 V/m	

3. 三维坐标测量

(1) 将全站仪安置于测站点 A 上,量取仪器高和目标高;

(2) 在常规测量界面第一页,点击测站设置,进入测站点,键入测站点坐标、仪器高 i 和目标高 v;

(3) 照准后视点 B,点击后视,键入后视点坐标或后视方位角,点击确定,按【ESC】键退回到常规测量界面第一页;

(4) 照准目标 P,点击坐标测量,点击仪器棱镜图标,即开始坐标测量,点击记录和列表图案,将观测结果列于表中(序号,名称,代码,X,Y,Z);

(5) 重复以上方法,直至观测完毕,按【ESC】键退回到常规测量界面第一页。

将记录填入表 20 中。

表 20　三维坐标测量记录表

测站	测站点坐标/m			后视点	后视方位角 ° ′ ″	测点	测点坐标/m		
	x	y	H				x	y	H

实训十二　经纬仪极坐标法放样

一、目的与要求

1. 掌握测设数据的计算方法；

2. 熟悉用极坐标法放样地面点位的步骤；

3. 已知数据：设 A、B 为控制点，P 为欲放样点，已知 AB 与 AP 的水平夹角 $\beta=58°42'36''$，A 点与 P 点的水平距离 $D_{AP}=24.364$ m，实地放样 P 点。

二、仪器和设备

电子经纬仪 1 台，钢卷尺 1 把，花杆 1 根，测钎 1 根，木桩 1 个，斧头1 把。

三、观测方法和步骤

1. 在地面上选定一条 AB 直线，并做好标记，作为已知方向；

2. 在 A 点安置经纬仪，盘左瞄准 B 点，将度盘调到 $0°00''00'$；

3. 顺时针方向转动仪器使水平度盘读数为 $58°42'36''$，在视线上定出 C' 点；

4. 盘右顺时针方向旋转望远镜使水平度盘读数为 $180°+58°42'36''=238°42'36''$，在视线上定出 C'' 点，取 $C'C''$ 中点即为 C 点；

5. 瞄准 C 点，在视线方向上量取距离 24.364 m，即得所测设的点位 P；

6. 实测 $\angle BAP$，看是否符合精度要求。

实训十三　全站仪放样

一、目的与要求

1. 掌握用全站仪进行极坐标法放样的方法；

2. 掌握用全站仪进行坐标放样的方法；

3. 每组 5～6 人。

二、仪器和工具

全站仪 1 台，反射棱镜 2 套，测伞 1 把，放样数据 1 套，铅笔 1 支，计算器 1 个。

三、观测方法（索佳 SET210K 全站仪）

1. 极坐标法放样

设 A、B 为控制点，P 为欲放样点，已知 AB 与 AP 的水平夹角 $\beta=45°30'30''$，A 点与 P 点的水平距离 $D_{AP}=18.18$ m，实地放样 P 点。

(1) 将仪器置于 A 点，开机、自检，照准另一已知点 B，使水平度盘置零；

(2) 按【FUNC】翻页键翻到测量模式第三页菜单下，按【放样】键进入放样测量屏幕；

(3) 在【模式】键下选取距离放样模式，按【模式】键直至屏幕显示“放样测量　平距”，输入平距 D_{AP}、角度 β，并按【OK】键确认；

(4) 转动照准部使显示的“水平角差”值为 0，指挥棱镜立到仪器照准的方向上；

(5) 照准棱镜后按【观测】键进行距离测量，使棱镜在照准的方向上移动（“＋”表示向测站移动、“－”表示远离测站），直至“放样平距”差值为 0；

(6) 按【ESC】键返回放样测量屏幕。

2. 坐标放样

假设 A、B 为控制点，P 为欲放样点，其坐标分别为：$x_A=500.000$ m，$y_A=500.000$ m；$x_B=530.000$ m，$y_B=530.000$ m；$x_P=525.320$ m，$y_P=515.120$ m。

现根据其坐标将 P 点放样到地面上，其放样步骤如下：

(1) 将全站仪安置于测站点 A 上，照准后视方向 B，开机；

(2) 按【FUNC】翻页键翻到测量模式第三页菜单，按【放样】键进入放样测量屏幕；

(3) 选取测站定向后按【↵】键，选取测站坐标按【↵】键，输入测站数据；

(4) 选取测站定向后按【↵】键，选取后视定向按【↵】键，选取角度定向按【↵】键，输入后视方向的方位角；

(5) 按【ESC】键退回到放样测量屏幕，选取“放样数据”按【↵】键，再按【模式】键直至显示出“放样测量　坐标”，输入放样点 P 的坐标；

(6) 按【模式】键，仪器可根据输入的坐标放样值自动计算出相应的平距和水平角放样值，并按【OK】键确认；

(7) 转动照准部使显示的“水平角差”值为 0，指挥棱镜立到仪器照准的方向上；

(8) 照准棱镜后按【观测】键进行放样测量，使棱镜在照准的方向上移动，直至“放样平距”差值为 0；

(9) 按【ESC】键返回放样测量屏幕。

实训十四　已知高程和坡度的放样

一、目的与要求

1. 掌握已知高程的放样方法。

2. 掌握已知坡度的放样方法。

3. 每组3～4人,按其放样方法轮换操作。

二、仪器和工具

水准仪1台(带脚架),水准尺2根,木桩5～6个,斧头1把,皮尺1把,计算器1个,实训记录本1本。

三、观测方法

1. 已知高程的放样

设A为已知高程点,其高程为H_A;B为待放样点,其设计高程为H_B。实地放样B点的高程。

(1) 在B点处打一木桩,将水准仪置于A、B两点之间,水准尺立在水准点A上,读取后视读数a。

(2) 计算B点水准尺上应有的前视读数b:

$$b=H_A+a-H_B$$

(3) 在B点上立水准尺,使尺紧贴木桩上下移动,直至尺上读数为b时,紧贴尺底在木桩上画一红线,此线处高程就是欲放样的设计高程H_B。

2. 已知直线坡度的放样

设A为已知点,其高程为H_A,现要沿AB方向测设距离为D、坡度为i的设计坡度线,并要求每隔10 m打一木桩。

(1) 根据A、B两点间的水平距离D及设计坡度i,计算B点的设计桩顶高程:

$$H_B=H_A+D\cdot i$$

(2) 按照高程放样的方法,放样出B点的设计高程。

(3) 将水准仪安置于A点,使一个脚螺旋位于AB方向上,另外两个脚螺旋的连线垂直于AB方向,量取仪器高H_i。

(4) 用水准仪望远镜照准B点处的水准尺,转动微倾螺旋或在AB方向上的一个脚螺旋,使视线在水准尺上的读数为仪器高H_i。

(5) 不改变视线,分别在A、B间每隔10 m打一木桩,依次立尺于各桩顶,轻轻打击木桩,使这些桩上的水准尺读数都等于仪器高H_i,则各桩顶的连线即表示坡度为i的直线。

实训十五　路线纵断面测量

一、目的与要求

1. 掌握用视线高法进行路线纵断面测量的方法与计算；

2. 每组 4 人，一人观测、另一人记录计算，两人扶尺，轮换操作；

3. 精度要求：

$$\Delta h_{容} = \pm 10\sqrt{n}\ \text{mm}$$

二、仪器和工具

DS_3 型微倾式水准仪或自动安平水准仪 1 台，水准尺 2 根，尺垫 2 个，实训记录本 1 本，铅笔 1 支，计算器 1 个，木桩 20 个。

三、观测方法与记录计算

选择一条附合水准路线，采用视线高法测量路线各中心桩处的地面高程，按表 21 进行记录并计算。

表 21　路线纵断面水准测量记录计算表

测点	后视读数/m	视线高程/m	前视读数/m		测点高程/m	备注
			中间点	转点		
$\sum$						
计算校核	$\sum$后 $-\sum$前(转点)= $H_{终(计)}-H_{始}=$			路线校核	$f_h = H_{终(计)} - H_{终} =$ $f_{h允} = \pm 10\sqrt{n}$ mm=	

"十四五"职业教育国家规划教材

高职高专土建类专业技能型"互联网+"创新教材

工程测量

习题及实习纲要

（第 2 版）

主　编　王金玲　王玉才

副主编　桂剑萍　龙立华

主　审　牛志宏

班级 ______________________________

学号 ______________________________

姓名 ______________________________

目　　录

第一部分　习题

习题一　水准测量记录计算

将图 1 中所列水准测量的观测数据填入表 1 内，计算各站的高差及各点高程，并进行计算校核（已知 $H_A=34.547\ \text{m}$）。

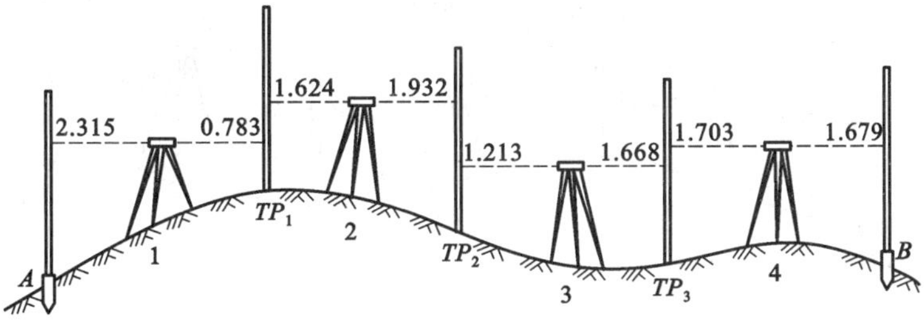

图 1

表 1　水准测量记录与计算

测站	测点	后视读数/m 前视读数/m		高差/m	高程/m
		后			
		前			
		后			
		前			
		后			
		前			
		后			
		前			
计算校核		$\sum$ 后		$\sum h =$	
		$\sum$ 前			
		$\sum$ 后 $-$ $\sum$ 前			

习题二　四等水准测量记录计算

根据图 2 中所列四等水准测量的观测数据(正像望远镜),将各站所测得的红、黑面读数分别填入表 2 内,并进行计算及校核,检查各项误差是否超限,最后求出总高差。

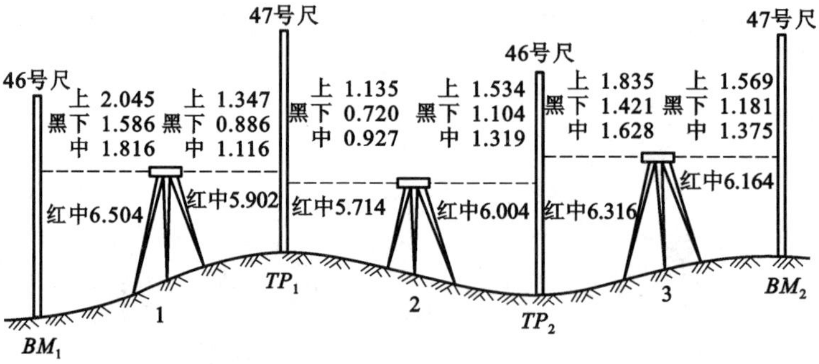

图 2

表 2　四等水准测量记录与计算

测站编号	点号	后尺上丝	前尺上丝	方向及尺号	水准尺读数		K+黑−红	高差中数
		后尺下丝	前尺下丝		黑面	红面		
		后距	前距					
		后、前距差 d	累积差 $\sum d$					
				后				
				前				
				后−前				
				后				
				前				
				后−前				
				后				
				前				
				后−前				
$\sum h=$								

习题三　水准测量成果的计算

图 3 所示为一闭合水准路线的观测成果，已知 $H_{BM}=35.556$ m 。试问：外业观测是否满足精度要求（$f_{h允}=\pm 12\sqrt{n}$ mm）？若满足精度要求，请按测站数调整闭合差，并计算待定点 A、B、C 的高程，计算结果填入表 3 内。

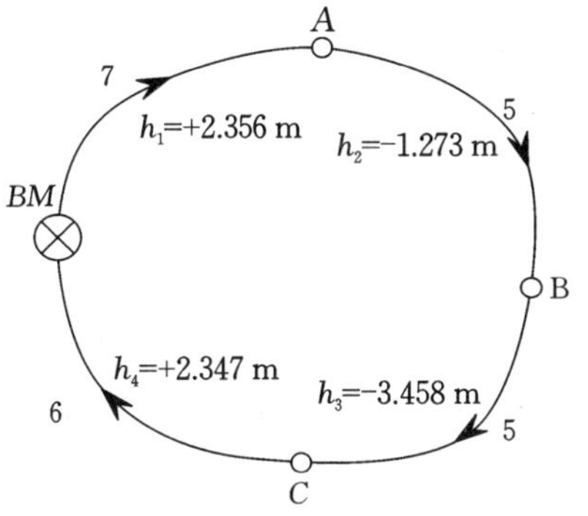

图 3

表 3　水准测量闭合差调整

点名	测站数	实测高差/m	高差改正数/m	改正后高差/m	高程/m	备注
Σ						
辅助计算	$f_h=$ $f_{h允}=\pm 12\sqrt{n}$ mm					

习题四　测回法水平角观测记录计算

用经纬仪按测回法观测水平角，所得数据列于表 4 中，试根据这些数据完成表 4 中各项计算，并检查各项误差是否超限。

表 4　测回法水平角观测记录表

测站	测回	竖盘位置	目标	水平度盘读数 ° ′ ″	半测回角值 ° ′ ″	一测回角值 ° ′ ″	各测回平均值 ° ′ ″
O	1	左	A	00　02　24			
			B	200　09　06			
		右	A	180　02　54			
			B	20　09　18			
O	2	左	A	90　01　24			
			B	290　07　54			
		右	A	270　01　48			
			B	110　08　06			

习题五　全圆测回法水平角观测记录计算

用经纬仪按全圆测回法观测水平角，其观测数据列于表 5 中，试根据这些数据完成表 5 中各项计算，并检查各项误差是否超限。

表 5　全圆测回法水平角观测记录表

测站	测回	目标	水平度盘读数		盘左、盘右平均值 ° ′ ″	归零方向值 ° ′ ″	各测回归零方向平均值 ° ′ ″	水平角值 ° ′ ″
			盘左 ° ′ ″	盘右 ° ′ ″				
O	1	A	00　01　30	180　01　54				
		B	32　26　30	212　26　36				
		C	86　43　30	266　43　36				
		D	169　50　54	349　50　54				
		A	00　01　24	180　01　36				
O	2	A	90　01　42	270　01　24				
		B	122　26　54	302　26　48				
		C	176　43　42	356　43　54				
		D	259　50　54	79　51　00				
		A	90　01　48	270　01　36				

习题六　竖直角观测记录计算

用经纬仪分别测量目标 A、B 的竖直角，其观测数据列于表 6 中，试根据观测数据完成表 6中各项计算。

表 6　竖直角观测记录计算

测站	目标	竖盘位置	竖盘读数 ° ′ ″	指标差 ″	半测回竖直角 ° ′ ″	一测回竖直角 ° ′ ″	备　注
O	A	左	81　20　48				竖盘为 顺时针注记
		右	278　38　36				
	B	左	96　43　42				
		右	263　15　30				

习题七　精密量距之计算

用 30 m 钢卷尺采用精密量距的方法往测直线 AB 的长度，其各尺段丈量的结果、丈量时的温度、各尺段的高差均填于表 7 中。已知钢卷尺检定时的温度为 20 ℃，拉力为 10 kg 时，其实际长度为 30.0043 m。试根据表 7 中数据完成各项计算，并算出直线 AB 往测总长（各项计算取至 1/10 mm）。

表 7　精密量距的记录计算

尺段	次数	前尺读数/m	后尺读数/m	尺段长度/m	尺段平均长度/m	温度 t/℃ 温度改正 ΔL_t/mm	高差 h/mm 倾斜改正 ΔL_h/mm	尺长改正 ΔL/mm	改正后的尺段长度/m
1	2	3	4	5	6	7	8	9	10
A—1	1	29.950	0.032			23.3	+0.436		
	2	64	45						
	3	78	59						
1—2	1	29.970	0.057			23.4	+0.328		
	2	88	76						
	3	91	78						
2—3	1	29.620	0.077			23.5	+0.374		
	2	34	89						
	3	39	95						
3—B	1	8.570	0.064			24.0	+0.115		
	2	59	52						
	3	79	73						
直线 AB 总长＝									

习题八　测量误差计算

1. 用精密量距的方法丈量某直线 4 次，其丈量结果分别为 29.487 m、29.491 m、29.483 m、29.495 m，试求该直线一次观测值的中误差及算术平均值的中误差。

2. 若三角形内角和的中误差为 $\pm 15''$，每个内角观测 4 个测回，取其平均值，试计算每个内角一测回的中误差。

3. 用经纬仪观测一封闭六边形的六个内角，每个内角观测 2 个测回，取其平均值，若每测回的中误差为 $\pm 15''$，试估算该六边形内角和的中误差。

4. 某一角度观测了 3 个测回，得该角的中误差为 $\pm 10''$，试问再增加多少个测回其中误差可达 $\pm 6''$？

5. 地面上有 A、B 两点，如图 4 所示，测量其斜距 $L = 104.280$ m，地面倾角 $\alpha = 18°46'06''$，其相应的中误差分别为 $m_L = \pm 0.028$ m，$m_\alpha = \pm 24''$，试求 AB 直线的平距 D 及其中误差 m_D。

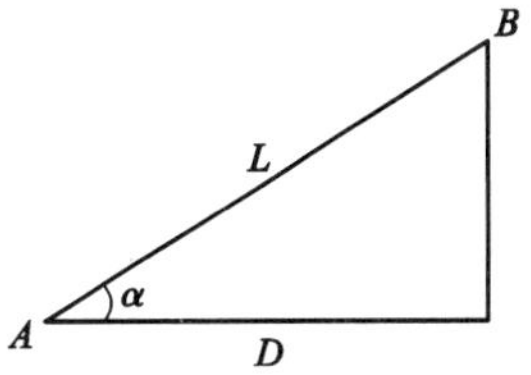

图 4

6. 用水准仪从已知高程点 A 测至 B，A 至 B 的路线长度为 15 km，现已知 A 点的高程中误差为 $m_A = \pm 10$ mm，要求测定 B 点的高程中误差不超过 ± 40 mm，试求每千米观测高差的中误差。

7. 在 1∶2000 地形图上量取 A、B 两点间距离 6 次，其结果分别如下：87.7 mm、87.1 mm、87.6 mm、87.9 mm、87.4 mm、87.3 mm。试求：

(1) 算术平均值；

(2) 量取一次的中误差；

(3) 算术平均值的中误差；

(4) 地面上的平均距离；

(5) 地面上平均距离的中误差；

(6) 平均距离的相对中误差。

将计算结果填入表 8 中。

表 8　习题计算表

观测次序	观测值	改正值 v	v^2	计　　算
1				
2				量取一次的中误差 $m=$
3				算术平均值的中误差 $M_d=$
4				地面上的平均距离 $D=$
5				地面上平均距离的中误差 $M_D=$
6				平均距离的相对中误差 $\frac{1}{N}=$
平均值		$[v]=$	$[v^2]=$	

8. 在相同的观测条件下观测 8 个三角形，其闭合差分别为 $+3''$、$-4''$、$+5''$、$+10''$、$-6''$、$+7''$、$-8''$、$-9''$，试计算一次观测值中误差 m，并回答如下问题：

(1) 这 8 个三角形中每个三角形的闭合差的中误差 m 是否相同？

(2) 根据中误差 m 计算极限误差 $\Delta(\Delta=2\ m)$，则这 8 个三角形中是否有超过极限误差的三角形？

(3) 试由三角形的一次观测值中误差计算一个角的测角中误差。

习题九　坐标方位角及坐标正反算之计算

1. 已知直线 AB 的坐标方位角为 $\alpha_{AB}=50°25'$，则直线 BA 的坐标方位角 α_{BA} 是多少？

2. 如图 5 所示，已知 AB 边的坐标方位角为 $\alpha_{AB}=45°16'$，观测的转折角 $\beta_1=110°54'45''$、$\beta_2=120°36'42''$、$\beta_3=106°24'36''$，试计算 DE 边的坐标方位角。

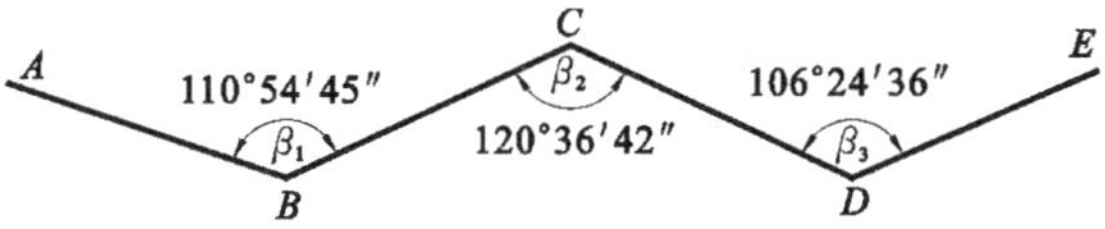

图 5

3. 已知 A 点的坐标为(478.356，256.861)，AB 边的边长为 $D_{AB}=89.254$ m，AB 边的坐标方位角为 $\alpha_{AB}=40°38'26''$，试计算 B 点的坐标。

4. 已知 A 点的坐标为(483.281，589.757)，B 点的坐标为(352.145，754.586)，试计算 AB 的边长 D_{AB} 及 AB 边的坐标方位角 α_{AB}。

习题十　闭合导线坐标计算

在图 6 中，$ABCD$ 为一闭合导线，其观测数据（角度、边长、起始边方位角）在图上已注明。已知导线点 A 的坐标为：$x_A=800.000\ \text{m}$，$y_A=800.000\ \text{m}$。试据此计算导线点 B、C、D 的坐标，并将计算结果填入表 9 中。

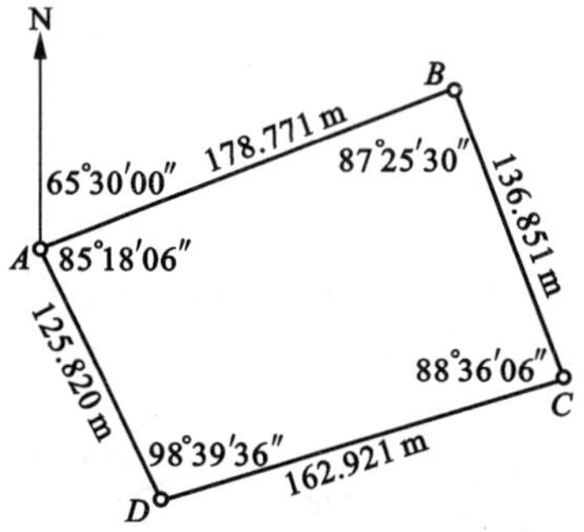

图 6

表 9　闭合导线计算表

测站	角度观测值 ° ′ ″	改正值 ″	改正后角值 ° ′ ″	坐标方位角 ° ′ ″	边长 /m	坐标增量计算值（改正数）/m		改正后坐标增量/m		坐标值/m	
						Δx	Δy	$\Delta x'$	$\Delta y'$	x	y
辅助计算	$f_\beta=$　　$f_{\beta容}=$　　$\sum d=$　　$f_x=$　　$f_y=$ $f=\sqrt{f_x^2+f_y^2}=$　　$\sum\Delta x'=$　　$\sum\Delta y'=$　　$K=\frac{f}{\sum d}=\frac{1}{N}$										

习题十一　附合导线坐标计算

在图 7 中，导线附合在三角点 B、C 上，其野外观测数据（边长及角度）已注在图上。已知 B 点的坐标为：$x_B=806.000$ m，$y_B=785.000$ m；C 点的坐标为：$x_C=475.620$ m，$y_C=1223.100$ m；AB 边的方位角 $\alpha_{AB}=149°40'00''$，CD 边的方位角 $\alpha_{CD}=8°52'55''$。试据此计算导线点 1、2 的坐标，并将计算结果填入表 10 中。

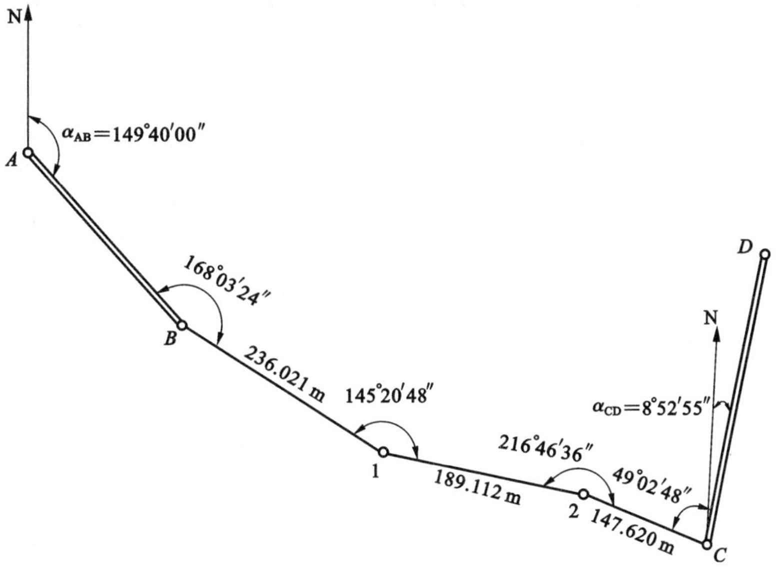

图 7

表 10　附合导线计算表

测站	角度观测值 ° ′ ″	改正值 ″	改正后角值 ° ′ ″	坐标方位角 ° ′ ″	边长 /m	坐标增量计算值（改正数）/m		改正后坐标增量/m		坐标值/m	
						Δx	Δy	$\Delta x'$	$\Delta y'$	x	y
辅助计算	$f_\beta=$　$f_{\beta容}=$　$\sum d=$　$f_x=$　$f_y=$ $f=\sqrt{f_x^2+f_y^2}=$　$\sum\Delta x'=$　$\sum\Delta y'=$　$K=\frac{f}{\sum d}=\frac{1}{N}$										

习题十二　等高线的勾绘(目估法)

图 8 所示为某地区野外碎部测量成果，试根据各碎部点高程用目估法勾绘出该地区的等高线(基本等高距为 1 m)，并在曲线上的适当位置注记高程。

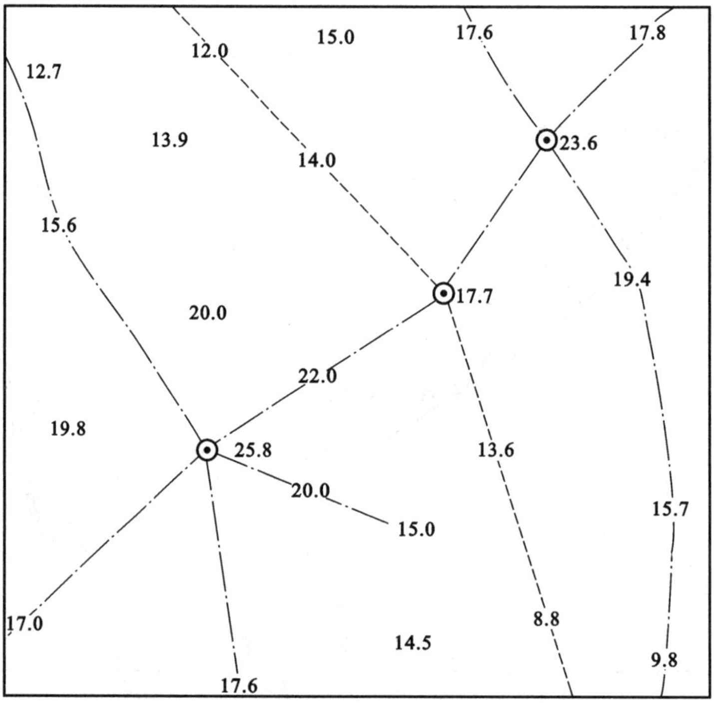

图 8

习题十三　地形图应用之计算

图 9 所示为某地区的 1∶1000 地形图，试根据此图计算工程中常需解决的如下基本问题：

1. 在地形图上量测 M、N 点的坐标和高程，据此求出直线 MN 的水平距离、坡度及坐标方位角，并填入表 11 中。

表 11　习题十三计算表

点号	坐　标/m		高程/m	水平距离 D/m	坡度 i/%	坐标方位角 α ° ′ ″
	x	y				
M						
N						

2. 欲将图 9 中 a、b、c、d 所围成的地面，平整成由南向北坡度为 10% 的倾斜场地，试求：(1) 各方格网角点的地面高程，并注于图中相应位置；(2) 计算该场地的设计高程：$H_{设}=$______；(3) 求 ad 线上的设计高程：$h_{ad}=$____，$H_{a设}=$____，$H_{d设}=$________；(4) 在图 9 上画出设计等高线；(5) 在图 9 上绘出填挖边界线。

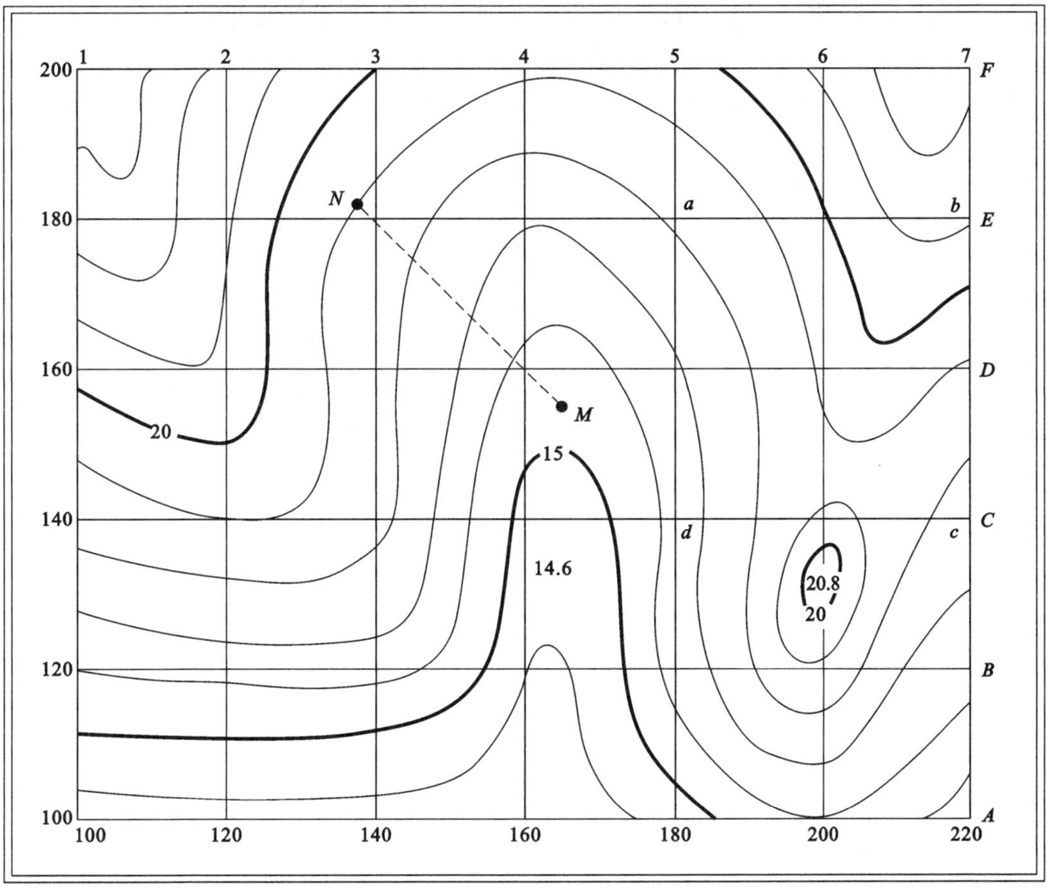

1∶1000

图 9

习题十四　极坐标法放样之计算

如图 10 所示，A、B 为控制点，其坐标分别为 $x_A=505.606$ m，$y_A=589.404$ m；$x_B=535.707$ m，$y_B=556.303$ m。现用极坐标法放样 P 点，已知 P 点的设计坐标为 $x_P=525.606$ m，$y_P=606.404$ m。试计算将仪器置于 A 点放样 P 点时所需的数据 β 和 d_{AP}。

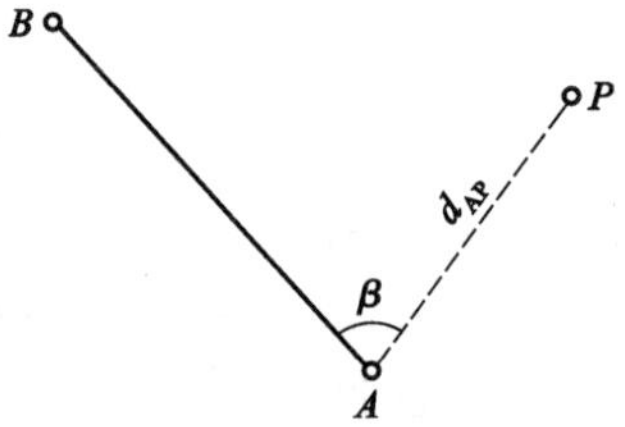

图 10

习题十五　施工坐标与测量坐标的转换计算

图 11 所示为一建筑方格网，已知方格网西南角 O 点测量坐标为 $x_O=187.500$ m，$y_O=112.500$ m，P 点的施工坐标为 $A_P=200$ m，$B_P=150$ m。设施工坐标与测量坐标间的夹角为 $\alpha=15°$，试计算 P 点的测量坐标。

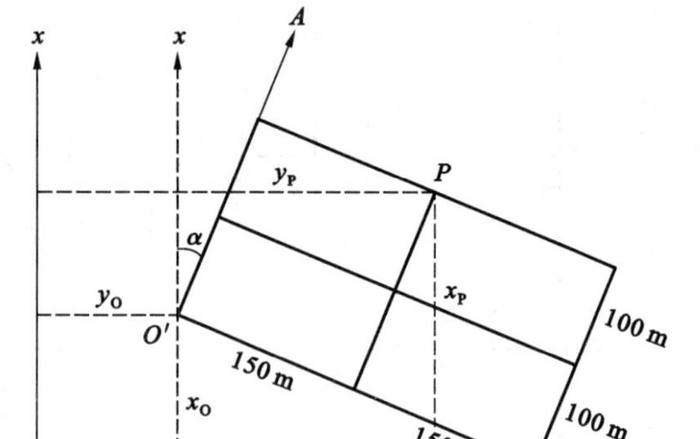

图 11

习题十六　道路纵断面水准测量记录计算

图 12 所示为采用视线高法所进行的道路纵断面水准测量示意图，其观测数据均注于图上，试将这些观测数据填入表 12 中，并据此计算出各中心桩的地面高程（已知 H_{BM1} = 36.282 m，H_{BM2} = 38.705 m）。

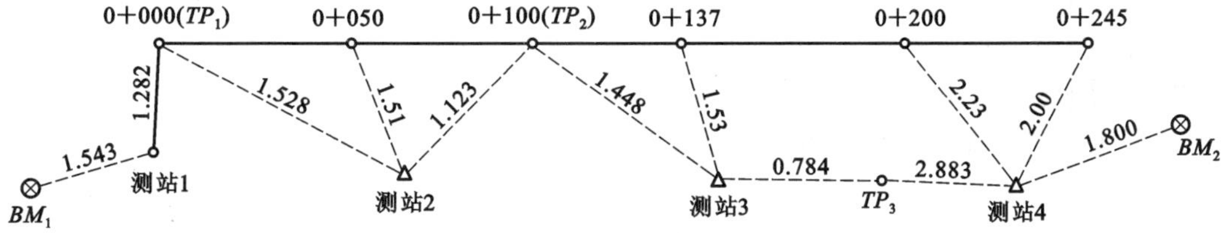

图 12

表 12　纵断面水准测量记录

测点	后视读数 /m	视线高程 /m	前视读数/m		测点高程 /m	备注
			中间点	转点		
$\sum$						
计算校核						
路线校核	f_h = $f_{h允}$ = ±					

第二部分　实习纲要

一、实习项目

1. 图根控制测量；

2. 建筑方格网的放样；

3. 道路测量或管道测量。

二、实习时间

两周(本实习可在全部教学内容完成后进行,也可在教学过程中分段进行)。

三、实习目的

1. 能正确地使用 DS_3 型微倾式水准仪或自动安平水准仪、电子经纬仪、全站仪等测量仪器,并掌握其检验和校正方法;

2. 掌握图根控制测量的基本方法;

3. 掌握点的平面位置放样的方法和建筑方格网放样的全过程;

4. 掌握道路测量或管道测量的基本方法;

5. 学会指导有关的测量工作,并在分析问题、解决问题以及组织能力上有较大提高。

四、实习任务及具体要求

1.图根控制测量

(1) 平面控制测量

采用全站仪闭合导线测量,并应满足下列要求:

① 水平角观测

用测回法测量导线的内角,每个角度测两个测回。半测回差不得超过±36″,测回差不得超过±24″。

② 丈量导线边长

目视定线,用钢卷尺往返丈量导线的边长,读数取至 mm;也可用测距仪测量导线的边长(对向观测),其相对误差不得大于 1/2000。

③ 方位角测量

用罗盘仪按正、反方向测定导线起始边磁方位角,正、反方位角的误差不得大于 1°,若在允许范围内,取其平均值作为起始边的方位角。

④ 导线计算

计算时角度一律取至″,边长、坐标增量和坐标一律取至 mm。导线的角度闭合差允许值 $f_{B允}=\pm 60''\sqrt{n}$(n 为导线的角度个数),导线全长的相对闭合差不得大于 1/5000;如果超限,应分析原因并进行返工。

(2) 高程控制测量

① 在测区内设水准点。

② 测定平面控制点的高程

用 DS_3 型微倾式水准仪或自动安平水准仪按四等水准测量的方法和精度测定所有平面

控制点的高程，水准路线应构成闭合的形式，闭合差的允许值 $f_{h允}=\pm20\sqrt{L}$ mm（L 为水准路线长度，以 km 计），或 $f_{h允}=\pm6\sqrt{n}$ mm（n 为测站数）。如果超限，应分析原因并进行返工。

③ 高程计算

将高程闭合差反其符号，按与距离或测站数成正比进行分配，最后算得各平面控制点的高程（取至 mm）。

2. 建筑方格网的放样

（1）建筑方格网的设计

利用各组测绘的地形图自行设计建筑方格网于图中，并量出方格网主点 O 的测量坐标。其建筑方格网的主轴线设计方案为：

东西方向长 60 m，南北方向长 50 m；施工坐标与测量坐标的夹角为 15°。

（2）建筑方格网主点放样数据的准备

根据建筑方格网的设计尺寸，将各点的施工坐标换算成测量坐标，然后根据各主点的放样方法计算其放样数据。

（3）纵向三个主点用角度交会法放样，其示误三角形最大边长不得超过 4 cm，横向两个主点用极坐标法放样。

主轴线上各点的连线应为直线，其角与 180°之差不超过±30″，主轴线上各点的间距应与设计距离相等，相对误差不大于 1/10000，否则应进行调整。

（4）建筑方格网各角点的放样

采用直角坐标法测设四个角点，四个角点的水平角与 90°之差不超过±30″，各边长检测精度不得大于 1/5000，否则应进行调整。

3. 道路或管道测量

每组完成约 200 m 长的路线测量任务，具体要求如下：

（1）选线和中线测量

按既定的路线方向每隔 20(30)m 打一中心桩，在地形变化处打加桩。

（2）沿路线布设四等水准点。

（3）纵断面水准测量

按视线高法测定各中心桩的地面高程。施测时转点应安置尺垫，观测计算取至 mm；中间点不必安置尺垫，水准尺直接放在桩脚地面上，前后视距不必相等，观测计算取至 cm。从路线起点处的水准点开始附合至路线终点处的水准点，其高程误差的允许值为 $\Delta h_{允}=\pm10\sqrt{n}$ mm（n 为测站数）。

（4）横断面测量

用皮尺和水准尺施测中心桩处的横断面，取至 cm，由中心桩向左右两侧各施测约 10 m 的宽度。

（5）绘制纵断面图

采用比例尺：距离为 1∶1000，高程为 1∶100。

（6）绘制横断面

按 1∶100 的比例尺绘制所有横断面图。

（7）土方计算

根据指导教师提供的路线设计数据，计算各中心桩的挖方深度或填方高度，并将路线的设计断面套绘于各横断面上，按照梯形法计算各断面挖方面积和填方面积，进而计算总的挖方量和填方量。

五、上交成果

见表13。

表13　高程成果计算表

项目	小组应交成果	个人应交成果
图根控制测量	1.平面控制测量记录表； 2.四等水准测量记录表； 3.控制点成果表	1.导线坐标计算表； 2.高程测量计算表
建筑方格网的放样	1.建筑方格网的设计图； 2.方格网原点 O 的测量坐标； 3.主轴线放样误差的记录计算	1.各主点施工坐标与测量坐标的换算； 2.各主点放样数据的计算
路线测量	1.纵断面测量记录； 2.横断面测量记录	1.纵断面图； 2.横断面图； 3.土、石方量的计算